Hans-Günther Varnhagen

Prüfungsaufgaben Maschinentechnik

Mit 78 Bildern, 103 Arbeitsplänen, Tabellen und Diagrammen und über 360 Aufgaben mit Lösungen

Vieweg

Viewegs
Fachbücher
der
Technik

CIP-Kurztitelaufnahme der Deutschen Bibliothek

Varnhagen, Hans-Günther
Aufgabensammlung: Prüfungsaufgaben Maschinentechnik. – 1. Aufl. – Braunschweig: Vieweg, 1977.

1977

ISBN-13: 978-3-528-04068-0 e-ISBN-13: 978-3-322-86172-6
DOI: 10.1007/978-3-322-86172-6

Vorwort

Diese Aufgabensammlung ist bestimmt für Fachschulen Technik (Technikerschulen), für die entsprechenden Kurse an Meister-, Fachoberschulen, Technischen Gymnasien und für die Eingangsvorlesungen an Fachhochschulen und zum Selbststudium.
Die Aufgabensammlung entstand aus Abschlußprüfungsaufgaben über den Zeitraum von drei Jahren an der Technikerschule im Berufsfortbildungswerk des Deutschen Gewerkschaftsbundes, einer staatl. anerkannten Ersatzschule in Saarbrücken, Saarland, an der ich die Funktion des stellvertretenden Studienleiters innehabe.

Die Aufgabensammlung umfaßt die Themenkreise :
Wirtschafts- und Betriebslehre,
Meß- und Prüftechnik, Steuerungs- und Regelungstechnik,
Fertigungstechnik,
Strömungs- und Kolbenmaschinen
Hebe- und Fördertechnik und
Konstruieren und Berechnen - Technisches Zeichnen.

Alle Prüfungsaufgaben, mit Ausnahme der Fragen zur Wirtschaftslehre, wurden von dem Herausgeber und Autor überarbeitet, inhaltlich und methodisch gestaltet und auf das neue Einheiten-System umgestellt. Die Antworten der Fragen zur Wirtschaftslehre wurden den Lösungsschlüsseln der entsprechenden Abschlußprüfungen entnommen und nur neu gestaltet.
Für die Auswahl der Aufgaben dieser Aufgabensammlung wurden die Prüfungsrichtlinien der Länder Nordrhein - Westfalen und des Saarlandes herangezogen; aus diesem Grunde wurden für die Prüfungsfächer Hebe- und Fördertechnik, Meß- Steuerungs- und Regelungstechnik, Strömungs- und Kolbenmaschinen neue Aufgaben erstellt und in die Aufgabensammlung aufgenommen.

Mein besonderer Dank für Anregungen zur Erstellung neuer Aufgaben gilt meinen Kollegen, insbesondere für das Teilgebiet Hebe- und Fördertechnik Herrn Hans - Dieter Altmeyer, Technisch-Gewerbliches Berufsbildungszentrum System I, Saarbrücken, der die Aufgaben auch überarbeitete; für das Teilgebiet Konstruieren und Berechnen - Technisches Zeichnen danke ich Herrn Bernhard Lehnert, Techn.-Gew. Berufsbild.zentrum Neunkirchen, Saarland, der durch Anregungen, Aufgabenstellungen und -lösungen seinen Beitrag zur Erstellung dieses Buches leistete.

Danksagen möchte ich auch meiner Ehefrau Monika, die mir in Rat und Tat immer zur Seite stand und viel Verständnis für diese "Freizeitbeschäftigung" eines Lehrers aufbrachte.

Saarbrücken, Dezember 1976

Der Verfasser, Autor und Herausgeber

Methodisch - didaktische Hinweise

Die Aufgabensammlung ist in zwei Teile gegliedert: Teil 1 umfaßt die Aufgabenstellungen, Teil 2 die Lösungen, -hinweise und -tendenzen.
Viele Fragen, vor allem im Teilgebiet der Wirtschaftslehre, wurden den Abschlußprüfungen für Techniker an der Technikerschule im BFW des DGB, Saarbrücken, entnommen; sie waren also von Studierenden unter einem gewissen Zeitdruck zu beantworten und demnach mit Zeit- und Bewertungsfaktoren behaftet. Dies veranlaßte mich alle Aufgaben mit "Richtzeiten" zu versehen, die in Klammern hinter den Nummern der Aufgaben aufgeführt sind. Aufgaben, die sich z.T. in ihrem Lösungsgang als sehr schwierig für den Studierenden erwiesen, bzw. deren Behandlung zum Teilgebiet nur vertiefenden Charakter haben, wurden mit einem * versehen.
Literatur und -empfehlungen des Autors werden am Ende jeden Kapitels gegeben.
Der Lösungsteil des Buches hebt sich von der Aufgabenstellung durch seine i.a. bewußt handschriftlich gestaltete Form ab und beschreibt den Entwicklungsgang jeder Aufgabe.
Auf den Lösungsseiten sind neben den Vorgabezeiten auch Einzelpunkte im 100-Punkte-System angegeben, die allerdings durch die unterschiedliche Herkunft der Aufgaben, zumindest im Teilgebiet Wirtschafts- und Betriebslehre keine absolute Gewichtungen mehr darstellen. Die Angaben in den anderen Teilgebieten können jedoch als Richtpunktzahlen angesehen werden.

<u>Zu den Kapiteln im einzelnen :</u>

Kapitel I : Wirtschafts- und Betriebslehre

Sie umfaßt neben Multiple choice - Aufgaben Fragen der reinen Volkswirtschaftslehre, des Kostenrechnens, der Betriebsorganisation, der Menschenführung und der Zeitermittlung nach REFA.

Kapitel II : Meß- und Prüftechnik, Steuerungs- und Regelungstechnik

Aufgaben zu Meßmethoden, Meßzeugen, Fehler beim Messen, Fehlerbeurteilungen an Meßzeugen und deren Berücksichtigung, Steuerglied- und Regelkreisverhalten betonen die Bedeutung dieses Gebietes für die industrielle Fertigung.

Kapitel III : Fertigungstechnik

Die Fertigungstechnik, neben der Meß- und Prüftechnik, Steuerungs- und Regelungstechnik, den Strömungs- und Kolbenmaschinen, das Herzstück der Aufgabensammlung umfaßt die Teilbereiche : URFORMEN (Hüttentechnik und Gießereitechnik) - TRENNEN (Zerspantechnik) - UMFORMEN (Umformtechnik) - WERKZEUGE und WERKZEUGMASCHINEN (Zerspantechnik und Werkzeugmaschinen) - FÜGEN DURCH STOFFVEREINIGEN (Verbindungstechnik), wobei Kenntnissen neuerer Forschung und der Anwendung der Grundlagenfächer besondere Bedeutung zugeordnet wurde. Die Studienarbeit über das Fachgebiet Zerspantechnik (A 85_S) steht hier repräsentativ neben der über Strömungs- und Kolbenmaschinen (A 12^*) für die anderen Kapitel.

Kapitel IV : Strömungs- und Kolbenmaschinen

Hier wurden, um die Fülle der Aufgabensammlung zu begrenzen, nur die Grundlagen und die Strömungsmaschinen exemplarisch in Aufgaben erfaßt.

Kapitel V : Hebe- und Fördertechnik

Neben Fragen über grundlegende Kenntnisse für Hebe- und Förderzeuge, werden wie in dem Kapitel Konstruieren und Berechnen Projekte angeboten.

Kapitel VI : Konstruieren und Berechnen - Techn. Zeichnen

Konstruieren und Berechnen ist nur mit Hilfe der Grundlagenfächer Physik, Techn. Mechanik, Maschinenelemente und Techn. Zeichnen durchzuführen. Aus diesem Grunde wurden einige Aufgaben aus den Grundlagenfächern in Anwendung angeboten, das Problem "Technisches Zeichnen" exemplarisch an einigen Projekten durchgeführt und die Lösungen des Berechnungsteiles für alle Aufgaben exakt behandelt. Tabellenhinweise in den Lösungen beziehen sich hierbei auf ROLOFF - MATEK : Maschinenelemente, Fr. Vieweg Verlag, Braunschweig.

Sollten sich durch Umstellungen der Aufgaben auf die gesetzlichen SI-Einheiten oder durch andere Umstände Fehler eingeschlichen haben, so bitte ich für dieses Erstwerk um Verständnis.

Der Verfasser

INHALTSVERZEICHNIS

Wirtschafts- und Betriebslehre

K A P I T E L I : Wirtschafts- und Betriebslehre

I. 1. Wirtschaftslehre

1. (7´) Zahlungsverkehr

Nennen Sie die Vorteile des bargeldlosen Zahlungsverkehrs für den einzelnen und für die Wirtschaftsgemeinschaft!

2. (9´) Zahlungsverkehr

Alle Unternehmer und viele Arbeitgeber haben bei einem Geldinstitut ein Girokonto eingerichtet.

2.1. Welche Geldgeschäfte können mit Hilfe eines Girokontos durchgeführt werden?

2.2. Welche Vor- und Nachteile hat diese Kostenart gegenüber einem Sparkonto?

3. (9´) Zahlungsverkehr

Ein Gewerbebetrieb benötigt für Investitionen einen Kredit.

3.1. Welche Kreditsicherheiten kommen für langfristige und welche für kurzfristige Kredite in Frage? Begründen Sie Ihre Entscheidung!

3.2. Welche Kosten können dem Kreditnehmer durch den Kredit entstehen und durch welche Maßnahmen der Deutschen Bundesbank kann die Höhe der Kreditkosten beeinflußt werden?

4. (5´) Bedarf - Bedürfnisse

Wie lautet das Gesetz der (normalen) Nachfrage?

5. (5´) Bedarf - Bedürfnisse

Von welchen Faktoren wird die Konsumnachfrage bestimmt?

6. (5´) Bedarf - Bedürfnisse

Wovon ist die Gesamtnachfrage nach einem Gut abhängig?

7. (5´) Bedarf - Bedürfnisse

Warum wird nicht jedes Bedürfnis zum Bedarf?

8. (12´) Produktionsfaktoren

Welche Konsequenzen ergeben sich für die Nutzung des Produktionsfaktors Natur aus dem zunehmenden Wachstum der Erdbevölkerung?

9. (10´) Wirtschaftskreislauf

Erläutern Sie die zwei Varianten des ökonomischen Prinzips!

10. (9´) Wirtschaftskreislauf
Erklären Sie den Begriff "ökonomische Grundfunktionen!

11. (7´) Wirtschaftskreislauf
Welche Faktoren lenken die Nachfrage?

12. (7´) Wirtschaftskreislauf
Warum kann die Inflationslücke zu Zeiten der Vollbeschäftigung nicht durch das Ansteigen des realen Volkseinkommens beseitigt werden?

13. (7´) Wirtschaftskreislauf
Nennen Sie Gründe für Störungen im Wirtschaftskreislauf!

14. (9´) Wirtschaftskreislauf
Welche Faktoren üben einen Einfluß auf die Verbrauchsausgaben aus?

15. (9´) Wirtschaftskreislauf
Nennen Sie die ökonomischen Funktionen der Wirtschaftssubjekte, die im Grundschema der volkswirtschaftlichen Gesamtrechnung aufgeführt sind!

16. (5´) Sozialprodukt
Was versteht man unter dem Begriff Sozialprodukt?

17. (9´) Sozialprodukt
Wovon wird die Leistungsfähigkeit einer Volkswirtschaft insbesondere mitbestimmt?

18. (7´) Sozialprodukt
Welche Faktoren bestimmen die Höhe des Volkseinkommens?

19. (12´) Preisindex - Lebenshaltungsindex
19.1. Kennzeichnen Sie die Ermittlung des Preisindexes für die Lebenshaltung!
19.2. Welchen Aussagewert besitzt die Angabe des Preisindexes?

20. (9´) Volkseinkommen
Woran erkennt man, daß die Verteilung des Volkseinkommens ein Machtkampf ist?

21. (12´) Störungen im Wirtschaftskreislauf
Welche wirtschaftlichen und sozialen Auswirkungen hat eine Inflation?

22. (12′) Störungen im Wirtschaftskreislauf - Bundesbank
Welche konjunkturanregenden Mittel stehen der Bundesregierung im Falle einer Krise zur Verfügung?

23. (7′) Störungen im Wirtschaftskreislauf
Welche Ursachen können deflatorische Prozesse auslösen?

24. (7′) Störungen im Wirtschaftskreislauf
Woran erkennt man eine verdeckte Inflation?

25. (7′) Störungen im Wirtschaftskreislauf
Begründen Sie die Vorteile einer Rezession!

26. (9′) Störungen im Wirtschaftskreislauf - Bundesbank
Weshalb kann die Bundesbank mit ihren Instrumenten nur begrenzte Erfolge erzielen?

27. (12′) Störungen im Wirtschaftskreislauf - Bundesbank
Erläutern Sie die Möglichkeiten der Bundesbank, die Konjunktur zu beeinflussen!

28. (9′) Konjunktur - -zyklus
Kennzeichnen Sie den Unterschied zwischen Konjunktur und Konjunkturzyklus!

29. (12′) Störungen im Wirtschaftskreislauf
Welches sind - von Kriegen abgesehen - die Hauptursachen von Inflationen?

30. (12′) Störungen im Wirtschaftskreislauf
Wie ändern sich wichtige Konjunkturanzeiger in der Rezessionsphase bei Voll- bis Überbeschäftigung und zugleich schleichender Inflation?

31. (7′) Deutsche Bundesbank
Nennen Sie die Aufgaben der Notenbank (Deutschen Bundesbank)!

32. (9′) Deutsche Bundesbank
Welche Instrumente kann die Bundesbank zur Regulierung der inländischen Geld- und Kreditmenge einsetzen?

33. (7′) Währung
Kennzeichnen Sie den Begriff Währung!

34. (9´) Währung
Unterscheiden Sie zwischen dem "Binnenwert" und dem "Außenwert" des Geldes!

35. (12´) Konjunkturpolitik
Nennen Sie die nicht-monetären Mittel der Bundesregierung! Welche Aufgaben haben sie?

36. (9´) Bundesbank - wirtschaftliche Entwicklung
Welche Möglichkeiten hat die Bundesbank, um die Konjunktur zu beeinflussen?

37. (9´) Bundesregierung - Konjunktur
Welche Mittel hat die Bundesregierung, um eine sich überhitzende Konjunktur abzustoppen?

38. (9´) Währung
Kennzeichnen Sie die in- und ausländischen Wirkungen einer Aufwertung!

39. (5´) Geldwert
Wovon hängt der Wert des Geldes ab?

40. (12´) Wirtschaftskreislauf
Skizzieren Sie den erweiterten Wirtschaftskreislauf unter Einbeziehung von Staat und Banken!

41. (9´) Wirtschaftskreislauf
Kennzeichnen Sie die Geldströme eines geschlossenen Wirtschaftssystems mit staatlicher Aktivität!

42. (12´) Notenbank - Wirtschaftskreislauf
Welches stabilitätspolitische Instrumentarium steht der Notenbank zur Verfügung, wie wirkt es, wodurch ist der Einfluß der Notenbank auf die wirksame Geldmenge begrenzt?

43. (5´) Notenbank
Nennen Sie die monetären Mittel der Bundesbank!

44. (7´) Konjunktur - Bundesbank
Nennen Sie die monetären Mittel der Bundesbank, um ein Konjunkturtief zu beseitigen! Was sollen diese Mittel bewirken?

45. (9´) Preis, -bindung
Welche Folgen ergeben sich aus der verbindlichen Festlegung eines Höchstpreises über einen langen Zeitraum?

46. (9´) Kosten - Preis
Unterscheiden Sie "absolut fixe Kosten" und "relativ fixe Kosten"!

47. (7´) Preis
Kennzeichnen Sie die Funktionen des Gleichgewichtspreises!

48. (7´) Marktgleichgewicht
Was versteht man unter dem Marktgleichgewicht?

49. (9´) Preis - Angebot - Nachfrage
Erklären Sie anhand der Skizze über Angebot und Nachfrage, in welche Richtung der Preis tendiert, wenn p^* gerade geltender Marktpreis ist!

Skizze (1)

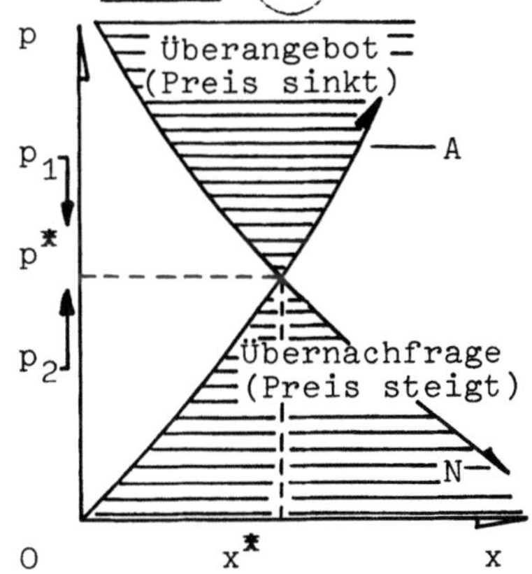

50. (7´) Werbung
Welche Aufgabe hat die Werbung? Wodurch kann sie dem Verbraucher schaden?

51. (7´) Preis - Verbraucher
Weshalb bieten Automobilhersteller Wagen verschiedener Preisklassen an?

52. (12´) Marktwirtschaft
In der Politik wird in letzter Zeit viel von Marktwirtschaft und marktwirtschaftlicher Leistung gesprochen.
52.1. Stellen Sie dar, was Sie unter dem Begriff "Soziale Marktwirtschaft" verstehen!
52.2. Zeigen Sie die Bedeutung des Bruttosozialproduktes für ein marktwirtschaftliches System auf!

53. (9´) Soziale Marktwirtschaft
Kennzeichnen Sie die Schwächen einer sozialen Marktwirtschaft!

54. (12´) Zentralverwaltungswirtschaft
Nennen Sie die wesentlichen Merkmale der Zentralverwaltungswirtschaft sowie die Hauptschwierigkeiten, die die zentrale Planung aufwirft!

55. (9') Zentralverwaltungswirtschaft
Welche Vorteile sehen die Verfechter der Zentralverwaltungswirtschaft in diesem Wirtschaftssystem?

56. (9') reine Marktwirtschaft
Kennzeichnen Sie die typischen Merkmale einer reinen Marktwirtschaft!

57. (9') Wirtschaftsformen
Welche Hauptprobleme müssen in allen Wirtschaftsordnungen gelöst werden?

58. (9') Monopolistischer Markt
Weshalb ist auf monopolistischen Märkten eine öffentliche Mißbrauchsaufsicht nötig?

59. (12') Oligopolistischer Markt
Wie ist die häufig zu beobachtende Preisstarrheit auf oligopolistischen Märkten zu erklären? (Gehen Sie bei Ihren Überlegungen davon aus, daß die Oligopolisten unabhängig voneinander handeln.)

60. (9') Monopolistischer Spielraum
Wovon hängt die Breite des monopolistischen Spielraums ab?

61. (9') Nationale Volkswirtschaft
Woraus setzt sich das Wirtschaftspotential einer nationalen Volkswirtschaft zusammen?

62. (7') Wirtschaftsform - Unternehmergewinn
Worauf können Unternehmergewinne zurückzuführen sein?

63. (9') Wirtschaftsform - Staat
Warum werden Kollektivbedürfnisse in einer Marktwirtschaft vornehmlich durch den Staat abgedeckt?

64. (5') Wirtschaftsform - Nachfrage
Welche Faktoren lenken die Nachfrage?

65. (9') Marktbedingungen
Welches sind die Bedingungen des vollkommenen Marktes?

66. (9') Steuerung von Wirtschaftssystemen
Welche Vorteile hat ein marktgesteuertes Wirtschaftssystem?

67. (9') Wirtschaftsformen
Welche Forderungen und Ideen finden wir im wirtschaftlichen Liberalismus? Welche Aufgabe hat darin der Staat?

68. (9') Wirtschaftswachstum
Warum ist stetes Wirtschaftswachstum ein festes Ziel unserer Wirtschaftspolitik?

69. (7') Steuern
Was bedeutet eine zunehmend höhere Besteuerung?

70. (9') Staat und Steuern
Kennzeichnen Sie eine "relative Konjunkturpolitik"!

71. (9') Staat und Steuern
Worauf läßt sich die absolute und relative Erhöhung der Staatsausgaben in den letzten 150 Jahren zurückführen?

72. (7') Staat und Steuern
Mit welchen Mitteln besteuert der Staat das Einkommen?

72M* (120') Staat und Steuern - Multiple choice -

72.1. Ziele der antizyklischen Fiskalpolitik im Boom (dem Wirtschaftskreislauf entgegengesetzte Steuerpolitik beim Hochstand der Wirtschaftstätigkeit) sind

(B) Vermehrung der volkswirtschaftlichen Gesamtnachfrage [1/B]
(C) Verminderung der privaten Investitionsnachfrage [1/C]
(D) Verminderung der staatlichen Investitionsgüternachfrage [1/D]
(E) Vermehrung der Konsumgüternachfrage der Bevölkerungsmassen [1/E]
(F) Verminderung der volkswirtschaftlichen Gesamtnachfrage [1/F]

72.2. Was sind Instrumente der öffentlichen Konjunktursteuerung?

(B) Verstaatlichung der privaten Konjunkturforschungsinstitute [2/B]
(C) Vorlage defizitärer Haushalte [2/C]
(D) Konjunkturrat [2/D]
(E) Bildung und Auflösung von Konjunkturausgleichsrücklagen [2/E]
(F) Änderung von Steuersätzen [2/F]

72.3. Welche drei Steuern sind besonders konjunkturwirksam?

(B) Einkommenssteuer [3/B]
(C) Kirchensteuer [3/C]

(D) Mehrwertsteuer 3/D
(E) Gewerbesteuer 3/E
(F) Verbrauchssteuer 3/F

72.4. Bestimmen Sie die Nachteile der fiskalischen Konjunkturpolitik!
(B) Steuererhöhungen und Stillegung der Steuermittel verhindern die Durchführung dringender öffentlicher Aufgaben 4/B
(C) Steuererhöhungen können nicht über höhere Preise auf die Käufer abgewälzt werden 4/C
(D) Steuersatzänderungen wirken erst nach einem Jahr konjunkturpolitisch 4/D
(E) Schwache Regierungen scheuen wirksame, aber unpopuläre Maßnahmen 4/E
(F) Allgemeine Steuererhöhungen bzw. Steuersenkungen treffen einzelne Einkommensklassen unterschiedlich 4/F

72.5. Was sind finanzpolitische Ziele im engeren Sinne?
(B) Ausreichende Mittelbeschaffung 5/B
(C) Sorgfältige Mittelverwahrung 5/C
(D) Gerechte Besteuerung 5/D
(E) Optimale Mittelverwendung 5/E
(F) Erzielung von Haushaltsüberschüssen 5/F

72.6. Was sind keine öffentlichen Einnahmen?
(B) Steuern und Zölle 6/B
(C) Müllabfuhrgebühren 6/C
(D) Vereinsbeiträge 6/D
(E) Einkünfte aus staatlicher Wirtschaftstätigkeit 6/E
(F) Staatliche Kreditaufnahme 6/F

72.7. Welche drei Steuern bringen dem Staat das meiste Geld?
(B) Gewerbesteuer 7/B
(C) Lohnsteuer 7/C
(D) Mineralölsteuer 7/D
(E) Mehrwertsteuer 7/E
(F) Einkommenssteuer 7/F

72.8. Welche der folgenden Steuern sind keine Verbrauchssteuern?
(B) Kaffeesteuer 8/B
(C) Biersteuer 8/C
(D) Vergnügungssteuer 8/D
(E) Mineralölsteuer 8/E
(F) Kraftfahrzeugsteuer 8/F

72.9. Bestimmen Sie die Steuern, die keine Besitz- bzw. Einkommenssteuern sind!
(B) Grundsteuer 9/B
(C) Grunderwerbssteuer 9/C
(D) Lohnsteuer 9/D
(E) Lohnsummensteuer 9/E
(F) Kraftfahrzeugsteuer 9/F

72.10. Welche der folgenden Steuern sind Gemeinschaftssteuern?

(B) Mehrwertsteuer	10/B	
(C) Kirchensteuer	10/C	
(D) Gewerbesteuer	10/D	
(E) Sektsteuer	10/E	
(F) Einkommens- und Lohnsteuer	10/F	

72.11. Welche der folgenden Steuern sind indirekte Steuern?

(B) Lohnsteuer	11/B	
(C) Mehrwertsteuer	11/C	
(D) Gewerbesteuer	11/D	
(E) Biersteuer	11/E	
(F) Vergnügungssteuer	11/F	

72.12. Steuern können zum Teil auf den Käufer abgewälzt werden, welche Steuern können nicht abgewälzt werden?

(B) Mehrwertsteuer	12/B	
(C) Kraftfahrzeugsteuer für einen Privatwagen	12/C	
(D) Kraftfahrzeugsteuer für einen Geschäftswagen	12/D	
(E) Wechselsteuer von Privatleuten	12/E	
(F) Kapitalertragssteuer von Privatleuten	12/F	

72.13. Wie wirken Steuern, die nicht abgewälzt werden können?

(B) Der Steuerzahler entzieht sich der Besteuerung	13/B	
(C) Je höher die Konsumrate, desto stärker wird der Konsum getroffen	13/C	
(D) Bei einer Konsumrate von 100 % geht die Steuer voll zu Lasten des Konsums	13/D	
(E) Je niedriger die Konsumrate, um so mehr wird von der Steuer die Spar- bzw. Investitionsneigung getroffen	13/E	
(F) Der Steuerpflichtige wird in jedem Fall durch Mehrleistungen die Steuermindereinnahmen kompensieren	13/F	

72.14. Welche Steuerwirkungen sind bei überwälzbaren Steuern zu erwarten?

(B) Bei konstanter Angebots- und Nachfragefunktion: keine	14/B	
(C) Bei elastischer Nachfrage : Preiserhöhungen	14/C	
(D) Bei elastischer Nachfrage : Umsatzeinbuße	14/D	
(E) Bei unelastischer Nachfrage : Abwälzung zu 100 %	14/E	
(F) Bei völlig elastischer Nachfrage : keine Abwälzung	14/F	

72.15. Eine Gewinnsteuer, die nicht abwälzbar ist, hat ökonomische Konsequenzen. Welche Glieder der nachstehenden Kausalkette (Ursachenaufeinanderfolge) sind falsch?

(B) Steuererhöhung	15/B	
(C) Gewinnminderung	15/C	
(D) Investitionsrückgang	15/D	
(E) Arbeitslosigkeit	15/E	
(F) Produktionseinschränkung	15/F	

72.16. Wie werden die Einkommen in der Bundesrepublik Deutschland besteuert?
(B) Linear 16/B
(C) Degressiv 16/C
(D) Progressiv 16/D
(E) Zuerst degressiv, dann progressiv 16/E
(F) Nach einer Steuerfreizone zunächst linear, dann progressiv bis zu einem Spitzensteuersatz 16/F

72.17. Was ist die Steuerlastquote (Steuerlastanteil)?
(B) Der Abgabesatz an die Sozialversicherung 17/B
(C) Der prozentuale Anteil des Fiskus am Staatseinkommen, den er sich über die Steuern nimmt 17/C
(D) Der prozentuale Anteil des Fiskus vom Sozialprodukt, den er sich über die Steuern nimmt 17/D
(E) Eine fiktive (eingebildete) statistische Größe 17/E
(F) Eine mikroökonomische Größe 17/F

72.18. Weshalb wachsen die Staatsausgaben relativ und absolut?
(B) Weil sich der Staat zunehmend als Versorgungsstaat versteht 18/B
(C) Weil der Bedarf nach Gemeinschaftsgütern wächst 18/C
(D) Weil die militärischen Apparate ständig teurer werden 18/D
(E) Weil die Gehälter der öffentlichen Bediensteten stärker steigen als die Löhne in der Privatwirtschaft 18/E
(F) Weil die Wirtschaftsunternehmen des Staates bürokratisch geführt werden 18/F

72.19. Was bedeutet eine zunehmend höhere Besteuerung?
(B) Mehr Entscheidungsmöglichkeiten für den einzelnen 19/B
(C) Weniger individuelle Freiheit 19/C
(D) Zunehmende Abhängigkeit vom Staat 19/D
(E) Weniger Eigenverantwortlichkeit 19/E
(F) Individueller Wohlfahrtsverlust 19/F

72.20. Weshalb ist aus staatlicher Sicht Steuerflucht unerwünscht?
(B) Weil sie sich nur für einen kleinen Personenkreis lohnt 20/B
(C) Weil sie den einkommensnivellierenden Effekt der Einkommenssteuer beeinträchtigt 20/C
(D) Weil sie die Staatseinnahmen geringfügig mindert 20/D
(E) Weil sie die Staatseinnahmen beträchtlich mindert 20/E
(F) Weil sie zu Währungsexporten führt 20/F

72.21. Wie wirken die produktiven Ausgaben des Staates?

(B) Sie mindern das Volkseinkommen — 21/B
(C) Sie beeinflussen weder Sozialprodukt noch Volkseinkommen — 21/C
(D) Sie führen zu Leistungseinkommen bei den öffentlichen Bediensteten — 21/D
(E) Sie führen zu Leistungseinkommen der privaten Wirtschaft — 21/E
(F) Sie erhöhen das Sozialprodukt — 21/F

72.22. Welche drei der folgenden Haushaltsgrundsätze sind absoluter Natur (unumgänglich)?

(B) Grundsatz der Öffentlichkeit — 22/B
(C) Grundsatz der Jährlichkeit — 22/C
(D) Grundsatz der Vollständigkeit — 22/D
(E) Grundsatz der Ausgeglichenheit — 22/E
(F) Grundsatz der Vorherigkeit — 22/F

72.23. Aus welchen Teilen besteht ein öffentlicher Haushalt?

(B) Aus den zu erwartenden Einnahmen und Ausgaben — 23/B
(C) Aus dem Verwaltungs- und dem Vermögenshaushalt — 23/C
(D) Aus dem Verwaltungshaushalt und dem Eventualhaushalt — 23/D
(E) Aus dem Haushaltsplan und der Haushaltsrechnung — 23/E
(F) Aus dem ordentlichen Haushalt und dem Nachtragshaushalt — 23/F

72.24. Im wesentlichen beeinflussen die öffentlichen Haushalte den Wirtschaftsablauf in folgender Weise:

(B) Sie dienen der Schaffung und Erhaltung der Wirtschaftsordnung — 24/B
(C) Sie beeinflussen den Wirtschaftsablauf nicht — 24/C
(D) Sie sind mitbestimmend für die Entwicklung des Geldwertes — 24/D
(E) Sie können als Instrumente der Konjunkturpolitik dienen — 24/E
(F) Sie gewährleisten die Vollbeschäftigung zwecks bestmöglicher Ausnutzung aller Produktionsfaktoren — 24/F

73. (9') Staat - Unternehmen
Mit welchen Gründen rechtfertigt der Staat in einer Marktwirtschaft seine Rolle als Unternehmer?

74. (9') Unternehmen - -skonflikte
Worin liegen die Wurzeln von Lohnkonflikten?

75. (9') Unternehmen - Sonderformen
Welche Vor- und Nachteile haben Kartelle?

76. (9') Modernisierung - Unternehmen
Welche Gefahren sind mit der Automation untrennbar verbunden?

77. (9') Unternehmen - Wirtschaftsform
Weshalb haben die Betriebe in zentral verwalteten Wirtschaftssystemen nur ein begrenztes Interesse an technischen Neuerungen?

78. (9') Löhne
Welche ökonomischen Wirkungen haben Lohnerhöhungen?

79. (7') Moderne Industrie
Welche Merkmale kennzeichnen die moderne Industrieproduktion?

80. (7') Automation
Welche Vorteile bietet die Automation hoch entwickelten Volkswirtschaften?

81. (7') Unternehmen
Beschreiben Sie die Vor- und Nachteile der Unternehmenskonzentration!

82. (20') Externe Wirkungen - Wirtschaft
Betrachten Sie bitte die folgende Aufzählung von Gütern, die sogenannte externe Wirkungen - jeweils in Klammern - erzeugen!
a) Flugverkehr (Lärm, Luftverschmutzung)
b) Waschmittel (Gewässerverunreinigung)
c) Ingenieurausbildung (neue Erfindungen)
d) Typhus - Impfung (Vermeidung von weiteren Ansteckungen)
e) Lkw - Fernverkehr (erhöhte Straßenabnutzung)

82.1. Welche dieser externen Wirkungen erzeugen Kosten, die sich in der reinen Marktwirtschaft nicht im Marktpreis der Güter niederschlagen, deren Erzeugung oder Verbrauch diese Wirkungen erzeugen und deshalb von der Allgemeinheit getragen werden müssen?
82.2. Welche dieser externen Wirkungen kommen zwar der Allgemeinheit zugute, müssen aber in der reinen Marktwirtschaft vom Käufer der betreffenden Güter allein bezahlt werden?
82.3. Welche der oben genannten externen Wirkungen erzeugen Kosten, die sich in der reinen Zentralverwaltungswirtschaft nicht im Marktpreis der betreffenden Güter niederschlagen und daher von der Allgemeinheit getragen werden müssen?

83. (9') Jugendarbeitsschutz
Was bestimmt das Jugendarbeitsschutzgesetz (JAsG) über die Höchstarbeitszeit von Jugendlichen? In welchen Fällen darf diese Höchstarbeitszeit überschritten werden? Wie hoch darf eine eventuelle Überschreitung sein?

84. (9') Arbeitsrecht
Nennen Sie die Rechte des einzelnen Arbeitnehmers laut Betriebsverfassungsgesetz!

85. (12') Rechte und Pflichten des Arbeitgebers und -nehmers
Welche Grundpflichten bzw. -rechte umschließt das Arbeitsverhältnis für Arbeitgeber und Arbeitnehmer? Beschreiben Sie jeweils auch den Inhalt der von Ihnen genannten Punkte!

86. (7') Ende des Arbeitsverhältnisses
Wodurch kann ein Arbeitsverhältnis enden?

87. (9') Wirtschaftliche Angelegenheiten
Was sind "wirtschaftliche Angelegenheiten" im Sinne des Betriebsverfassungsgesetzes?

88. (9') Tarifpartner
In den Tarifverhandlungen werden u.a. Löhne ausgehandelt.
88.1. Wer kann Tarifpartner auf der Arbeitgeber- und wer auf der Arbeitnehmerseite sein?
88.2. Was verstehen Sie unter "Ecklohn" und welche Bedeutung nimmt er in einem Lohntarif ein?

89. (7') Tarifvertrag
Was versteht man unter einem Tarifvertrag? Welche Vorteile bietet er den Vertragspartnern?

90. (7') Arbeitslosigkeit
Unterscheiden Sie die einzelnen Arten der Arbeitslosigkeit!

91. (12') Presse - 624-DM - Gesetz
Nehmen Sie zu der nachstehenden Pressemeldung kritisch Stellung!

"FÜR VERKÜRZUNG DER LAUFZEIT BEI 624 - DM - VERTRAG

Bonn (VWD) - Einen gezielten Konsumstoß durch die einmalige Verkürzung der siebenjährigen Laufzeit von vermögenswirksamen Sparverträgen nach dem 624-DM-Gesetz auf fünf oder drei Jahre hat der SPD-Abgeordnete Dr. Uwe Jens vom Wirtschaftsausschuß des Bundestages empfohlen.

Im Volkswirtschaftlichen Pressedienst seiner Partei weist der Abgeordnete darauf hin, daß bei der jetzigen Laufzeit der Sparverträge 1977 etwa sechs Millionen Arbeitnehmer über jeweils 6000 DM verfügen werden. Natürlich werde nicht alles Geld sofort konsumiert, doch könnten immerhin dann rund 30 Milliarden DM zusätzlich in die Wirtschaft fließen. Ob allerdings 1977 hierfür der richtige Zeitpunkt sei, müsse bezweifelt werden. Konjunkturpolitisch erscheine es besser, wenn wenigstens ein Teil dieser gewaltigen Konsumnachfrage schon im laufenden Jahr der Wirtschaft zugute kommt. Um allerdings diesen Konsumstoß gezielt zu führen und nicht noch im nächsten Jahr zusätzliche Nachfrage zu schaffen, sollte die Fristenverkürzung und die prämienunschädliche Verwendung der Mittel nur für solche Sparverträge gelten, die bis zum 31. Dezember 1975 oder 31. Januar 1976 die entsprechenden Jahre alt geworden seien. Auf jeden Fall sei es wichtig, so unterstreicht Dr. Jens, daß die hierfür erforderliche Gesetzesänderung schnell verabschiedet werde."

92.(12') Rechtsgeschäfte

Der Abschluß von Rechtsgeschäften ist i.a. formfrei.

92.1. Nennen und erläutern Sie die möglichen Formen, ein Rechtsgeschäft abzuschließen!

92.2. Das Testament, der Antrag auf Eintragung ins Handelsregister, die Belastung eines Grundstückes bedürfen jeweils einer besonderen Abschlußform. Nennen Sie die jeweils vorgeschriebene Abschlußform und das Gesetz, welches sie vorschreibt und führen Sie weitere Beispiele an, wo Formvorschrift besteht!

93.(120') Volkswirtschaftslehre - Multiple Choice -

93.1. Zur Einteilung der Wirtschaftsgüter werden einige ihrer möglichen Eigenschaften herangezogen. Welche der folgenden Güter sind wirtschaftliche Güter?

(B) Knappe Güter
(C) Freie Güter
(D) Verbrauchsgüter
(E) Sachkapital
(F) Ausfuhrgüter

1/B	
1/C	
1/D	
1/E	
1/F	

93.2. Welches der unter 93.1. genannten Begriffe - 1/B bis 1/F trifft auf <u>jedes</u> wirtschaftliche Gut zu?

(B)
(C)
(D)
(E)
(F)

2/B	
2/C	
2/D	
2/E	
2/F	

93.3. Welche der folgenden Größen sind makroökonomische Größen?

(B) Verbrauch einer Volkswirtschaft
(C) Preis für Kühlschränke
(D) Ausfuhr der Maschinenindustrie

3/B	
3/C	
3/D	

(E) Investitionen einer Volkswirtschaft | 3/E
(F) Volkseinkommen | 3/F

93.4. Welche Größen lassen sich in einen Geldstrom eingliedern?
(B) Verbrauchsgüter | 4/B
(C) Verbrauchsausgaben | 4/C
(D) Zinsen | 4/D
(E) Arbeitsleistungen | 4/E
(F) Löhne | 4/F

93.5. Welche der nachstehend erwähnten Größen fallen in die Gruppe der Transferzahlungen?
(B) Direkte Steuern | 5/B
(C) Sozialrenten | 5/C
(D) Subventionen | 5/D
(E) Beiträge | 5/E
(F) Ruhegehälter | 5/F

93.6. Welche Größe muß vom Nettosozialprodukt zu Marktpreisen abgezogen werden, um das Volkseinkommen bzw. das Nettosozialprodukt zu Faktorkosten zu erhalten?
(B) Privater Verbrauch | 6/B
(C) Ausfuhr abzüglich Einfuhr | 6/C
(D) Indirekte Steuern abzüglich Subventionen | 6/D
(E) Abschreibungen | 6/E
(F) Staatlicher Verbrauch | 6/F

93.7. Das Nettosozialprodukt zu Faktorkosten enthält alle diejenigen Einkommen, die als Gegenwert für die Lieferung von Produktionsfaktoren an den volkswirtschaftlichen Herstellungsgang anzusehen sind. Welche der nachfolgenden Größen sind demnach im Nettosozialprodukt zu Faktorkosten enthalten?
(B) Indirekte Steuern | 7/B
(C) Unverteilte Gewinne der Kapitalgesellschaften | 7/C
(D) Ersparnis | 7/D
(E) Löhne und Gehälter | 7/E
(F) Faktoreinkommen des Staates aus Beteiligungen | 7/F

93.8. Welche wirtschaftlichen Aufgaben der am Wirtschaftsgeschehen Beteiligten werden in der Grundübersicht der volkswirtschaftlichen Gesamtrechnung aufgeführt?
(B) Produktion | 8/B
(C) Einkommenserzielung und -verwendung | 8/C
(D) Veränderung der Forderungen und Verbindlichkeiten | 8/D
(E) Vermögensbildung | 8/E
(F) Beziehung zum Ausland | 8/F

93.9. Für welche Zwecke kann die volkswirtschaftliche Gesamtrechnung ein nützliches Hilfsmittel darstellen?
(B) Für die Konjunktur- und Wachstumspolitik | 9/B
(C) Für die Einkommens- und Sozialpolitik | 9/C
(D) Für die Zahlungsbilanzpolitik | 9/D

(E) Für die Finanzpolitik	9/E
(F) Für die Geld- und Kreditpolitik	9/F

93.10. Welche Triebkräfte üben einen bedeutenden Einfluß auf die Verbrauchsausgaben aus?

(B) Die Höhe des Volkseinkommens	10/B
(C) Die Preisentwicklung, bzw. -steigerung	10/C
(D) Die Stellung des einzelnen in der Einkommensabstufung	10/D
(E) Die Bedingungen, unter denen Verbraucherdarlehen aufgenommen werden können	10/E
(F) Die Lage auf dem Arbeitsmarkt	10/F

93.11. Welche Größen setzt der durchschnittliche Anteil des privaten Verbrauchs zueinander in Beziehung?

(B) Gesamtverbrauch zur Gesamtersparnis	11/B
(C) Gesamteinkommen zum Gesamtverbrauch	11/C
(D) Gesamtersparnis zum Gesamteinkommen	11/D
(E) Gesamtverbrauch zum Gesamteinkommen	11/E
(F) Gesamtersparnis zum Gesamtverbrauch	11/F

93.12. Welche Beweggründe halten Sie für die Investitionsentscheidung für maßgebend?

(B) Marktzinssatz	12/B
(C) Gewinnerwartungen	12/C
(D) Investitionswagnis	12/D
(E) Preisentwicklung auf dem Investitionsgütermarkt	12/E
(F) Technische Entwicklung	12/F

93.13. Von welchen Einflüssen hängt es ab, ob sich ein geldwirtschaftliches Gleichgewicht einstellt?

(B) Vom Geldangebot	13/B
(C) Vom Marktzinssatz	13/C
(D) Von dem Streben, stets sofort zahlungsbereit zu sein	13/D
(E) Von der Verbrauchsgüternachfrage	13/E
(F) Von der Höhe der umsatzbereiten Kassenbestände	13/F

93.14. Unter welchen Bedingungen kann sich eine Deflationslücke einstellen?

(B) Nur im Zustand der Vollbeschäftigung	14/B
(C) Wenn die Sparneigung bei unveränderter Höhe der Nettoinvestitionen zunimmt	14/C
(D) Wenn die Verbrauchsneigung bei unveränderter Höhe der Nettoinvestitionen zunimmt	14/D
(E) Wenn die Sparneigung unverändert bleibt und die Höhe der Nettoinvestitionen abnimmt	14/E
(F) Wenn mit zunehmender Beschäftigung das Preisniveau steigt	14/F

93.15. Wodurch unterscheidet sich die staatliche wirtschaftliche Tätigkeit von der privaten?

(B) Den größten Teil der staatlichen Einnahmen machen marktmäßig erworbene Einnahmen aus	15/B

(C) Der Staat erzielt den größten Teil seiner Einnahmen aus Zwangsabgaben | 15/C
(D) Der Staat kann die Wirtschaft als Ganzes lenken | 15/D
(E) Der Staat stellt seine Güter und Dienste größtenteils kostenlos zur Verfügung | 15/E
(F) Der Staat ist als Unternehmer tätig | 15/F

93.16. Was läßt sich aus der Gliederung der Staatsausgaben nach verwaltungsmäßigen Gesichtspunkten ersehen?
(B) Sie zeigt, wie groß das Ausmaß des staatlichen Einsatzes in verschiedenen Sachbereichen ist | 16/B
(C) Sie läßt erkennen, welche Ausgaben von den einzelnen Verwaltungsbereichen getätigt worden sind | 16/C
(D) Sie stellt fest, ob die mit Hilfe von Staatsausgaben finanzierten Leistungen einzelnen Personen oder Personengruppen zugekommen sind | 16/D
(E) Sie versucht die unterschiedlichen wirtschaftlichen Wirkungen der öffentlichen Ausgaben zu erfassen | 16/E
(F) Sie zeigt, welche Staatsausgaben aus Krediten finanziert worden sind | 16/F

93.17. Die antizyklische Finanzpolitik will
(B) konjunkturelle Schwankungen über die Beeinflussung der Gesamtnachfrage ausgleichen | 17/B
(C) konjunkturelle Schwankungen über die Beeinflussung der Angebotsmenge in der betreffenden Volkswirtschaft ausgleichen | 17/C
(D) durch Erhöhung der Steuern alle konjunkturellen Schwankungen ausgleichen | 17/D
(E) durch Senkung der Steuern alle konjunkturellen Schwankungen ausgleichen | 17/E
(F) durch Senkung der Abschreibungssätze alle konjunkturellen Schwankungen ausgleichen | 17/F

93.18. Auf welche Weise können sich die Geschäftsbanken Zentralbankgeld verschaffen?
(B) Durch die Aufnahme von Lombardkrediten | 18/B
(C) Durch Kreditgewährung | 18/C
(D) Durch die Rediskontierung von Handelswechseln | 18/D
(E) Durch die Hingabe von Devisen an die Zentralbank | 18/E
(F) Durch den Ankauf von Geldmarktpapieren bei der Zentralbank | 18/F

93.19. Was kann die Zentralbank tun, wenn sie die inländische Zahlungsbereitschaft (Liquidität) verknappen will?
(B) Sie kann die Mindestreservesätze senken | 19/B
(C) Sie kann den Diskontsatz erhöhen | 19/C
(D) Sie kann verstärkt Offenmarktpapiere von den Geschäftsbanken kaufen | 19/D

(E) Sie kann die Mindestreservesätze erhöhen | 19/E
(F) Sie kann die Rediskontkontingente kürzen | 19/F

93.20. Welche der folgenden Umsätze werden auf der Aktivseite der Zahlungsbilanz verbucht?
(B) Käufe ausländischer Touristen im Inland | 20/B
(C) Zunahme des Goldbestandes bei der Zentralbank | 20/C
(D) Erträge aus Kapitalanlagen im Ausland | 20/D
(E) Wareneinfuhr | 20/E
(F) Kauf ausländischer Wertpapiere | 20/F

93.21. Welche Teilbilanzen der deutschen Zahlungsbilanz werden berührt, wenn die Bundesrepublik Deutschland unentgeltlich Maschinen in Entwicklungsländer liefert?
(B) Handelsbilanz | 21/B
(C) Bilanz der unentgeltlichen Übertragungen | 21/C
(D) Bilanz des kurzfristigen Zahlungsverkehrs (Kapitalverkehrs) | 21/D
(E) Bilanz des langfristigen Kapitalverkehrs | 21/E
(F) Devisenbilanz | 21/F

93.22. Welches der folgenden Güter kann unter keinen Umständen Produktionsfaktor sein?
(B) Flußwasser | 22/B
(C) Luft | 22/C
(D) das Holz eines zerbrochenen Stuhles | 22/D
(E) eine Büroklammer | 22/E
(F) Apfelsaft | 22/F

93.23. Der Vorteil der Arbeitsteilung besteht darin, daß sie meistens eine vergleichsweise höhere Güterversorgung gegenüber dem nichtarbeitsteiligen Zustand ermöglicht. Sie hat aber auch eine Reihe, ihr ganz besonders eigentümlicher Nachteile. Welche sind das?
(B) Verteuerung der arbeitsteilig hergestellten Güter | 23/B
(C) Entfremdung der an der Arbeitsteilung beteiligten Arbeitskräfte | 23/C
(D) Die Herstellung arbeitsteilig hergestellter Güter erfordert mehr Arbeitskräfte | 23/D
(E) Autarkieverlust | 23/E
(F) Verlängerung der Herstellungsdauer der arbeitsteilig gefertigten Güter | 23/F

93.24. Welche der folgenden Aussagen ist richtig?
(B) Von einem Oligopol spricht man dann, wenn es mehr als drei und weniger als fünf Anbieter gibt | 24/B
(C) Ein Oligopolist kann auf Grund seiner Marktstellung Kostensenkungen an seine Kunden nicht weitergeben | 24/C
(D) Da ein Oligopolist nicht ohne Wettbewerber ist, muß er jede Kostensenkung an seine Nachfrager weitergeben | 24/D

(E) Ein Oligopolist kann sich nur wie ein Mengenanpasser verhalten, wenn auch die übrigen Oligopolisten dasselbe Gut anbieten | 24/E | |

(F) Die Preisstarrheit auf Oligopolmärkten beruht zumindest teilweise auf der Furcht der Oligopolisten vor Preiskämpfen | 24/F | |

93.25. Bei welchem der folgenden Zustände liegt eindeutig ein Preisunterschied (Preisdifferenzierung) vor?

(B) Ein Arzt behandelt seine Freunde kostenlos | 25/B | |

(C) Ein Arzt berechnet für Nachtbesuche mehr als für Tagesbesuche | 25/C | |

(D) Ein Konzertveranstalter gewährt Schülern und Studenten einen 50 %-Nachlaß auf den Preis der Eintrittskarten | 25/D | |

(E) Die Bundesbahn erhebt von Schlafwagenbenutzern einen Schlafwagenzuschlag | 25/E | |

(F) Die Fahrpreise der Bundesbahnbusse sind höher als die der Postbusse | 25/F | |

Wirtschaftslehre

Literatur zur Wirtschaftslehre

für die Hand des Lehrenden und Lernenden :

- Mahr, W., Einführung in die allgemeine Volkswirtschaftslehre
- Samuelson, P.A., Volkswirtschaftslehre
- Böhm, F., Die Aufgaben der freien Wirtschaft
- Halm, G.N. Wirtschaftssysteme
- Müller-Armack, die soziale Marktwirtschaft, Theorie und Politik
- Paulsen, A., Allgemeine Volkswirtschaftslehre Bd.I, II, IV
- Paulsen, A., Allgemeine Wirtschaftslehre Bd. II
- Bassmann, K.F., Kartelle und Konzerne
- Hartmann, G., die Automation und unsere Zukunft
- Jakob, H., Produktions- und Kostentheorie
- Andreae, W., Geld- und Geldschöpfung
- Rittershausen, H., die Zentralnotenbank, ein Handbuch ihrer Instrumente, ihrer Politik und ihrer Theorie
- Stobb, A. Volkswirtschaftliches Rechnungswesen
- Baier, C.G., Allgemeine Volkswirtschaftslehre II
- Weddigen, W., Allgemeine Finanzwissenschaft nebst einen Überblick über das Steuersystem der Bundesrepublik Deutschland
- Arbeitsgesetze, Textausgabe mit einer Einführung von G. Etzel, Bundeszentrale für politische Bildung, Bonn (Hrsg.)

I. 2. Betriebslehre

94.(15') Kosten - Kosten pro Maschinenstunde - Kosten je Werkstück

Das Unternehmen Huber K.G. produziert mit einer Maschine, deren Beschaffung und Installation 80 000,-- DM kostete. Von einem 6 kW - Motor angetrieben, ist die Maschine 8 Stunden am Tag, 5 Tage in der Woche und 40 Wochen im Jahr im Betrieb. Man setzt voraus, daß die Maschine 10 Jahre im Einsatz ist. Das Anlagekapital soll sich mit 9 Prozent verzinsen. Die Maschine hat einen Raumbedarf von 9 m^3. Die Raumkosten im Betrieb belaufen sich auf 45,-- DM je m^3 und je Jahr. Die Energiekosten betragen 0,10 DM pro kWh. Für die Instandhaltung der Maschine rechne man mit 6 % des Anschaffungswertes pro Jahr.

Ermitteln Sie:

94.1. die Fixkosten,

94.2. die Kosten pro Jahr,

94.3. die Kosten pro Maschinenstunde,

94.4. die Maschinenkosten eines Werkstückes bei einer Bearbeitungszeit von 50 min!

95.(20') Kosten - Grenzstückzahl

Für das Entfetten eines Werkstückes werden bei normaler Leistung pro Einheit 20 min benötigt. Der Arbeiter erhält einen Stundenlohn von 9 DM. Die Kosten der Einrichtung des Arbeitsplatzes betragen 300,-- DM. Da die Stückzahl steigt, wird die Anschaffung einer Vorrichtung, mit der die Zeit / Einheit auf 5 min reduziert werden könnte, erwogen. Der Lohn würde sich durch Änderung der Lohngruppe auf 7,50 DM belaufen. Die Einrichtungskosten für den neuen Arbeitsplatz betragen 2 100,-- DM.

95.1. Wie hoch sind die reinen Lohnkosten pro Stück bei Handarbeit?

95.2. Wie hoch sind die Lohnkosten/Stück mit der Vorrichtung?

95.3. Wie hoch sind die Gesamtkosten/Stück, wenn insgesamt 5000 Stück gefertigt werden bei Handarbeit und mit der Vorrichtung?

95.4. Ermitteln Sie die Grenzstückzahl!

96. (12') Verfahrensvergleich

Um ein Werkstück zu bearbeiten, stehen zwei Verfahren zur Verfügung. Bei dem ersten Verfahren dauert die Bearbeitung 30 min bei einem Arbeitsstundenlohn von 12,-- DM. Die Einrichtung des Arbeitsplatzes kostet 500,-- DM. Bei dem zweiten Verfahren dauert die Bearbeitung 6 min bei einem Stundenlohn von 8,-- DM. Der Arbeitsplatz verursacht hierbei 30 000,-- DM Kosten. Ab welcher Stückzahl ist das zweite Verfahren rentabel (rechnerische und zeichnerische Lösung)?

97. (12') Kostenrechnung

In einer Abrechnungsperiode hatte ein Betrieb Materialkosten in Höhe von 231 000,-- DM. Die nur auf Material verrechneten Gemeinkosten betrugen 27 %. Der Betriebsinhaber hatte bei der Zusammenstellung seiner Gemeinkosten die kalkulatorischen Zinsen in Höhe von 3 750,-- DM vergessen. Mit welchem Zuschlagsprozentsatz muß kalkuliert werden, damit die Gemeinkosten in voller Höhe gedeckt werden?

98. (15') Kosten

Eine Fräsmaschine kostet einschließlich Installation 56 000,-- DM. Sie wird durch einen 8-kW-Motor angetrieben. Das Anlagekapital soll sich mit 8 Prozent verzinsen. Die Maschine besitzt eine betriebliche Lebensdauer von 10 Jahren. Die Kosten für geleistete elektrische Arbeit betragen 0,15 DM/kWh. Falls die Maschine in Betrieb ist, muß mit 4 Prozent vom Maschinenneuwert für Pflege und Reparatur pro Jahr gerechnet werden.Bestimmen Sie 98.1. die jährlichen Fixkosten, 98.2. die jährlichen variablen

Kosten, wenn die Maschine an 40 Jahresarbeitswochen zu je 5 Arbeitstagen 8 Stunden im Einsatz ist,

98.3. die Gesamtkosten für eine Maschinenstunde bei jährlich 1 600 Einsatzstunden!

98.4. Wieviel Stunden im Jahr müßte nach obigen Angaben die Maschine jährlich im Einsatz sein, damit die Maschinenkosten 5 DM/h betragen?

99. (15') Kosten

Zur Ermittlung der Maschinenkosten pro Stunde eines Bohrwerkes liegen folgende Daten vor:

Anschaffungspreis des Bohrwerkes	180 000,-- DM
Lebensdauer der Anlage mit linearer Abschreibung	20 Jahre
Jahresnutzungsstunden	1 400 Stunden
Zinssatz	8 Prozent
Energiebedarf der Anlage	15 kW
Stromkosten	0,10 DM
Pflege und Reparatur bezogen auf die Energiekosten	10 Prozent

99.1. Bestimmen Sie die Fixkosten und die variablen Kosten für den Zeitraum eines Jahres!

99.2. Berechnen Sie die Kosten für eine Maschinenstunde!

99.3. Wieviel Stunden müßte die Maschine jährlich im Einsatz sein, um die Maschinenkosten auf 16 DM/h zu senken?

100. (15') Kosten - Maschinenstundensatz

Zur Ermittlung des Maschinenstundensatzes und der Maschinenkosten je Stück sind folgende Daten bekannt:

Anschaffungswert der Maschine	90 000,-- DM
Wirtschaftliche Einsatzzeit	10 Jahre
Nutzungszeit pro Jahr	1 600 Stunden
Verzinsung pro Jahr	9 Prozent
Raumbedarf	6 m^3
Raumkosten pro m^3 und Jahr	35,-- DM
geleistete elektrische Arbeit	0,10 DM/kWh
elektrische Arbeit	5 kWh
Instandhaltung in Prozenten vom Beschaffungswert pro Jahr	8 Prozent

100.1. Wie hoch sind die Kosten pro Jahr und je Stunde?

100.2. Ermitteln Sie die Maschinenkosten pro Stück, wenn die Bearbeitungsdauer je Stück sich auf 35 min beläuft!

101. (10´) Abschreibungen

Führen Sie eine tabellarische Gegenüberstellung der linearen und der degressiven Abschreibung für folgende Daten durch:

Abschreibungsprozentsatz linear	10 Prozent
Abschreibungsprozentsatz degressiv	20 Prozent
Anfangswert	500 000 DM
Nutzungsjahre	5!

102. (7´) Kalkulation

Geben Sie die Berechnung der Zuschlagprozentsätze für die Zuschlagskalkulation an!

103. (7´) Kosten

Stellen Sie graphisch den Verlauf von progressiven, proportionalen, degressiven, fixen und intervall-fixen Kosten dar!

104. (7´) Kosten

Unterscheiden Sie Kostenart und Kostenstelle!

105. (7´) Kalkulation

Erklären Sie den Begriff Kalkulation!

106. (9´) Kalkulation

Unterscheiden Sie stichwortartig : Divisionskalkulation - Äquivalenzrechnung - Zuschlagskalkulation!

107. (7´) Kalkulation

Erklären Sie die Notwendigkeit der betrieblichen Kalkulation!

108. (7´) Betriebsabrechnung

Kennzeichnen Sie den prinzipiellen Aufbau des Betriebsabrechnungsbogens!

109. (5´) Liquidität

Erklären Sie den Begriff Liquidität!

110. (20´) Betriebsabrechnung

Kostenstellen / Kostenarten	Zahlen der Buchhaltung DM	Materialstelle DM	Fertigungsstellen A DM	B DM	C DM	Verwaltung DM	Vertrieb DM
Gemeinkosten, Gemeinkostenlöhne	______	430	12 200	3 270	6 900	620	1 380
Gehälter	______	5 700	8 600	5 600	3 200	21 100	3 900
Sozialabgaben	______	1 270	7 800	4 900	2 530	2 300	1 400
Hilfs- u. Betriebsstoffe	______	400	10 300	5 400	2 900	350	250
Fremdstrom, -gas, -wasser	______	510	1 800	4 200	1 500	690	200
Steuern, Gebühren, Beiträge, Versich.	______	350	1 600	3 900	950	2 100	1 000
Bürobedarf	______	80	-	20	-	900	300
Verschiedene Gemeinkosten	______	1 100	600	200	300	800	1 800
Kalkulatorische Kosten: Abschreibungen, Zinsen, Unternehmerlohn	______	1 300	2 400	10 700	3 800	2 100	600
Summe der Gemeinkosten	______	______	______	______	______	______	______
Fertigungsmaterial	______	148 500					
Materialgemeinkostensatz		______					
Fertigungslöhne	______		53 320	15 280	22 100	Herstellkosten ______	Herstellkosten ______
Fertigungsgemeinkostensätze			______	______	______		

Verwaltungsgemeinkostensatz							
Vertriebsgemeinkostensatz							

Ermitteln Sie aus dem BAB und anhand der folgenden Angaben den Nettopreis!

Kostenart	Zuschlagssatz in %	Betrag DM	Betrag DM	
Fertigungsmaterial		1 338,--		
Materialgemeinkosten				
Materialkosten				
Fertigungslöhne Stelle A		480,--		
Fertigungsgemeinkosten				
Fertigungslöhne Stelle B		138,--		
Fertigungsgemeinkosten				
Fertigungslöhne Stelle C		199,--		
Fertigungsgemeinkosten				
Fertigungskosten				
Herstellkosten				
Verwaltungskosten				
Vertriebskosten				
Gewinn- und Risikozuschlag = 8 %	8			
Treuerabatt (Mengenrabatt)	6			
Mehrwertsteuer	11			
Skonto	3			

Nettopreis

111. (12') Zuschlagskalkulation
Stellen Sie graphisch die Abhängigkeit zwischen den Gemeinkosten, den Fertigungslohnkosten, den Fertigungsmaterialkosten und den Fertigungsmaterialgemeinkosten einerseits und der Leistung bei linearem Leistungslohn andererseits dar!

112. (7') Kalkulation
Unterscheiden Sie Vor-, Zwischen- und Nachkalkulation!

113. (7') Betriebsvermögen
Erläutern Sie den Begriff Betriebsvermögen, und geben Sie die Zusammensetzung an!

114. (9') Statistik
Beschreiben Sie die Formen statistischer Darstellung, und erläutern Sie ihre Anwendung!

115. (7') Betriebsorganisation
Geben Sie die Merkmale eines Betriebes an!

116. (7') Betriebsorganisation
Erklären Sie "Stabstellen" und "Querverbindungen"!

117. (7') Betriebsorganisation
Führen Sie eine Gegenüberstellung des Linien- und des Funktionalsystems durch!

118. (7') Betriebsführung
Kennzeichnen Sie den Begriff Kompetenz, und zeigen Sie seine Probleme auf!

119. (7') Betriebsorganisation
Zeigen Sie anhand eines Beispieles auf, daß man von einem Mitarbeiter sagen kann, er habe Verantwortung!

120. (9') Betriebsorganisation
Nennen Sie die Vorteile der betrieblichen Überwachung für Arbeitgeber und Arbeitnehmer!

121. (7´) Betriebsorganisation
Erläutern Sie die Gründe, die zu den verschiedenen betrieblichen Unternehmensformen führen!

122. (7´) Betriebsorganisation
Wie entsteht in einem Betrieb Über-, bzw. Unterorganisation?

123. (7´) Betriebsführung
Was muß ein "Chef" tun, damit er immer einen guten Stellvertreter hat?

124. (9´) Betriebsführung
Kennzeichnen Sie den Zusammenhang zwischen Aufgabe - Verantwortung - Kompetenz!

125. (7´) Betriebsführung
Was verstehen Sie unter "Informations- und Orientierungspflicht"?

126. (9´) Arbeitsplatzgestaltung
Geben Sie fünf arbeitsphysiologische Grundregeln an, die bei der Arbeitsplatzgestaltung zu beachten sind!

127. (7´) Warenschutz
Wie kann man sich gegen unbefugten Nachbau seiner Erzeugnisse schützen?

128. (7´) Warenschutz
Was ist Ihnen über den Begriff Patent bekannt?

129. (7´) Warenschutz
Erklären Sie die Bedeutung "eingetragenes Warenzeichen"!

130. (12´) Verteilzeitaufnahme
In der Fräserei eines Betriebes sollen die Verteilzeitzuschläge neu festgelegt werden. Eine Verteilzeitaufnahme erstreckte sich über 40 Stunden und ergab die in der Tabelle angegebenen Zeiten:

Ablaufabschnitt	min	G	V_{sk}	V_{sv}	V_p	Er	N	F
Verspäteter Arbeitsbeginn	18							
Lohn empfangen und prüfen	15							
Arbeitsplatz vorbereiten	8							
Säubern des Arbeitsplatzes am Schichtende	10							
Arbeitsmittel empfangen	21							
Heizung/Lüftung regeln	14							
Längerer Energieausfall	68							
Erholungszeiten planmäßig	50							
Summe der Grundzeiten	1 960							
Kleine Störungen im Arbeitsablauf	19							
Austreten	66							
Privatgespräche mit Kollegen	14							
Dienstgespräch mit Meister	65							
Sonst. sachliche konstante Verteilzeiten	72							

130.1. Errechnen Sie die einzelnen Verteilzeitprozentsätze Z_{sk}, Z_{sv}, Z_p!

130.2. Mit welchem Verteilzeitprozentsatz Z_v muß künftig gerechnet werden?

131. (15') Zeitaufnahmenauswertung

An Druckgußteilen wird mittels einer Feile der Außengrat manuell entfernt. Während des Feilvorganges befindet sich das Werkstück auf der Werkbank in einer Haltevorrichtung. Es besteht eine Abhängigkeit zwischen der Gratlänge und der für die Beseitigung des Grates verbrauchten Zeit. Es kommen Gratlängen zwischen 800mm und 40 mm vor. Durchgeführte Zeitaufnahmen haben folgende Werte geliefert:

Nr. der Aufnahme	Gratlänge mm	Zeit min
1	50	0,08
2	80	0,09
3	110	0,10
4	275	0,18
5	350	0,22

Nr. der Aufnahme	Gratlänge mm	Zeit min
6	415	0,26
7	480	0,28
8	501	0,31
9	600	0,32
10	640	0,35

131.1. Tragen Sie die Ergebnisse der Zeitaufnahme in ein Diagramm ein und zeichnen Sie die Ausgleichsgerade!

131.2. Erstellen Sie die Zeitformel und kennzeichnen Sie t_1, t_2, x_1 und x_2!

131.3. Ermitteln Sie zeichnerisch und rechnerisch t_g für eine Gratlänge von 520 mm!

132.(15′) Solltaktzeit - Isttaktzeit - Taktausgleichszeit

Firma Hubert KG stellt feinmechanische Produkte in Fließfertigung her. Die Montagefließreihe für das Produkt A besteht aus 8 Vorgängen (= 8 Arbeitsplätze) und es wird von einer Sollmenge von 150 Stück pro Schicht ausgegangen. Pro Arbeitsvorgang werden folgende Fertigungsnormalzeiten ermittelt:

Vorgang 1	2,8 min	Vorgang 5	2,9 min
Vorgang 2	3,2 min	Vorgang 6	3,0 min
Vorgang 3	3,0 min	Vorgang 7	3,2 min
Vorgang 4	3,1 min	Vorgang 8	2,8 min

132.1. Stellen Sie das Fließband schematisch dar!

132.2. Ermitteln Sie die Solltaktzeit!

132.3. Ermitteln Sie die Isttaktzeit für eine Schichtzeit von 450 min und einem Bandwirkungsfaktor f = 0,94!

132.4. Ermitteln Sie die Taktausgleichszeit!

133.(7′) Normallohn - Effektivlohn

Nach Einführung der analytischen Arbeitsbewertung ergeben sich für einen Arbeitsplatz folgende Rangplatz - Nummern:

Anforderungsart	Rangplatz - Nr. nach REFA	Gewichtungsfaktor
Kenntnisse	55	1,0
Geschicklichkeit	35	0,6
Verantwortung	40	0,5
geistige Belastung	45	0,8

körperliche Belastung	25	0,4
Umgebungseinflüsse	20	0,4

Arbeitswertsumme: ________

Der höchste betriebliche Normallohn von 10,20 DM wird für den Arbeitswert 21 gezahlt. Der niedrigste Normallohn beträgt 6,00 DM. Der Arbeitnehmer erreicht einen Zeitgrad von 125 %.

133.1. Ermitteln Sie den Lohn pro Arbeitswert!

133.2. Bestimmen Sie den Normallohn für o.a. Arbeitsplatz!

133.3. Berechnen Sie den Effektivlohn!

134.(12') Auswertung einer Multimomentaufnahme

In einer Kunststoffspritzerei werden 20 Maschinen gleicher Grössenordnung zu einer Gruppe zusammengefaßt. Für Planungszwecke soll der Anteil folgender Ablaufarten bestimmt werden:

1. Maschine produziert,
2. Maschine produziert nicht,
3. Maschine wird gerüstet und
4. Sonstiges, und nicht erkennbar!

Für die Ermittlung der Ablaufarten wurde eine Multimomentaufnahme gemacht, deren Ergebnis auf dem Aufnahmebogen MM2 aufgeschrieben ist (s. nächste Seite)

134.1. Werten Sie die Aufnahme aus!

134.2. Bestimmen Sie die absolute Genauigkeit "f" in %!

134.3. Für die Ablaufart "Maschine produziert" soll die absolute Genauigkeit mindestens 2 % bei 95 % Aussagewahrscheinlichkeit betragen. Treffen Sie gegebenenfalls die erforderlichen Maßnahmen!

135.(15') Fließfertigung

Für die Herstellung eines Werkstückes hat sich die Auftragszahl so vergrößert, daß der Betrieb die Einrichtung einer Fließstrasse plant. Die Fertigung erfordert 6 Arbeitsgänge mit folgenden Zeiten: AG - Nr. 1 = 5 min, Nr. 2 = 4 min, Nr. 3 = 7 min, Nr. 4 = 7,5 min, Nr. 5 = 10 min, Nr. 6 = 4,5 min.

In einer Schicht sollen 500 Werkstücke hergestellt werden.

135.1. Bestimmen Sie die Taktzeit bei 480 min Schichtzeit!

135.2. Berechnen Sie die Zahl der erforderlichen Arbeitsplätze und Arbeitskräfte!

135.3. Wie ist die Verteilung der AG auf die Arbeitsplätze?

M M 2 (2)	Multimomentaufnahmebogen für zusammengefaßte Aufschreibungen	Beobachter: X geprüft : X	Datum: 16.02.1976

Ablaufart / Rundgang	Tag	16.2.76						17.2.76						18.2.76						19.2.76							Ergebnisse			
	Nr.	1	2	3	4	5	6	7	8	9	10	11	12	13	14	15	16	17	18	19	20						Anzahl	Über-trag	Summe	Anteil p in %
Nr.	Bezeichnung / Zeit	7.14	8.29	9.15	11.16	13.48	15.01	7.58	9.36	11.56	13.04	14.14	14.41	8.01	10.04	12.03	13.28	14.28	15.15	6.27	6.58									
1	Maschine produziert	卌	卌	卌	卌	卌	卌	卌	卌	卌	卌	卌	卌	卌	卌	卌	卌	卌	卌	卌	卌									
		卌	卌	卌	卌	卌	卌	卌	卌	卌	卌	卌	卌	卌	卌	卌	卌	卌	卌	卌	卌									
		||||	||	|||	|||	卌	||||	||||	||	||||	||	||	卌	|	|||	||	|||	|||	||	||	||||									
2	Maschine produziert nicht	|||	||||	||||	||	|||	|||	|||	|||	|||	||||	|||	||	卌	||	||||	||||	|||	||||	||||	||									
3	Maschine wird gerüstet	||	|||	||	|||	|	||	|	||||	||	||	|||	||	|||	||	|||	||	||	||	|||	|||									
4.	Sonstiges, und nichterkennbar	|	|	|	||	|	|	||	|	|	||	||	|	|	|||	|	|	||	||	|	|									
Beobachtungen je Rundgang n_R																														100,0

(2a) Ablaufart / Rundgang	Tag	19.2.76				20.2.76						23.2.76						24.2.76									Ergebnisse			
	Nr.	21	22	23	24	25	26	27	28	29	30	31	32	33	34	35	36	37	38	39	40						Anzahl	Über-trag	Summe	Anteil p in %
Nr.	Bezeichnung / Zeit	7.02	9.12	10.39	12.22	7.18	9.03	11.02	13.20	14.53	15.55	8.26	9.14	10.11	12.36	13.58	15.18	7.58	9.09	11.24	12.38									
1.	Maschine produziert	卌	卌	卌	卌	卌	卌	卌	卌	卌	卌	卌	卌	卌	卌	卌	卌	卌	卌	卌	卌									
		卌	卌	卌	卌	卌	卌	卌	卌	卌	卌	卌	卌	卌	卌	卌	卌	卌	卌	卌	卌									
		III	卌	II	IIII	III	卌	III	II	III	卌	II	卌	III	IIII	I	III	卌	II	IIII	III									
2.	Maschine produziert nicht	III	II	IIII	III	III	II	III	IIII	III	II	III	II	III	III	IIII	II	III	III	II	III									
3.	Maschine wird gerüstet	III	I	III	II	II	III	II	II	II	I	III	II	II	II	III	II	I	III	II	III									
4.	Sonstiges, und nicht erkennbar	I	II	I	I	II		II	II	II	II	II	I	II	I	II	III	I	II	II	I									
	Beobachtungen je Rundgang n_R																													100,0

136.(12') Zeitaufnahmeauswertung für Abläufe mit Wiederholungen

Beim Bearbeiten von Scheiben für den Getriebebau durch Drehen wurde die Zeitaufnahme (s. nächste Seite) gemacht.

136.1. Stellen Sie fest, ob die Genauigkeit der Aufnahme in dem geforderten Bereich $\varepsilon' = \pm 5$ % liegt und damit die Werte als Grundlage für einen Zeitkatalog verwendet werden können (zyklusweise Auswertung nach dem REFA - Standardprogramm)!

136.2. Bei gegebener Grundzeit t_g sollen die Verteilzeit, die Zeit je Einheit, die Ausführungszeit für 200 Scheiben und die Auftragszeit T ermittelt werden!

137.(9') Graphische Zeitermittlung

An einer Brennmaschine werden laufend einzelne Scheiben von 100 bis 500 mm Durchmesser bei einer Werkstoffdicke von 10, 15 und 20 mm ausgebrannt. Die Schnittleistungen pro Meter betragen bei einer Dicke von 10 mm - 7,2 min, von 15 mm - 8,0 min, von 20 mm - 9,2 min. Die Nebenzeit je Scheibe beläuft sich auf 1,2 min, die Verteilzeit ist 15 % t_g (t_{er} = 0 %).
Zeichnen Sie ein Diagramm, aus dem die t_e- Werte für die Durchmesser 100 bis 500 mm direkt ohne Zwischenrechnungen abgelesen werden können! Zeitmaßstab : 1 min = 5 mm (y-Achse)
Längenmaßstab:10 cm = 10 mm(x - Achse)

138.(5') Arbeitsbewertung

Erläutern Sie den Unterschied zwischen der summarischen und der analytischen Arbeitsbewertung!

139.(5') Anforderungsarten

Kennzeichnen Sie die Anforderungsarten nach REFA!

140.(12') Effektivlöhne

In einem Betrieb werden 3 neue Arbeitsplätze eingerichtet. Die Arbeitsplatzbewertung ergibt folgende Werte:
Arbeitsplatz A erhält die Wertzahl 7,2; Arbeitsplatz B die Wertzahl 16,4; Arbeitsplatz C die Wertzahl 18,8. Der höchste betriebliche Arbeitswert ist 26. Der höchste betriebliche Normallohn beträgt 10,80 DM, der niedrigste tarifliche Normallohn beträgt 6,80 DM.

Z2 neu	**REFA-Zeitaufnahmebogen** (3) für Abläufe mit Wiederholungen	Ablage-Nr. Blatt 1 von 1 Blättern

zu Aufgabe 136

Arbeitsaufgabe Scheiben drehen			
Auftrag Nr. 136	Menge m des Arbeitsauftrages 200	Abteilung Dreherei	Kostenstelle 782/03
Datum der Zeitaufnahme 17.11.75	Beginn Uhrzeit Menge 15^{00}	Ende Uhrzeit Menge 16^{00}	Dauer 60 min

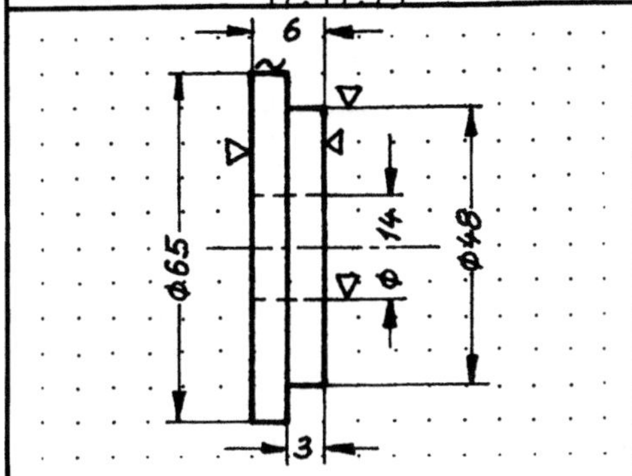

Zusammenstellung der Zeit je Einheit	Zeit in min/h	Herkunft
Grundzeit t_g	3,758	
Erholungszeit t_{er} bei z_{er} = 0 %		
Verteilzeit t_v bei z_v = 15 %		
sonstige Zuschläge		
Zeit je Einheit t_{e1}		
$t_{e1}/t_{e100}/t_{e1000}$ in min/h		
Rüstzeit t_r in min/h	15	

Arbeitsverfahren und Arbeitsmethode

Der Dreher spannt die Rundstahlscheibe ein und richtet sie aus; er schiebt mit dem Reitstock den Bohrer an die Scheibe und bohrt das Loch mit Handvorschub. Der erste Stahl wird in den Stahlhalter eingesetzt u. die rechte Seite der Scheibe geplant. Nach dem Stahlwechsel wird der Ansatz gedreht, anschließend wieder der Stahl gewechselt und alle Kanten gebrochen. Die Scheibe wird ausgespannt u. abgelegt. (linke Seite wird in späterem Arbeitsgang geplant)

Arbeitsgegenstand (Eingabe): Benennung	Werkstoff	Zustand bei Eingabe	Zeichn.-Nr.	Werkstoff Nr.	Maße, Formen, Gewichte
Rundstahl Ø 65X8	Ck22	roh	403	-	

Mensch: Name	Personalnummer	m	w	Alter	Dauer der Ausübung ähnlicher Aufgaben	Dauer der Ausübung der untersuchten Aufgabe
Kleber, Alfons	703244	x			8 Jahre	4 Wochen

Betriebsmittel: Benennung, Type	Anzahl	Betriebsmittel-Nr.	Baujahr	technische Daten, Zustand
Gazeneuve-Drehmaschine	1	35	1968	gut
mit norm. Spannfutter				
Schieblehre	1			gut

Umgebungseinflüsse	Entlohnung Akkord

Bemerkungen

35

Qualität des Arbeitsergebnisses gut

Bearbeiter Vanhagen	geprüft Vanhagen	Datum 20.11.75	gültig ab 24.11.75	bis

Nr.	Ablaufabschnitt und Meßpunkt	Bez.-menge	Einflußgröße	Meßwert, Klasse	Zy / m_z	1	2	3	4	5	6	7	8	9	10	11	12	13	14	15	$\Sigma L/n$ / $\Sigma t_i/n$	$\bar{L}$ / $\bar{t_i}$	$t=\frac{\bar{L}}{100}\bar{t_i}$	Zeit-art
1	Rundstahl Ø65x8 aufnehmen, einspannen u. ausrichten(normales Futter)	1	Weg	50cm	L	105	110	115	115	105	110	110	115	105	110									
			(3a)		t_i																			
	Schlüssel ablegen				F	19	625	917	1170	1434	1715	2007	2298	2610	2920									
2	Ø14 Bohren von Hand 8mm lg,Reitstock zurück		n=500	1/min	L	105	105	100	110	110	100	105	100	105	110									
			s von Hand		t_i																			
	Reitstock loslassen				F	88	680	979	1225	1496	1775	2073	2358	2675	2971									
3	Stahl mit Halter einsetzen u.planen mit autom.		n=500	1/min	L																			
	Vorschub		s=0,1	mm	t_i																			
	Maschine ausschalten				F	145	745	1038	1275	1551	1836	2143	2426	2736	28									
4	Stahlwechsel														●									
	Ansatz drehen		- - - - - -		L	100	105	100	100	105	105	100	105	105	100									
					t_i																			
	Maschine ausschalten				F	224	825	1117	1358	1643	1917	2226	2513	2807	114									
5	Stahlwechsel													●										
	Kantenbrechen		3 Stück		L	105	105	100	100	105	105	100	105	105	100									
					t_i																			
	Maschine ausschalten				F	267	862	1147	1388	1679	1953	2260	2553	2877	143									
6	Scheibe ausspannen					⊗	×		×		×		×											
	und ablegen				L	110	105	110	105	105	110	110	105	105	110									
					t_i																			
	ablegen				F	593	895	1155	1417	1692	1988	2279	2588	2898	160									
					L																			
					t_i																			
					F																			
					L																			
					t_i																			
					F																			
					L																			
					t_i																			
					F																			
					L																			
					t_i																			
					F																			

n =	k =	Summe der Zeiten je Zyklus t_z	Σt
$\bar{t_z} = \Sigma t_z/n =$ / =		Spannweite je Zyklus R_z	
$\bar{R_z} = \Sigma R_z/k =$ / =		$z = (\bar{R_z}/\bar{t_z})\,100\,\% = ($ / $)\,100\,\% =$ %	$\varepsilon =$ % $\varepsilon' = \pm$ 5 % $n' =$

Nr/Zy	von	bis	Dauer	zusätzliche Ablaufabschnitte	Nr/Zy	von	bis	Dauer	
6/1	293	593		austreten	5/9				Stahlhalter klemmt
×				messen	●				Schlüssel zum Ko llegen gereicht

Errechnen Sie die Effektivlöhne der Arbeitsplätze A, B und C bei einem Zeitgrad von 125 %!

141.(20') Fließfertigung

Fa. Müller & Co. stellt ein Produkt in Fließfertigung her. Am Hauptmontageband werden 5 Arbeitsgänge mit nachstehenden Fertigungsnormalzeiten ausgeführt:
Arbeitsgang - Nr. 1 : 3,0 min, Arbeitsgang - Nr. 2 : 6,0 min,
Arbeitsgang - Nr. 3 : 9,0 min, Arbeitsgang - Nr. 4 : 3,0 min und
Arbeitsgang - Nr. 5 : 2,8 min.
An der Stelle 4 mündet ein Zubringerband mit einer Baugruppe am Hauptband ein und hat folgende Fertigungsnormalzeiten:
Arbeitsgang - Nr. 1 : 2,9 min, Arbeitsgang - Nr. 2 : 3,0 min,
Arbeitsgang - Nr. 3 : 6,0 min, Arbeitsgang - Nr. 4 : 5,9 min.

141.1. Stellen Sie das Fließband schematisch dar, und bezeichnen Sie die Hauptmerkmale!

141.2. Bestimmen Sie für das Hauptmontageband die Solltaktzeitvorgabe bei einem Bandwirkungsgrad von 0,91, die Isttaktzeit bei einer Leistungserwartung von 125 % und die erforderliche Anzahl von Arbeitspersonen bei einer Mengenleistung von 420 Stück pro Schicht!

142.(20') Auswertung von Zeitaufnahmen

Für ein neu in die Fertigung aufgenommenes Produkt müssen die Vorgabezeiten mit Hilfe von Zeitaufnahmen ermittelt werden. Zu diesem Zweck wurde für einen Arbeitsvorgang vorliegende Zeitaufnahme durchgeführt (s. nächste Seite).

Zeitmeßverfahren	Fortschrittzeitmessung
Aufnahmetechnik	Wechselnde Ablauffolge, d.h. Ablaufabschnitt 1 und 6 in reihenweiser, Ablaufabschnitt 2,3,4 und 5 in zyklischer Ablauffolge
Leistungsgradbeurteilung	Ablaufabschnitt 1 und 6 je einmal pro Ablaufabschnitt Ablaufabschnitt 2, 3, 4 und 5 in periodischen Abständen
Erholzeitprozentsatz	$Z_{er} = 2$ %
Verteilzeit - %	$Z_v = 14$ %
Stückzahl m	m = 1 100
Rüstzeit	$t_r = 36$ min

142.1. Werten Sie die Zeitaufnahme aus und bestimmen Sie die Zeit je Einheit

142.2. Berechnen Sie T!

Z2 neu	REFA-Zeitaufnahmebogen für Abläufe mit Wiederholungen (4)	Ablage-Nr. / Blatt 1 von 1 Blättern

zu Aufgabe 142

Arbeitsaufgabe: Gleitrollengehäuse montieren			
Auftrag Nr. 40325	Menge m des Arbeitsauftrages 1100	Abteilung Montage	Kostenstelle 532
Datum der Zeitaufnahme 18.11.75	Beginn Uhrzeit/Menge 21	Ende Uhrzeit/Menge 30	Dauer

Zusammenstellung der Zeit je Einheit	Zeit in cmin/min/h	Herkunft
Grundzeit t_g		
Erholungszeit t_{er} bei z_{er} = 2 %		
Verteilzeit t_v bei z_v = 14 %		
sonstige Zuschläge		
Zeit je Einheit t_{e1}		
$t_{e1}/t_{e100}/t_{e1000}$ in min/h		
Rüstzeit t_r in min/h	36	

Arbeitsverfahren und Arbeitsmethode

Gehäuse aus Transportkasten entnehmen und in Montagevorrichtung einlegen.
Rollen aus Transportkasten entnehmen, prüfen und in Gehäuse einlegen.
Befestigungsbügel aufsetzen und mit Muttern und Splinten befestigen.
Fertig montierte Gehäuse in Transportkasten ablegen.

Arbeitsgegenstand (Eingabe)

Benennung	Werkstoff	Zustand bei Eingabe	Zeichn.-Nr.	Werkstoff Nr.	Maße, Formen, Gewichte
Gleitrollen-Gehäuse	Stahlguß	bearbeitet	4521		5,0 kg
Rollen	Stahl	geschliffen	4521		0,5 kg
Bügel	Stahl	roh	4521		0,8 kg
Scheiben, Muttern, Splinte	Stahl	normal			

Mensch

Name	Personalnummer	m	w	Alter	Dauer der Ausübung ähnlicher Aufgaben	Dauer der Ausübung der untersuchten Aufgabe
Weber	0230	x		35	1 Jahr	

Betriebsmittel

Benennung, Type	Anzahl	Betriebsmittel-Nr.	Baujahr	technische Daten, Zustand
Montageverrichtung	1	131	72	gut
Schlosserwerkzeuge				

Umgebungseinflüsse: normaler Arbeitslärm	Entlohnung: Akkordlohn
Bemerkungen:	
Qualität des Arbeitsergebnisses: gut	
Bearbeiter: Zeitmann; geprüft: [signature]	Datum 25.11.75; gültig ab 28.11.75 bis

Nr.	Ablaufabschnitt und Meßpunkt	Bez.-menge	Einflußgröße	Meßwert, Klasse	Zy / m_z	1	2	3	4	5	6	7	8	9	10	11	12	13	14	15	$\Sigma L/n$ / $\Sigma t_i/n$	$\frac{\bar{L}}{\bar{t_i}}$	$t=\frac{\bar{L}}{100}\bar{t_i}$	Zeit-art
1	2 Stück zusammen auf-nehmen und einlegen	2	(4a)				0																	
					L										120						—			
					t_i																			
					F	◁	25	◁	53	◁	74	◁	100	◁	125						—			
2	beiderseits Laufrollen einsetzen	1			L	110		110		100		110		100							—			
					t_i																			
					F	165	270	366	556	664	767	866	974	1080	1293						—			
3	Befestigungsbügel auf-setzen	1			L		120		110		110		120		80						—			
					t_i																			
					F	177	280	381	568	676	780	878	984	1094	1308						—			
4	Scheiben, Muttern und Splinte anbringen	1			L	100		100		100		90		110							—			
					t_i																			
					F	197	298	401	589	697	800	900	1008	1115	1328						—			
5	Muttern festziehen Splinte spreizen	1			L		100		80		110		80		80						—			
					t_i																			
					F	227	326	431	621	725	826	930	1039	1243	1358						—			
6	Werkstück aus Vorrich-tung entnehmen u.able-gen	1			L										110						—			
					t_i																			
					F	1366	1376	1384	1394	1405	1413	1423	1432	1442	1452						—			
					L																—			
					t_i																			
					F																—			
					L																—			
					t_i																			
					F																—			
					L																—			
					t_i																			
					F																—			
					L																—			
					t_i																			
					F																—			

n = k =

$\bar{t_z} = \Sigma t_z/n =$ / =

$\bar{R_z} = \Sigma R_z/k =$ / =

Summe der Zeiten je Zyklus t_z

Spannweite je Zyklus R_z

$z = (\bar{R_z}/\bar{t_z})\ 100\ \% = ($ / $)\ 100\ \% =$ % $\varepsilon =$ % $\varepsilon' =$ % $n' =$

Σt

Nr/Zy	von	bis	Dauer	zusätzliche Ablaufabschnitte
2/4	431	571		Unterbrechung durch Meister
5/9	1125	1230		Persönliche Bedürfnisse

Literatur zur Betriebslehre

für die Hand des Lehrenden und Lernenden :

- H. Sonnenberg, Arbeitsvorbereitung und Kalkulation I/II, Vieweg Verlag, Braunschweig
- A. Fritsch, Betriebswirtschaftslehre der Unternehmung, Europa-Verlag, Wuppertal
- O. Preitz, Allgemeine Betriebswirtschaftslehre, Gehlen - Verlag, Bad Homburg

K A P I T E L II : Meß-, Prüf-, Steuerungs- und Regelungstechnik

2.1. Meß- und Prüftechnik

1. (9´) Messen - Kosten für die Fertigung

Leiten Sie aus der Abhängigkeit (Maßhaltigkeit - Kosten eines Werkstückes) eine Forderung für die Technik her!

2. (10´) Fehler allgemein

Welche Fehlerarten unterscheidet man in der Längenmeßtechnik?

3. (9´) Relativer Fehler

Der Durchmesser eines Drahtes wurde unter Verwendung eines Feinmeßzeuges mit $(0{,}361 \pm 0{,}005)$ mm gemessen. Bestimmen Sie den relativen Fehler der Querschnittsfläche!

4.* (12´) Absoluter, relativer Fehler

Zur Bestimmung des Elastizitätsmoduls aus der Durchbiegung eines Freiträgers wurden dessen Länge $l = (2500 \pm 5)$ mm und die Durchbiegung f zu $(11{,}6 \pm 0{,}5)$ mm gemessen. Die am Träger angreifende Last wurde mit $F = (10000 \pm 200)$ N ermittelt. Den E - Modul erhält man aus $E = \frac{F \cdot L^3}{6420 \cdot 10^4 \cdot f}$ in N/mm^2. (F in N, L in mm, f in mm)

4.1. Bestimmen Sie den Elastizitätsmodul!

4.2. Berechnen Sie den absoluten und relativen Fehler für E!

5. (9´) Temperatureinfluß

Ein Werkstück aus St 50 mit einem Längenausdehnungskoeffizienten von $10{,}8 \cdot 10^{-6} K^{-1}$ hat bei Bezugstemperatur eine Länge von 200 mm. Bestimmen Sie sein Maß bei einer Temperatur von 300 K!

6. (7´) Fehler 1. Ordnung

Eine Welle von 100 mm Durchmesser wird mit einem Meßschieber, 50 - Nonius, gemessen. Infolge Meßkraft und Spiel tritt an dem Meßschieber eine Verkippung des Schiebers von 2´ auf. Welches Maß zeigt der Meßschieber an?

7. (7´) Parallaxe

An einem Meßgerät liegt die Meßebene 0,15 mm tiefer als die Maßstabsebene. Berechnen Sie die kleinste Parallaxe, wenn mit beiden Augen abgelesen wird (normaler Augenabstand = 65 mm, deutliche Sehweite = 250 mm)!

8. (7´) Abbé´sches Komparatorprinzip

Was besagt das Abbé´sche Prinzip?

9. (7´) Fehler 2. Ordnung

Ein Prüfling, L = 26 mm, Bezugstemperatur, wird infolge unsachgemäßer Messung mit einer Außenmeßschraube um 1´ verkantet. Bestimmen Sie das abgelesene Maß!

10. (15´) Meßreihenauswertung

Bei der Untersuchung der trennenden Wirkung eines Keiles ergaben sich folgende Meßwerte:

n = Versuchsnummer

x = Hammerkraft in N

ß = Keilwinkel in Grad

y = Trennkraft in N

n	1	2	3	4	5	6	7	8	9	10
x/N	100	100	150	200	250	300	350	400	450	500
y/N	150	200	350	450	550	720	900	750	1150	1000
ß/°	20	30	40	50	80	100	55	65	90	180
y/N	2000	1800	1400	1200	780	500	1100	900	600	0

10.1. Bestimmen Sie für y = f(x) zeichnerisch die Steigung der Bestgeraden!

10.2. Führen Sie zu 10.1. eine Fehlerbeurteilung durch!

10.3. Weisen Sie zeichnerisch den rechnerischen Zusammenhang

$y = f(ß) = \frac{x}{2 \cdot \tan ß/2}$ über eine Bestgerade nach!

11.* (15′) Meßunsicherheit bei Mehrfachmessungen

Bei 25 Messungen eines Prüfkörpers wurden folgende Meßwerte festgestellt:

n								
Meßwerte mm	48,30	48,32	48,33	48,30	48,34	48,31	48,33	48,32
	48,29	48,32	48,33	48,34	48,30	48,30	48,31	48,34
	48,33	48,34	48,31	48,31	48,33	48,31	48,30	48,32
	48,35							

t - Tabelle :

n \ P	90 %	95 %	99 %
3	2,92	4,30	9,92
4	2,35	3,18	5,84
5	2,13	2,78	4,60
6	2,01	2,57	4,03
⋮			
10	1,83	2,26	3,25
20	1,73	2,09	2,86
30	1,70	2,05	2,76
40	1,68	2,02	2,70
50	1,68	2,01	2,68
100	1,66	1,98	2,63
200	1,65	1,97	2,60
500	1,64	1,96	2,58

11.1. Berechnen Sie die Meßunsicherheit für P = 99 % Sicherheit!

11.2. Welche Bedeutung hat das Ergebnis, wenn der Prüfkörper 48,3 H9 haben sollte?

12. (12′) Vertrauensgrenze - statistische Sicherheit

Die Länge einer Strecke wurde optisch achtmal ausgemessen. Die Werte ergaben: 164,350 mm; 164,320 mm; 164,360 mm; 164,340 mm; 164,390 mm; 164,310 mm; 164,350 mm; 164,370 mm.

12.1. Legen Sie eine Tabelle mit folgendem Kopf an

n	$\frac{x_i}{mm}$	$\frac{x_i - \bar{x}}{mm}$	$\frac{(x_i - \bar{x})^2}{mm^2}$

und ermitteln Sie nach DIN 1319 - Bl.3- die Standardabweichung!

12.2. Bestimmen Sie mit Hilfe der Tabelle die statistische Sicherheit in %, wenn die obere Vertrauensgrenze bei 164,372 mm liegen darf (Beachten Sie dabei, daß die Meßwerte auf 3 Stellen hinter dem Komma angegeben sind)!

13. (10') Fehlerermittlung bei Einzelversuchen

Bei einer Schülerdemonstration soll anhand eines keilförmigen Fallkörpers, Gewicht = 100 N, Keilwinkel ß = 120°, das Gesetz der Trennwirkung eines Keiles nachgewiesen werden:

$F_T = \frac{F}{2 \cdot \tan ß/2}$. Das Gewicht des Körpers wurde mit ± 1 N, der Keilwinkel ß mit ± 0,5° abgelesen.

Bestimmen Sie mit Hilfe der Fehlergleichung den maximalen relativen Fehler!

Fehlergleichung: $\Delta|F_T| \leqslant \left|\frac{\Delta F}{2 \cdot \tan ß/2}\right| + \left|\frac{F}{4 \cdot \sin^2 ß/2}\right| |\Delta ß|$

14. (5') Gerätefehler

Nennen Sie Möglichkeiten zur Verkleinerung von Ablesefehlern an Meßschiebern!

15. (5') Fehlerhafte Meßzeuge

Eine Meßschraube zeigt nach mehrmaligem Messen eines Endmaßes, Sollwert = 25 mm, im Mittel 24,99 mm. Berücksichtigen Sie diesen Gerätefehler beim Messen eines Werkstückes, wenn die Meßschraube 23,68 mm anzeigt!

16.* (12') Fehlerhafte Meßzeuge

Aus einer Unterschiedsmessung mit einem Feinzeiger erhält man den Meßwert + $15 \cdot 10^{-6}$m. Das Sollmaß des gemessenen Prüflings ist 260 ± 0,015/mm. Die Temperatur des Normals beträgt 299 K, die des Prüflings 303 K. Der Wärmeausdehnungskoeffizient des Normals ist $11{,}5 \cdot 10^{-6} K^{-1}$, der des Prüflings ist $8{,}6 \cdot 10^{-6} K^{-1}$. Berechnen Sie unter Vernachlässigung des Genauigkeitsgrades des Endmaßes das Istmaß des Prüflings bei Bezugstemperatur und vergleichen Sie diesen Wert mit dem Sollmaß!

17. (7') Passungen
In einer Skizze sind anhand der Symbole Ø 115 $\frac{H7}{n6}$ die Begriffe System, Nennmaß, Größtmaße, Kleinstmaße, Toleranzen, Spiele, Pressungen darzustellen!

18. (7') Endmaßkombinationen
Stellen Sie die günstigsten Endmaßkombinationen für folgende Maße zusammen: 43,347 mm; 85,821 mm; 67,009 mm; 12,302 mm, wenn ein Endmaß - Normalsatz vorhanden ist!

19.* (12') Meßzeugfehler - Einflüsse auf Prüfmaße
Eine Endmaßkombination von 126 mm Länge hat eine Temperatur von 298 K. Die Endmaßkombination wurde aus einem N - Satz hergestellt; der Genauigkeitsgrad ist I.
19.1. Bestimmen Sie nach DIN 861 den Endmaßfehler, den Meßflächenfehler und die Schiefe der Endmaßkombination!
19.2. Berechnen Sie für einen Längenausdehnungskoeffizienten von $11{,}5 \cdot 10^{-6} K^{-1}$ die Länge des Endmaßes!
19.3. Die Endmaßkombination soll zum Einstellen einer Meßuhr verwendet werden. Bei dem Messen einer Welle zeigen die Zeiger der Meßuhr 1,45 mm an. Bei welcher Anzeige hat eine Welle den Durchmesser 126,000 mm, wenn die Temperatur von Meßeinrichtung und Welle Normaltemperatur ist und Fehler des Normals nicht berücksichtigt werden?

20. (10') Messen von Prüflehren
Welche Maße müssen die Prüflehren für eine Rachenlehre 145 h8 besitzen?

21. (10') Prüfmaße von Meßzeugen
Man bestimme für einen Lehrdorn Ø 62 H6 die Prüfmaße!

22. (10') Prüfmaße von Meßzeugen
Ein Grenzlehrdorn Ø 50 H6 ist nach DIN 7162 im Feinmeßraum auf Maßhaltigkeit zu prüfen. Innerhalb welcher Maße muß das Istmaß liegen?

23. (30') Meßverhalten eines Manometers

Das Gerätebild eines Manometers (Indikators) mit Hebelverhältnis 7 : 1 hat folgende Kolbendurchmesser :

Kolben 1 : d_1 = 20 mm

Kolben 2 : d_2 = 10 mm.

In 3 Versuchsreihen wurden folgende Werte gemessen:

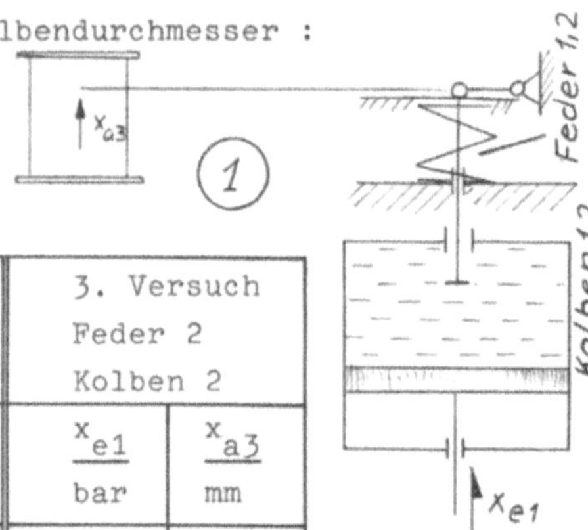

1. Versuch Feder 1 Kolben 1		2. Versuch Feder 2 Kolben 1		3. Versuch Feder 2 Kolben 2	
x_{e1} bar	x_{a3} mm	x_{e1} bar	x_{a3} mm	x_{e1} bar	x_{a3} mm
1	9	1	23	1	6
2	19	1,5	35	2	12,5
3	28	2	47	3	18,5
4	37			4	24,0
5	45			5	29,0

23.1. Zeichnen Sie das vollständige Blockschaltbild!

23.2. Tragen Sie die Meßwerte in <u>ein</u> Koordinatensystem ein und ermitteln Sie jeweils die Bestgerade $x_{a3} = f(x_{e1})$!

23.3. Bestimmen Sie mit Hilfe der graphischen Darstellung die Gesamtübertragungsbeiwerte f_1, f_2 und f_3!

23.4. Berechnen Sie die Federkonstanten der Federn 1 und 2 in mm/N!

23.5. Geben Sie für die Einzelsysteme jeweils die analytische Darstellung der Übertragungsfunktion an!

24. (30') Druckmessung

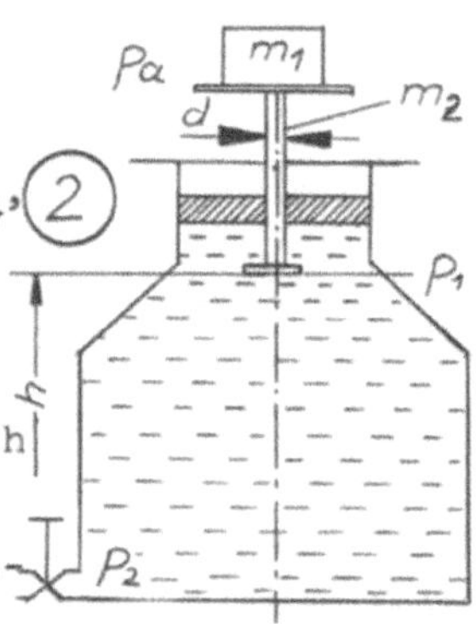

Ein vollständig mit Glyzerin, ρ = 1270 $\frac{kg}{m^3}$, gefülltes zylindrisches Gefäß ist oben durch einen Kolben von d = 40 mm Durchmesser und der Eigenmasse m_1= 2,2 kg verschlossen. Der Kolben wird zusätzlich durch die Masse m_2 = 5 kg belastet. Der Kolbenboden ist 1,5 m von der Ausflußöffnung entfernt. Es herrscht außen Normalluftdruck.

24.1. Bestimmen Sie den Überdruck und den absoluten Druck am Kolbenboden!

24.2. Berechnen Sie den absoluten Druck an der Ausflußöffnung in der Stellung des Ventils "geschlossen"!

24.3. Berechnen Sie den Fehler der absoluten Druckberechnung, wenn die Massen m_1 und m_2 auf 10 g genau und die Höhe h auf 1 cm genau gemessen wurden!

25.* (30') Durchfluß - Messung

Bei dem skizzierten Ausflußgefäß ist D = 150 mm (Leitungs - durchmesser), d = 102 mm (Blenden - Durchmesser).

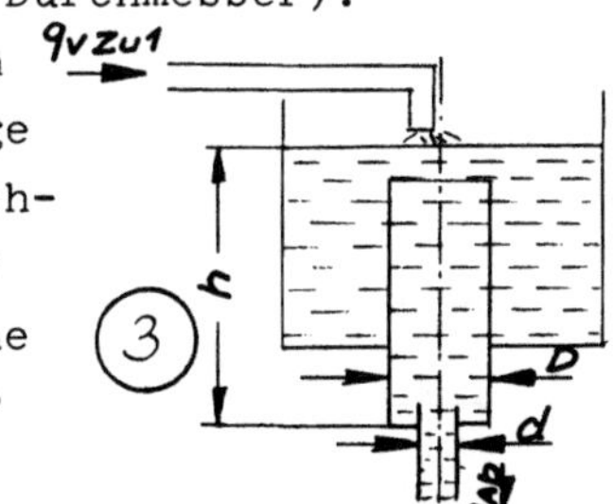

25.1. Welche Standhöhe h stellt sich ein, wenn die zufließende Wassermenge $q_{v\ zu} = 200\ m^3/h$ beträgt und der Durchflußbeiwert zu 0,68 angenommen wird?

25.2. Berechnen Sie für die Standhöhe aus 25.1. die Reynoldszahl bei einer Wassertemperatur von 301 K für die Strömung im Rohrquerschnitt D. Der Geschwindigkeitsverlustfaktor im Blendenquerschnitt beträgt 0,62!

25.3. Überprüfen Sie den angenommenen Durchflußbeiwert mittels Tafel 5 in DIN 1952. Geben Sie evtl. einen neuen Durchflußbeiwert an!

25.4. Wie verändert sich die Standhöhe, wenn bei der gegebenen Blende sich die Zuflußmenge auf $q_{v\ zu\ 2} = q_{v\ zu\ 1} : 2$ ändert?

25.5. Wie verändert sich bei gleicher Zuflußmenge die Standhöhe, wenn die gegebene Blende durch eine Blende ersetzt wird, so daß gilt : $d_2 = d_1 : 2$?

(Hilfe zu 25.1. : Benützen Sie die Gleichung $q_v = \alpha \cdot A_d \sqrt{\frac{2\ \Delta p}{\varrho}}$)

26.* (30´) Durchfluß - Messung und Fehlerermittlung
In ein Wasserleitungsrohr von 250 mm Nennweite ist eine Blende von 160 mm Drosseldurchmesser eingebaut. Das angeschlossene Quecksilber - Differential - Manometer zeigt 164 mm an. Die Strömungsgeschwindigkeit beträgt v = 1,76 m/s.

26.1. Bestimmen Sie den Volumenstrom in l/min!

26.2. Berechnen Sie für folgende Fehler den relativen Fehler der Volumenstromanzeige : Durchmesser - Messungen : ± 0,5 mm; Druckanzeige - Messung : ± 1 mm Hg; Strömungsgeschwindigkeits - Messung : ± 0,01 m/s!

Tabellenwerte zur Berechnung der Aufgaben 24., 25. und 26

Dynamische Zähigkeit η und kinematische Zähigkeit ν für Wasser und Luft : Tab. 1

	Wasser		Luft (bei Normaldruck)	
Temperatur in °C	$10^3 \cdot \eta$ in Pa·s	$10^6 \cdot \nu$ in m²/s	$10^6 \cdot \eta$ in Pa·s	$10^6 \cdot \nu$ in m²/s
0	1,780	1,780	17,1	13,3
10	1,310	1,310	17,7	14,2
20	1,010	1,010	18,1	15,1
50	0,566	0,566	19,8	18,0
80	0,366	0,366	20,9	20,9
100	0,294	0,294	21,9	23,0

Kinematische Zähigkeiten ν für Quecksilber, Motorenöl und Glyzerin : Tab. 2

Temperatur in °C	Quecksilber	Motorenöl	Glyzerin
	$10^6 \cdot \nu$ in $\frac{m^2}{s}$	$10^6 \cdot \nu$ in $\frac{m^2}{s}$	$10^6 \cdot \nu$ in $\frac{m^2}{s}$
0	0,124		
3			3340
10		734	
15			1100
20	0,117	382	680
50	0,106	60	
100	0,091	10	

Durchflußzahlen $\alpha_0 = f(m^2, Re)$ für Normblenden in glatten Rohren; gültig für Durchmesser von 50 bis 1000 mm (nach DIN 1952, S. 8, Tab. 5); Zwischen den angegebenen m^2-(nicht von m) Werten kann interpoliert werden : Tab. 3

(4)

Re		$5 \cdot 10^3$	$1 \cdot 10^4$	$2 \cdot 10^4$	$3 \cdot 10^4$	$5 \cdot 10^4$	10^5	10^6	10^7
m	m^2	α_0							
0,0500	0,0025	0,6024	0,6005	0,5993	0,5989	0,5985	0,5981	0,5978	0,5977
0,0548	0,003	0,6032	0,6011	0,5998	0,5993	0,5988	0,5985	0,5981	0,5980
0,0632	0,004	0,6045	0,6022	0,6007	0,6001	0,5995	0,5991	0,5986	0,5986
0,0707	0,005	0,6058	0,6031	0,6015	0,6008	0,6002	0,5997	0,5992	0,5991
0,1	0,01	0,6110	0,6073	0,6050	0,6039	0,6031	0,6025	0,6018	0,6016
0,1414	0,02	0,6194	0,6142	0,6108	0,6094	0,6081	0,6073	0,6062	0,6061
0,1732	0,03	0,6268	0,6203	0,6161	0,6143	0,6129	0,6117	0,6105	0,6103
0,2000	0,04	0,6335	0,6260	0,6212	0,6190	0,6173	0,6160	0,6146	0,6144
0,2236	0,05	0,6399	0,6315	0,6260	0,6236	0,6217	0,6202	0,6186	0,6184
0,2449	0,06		0,6370	0,6308	0,6281	0,6260	0,6245	0,6226	0,6223
0,2828	0,08 x		0,6474	0,6403	0,6371	0,6343	0,6324	0,6303	0,6300
0,3162	0,10 x		0,6577	0,6497	0,6459	0,6425	0,6401	0,6378	0,6375
0,3464	0,12 x		0,6682	0,6588	0,6544	0,6507	0,6478	0,6452	0,6449
0,3742	0,14 x		0,6786	0,6679	0,6629	0,6587	0,6555	0,6526	0,6522
0,4000	0,16 x		0,6890	0,6769	0,6715	0,6667	0,6633	0,6600	0,6596
0,4243	0,18 x		0,6995	0,6861	0,6802	0,6749	0,6711	0,6675	0,6670
0,4472	0,20 x		0,7099	0,6954	0,6890	0,6832	0,6791	0,6751	0,6746
0,4690	0,22 x		0,7206	0,7047	0,6979	0,6917	0,6871	0,6828	0,6823
0,4899	0,24 x		0,7312	0,7142	0,7069	0,7003	0,6952	0,6906	0,6899
0,5099	0,26 x		0,7419	0,7237	0,7160	0,7090	0,7035	0,6984	0,6977
0,5292	0,28 x		0,7526	0,7336	0,7255	0,7180	0,7121	0,7065	0,7057
0,5477	0,30 x		0,7635	0,7436	0,7349	0,7269	0,7206	0,7145	0,7136
0,5916	0,35 xx		0,7917	0,7699	0,7597	0,7508	0,7432	0,7354	0,7343
0,6325	0,40 xx			0,7986	0,7864	0,7763	0,7673	0,7576	0,7561

x und xx :

Zwischenwerte s.
DIN 1952, S. 8,
Tab. 5

Meß- und Prüftechnik

Literatur zur Meß- und Prüftechnik

für die Hand des Lehrenden und Lernenden :

- M. Naumann, Meß- und Prüftechnik, Vieweg Verlag, Braunschweig
- L. Merz, Grundkurse der Meßtechnik, Teil I, II, Verlag Oldenbourg, München

- DIN 861 - 1319 - 1952 - 7162

2.2. Steuerungs- und Regelungstechnik

27. (5') Grundlagen des Steuerns und Regelns

Kennzeichnen Sie den Begriff Steuerkette!

28. (7') Grundlagen des Steuerns und Regelns

z_1 = Außentemperatur

z_2 = Öffnen eines Fensters

y = Stellgröße

x = Raumtemperatur

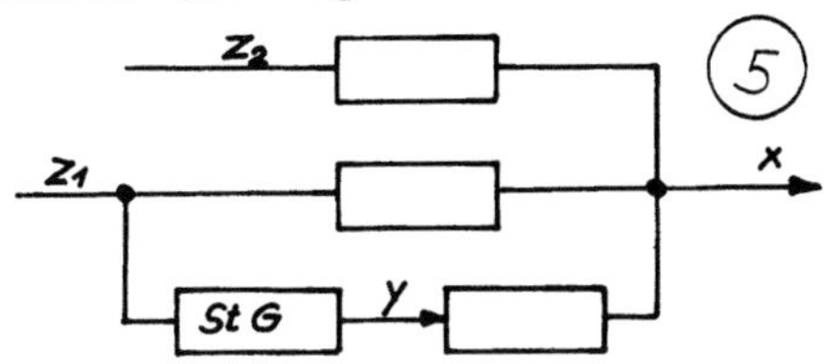

Erklären Sie nebenstehendes Blockschaltbild für die Steuerung einer Zimmertemperatur!

29. (5') Grundlagen des Steuerns und Regelns

Kennzeichnen Sie die "Totzeit" eines Gliedes!

30. (5') Grundlagen des Steuerns und Regelns

Zeigen Sie am Beispiel - Aufladen eines Kondensators - die Kenngröße "Zeitkonstante" T_s auf!

31. (7') Grundlagen des Steuerns und Regelns

Die Begriffe Anlaufwert und Anlaufzeit sind zu kennzeichnen!

32. (9') Grundlagen des Steuerns und Regelns

Regelstrecken zeigen unter bestimmten Voraussetzungen stationäres Verhalten. Was sagen hierbei die Begriffe Verstärkung, Ausgleichswert und Ausgleichsgrad aus?

33. (7') Regelstrecke 1. Ordnung

Eine Feder mit Federsteifigkeit c wird mit einem Dämpfungsglied starr verbunden. Bestimmen Sie die Zeitkonstante T_s und die Verstärkung V_s!

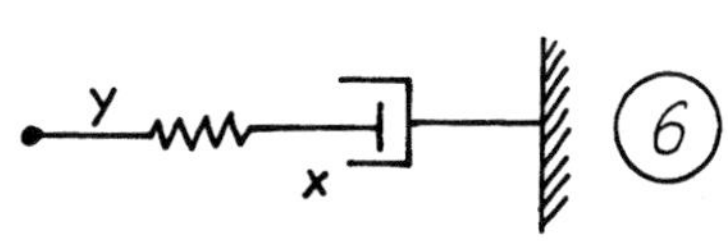

34. (7') Regelstrecke 1. Ordnung

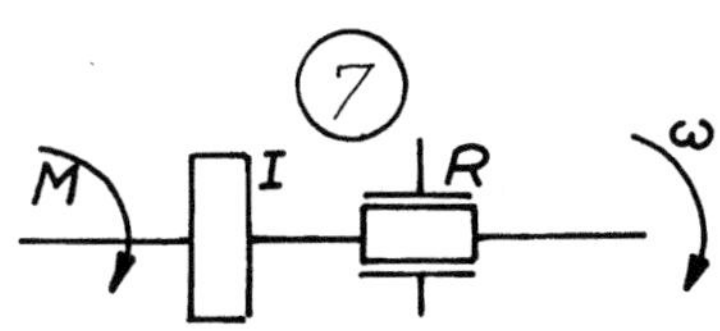

Wie ändert sich das Drehzahlverhalten eines Motors unter Berücksichtigung von Trägheitsmoment und Reibung bei Anlegen eines Momentes?

35. (15') Regelstrecke 1. Ordnung mit P - Regler

Eine Regelstrecke 1. Ordnung mit einer Zeitkonstanten $T_s = 0{,}2$ s und einer Verstärkung $V_s = 4{,}8$ wird mit einem P - Regler betrieben.

35.1. Zeichnen Sie das Blockschaltbild des Regelkreises!

35.2. Bestimmen Sie V_R so, daß ein Führungsgrößensprung auf 2 Prozent genau befolgt wird!

35.3. In welcher Zeit hat die Regelgröße 90 Prozent des Führungsgrößensprunges erreicht?

(Hilfe : Die Lösung einer Differentialgleichung $a\,\dot{x} + x = b\,w$ lautet $x(t) = b \cdot w(1 - e^{-t/a})$)

36.* (15') pT_1-Glied - I-Glied - Übergangsfunktion

Ein Motor mit der Solldrehzahl n = 2800 1/min und einer Zeitkonstanten $T_s = 0{,}5$ s infolge seiner Trägheit treibt über ein Getriebe eine Zahnstange mit der Geschwindigkeit von v = 24 mm/s. Bei einer Änderung der Ankerspannung um 5 V ändert sich die Drehzahl um 75 1/min. Das Getriebe sei rückkopplungsfrei.

36.1. Bestimmen Sie die erforderliche Eingangsspannung zur Aufrechterhaltung der Solldrehzahl!

36.2. Bestimmen Sie die Differentialgleichung der Regelstrecke und die Übergangsfunktion!

37. (9') I - Glied

Bestimmen Sie aus nebenstehender Skizze das Zeitverhalten des Wasserstandes!

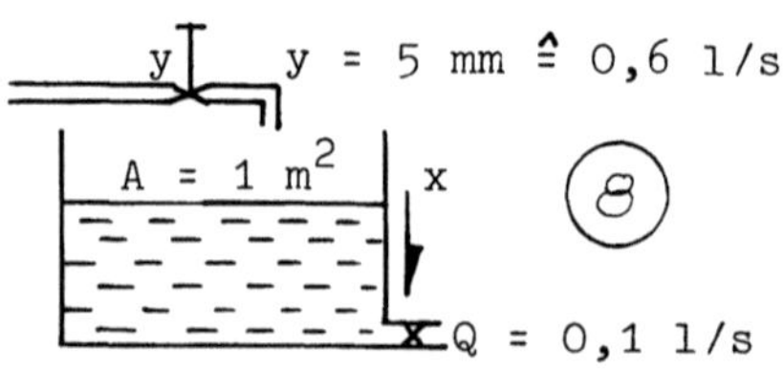

38. (30') pT_1- Glied - P-Regler - I-Regler

Verstellt man das Auslaßventils eines Druckkessels um 2 mm, so steigt der Druck mit der Zeitkonstanten $T_s = 0{,}8$ s vom Sollwert 6 bar auf 6,5 bar. Der Stellbereich des Ventils beträgt $y_h = 8$ mm. Steigt der Durchfluß von 8 l/s auf 12 l/s, sinkt der Druck um 2 bar.

38.1. Bestimmen Sie die Kenngrößen des Druckkessels als Regelstrecke!

38.2. Bestimmen Sie die Gleichung der Regelstrecke (Hilfe : Strecke 1. Ordnung)!

38.3. Der Druck wird mit einem idealen P-Regler geregelt. Bestimmen Sie die Gleichung des Regelkreises. Zeigen Sie darüber hinaus auf, bei welcher Verstärkung V_R der Regelfaktor R = 0,1 wird! Wie groß wird mit R = 0,1 und z = 2 1/s die bleibende Regelabweichung?

39.* (20´) Regelstrecke 2. Ordnung

Ein Wagen mit der Masse m = 150 kg soll mit einem vorgespannten Seil bewegt werden. Der Wagen wird durch Reibung an Luft gebremst.

(Hilfe : Das Seil wirkt als Feder, die Luft als Dämpfer)

c = 3 600 N/m

R = 400 Ns/m

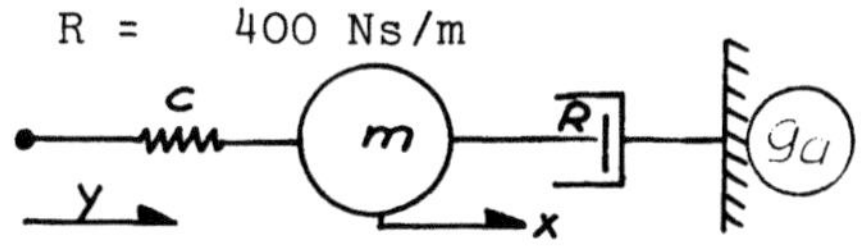

40.* (120´) Klausur zur Regelungstechnik

Die Stellung x eines elektromotorisch angetriebenen Schiebers soll an der Ankerspannung geregelt werden. Erhöht man die Ankerspannung um 10 V, steigt die Vorschubgeschwindigkeit mit der Zeitkonstanten T_S = 0,2 s um 12,5 mm/s an.

40.1. Betrachten Sie den Schieberantrieb als Regelstrecke für die Schieberstellung und bestimmen Sie die Gleichung der Regelstrecke, die Gleichung der Übergangsfunktion; zeichnen Sie für y = 10 V die Übergangsfunktion und das Bode - Diagramm; bestimmen Sie die Ortskurve!

40.2. Die Strecke soll mit einem P-Regler betrieben werden: Berechnen Sie die Gleichung für das Führungsverhalten, V_R zur aperiodischen Dämpfung; zeichnen Sie den Verlauf der Regelgröße nach einem Führungsgrößensprung w = 1 cm bei $V_r = V_{r\ aperiodisch}$! Bestimmen Sie den Restfehler der Regelgröße nach 0,4 s bei $V_{r\ ap}$! Ermitteln Sie V_r zum Abklingfaktor k = 2 und die Periode des Einschwingvorganges! Diskutieren Sie die Periode T des Einschwingvorganges in Abhängigkeit von V_r!

Literatur zur Steuerungs- und Regelungstechnik
für die Hand des Lehrenden und Lernenden :

- M. Reuter, Regelungstechnik für Ingenieure, Vieweg Verlag, Braunschweig
- G. Kriechbaum, Pneumatische Steuerungen, Vieweg Verlag, Braunschweig
- E. Samal, Grundriß der praktischen Regelungstechnik I, Verlag Oldenbourg, München
- L. Merz, Übungsaufgaben zum Grundkurs der Regelungstechnik, Vieweg Verlag, Braunschweig

- DIN 19226 - 19227

K A P I T E L III : Fertigungstechnik

III.1. H ü t t e n t e c h n i k

1. (9') Erze

Die im folgenden genannten Eisengehalte in Prozenten und Eisenverbindungen sind in die Tabelle einzuordnen (Es können, falls bekannt, auch chemische Verbindungsgleichungen eingesetzt werden):

Eisengehalte : 25 - 30 - 35 - 40 - 45 - 50 - 60 - 70 %

Namen : Karbonate - Mischoxid - Eisenoxid (3-wertig) - Eisenhydroxid - Minette - Eisenkies - Schwefeleisen - Eisenphosphat!

Namen	% Fe	Namen - chemische Gleichungen
Roteisenstein		
Vivianit		
Magneteisenstein		
Pyrit		
Brauneisenstein		

2. (5') Erzaufbereitung

Wie können arme, komplexe, fein verwachsene Erze aufbereitet werden?

3. (7') Erzaufbereitung

Erklären Sie die Flotierung von Erzen anhand einer Skizze und durch Beschreibung!

4. (7') Erzaufbereitung

Eisenoxide können u.a. durch einen Naßklassierer aufbereitet werden. Beschreiben Sie, evtl. mit Skizze, das Funktionieren eines Hardinge - Naßklassierers!

5. (5') Erzaufbereitung

Kennzeichnen Sie die Magnetscheidung für Spateisenstein!

6. (5') Erzaufbereitung

Wie werden P und Si aus dem Eisenerz entfernt?

7. (5´) Hochofen

Begründen Sie die unterschiedliche Ausmauerung des Hochofens!

8. (5´) Hochofen

Welche Anforderungen werden an Hochofenkoks gestellt?

9. (5´) Hochofen

Was verstehen Sie unter "saurer Schlackenführung"?

10. (5´) Hochofen

Nennen Sie zwei Nachteile des "sauren Erschmelzens"!

11. (5´) Hochofen

Schlacken haben die Aufgabe: 11.1. ______________________

11.2. ______________________ 11.3. ______________________

11.4. ______________________ 11.5. ______________________

12. (5´) Hochofen

Woher rührt in erster Linie die Verunreinigung - Schwefel - im Roheisen?

13. (9´) Hochofen

Ordnen Sie den angegebenen Reaktionsgleichungen Zonen des Hochofens zu, nennen Sie die entsprechenden Reaktionsarten (endotherm - exotherm) und geben Sie die entsprechenden Temperaturen an!

Reaktionsgleichungen	Temp.	Zonen des Hochofens	Reaktionsarten
$Fe_2O_3 + 3\{CO\} = 2\ Fe + 3\{CO_2\} + 25{,}53$ kJ/mol			
$2\{CO\} = C + \{CO_2\} + x$ kJ/mol			
$FeS + \Delta H = Fe + S$			
$2\ C + \{O_2\} = 2\{CO\} + 221$ kJ/mol			
$FeO \cdot (x\ H_2O) = FeO + \{H_2O\} - \Delta H$			
$\{CO_2\} + Koks = 2\{CO\} - 173$ kJ/mol			

14. (9') Hochofenreaktionen
Kennzeichnen Sie den chemischen Reaktionsablauf in den Möller - Koksschichten eines Hochofens!

15. (9') Hochofenreaktionen : Gase
Diskutieren Sie das Schaubild nach den Gaskomponenten Sauerstoff, Kohlendioxid, Kohlenmonoxid!

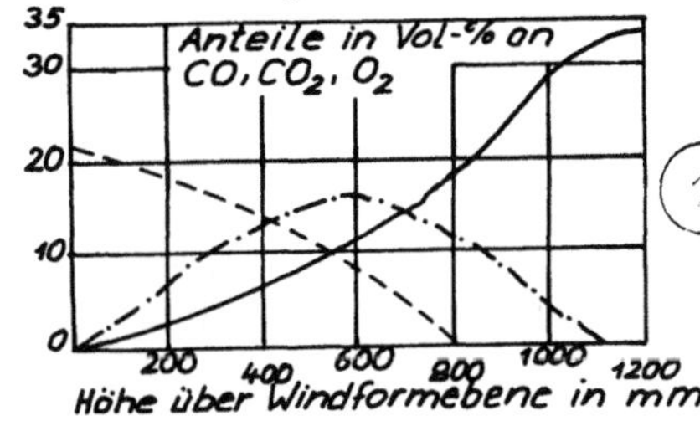

(1)

16. (7') Hochofenreaktionen
Wie können in einem Hochofen Isothermen und Linien gleichen CO_2-Gehaltes verändert werden?

17. (9') Hochofenreaktionen
Warum wird der Ausnutzungsgrad $\eta_{CO_2}' = \frac{(\% CO_2)}{(\% CO)+(\% CO_2)}$ auf 30 bis 35 % festgelegt und ändert sich bei gleichem Koksverbrauch, aber unterschiedlicher Temperatur?

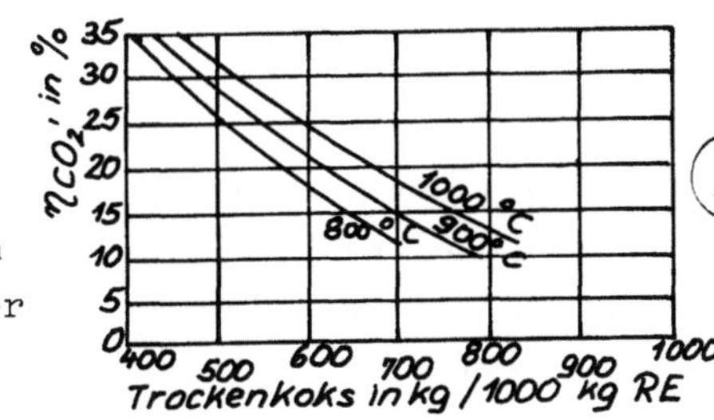

(2)

18. (7') Hochofenreaktionen
Begründen Sie den charakteristischen Verlauf der H_2-Linie in einem Hochofen!

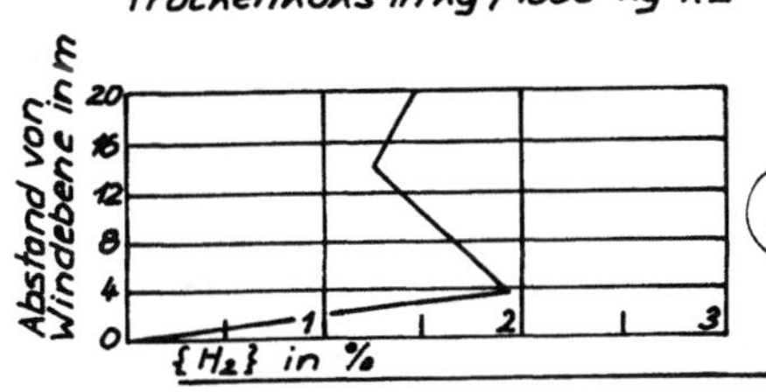

(3)

19. (7') Hochofenreaktionen
Bestimmen Sie für eine Temperatur von 1173 K und einem Gasdruck von 3 bar den Kohlenmonoxidanteil in einer kohlenden Hochofenatmosphäre!

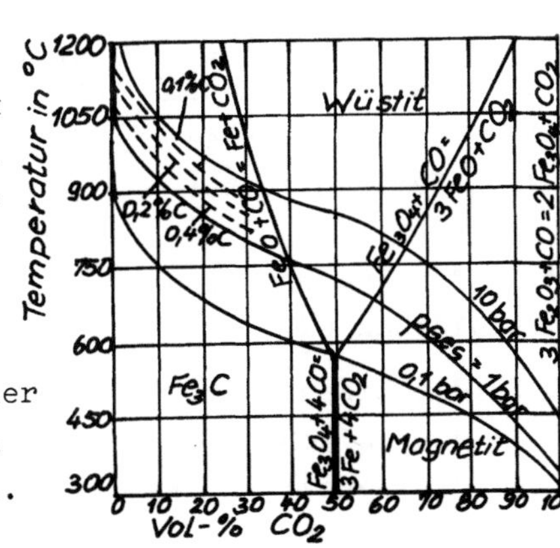

(4)

20. (12') Hochofenreaktionen
In einem Hochofen herrscht in einer Zone mit vorbereitetem Möller ein CO/CO_2- Gemisch im Verhältnis 9:1.

Ermitteln Sie bei 10^5 Pa die auftretende Reduktionsstufe und den Grad der Aufkohlung im Gleichgewichtszustand!

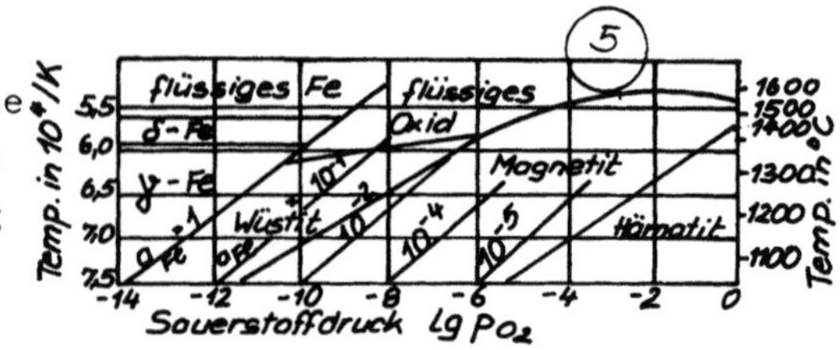

21. (9´) Hochofenreaktionen
Bestimmen Sie bei einer Temperatur T = 1570 K und einem Sauerstoffpartialdruck von 10^{-6}bar die Reduktionsstufe, die Aktivität des Eisens und den verbleibenden Sauerstoffanteil im Oxid, sowie die Aufkohlung des Stoffes!

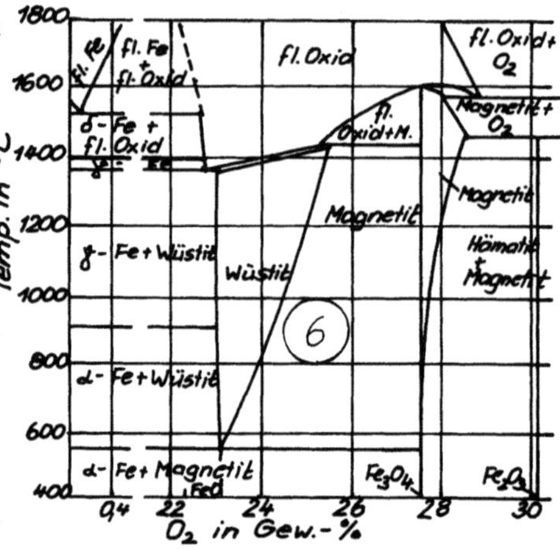

22. (9´) Hochofenreaktionen
Bestimmen Sie bei T = 1600°C den Sauerstoffpartialdruck der Wüstitstufe, sowie der SiO_2-Stufe. Welcher Schluß ist aus beiden Sauerstoffdrucken für die Hüttentechnik zu ziehen?

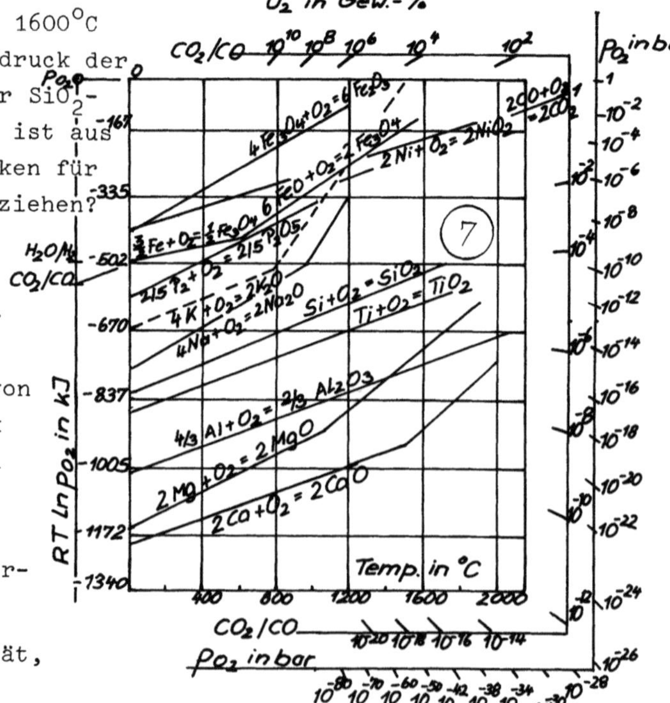

23*. (15´) Hochofenreaktionen
Bei einer Temperatur von 1100°C, einem Gasdruck von 3 bar sind für ein CO/CO_2-Gemisch zu bestimmen:

23.1. der Sauerstoffpartialdruck p_{O_2},
23.2. die Eisenaktivität,
23.3. die Aufkohlung ,
23.4. das Verhalten des CO/CO_2-Gemisches gegenüber Ti- und Niverschlackung!

24 . (12') Hochofenreaktionen

Berechnen Sie anhand der nachfolgenden Tabellenwerte das Arbeitsvermögen in kJ bei 1300 K für die Reaktionen :

24.1. $C + O_2 = CO_2$, 24.2. $2\ C + O_2 = 2\ CO$,

24.3. $2\ CO + O_2 = 2\ CO_2$ und 24.4. $CO_2 + C = 2\ CO$!

Reaktionsgleichungen	Thermodynamische Größen in kJ/mol		Gültigkeitsbereich in K
	ΔH	ΔS kJ/mol·K	
$C + O_2 = CO_2$	-394,4	$+ 0{,}84 \cdot 10^{-3}$	298 - 2500
$2\ C + O_2 = 2\ CO$	-223,6	+ 0,175	298 - 2500
$2\ CO + O_2 = 2\ CO_2$	-565,6	- 0,174	298 - 2500
$CO_2 + C = 2\ CO$	+169,6	+ 0,173	298 - 2500

25 . (20') Hochofen- und Stahlreaktionen

Kennzeichnen Sie bei halbbasischer Schlackenführung anhand der Diagramme der nächsten Seite die Mn-, S- und Si - Reaktionen!

26* . (20') Stahlreaktionen

Eine Roheisenschmelze mit 3,5 % Mn, 0,4 % S, 1,2 Si soll zu Stahl mit 0,04 % Si, 1 % Mn bei 1 600°C in einem Thomas - Konverter verblasen werden. Ermitteln Sie :

26.1. die erforderliche Schlackenführung anhand der Diagramme der nächsten Seiten,

26.2. den Abbrand der Stahlschmelze beim Einsatz von 170 000 kg Roheisen,

26.3. den Restschwefel in der Stahlschmelze unter der Annahme, daß nur die Schlacke den Schwefel aufnimmt und

26.4. den Grad der Entschwefelung bei Zusatz von MgO.

Hilfstabelle :

	Si (%)	Mn (%)	Fe (%)	Fe (kg)	S (%)	Einfluß von MgO
Schlacke						
Stahlbad						
Gesamt						

27 . (15') Stahlreaktionen

Welchen Einfluß hat eine $MnO - SiO_2$ - Schlacke auf den Gasdruck des CO/CO_2-Gemisches bei 900°C (s. Diagramme der nächsten Seiten)?

(8)

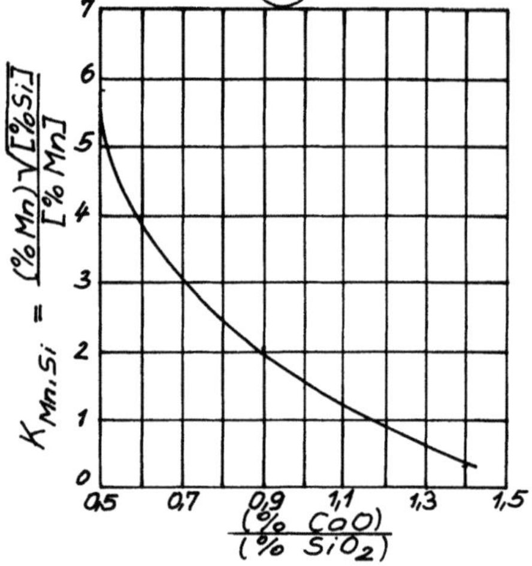
$K_{Mn,Si} = \frac{(\%Mn)\sqrt{[\%Si]}}{[\%Mn]}$
0
1
2
3
4
5
6
7
0,5
0,7
0,9
1,1
1,3
1,5
$\frac{(\%CaO)}{(\%SiO_2)}$

(9)

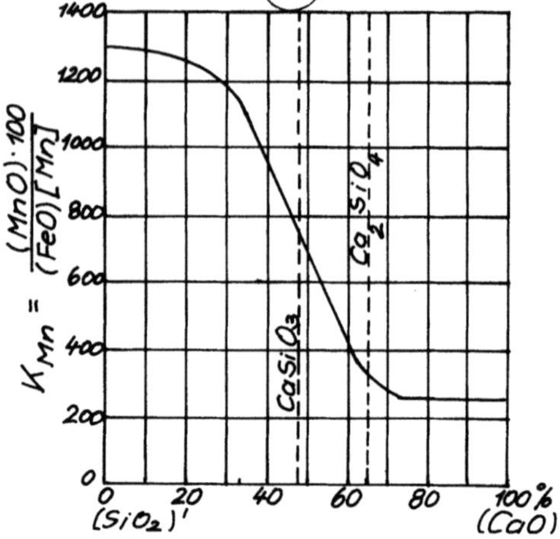
$K_{Mn} = \frac{(MnO)\cdot 100}{(FeO)[Mn]}$
0
200
400
600
800
1000
1200
1400
$CaSiO_3$
Ca_2SiO_4
0
20
40
60
80
100 %
$(SiO_2)'$
$(CaO)'$

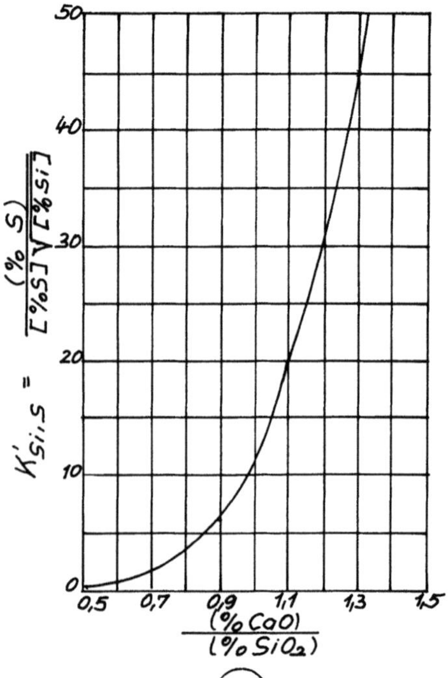
$K'_{Si,S} = \frac{(\%S)}{[\%S]\sqrt{[\%Si]}}$
0
10
20
30
40
50
0,5
0,7
0,9
1,1
1,3
1,5
$\frac{(\%CaO)}{(\%SiO_2)}$

(10)

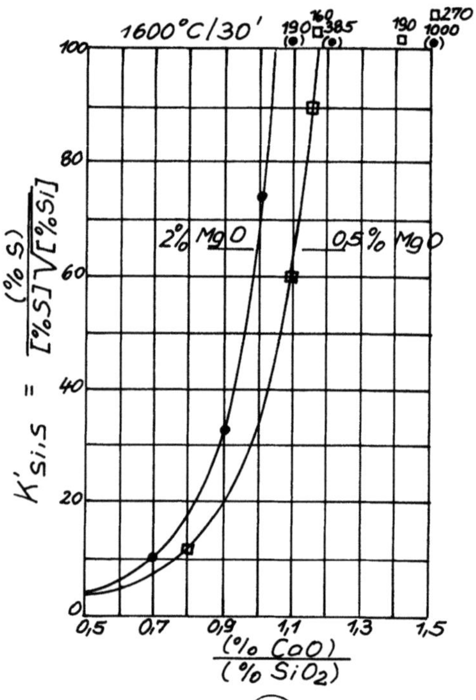
1600°C/30'
190
(●)
160
385
(●)
190
270
1000
(●)
$K'_{Si,S} = \frac{(\%S)}{[\%S]\sqrt{[\%Si]}}$
0
20
40
60
80
100
2% MgO
0,5 % MgO
0,5
0,7
0,9
1,1
1,3
1,5
$\frac{(\%CaO)}{(\%SiO_2)}$

(11)

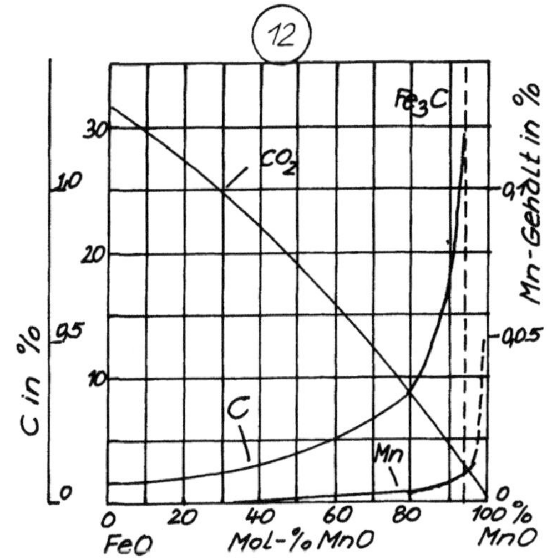
12
Fe_3C
CO_2
C
Mn
C in %
Mn-Gehalt in %
0
FeO
Mol-% MnO
100 %
MnO

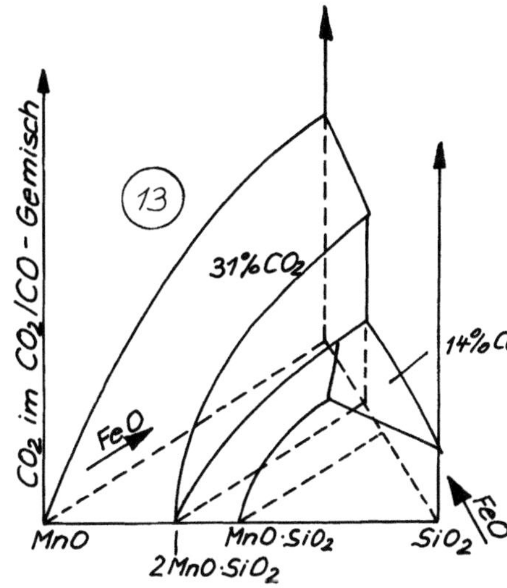
13
CO_2 im CO_2/CO - Gemisch
31% CO_2
14% CO_2
FeO
MnO
$2MnO \cdot SiO_2$
$MnO \cdot SiO_2$
SiO_2
FeO

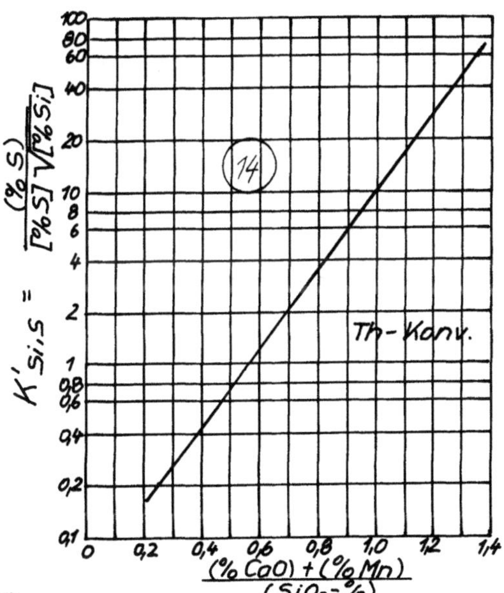
14
$K'_{Si,S} = \frac{(\% S)}{[\% S]\sqrt{[\% Si]}}$
Th-Konv.
$\frac{(\% CaO)+(\% Mn)}{(SiO_2\text{-}\%)}$

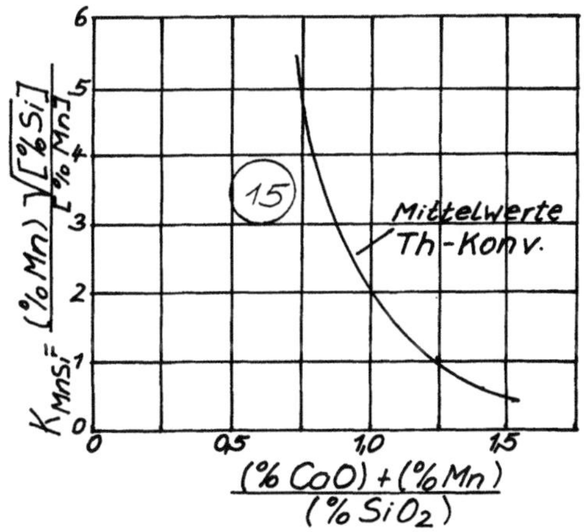
15
$K_{MnSi} = \frac{(\% Mn)}{} \sqrt{\frac{[\% Si]}{[\% Mn]}}$
Mittelwerte
Th-Konv.
$\frac{(\% CaO)+(\% Mn)}{(\% SiO_2)}$

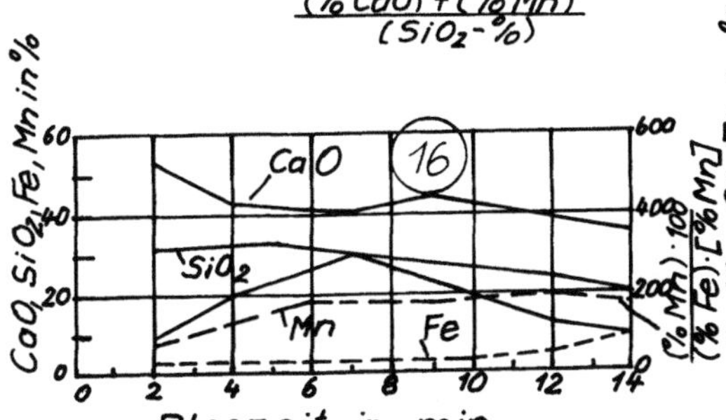
16
CaO, SiO_2, Fe, Mn in %
CaO
SiO_2
Mn
Fe
(% Mn) · 100 : [% Mn]
(% Fe) : [% Mn]
Blaszeit in min

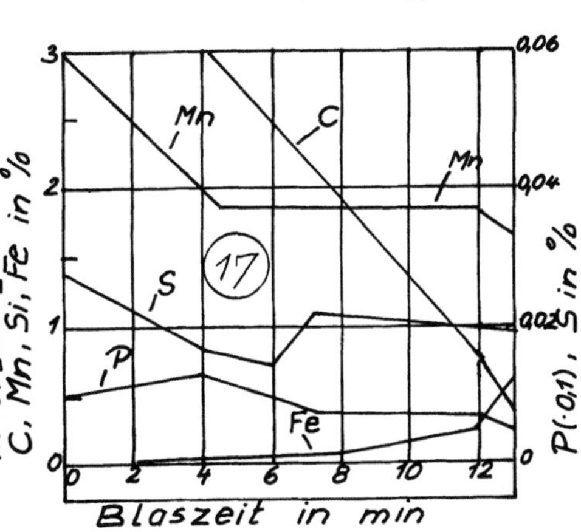
17
C, Mn, Si, Fe in %
Mn
C
Mn
S
P
Fe
P(·0,1), S in %
Blaszeit in min

28*. (30') Stahlreaktionen

150 t Roheisenschmelze mit 2,7 % Mn, 1,5 % Si, 3,5 % C und 0,4 % S soll bei 1870 K in einem Thomas-Konverter zu Stahl verblasen werden. An die Stahlqualität werden folgende Anforderungen gestellt: 0,5 % Mn, 0,05 % Si und 1 % C. Überprüfen Sie anhand der Diagramme der vorigen Seiten und durch Rechnung die vorgegebenen Antworten und streichen Sie die falschen Antworten auf dem unteren Auswertungsbogen aus!

<u>Auswertungsbogen</u>

Aussage Nr.	Aussagen	Aussage Nr.	Aussagen
28.1.	Die Blaszeit beträgt 10 min	28.5.	$K_{Mn,Si} = 1,2$
28.2.	Blaszeit = 11 min	28.6.	$(\%CaO)+(\%Mn)/(\%SiO_2)=1,2$
28.3.	Blaszeit = 13 min	28.7.	Abbrand = 1 200 kg
28.4.	Blaszeit = 15 min	28.8.	Restschwefel in der Stahlschmelze = 0,07 %

29. (5') Austrag von Hochöfen

Kennzeichnen Sie den Austrag eines Hochofens!

29.1. ____________ 29.2. ____________

29.3. ____________ 29.4. ____________

29.5. ____________ 29.6. ____________

29.7. ____________ 29.8. ____________

30*. (9') Verhüttung außerhalb von Hochöfen

Nennen Sie Voraussetzungen, Reduktionsgase und Qualität des Endproduktes beim Wirbelschicht - Verfahren!

31. (5') Roheisen

Geben Sie die "Verunreinigungen" in weißem Roheisen in % an!

Mangan: ________ Silizium: ________ Schwefel: ________

Kohlenstoff: ________ Phosphor: ________

32. (5') Roheisen

Nennen Sie drei Voraussetzungen für die Entstehung von weißem Roheisen!

33. (5') Thomas-Verfahren

Begründen Sie die basische Ausmauerung eines Th - Konverters!

34. (9') Thomas-Verfahren

In einem Th - Konverter wird über 20 Bodendüsen mit einem Druck von 6 bar Stahl verblasen. Bestimmen Sie die maximale Füllhöhe des Konverters in cm!

35. (5') LDAC - Verfahren

Welche Vorteile bietet ein LDAC - Konverter?

36. (5') Roheisenmischer

Kennzeichnen Sie 4 Aufgaben eines Roheisenmischers!

37. (7') SM - Verfahren

Was bedeutet der Begriff - Regenerativfeuerung -?

38. (7') Stahlveredelung

Begründen Sie den Zusatz von Ferromangan zur Roheisen- oder zur Stahlschmelze!

39. (7') Stahlentgasung

Beschreiben Sie ein Stahlentgasungsverfahren, und nennen Sie den Vorteil entgaster Stähle!

Hüttentechnik

<u>Literatur zur Hüttentechnik</u>

<u>für die Hand des Lehrenden und Lernenden :</u>

- Physikalische Chemie der Eisen- und Stahlherstellung, Verlag Stahleisen, Düsseldorf

III.2. G i e ß e r e i t e c h n i k

40. (12´) Grundlagen

In der Gießereitechnik haben mehrere Faktoren einen Einfluß auf die Qualität und Erstarrungszeit eines Gußwerkstückes.
Welchen Einfluß haben hierbei:
40.1. Gießtemperatur, 40.2. Gießgeschwindigkeit,
40.3. Umlenkung des Gießstrahles, 40.4. Querschnittsänderungen, Öffnungsform und 40.5. Kokillenwerkstoff?

41. (7´) Werkstoffnormung und Zusammensetzung

Bestimmen Sie nach DIN die Zusammensetzung der Werkstoffe:
GGL - Ni35, GG-20, GG-30 und GGG-45!

42. (12´) Grundlagen

Ein Deckel wird nach nebenstehender Skizze eingeformt.

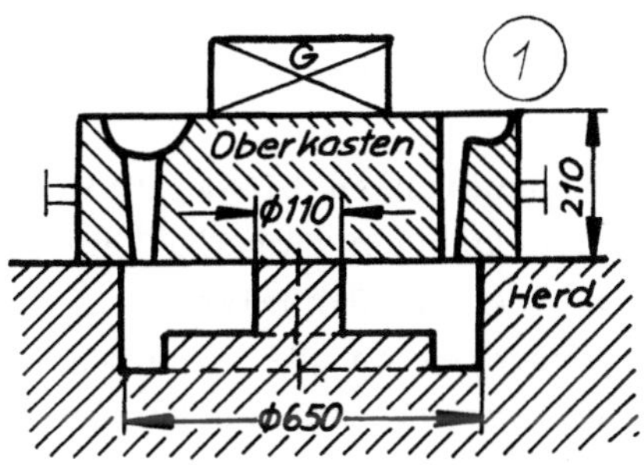

42.1. Mit welchem Druck wirkt das flüssige Gußeisen gegen den Formkasten, wenn Einguß- und Steigertrichter vollständig gefüllt sind ($\gamma = 70\ N/dm^3$)?

42.2. Welches Gewicht muß aufgelegt werden, um das Abheben des Kastens zu verhindern (1,5-fache Sicherheit; Gewicht des Oberkastens nicht zu berücksichtigen)?

43. (20´) Sandformguß

Nebenstehende Buchse aus GGL-30 soll hergestellt werden.

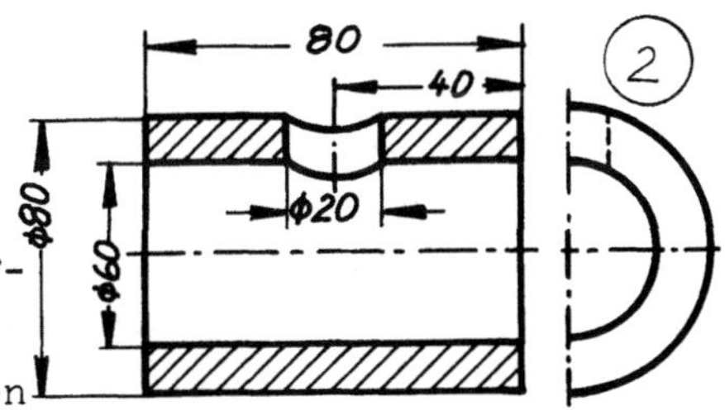

43.1. Erklären Sie die Werkstoffbezeichnung GGL-30!

43.2. Nennen Sie das zum Urformen angewandte Verfahren!

43.3. Zeichnen Sie das erforderliche Holzmodell in der gleichen Lage wie das obige Werkstück mit Formteilebene und nennen Sie seine wichtigen Merkmale!

43.4. Zeichnen Sie den erforderlichen Kern im Querschnitt!

43.5. Kennzeichnen Sie stichwortartig das Wasserglas - Verfahren!

43.6. Wie wird der Kern bei nebengezeichneter Lage im Formkasten beansprucht?

43.7. Nennen Sie Fehler, die bei dem Verfahren auftreten können!

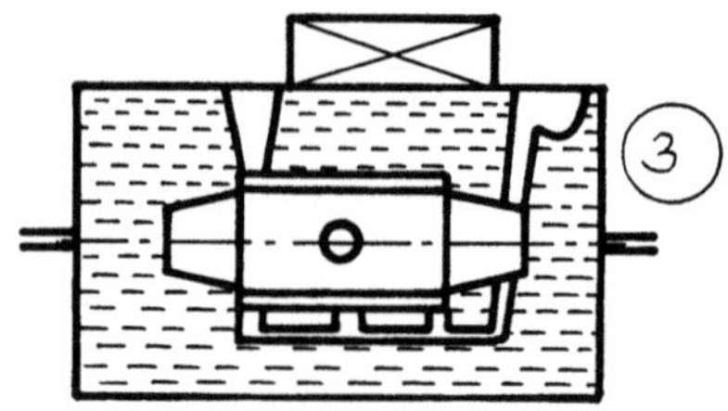

44. (30´) Sandformguß

Das nebenstehende Schaltgehäuse aus GG-25 soll hergestellt werden.

44.1. Kennzeichnen Sie wichtige Voraussetzungen für die Verarbeitung der Schmelze!

44.2. Beschreiben Sie eine mögliche Herstellung der Schmelze!

44.3. Skizzieren Sie das erforderliche Holzmodell mit Angabe von Maßen, Farben und Aufbau!

44.4. Zeichnen Sie die Lage des Holzmodells im Formkasten mit den "Vorrichtungen" zum Vergießen der Leerform!

44.5. Nennen Sie Beanspruchungstypen, denen der Kern während des Gießvorganges, im Abkühlungsprozeß und nach dem Abkühlen genügen muß!

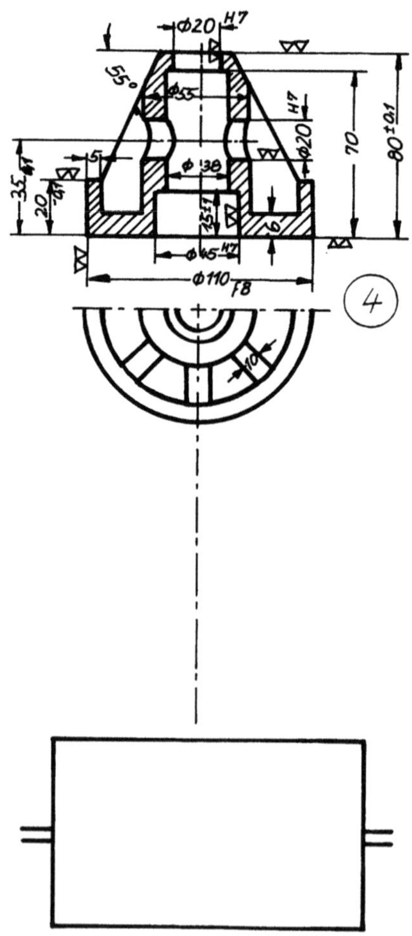

45*. (90') Gattierung eines Kupolofens

Für Gußstäbe aus perlitischem Grauguß, einem GG-30, mit einem Durchmesser von 60 mm und einer Masse von 50 kg pro Stab ist die Gattierung zu berechnen. Gegeben sind:

A. Analyse des GG-30 :	
Kohlenstoffgehalt	2,6 bis 3,0 %
Siliziumgehalt	1,2 bis 1,8 %
Mangangehalt	0,9 %
Phosphorgehalt	unter 0,35 %
Schwefelgehalt	unter 0,09 %

B. Verluste :	
Gießereiausschuß	3,5 %
Bearbeitungsausschuß	1,5 %
Ofenabbrand	3,0 %
Gießverlust	5,0 %

C. Einsatzstoffe nach einer Richtanalyse :

	% C	% Si	% Mn	% P	% S
Gießereiroheisen III	3,60	2,29	0,80	0,88	0,030
Hämatit	3,50	2,45	1,10	0,10	0,028
Kaufbruch	3,30	1,68	0,85	0,40	0,130
Kreislaufanteil	3,30	1,73	0,80	0,35	0,100
Siegerländer Spezialroheisen, feinkörnig	3,00	2,20	2,40	0,20	0,028
Stahlschrott	0,42	0,45	0,40	0,03	0,066

D. Koks uns Schwefel :

Koksverbrauch = 16 % / (Satzgewicht des Eisens)

Schwefelgehalt des Kokses im Mittel = 0,75 %; davon verbleiben 25 % im Roheisen

Der Schwefel des gesetzten Roheisens verschlackt zu 10 %.

E. Legierungselemente Silizium und Mangan :

Im Bereich von 0 bis 2,5 % Silizium in der Schmelze gilt:

$$\% [Si] = 0{,}1572 \, (\% \text{ Si-Abbrand})$$

Im Bereich von 0 bis 1,5 % Mangan in der Schmelze gilt:

$$\% [Mn] = 0{,}0909 \, (\% \text{ Mn - Abbrand}) - 0{,}7727$$

F. Sättigungsgrad und Legierungselement Si :

Für die Verschiebung der eutektischen Konzentration a durch das Legierungselement Si mit dem Sättigungsgrad S_C gilt:

$$S_C = \frac{\%\ C}{a - 0{,}34(\,[\%Si] + [\%P]\,)}$$

Siliziumgehalt in %	0,03	0,93	1,74	2,73	4,68	6,99
a in % C	4,24	3,90	3,70	3,38	2,79	2,25

G. Sättigungsgrad S_C und Gußstab - Durchmesser :

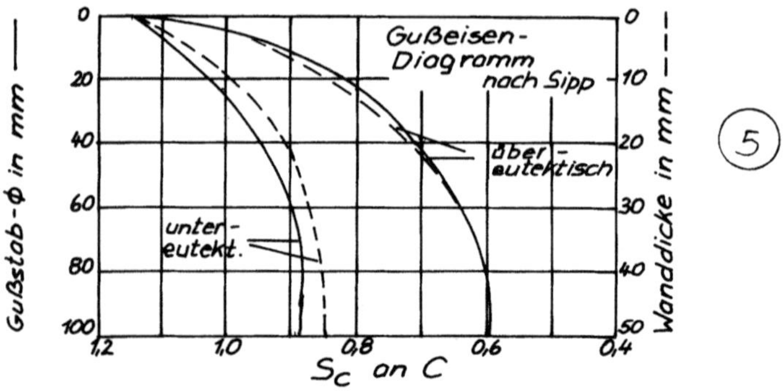

H. Gießabfälle und Stückmasse :

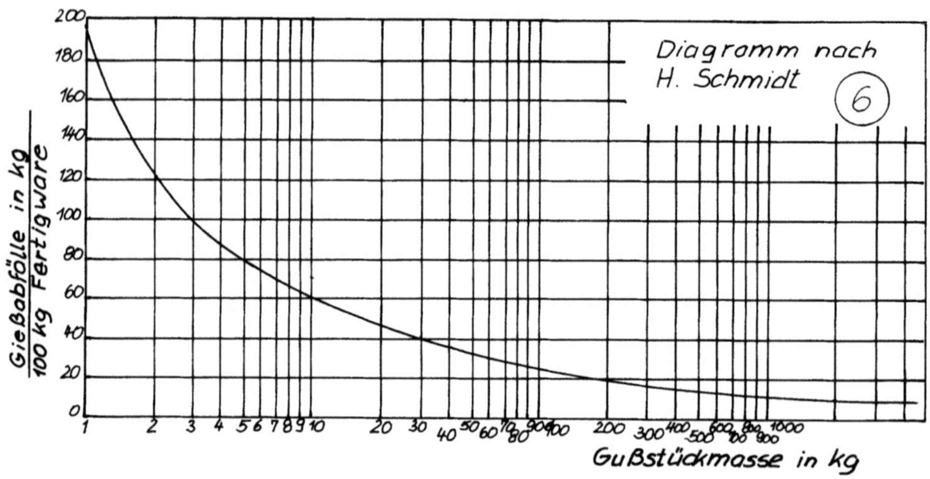

45.1. Überprüfen Sie den vorhandenen Siliziumgehalt in Prozent!

45.2. Bestimmen Sie die erforderliche Menge m an flüssigem Roheisen in kg unter Beachtung der Rundungsregel!

45.3. Ermitteln Sie die vorläufige Gattierung in kg und in Massenanteilen, wenn für (Roheisen- und Stahl)-Einsatz ein mittlerer Schwefelgehalt von 0,038 % angenommen wird und tragen Sie Ihre Ergebnisse in die Tabelle ein!

_______________________________________ Einsatzgleichung

____

_______________________________________ Schwefelgleichung

____

Vorläufige Gattierungs - Tabelle :

Sorten	in kg	in proz.	Massenteilen
Kreislaufanteil			
Kaufbruch			
Roheisen und Stahl			
Einsatz			

45.4. Berechnen Sie für 64 % Roheisen und Stahl - Einsatz den Anteil an Gießereiroheisen III über den Phosphor - Gehalt in Prozenten!

45.5. Bestimmen Sie für einen Roheisen- und Stahl-Einsatzanteil von 46 % und einem Si - Anteil von 1,73 % im Gußstück den Anteil an Hämatit über den maximalen Si - Anteil!

45.6. Fassen Sie die Gattierungsanteile in der Tabelle zusammen!

	Kreislauf	Kaufbruch	Gießereiroheisen III	Hämatit	Siegerländer Spezialroheisen und Schrott
Massenanteil in %					

46.* (120') Gattierungsberechnung

Gegeben sind :

A. Werkstück- und Werkstoffdaten :	
Werkstück aus GG-25	Gußqualität : 3,3 % C
Stückgewicht : 30 kg	0,75% Mn
mittlere Wanddicke : 15 mm	0,4 % P unter 0,1 % S

B. Koks- und Erzschwefel :
Koksverbrauch = 13% / (Satzgewicht des Fe)
Koksschwefelgehalt im Mittel = 1,1 %

Eisenerzschwefel	geht	zu	75 %	ins Fe	
"	"	"	25 %	in die Schlacke	
Koksschwefel	geht	zu	30 %	ins Fe	
"	"	"	70 %	ins Gichtgas	

C. Ausschuß :	
Gießereiausschuß	: 3 %
Bearbeitungsausschuß	: 1 %
Ofenabbrand	: 2 %
Gießereiverluste	: 5 %

$$S_C = \frac{\%C}{4{,}25 - [\%Si + \%P] \cdot 0{,}34}$$

46.1. Berechnen Sie anhand der Tabellenwerte und Diagramme der Aufgabe 45* die anteilmäßigen Sorten, um die vom Hersteller geforderte Gußqualität zu erzielen!

46.2. Tragen Sie die Ergebnisse in die nachfolgende Tabelle ein und überprüfen Sie die Gattierung! Treffen Sie gegebenenfalls die erforderlichen Maßnahmen!

Anteile in %	Einsatzstoffe	C		Si		Mn		P		S	
		%	kg	%	kg	%	kg	%	kg	%	kg
	Hämatit										
	Gießerei-Roheisen III										
	Siegerländer Spezial - RE										
	Stahlschrott										
	Kaufbruch										
	Kreislauf										
	Einsatz										
	Abbrand ./.										
	Zu-brand „+"										
	flüssiges Eisen										

47. (30') Druckgußberechnung

Ein Werkstück aus einer Aluminium - Titan - Legierung mit einem spezifischen Gewicht von 33 N/dm^3 soll im Waagerecht - Druckguß-

Verfahren hergestellt werden. Bestimmen Sie über die reduzierte Energie - Gleichung bei einem Einschnürungskoeffizienten $\alpha = 0{,}8$, einem Reibungswirkungsgrad $\eta = 0{,}75$, einem Arbeitsdruck von 81 bar, einem Querschnitt des Metallschmelze - Reservoirs $A_1 = 60$ cm^2, dem Querschnitt der Gießöffnung $A_2 = 0{,}1$ cm^2 und der projizierten Fläche des Gußstückes $A_d = 50$ cm^2 :

47.1. die Spritzgeschwindigkeit an der Gießformöffnung,
47.2. das effektive Durchsatzvolumen,
47.3. die Geschwindigkeit des Arbeitsstempels und
47.4. die erforderliche Niederhaltekraft der Gießform!

48.* (120') Schleuderformguß

Das Schleuderguß - Verfahren von Driede-de-Lavaud dient der Herstellung von Rohren und arbeitet mit schräg gestellter Kokille, wie man nebenstehender Prinzipskizze entnehmen kann.

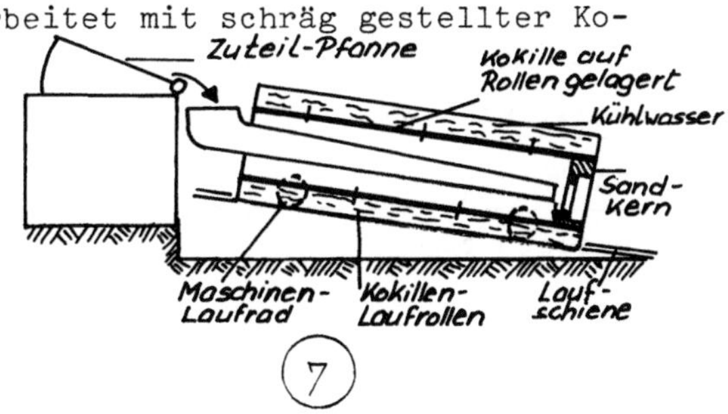

Anhand der im folgenden angegebenen Daten sind zu bestimmen:

48.1. die zur Erstarrung erforderliche Energie, die über Luft und Kokille abgeführt werden soll;
48.2. die Erstarrungszeit des Rohres (Außenhaut des Rohres im stabilen Zustand), wenn die gesamte Energie über die Wasserkühlung abgeführt werden soll;
48.3. die erforderliche Durchlaufgeschwindigkeit des Kühlwassers;
48.4. die erforderliche Mindestdrehzahl zur Erzielung einer konstanten Rohrdicke;
48.5. den erforderlichen Neigungswinkel gegen die Waagerechte und
48.6. die theoretische Herstellzeit eines Rohres!

A. Werkstückangaben :	
Rohrlänge im Endzustand : 6 m	Lichte Weite : d_i = 4"
Wanddicke des Rohres a_R = 8 mm	Rohrtemperatur nach Verlassen der Kokille: 1270 K

B. Technische Daten :	
Gießtemperatur T_G	1 670 K
Gießzeit t_G	10 s
Dichte des Gußwerkstoffes : ϱ_{fest}	7,85 g/cm^3
$\varrho_{flüssig}$	7,50 g/cm^3
Kokillenwerkstoff	Stahlguß
Kühlung	Wasser
Höchsttemperatur des Rücklaufwassers T_R	353 K
Außendurchmesser des Kühlsystems d_a	400 mm
Wanddicke der Kokille a_k	20 mm

C. Physikalische Daten :

Spezifische Wärmewerte in J/(kg·K)	
Stahl c_{St}	460,55
Gußeisen c_G	544,29
Wasser c_{H_2O}	4 168,8

Wärmeleitfähigkeiten in $J\cdot m/(m^2\cdot K\cdot h)$: λ	
Wasser bei 0 °C	1 960
Wasser bei 100 °C	2 410
Gußeisen λ_G	186 900
Stahl (0,1 % C)	191 400
Stahl (0,6 % C)	150 700
V2A-Stahl	54 300
Luft bei 0 °C	86
Luft bei 100 °C	109

Wärmeübergangszahlen α in $J/(h\cdot m^2\cdot K)$	
Luft ruhend	20 900
Luft v = 10 m/s	180 000
Luft v = 50 m/s	650 000
Wasser ruhend	2093 000
Wasser v = 1 m/s	9000 000

Reibungskoeffizient	Schmelze - Kokillenwand μ = 0,02

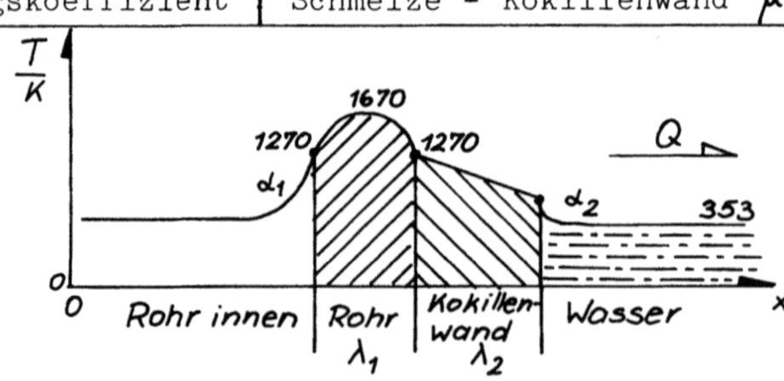

8

49. (60´) Schleuderformguß

Ein symmetrisches Werkstück wird nach dem Schleuderformguß - Verfahren hergestellt.

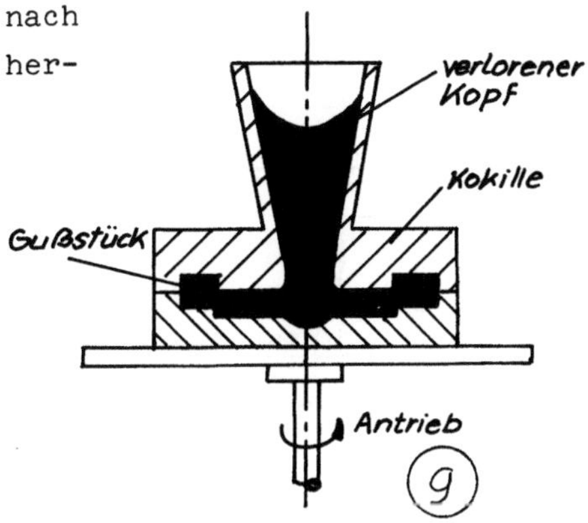

A. Werkstückdaten :
Werkstoff : Al-Mg-Legierung
Dichte : 2,5 g/cm^3
Außendurchmesser : 200 mm
Mittlere Dicke : 20 mm
Werkstück - Temperatur beim Verlassen der Kokille : 450°C
Berücksichtigung des Schwundes : 2 %

B. Technische Daten :
Gießtemperatur : 973 K
Gießzeit : 10 s
Dichte der Schmelze: 2 g/cm^3
Kokillen - Ø : 400 mm
Mittlere Kokillendicke für Ober- und Unterteil : je 40 mm
Kokillenwerkstoff : V2A - Stahl
Luftkühlung mit v = 20 m/min
Außentemperatur der Luft : (80 + 273) K
Technische Drehzahl : 400 min^{-1}
10 s zum Öffnen, Reinigen und Schließen der Kokille

C. Physikalische Daten :

spez. Wärme in J/(kg·K)=c	
Stahl	460
Gußeisen	544
Aluminium	913

λ=Wärmeleitfähigkeit in J/(h·m·K)	
Aluminium	753 600
V2A - Stahl	54 400

α=Wärmeübergangszahl in J/(h·m^2·K)	
Luft mit v = 20 $\frac{m}{min}$	376 800

Wählen Sie mit den oben genannten Angaben die richtigen Antworten aus dem Auswertungsbogen aus und kennzeichnen Sie diese Antworten!

Auswertungsbogen : Richtig ist (sind) Antwort(en) Nr. :	
Antwort Nr.	Aussagen
49.1.	Q = 358 kJ
49.2.	Q = 287 kJ
49.3.	Q = 589 kJ
49.4.	Erstarrungszeit t = 153 s
49.5.	Erstarrungszeit t = 91,6 s
49.6.	Erstarrungszeit t = 163 s
49.7.	Die höhere technische Drehzahl führt zu einer gleichmäßigeren Formfüllraum - Ausfüllung
49.8.	Die theoretische Mindest - Drehzahl beträgt 95 min^{-1}
49.9.	Erstarrungszeit t = 38 s
49.10.	gesamte Herstellzeit t_g = 20 s
49.11.	gesamte Herstellzeit t_g = 38 s
49.12.	gesamte Herstellzeit t_g = 48 s
49.13.	gesamte Herstellzeit t_g = 173 s
49.14.	Die höhere Drehzahl führt zu einem feinkörnigerem Gefüge durch erhöhte Wärmeabführung

50. (12´) Gußfehler

Beschreiben Sie die Ursachen für Seigerungen und geben Sie an, wie diese Fehlerformen zu verhindern sind!

51. (12´) Gießverfahren

Erstellen Sie eine Übersicht über die Bedeutung und Anwendungsgebiete von Sand-, Kokillen- und Druckguß!

52. (9´) Strangguß - Verfahren

Beschreiben Sie das Stahlstrangguß - Verfahren und nennen Sie die Vorteile des Stranggießens gegenüber dem Blockgießen!

Literatur zur Gießereitechnik

für die Hand des Lehrenden und Lernenden :

- Schmidt, H., Das Gießereiwesen in gemeinfaßlicher Darstellung, Gießerei Verlag, Düsseldorf
- Gußfehler-Atlas, Gießerei Verlag, Düsseldorf
- Determann u.a. (Hrsg.) Werkstattbücher: - Heft 30, Einwandfreier Formguß - Heft 72, Gießereimodelle - Heft 70, Handformerei - Heft 66, Maschinenformerei - Heft 37, Metallmodelle, Gipsmodelle und Modellplatten, Springer Verlag, Berlin
- Werkstattblätter: Heft 329, Strangguß und Hohlstrangguß - Heft 349, Druckguß - Heft 363, Sandguß - Heft 387, Kokillenguß - Heft 396/7, Feinguß I und II, Hanser Verlag, München
- Kieffer, Hotop, Pulvermetallurgie und Sinterwerkstoffe, Springer Verlag, Berlin

III.3. Z e r s p a n t e c h n i k

53. (9´) Grundlagen

Ein trennender Keil mit Keilwinkel ß = 60° leitet an einer Werkstückoberfläche eine Kraft von 1 kN ein. Überprüfen Sie die folgenden Antworten und kennzeichnen Sie die richtigen Antworten!

53.1.	die Trennkraft beträgt 950 N;
53.2.	die Trennkraft beträgt 800 N;
53.3.	die Trennkraft beträgt 870 N;
53.4.	die Trennkraft beträgt 1 kN;
53.5.	die Trennkraft berechnet sich aus: $F_T = \frac{F \cdot \cot \beta/2}{2}$

54. (45´) Grundlagen

Stellen Sie für eine Kraft F = 0,1 kN, ß = 60°, 90° und 120°, variablem Anstellwinkel ψ ein räumliches Diagramm für die Eindringkraft, die Vorschubkraft und die Trennkraft auf!

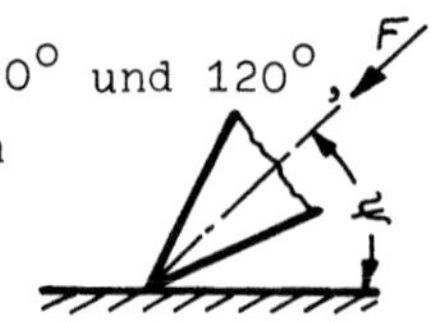

55. (5´) Grundlagen

Beim Handsägen von Metall wurde in Arbeitsrichtung eine mittlere Kraft von 80 N gemessen. Bei einem Sägehub von 300 mm wurden in einer Minute 70 Schnitte gemacht. Berechnen Sie

55.1. die Arbeit in J, wenn zum Durchsägen des Stückes 320 Schnitte notwendig waren;

55.2. die aufgewandte Leistung in W!

56. (15´) Grundlagen

Entscheiden Sie auf Richtigkeit der Angaben und kennzeichnen Sie die richtigen Antworten auf dem Auswertungsbogen!

Auswertungsbogen :	
56.1.	Mit steigender Festigkeit des Zerspanungswerkstoffes sinkt der Schnittdruck;
56.2.	Mit steigender Schnittgeschwindigkeit sinkt der Schnittdruck
56.3.	Mit steigendem Spanwinkel sinkt die spez. Schnittkraft
56.4.	Mit steigendem Schlankheitsgrad steigt die Hauptschnittkraft;

56.5.	Mit steigendem Spanungsquerschnitt sinkt die Hauptschnittkraft;
56.6.	Mit steigender Spanungsdicke, aber gleicher Zustellung, sinkt die spez. Schnittkraft;
56.7.	Mit steigender Schnittgeschwindigkeit sinkt die Standzeit!

57. (7') Grundlagen

Unterscheiden Sie Werkzeugwinkel und Wirkwinkel!

58. (9') Grundlagen

Beschreiben Sie die Entstehung der drei grundlegenden Spantypen!

59. (7') Grundlagen

Skizzieren Sie die angreifenden Kräfte an einer Drehmeißelschneide im Orthogonalschnitt und berechnen Sie die zur Zerspanung notwendige Leistung!

60. (12') Grundlagen

Nehmen Sie Stellung zu folgender Gleichung:

Hauptschnittkraft F_s = f(Werkstoff; v; a; s; Anstellwinkel Kappa; Spanwinkel Gamma)!

61. (7') Grundlagen

Welchen Einfluß hat der Anstellwinkel auf die Lebensdauer eines Werkzeuges beim Drehen?

62. (7') Grundlagen

Unterscheiden Sie zwischen der Span- und der Schnittgeschwindigkeit!

63. (9') Grundlagen

Welchen Einfluß hat Kobalt auf die Standzeit eines Wolframkarbid - Kobalt - Hartmetalles?

64. (9') Grundlagen

Durch Variation der Härteträger in Hartmetallsorten können mechanische Größen beeinflußt werden. Welche Größe wird bei .... beeinflußt?

64.1. Vanadiumkarbid : ______________________

____

64.2. Titankarbid : ______________________

____

65. (12´) Schneidenwerkstoffe
Kennzeichnen Sie in nebenstehendem Diagramm den charakteristischen Verlauf von unlegiertem Werkzeugstahl und von Hartmetall!

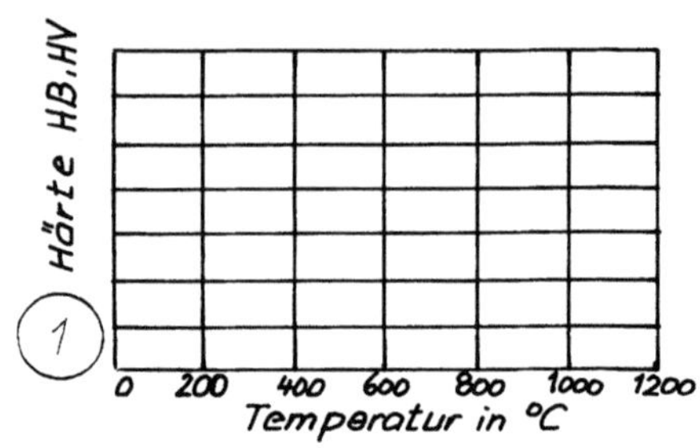

66. (7´) Schneidenwerkstoffe
Nennen Sie typische Legierungselemente für Schnellarbeitsstähle!

67. (9´) Winkel und Flächen an Werkzeugschneiden
Kennzeichnen Sie nach DIN ...... nebenstehende Winkel und Flächen!

I : ______________________

II : ______________________

III: ______________________

IV : ______________________

1 : ______________________

2 : ______________________

3 : ______________________

4 : ______________________

5 : ______________________

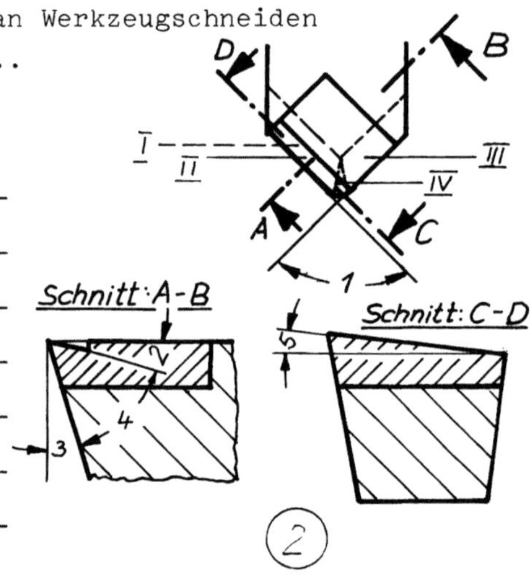

68. (9´) Einflußgrößen auf die Zerspankraft
Zeigen Sie durch Ergänzung der nebenstehenden Skizze, welchen Einfluß der

Spanwinkel auf die Richtung der Zerspankraft hat!

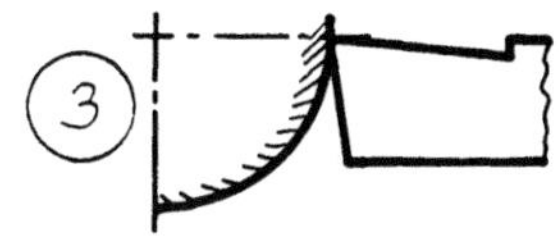

69. (7′) Wirkwinkel

Zeigen Sie an nebenstehender Skizze den Einfluß des Unter-Mitte-Stellens eines Drehmeißels auf die Wirkwinkel!

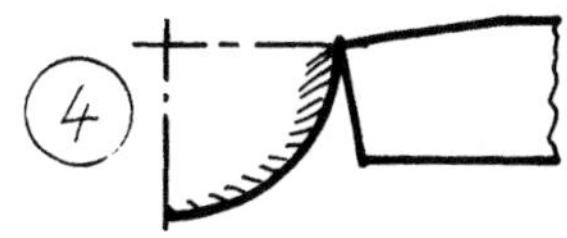

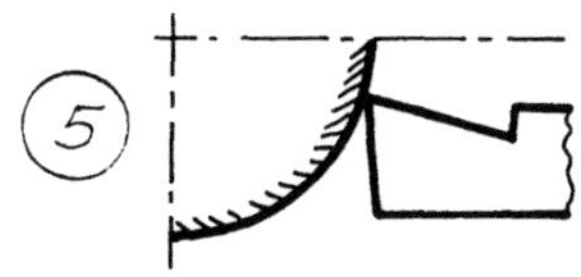

70. (9′) Kräftefeld beim Drehen

Erklären Sie die Kräfte : Wirkkraft, Schnittkraft und Passivkraft!

71. (9′) Wärme und Zerspanung

Die zur Zerspanung angebotene Energie an einer Werkzeugschneide setzt sich um in :

1. ____________________
2. ____________________
3. ____________________
4. ____________________

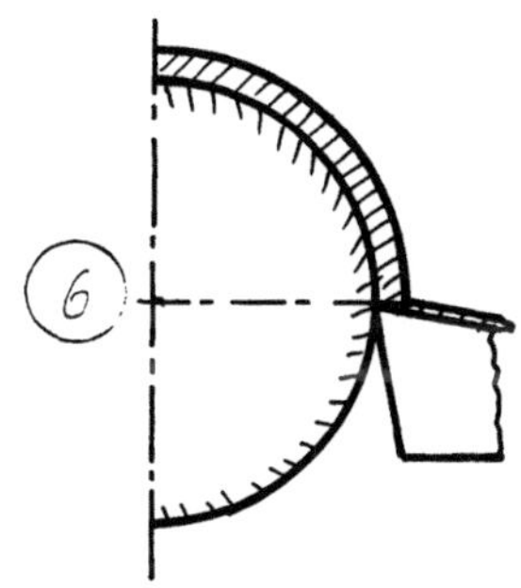

72. (12′) Scherzonenmodell

Beschreiben Sie mit Hilfe (Ergänzung) nebenstehender Skizze das Scherzonenmodell und zeigen Sie gültige Gesetzmäßigkeiten auf!

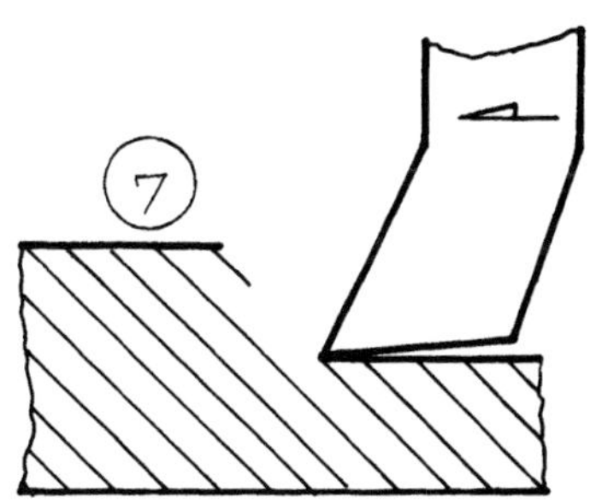

73. (45') Projekt - Zwölfkant - Welle

Eine geschmiedete 12-Kant-Welle aus 42 CrMo4 (Eckenmaß = 400 mm) wird durch einen Schäldrehmeißel (Anstellwinkel = 20°) bei einer Zustellung von 4 mm mit einem Vorschub von 1,5 mm überdreht. Hierbei soll eine wirtschaftliche Schnittgeschwindigkeit von 100 m/min nicht überschritten werden.

Werkzeugbaustoff : Hartmetall M 20; Spanwinkel = 2°

Aussage über den Zusammenhang zwischen Winkeln - Schnittgeschwindigkeit - Spanungsdicke :

Spanwinkel	Schnittgeschwindigkeit in m/min	spez. Schnittkraft in N / mm²	Anstiegswert 1 - z	spez. Schnittkraft $k_s = f(h)$ siehe u. Zeile:
+6°	100	1 632	0,7520	1
-6°	100	1 840	0,7430	2

Spanungsdicke h in mm	Zeile	0,100	0,250	0,400	0,630	0,800	1,600
spez. Schnittkraft in N/ mm²	1	2 889	2 302	2 049	1 830	1 725	1 453
	2	3 324	2 627	2 328	2 071	1 948	1 630

Maschinendrehzahlen : in 1/min

30 - 38 - 48 - 60 - 75 - 95 - 120 - 150 - 190 - 240 - 300 - 380 - 480 - 600 - 760 - 950 - 1200 - 1500

Bestimmen Sie :

73.1. die einzustellende Drehzahl in 1/min;

73.2. das pro Minute zerspante Volumen;

73.3. die bei der Zerspanung auftretende Schnittleistung in kW;

73.4. bei einem Wirkungsgrad von 0,82 die erforderliche elektrische Leistung!

74. (5') Schnittdruck - Schnittkraft (spez.)

Unterscheiden Sie durch Definitionen die Begriffe spezifische Schnittkraft und den Schnittdruck!

75. (24') Schnittgeschwindigkeit - Standzeit

(8)

Bei einer vorgegebenen Verschleißmarkenbreite VB = 0,2 mm werden bei 100 m/min Schnittgeschwindigkeit 20 Wellen überdreht. Die reine Zerspanzeit beträgt je Welle 10 min. Bei einer Erhöhung der Schnittgeschwindigkeit auf 150 m/min ist das Werkzeug nach 12 Wellenüberdrehungen abgestumpft (VB = 0,2 mm).

Bestimmen Sie über das Standzeit - Schnittgeschwindigkeits - Gesetz die Zahl der Wellen bei v = 120 m/min!

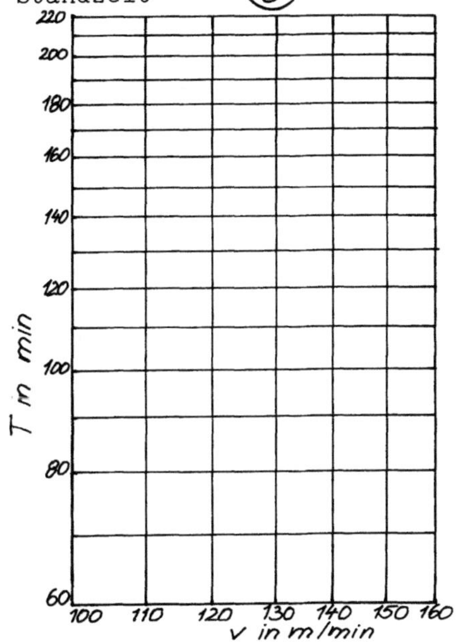

76.* (24') Schnittkraft - Auswertung - Versuch

An einer Drehmaschine wurden unter verschiedenen Spanungsbedingungen Spannungs- und Strommessungen durchgeführt. Ermitteln Sie anhand der vorgegebenen Daten die mittlere spezifische Schnittkraft für einen quadratischen Spanquerschnitt A = 1 mm^2!

Maschine : Cumbre 15	Werkstoffdaten :	Werkzeug : HSS
n = 560 1/min	St 50	rechter gebogener Drehmeißel ($\varkappa$ = 45°)
η = 0,80	d = 30 mm	Spanwinkel = 10°

Vers. Nr.	s mm	a mm	A mm^2	Leerlaufleistung U/V	I/A	P_L/W	Leistung unter Last U/V	I/A	P/W	Zerspanleistung W
1	0,28	3,57	1	371	3,3		360	12,4		
2	0,56	1,78	1	358	3,75		352	10,2		
3	0,84	1,19	1	365	3,75		352	9,4		

Vers. Nr.	k_s N/mm^2	h mm	z	h^z	$k_{s1\cdot1}$ N/mm^2
1					
2					
3					

(9)

Hilfsdiagramm zur Festlegung von z : (9a)

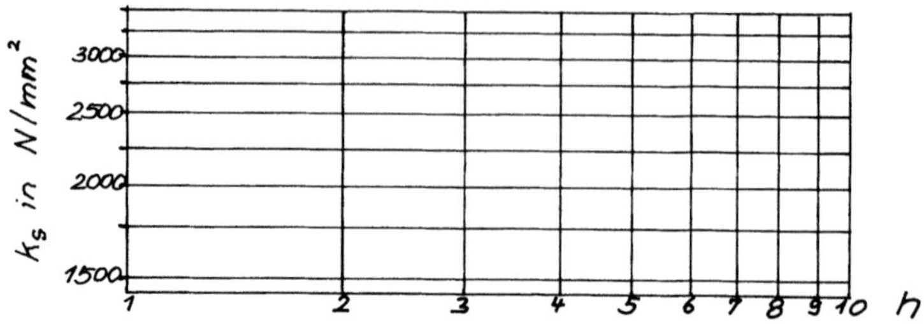

77. (20′) spezifisches Zerspanvolumen

Eine Welle aus St 70 soll mit einem rechten Seitendrehmeißel aus Schnellschnittstahl mit einem Spanwinkel von 12° bei einer Schnittgeschwindigkeit v = 20 m/min, dem Vorschub s = 0,25 mm und der Schnittiefe a = 3,5 mm überdreht werden.

77.1. Bestimmen Sie die spezifische Schnittkraft unter Berücksichtigung des Werkzeugbaustoffes und des Spanwinkels anhand der folgenden Tabellenwerte nach Kienzle und Victor (1964);

77.2. Berechnen Sie das spezifische Zerspanvolumen V_{ztP} für das Zerspanen mit einem scharfen Drehmeißel;

77.3. Geben Sie die vom Motor der Drehmaschine abzugebende Leistung P in kW an, wenn als mechanischer Wirkungsgrad bei der vorliegenden Belastung η = 0,7 angenommen wird und mit einer Zunahme der Schnittkraft durch Abstumpfung der Schneide von 30 % gerechnet wird!

k_s- Werte nach Versuchen von Prof. Kienzle und Victor (1964):

Versuchsbedingungen : Außendrehen ; Werkzeugbaustoff : P 30 Spanwinkel = 6°; Schnittgeschw. = 100 m/min						
Werkstoffe	Festigkeit, bzw. Härte BZ, HRC, HB in N/mm²	z	1 - z	$k_{s1\cdot1}$/ N/mm²		
				h = 1 mm	= 0,1	= 2,5
St 50	520	0,26	0,74	1990	3610	1580
St 70	720	0,30	0,70	2260	4500	1740
Ck 45	770	0,14	0,86	2220	3040	1960
42 Cr Mo4	730	0,26	0,74	2500	4500	2000
Hartguß	HRC 46	0,19	0,81	2060	3190	1740
GG - 26	HB 200	0,26	0,74	1160	2110	930

Für die Umrechnungen auf andere Spanungsbedingungen empfiehlt Preger :

1. Je Grad Vergrößerung des Spanwinkels Verkleinerung des k_s-Wertes um 1 %;
2. Bei Außendrehen mit Schnellschnittstahl und der Bezugsschnittgeschwindigkeit v = 20 m/min Erhöhung des k_s - Wertes um 20%.

78. (90') Schnittdruck - Wärmeabführung

Wellen aus 40MnCr 4 V mit Rohdurchmesser D = 130 mm werden auf einer stufenlos regelbaren Drehmaschine bei einer Schnittgeschwindigkeit v = 60 m/min auf 120 mm abgedreht. Die Länge der Wellen beträgt L_o = 1420 mm; An- und Überlauf betragen zusammen 5 mm. Die Dichte des Zerspanungswerkstoffes beläuft sich auf 8 kg/dm^3 und der Werkstoff wird mit einer P 10 - Schneidenplatte zerspant. Von der Schneidkeilgeometrie sind bekannt:
Spanwinkel = 12°; Freiwinkel = 6°; Neigungswinkel = 0°; Anstellwinkel = 75°; Eckenwinkel = 90°; Eckenradius der Hauptschneide = 0,8 mm.
Je 0,1 mm Verschleißmarkenbreite werden ein Anstieg der Hauptschnittkraft von 0,1 angenommen.
Maschinenwirkungsgrad = 0,85; eine kWh kostet 0,12 DM.
An dem "scharf" geschliffenen Drehmeißel wurden bei verschiedenen Vorschüben die Schnittdrucke ermittelt:

s_1 = 0,125 mm : k_{s1} = 3000 N/mm^2;

s_2 = 0,800 mm : k_{s2} = 2100 N/mm^2.

78.1. Bestimmen Sie den Wert $k_{s1 \cdot 1}$!

78.2. Berechnen Sie den Schnittdruck für s_3 = 0,40 mm!

78.3. Ermitteln Sie für s_4 = 0,63 mm, VB = 0,15 das Zerspanvolumen in cm^3/DM, wenn eine kWh, wie oben angegeben, 0,12 DM kostet!

78.4. Schätzen Sie durch eine Näherungsrechnung für einen quadratischen Werkzeugschaft mit A = 400 mm^2, einer Temperatur in der Scherzone von 1200 K, VB = 0,2, 8 % Wärmeabführung über den Werkzeugschaft für den Vorschub s_1 die Temperaturdifferenz, die zwischen Scherzone und Unterseite des Drehmeißels herrscht, d.h. in erster Näherung direkt unter der

Hauptschneide, wenn für Stahl eine Wärmeleitfähigkeit von 150 kJ/(h·m·K) angenommen werden! Begründen Sie evtl. Widersprüche zur Praxis!

79.(60´) Zerspanzeit - Spantemperatur

Ein rechteckiger Gesenkblock aus X 8 Ni Cr Ti 26 15 mit der Länge a = 300 mm, der Breite b = 400 mm und der Höhe h = 450 mm soll nach einem Einsenk - Verfahren auf einem Bohrwerk durch Aufspannen auf einer Planscheibe an der (300 mm - 400 mm) - Seite in 2 Schnitten geplant werden.

A. Maschinendaten :
Drehzahlen : 100 - 112 - 125 - 140 - 160 - 180 - 200 - 224 - 250 - 280 - 315 - 355 - 400 - 450 - 500 - 560 - 630 - 710 - 800 - 900 - 1000 1/min nach unten und oben in den Stellenwerten sich wiederholend
Schnittgeschwindigkeit : v = 30 m/min
Vorschub : s = 0,5 mm
Zustellung je Schnitt : 2,5 mm
An- und Überlauf zusammen : 5 mm

B. Schneiden- und Zerspanungswerkstoff - Daten :
Schneidenwerkstoff : K 10
Form des Drehmeißels : rechter gebogener Schruppstahl (kappa = 45°)
Schnittdruck k_s = 2 500 N/mm^2
Dichte des Zerspanungswerkstoffes : 8 kg/dm^3
Spez. Wärme für Stahl c_{St} = 0,460 kJ/(kg·K)
Wärmeabführung : 10 % an den Block 80 % an die Späne

79.1. Bestimmen Sie die Planzeit in s!

79.2. Berechnen Sie die mittlere Spantemperatur und die mittlere Erwärmung des Gesenkblockes, und begründen Sie evtl. den Widerspruch zur Praxis!

80.* (120´) Projekt : Schnittdruck - Verschleiß - Standzeit - Kühlung

Mit einem geraden Drehmeißel nach DIN 4971, Schneidplatte P 10, werden 80 Wellen aus 40 Mn4V von einem Rohdurchmesser 89,5 mm auf 63,6 mm bei einer Fertiglänge L_o = 190 mm überdreht. An- und Überlauf betragen zusammen 1,7 mm.

A. Maschinendaten :

Lastdrehzahlen in 1/min 125 - 180 - 250 - 355 - 500 - 710 - 1000 - 1250

Vorschub s in mm 0,18

B. Schneidenwerkstoffdaten :

Hartmetall P 10

Schneidkeitgeometrie :

$\gamma/°$	$\alpha/°$	$\lambda/°$	$\varkappa/°$	$\varepsilon/°$	r/mm
6	5	0	70	90	0,8

Schneidenkennwerte : k_s = 2 500 N/mm² bei v = 100 m/min und scharf geschliffenem Drehmeißel

z = 0,2193 bei v = 100 m/min

z = 0,2555 bei v = 60 m/min

Verschleißmarkenbreite VB = 0,2 (maximal zulässig)

Je 0,1 mm VB Anstieg von F_s um 10 %

C. Daten des Zerspanungswerkstoffes :

Werkstoffkennzeichnung : 40 Mn4V

Wärmebehandlung : 1120 K 1 Stunde/ Wasser; 870 K 2,5 Stunden/ Luft

Chemische Zusammensetzung in % :

C	Si	Mn	P	S	Co	Cr	Mo	Ni	V	W	Al	Cu	Nb	Ti
0,39	0,37	0,94	0,01	0,009	-	0,30	-	0,14	-	-	0,012	-	-	-

Mechanische Eigenschaften :

Zugfestigkeit σ_B	755	N/mm^2
Streckgrenze σ_S	598	N/mm^2
Bruchdehnung ($L_o = 5d_o$) δ	23	%
Brucheinschnürung ψ	62	%
Härte	223	HV 10

Spez. Wärme : $c_{St} = 586\ J/(kg \cdot K)$

Dichte : $\rho_{St} = 7{,}85\ kg/dm^3$

Temperaturen des Spanes : Temperatur des Spanes ohne Kühlung = 1 020 K
Temperatur des Spanes mit Kühlung = 320 K

Wärmeabführung : 82 % der Zerspanungsenergie werden über die Späne abgeführt

D. Daten des Kühlsystems :

Mittlerer Querschnitt der Kühlleitung : $A_m = 1\ dm^2$

spez. Wärme des Kühlmittels : $c_{Kühlmittel} = 4187\ J/(kg \cdot K)$

Dichte des Kühlmittels : $\rho_{Kühlmittel} = 1\ kg/dm^3$

Erwärmung des Kühlmittels bei dreimaligem Umlauf : um 12 K

80.1. Berechnen Sie bei scharf geschliffenem Drehmeißel für den vorgegebenen Vorschub und annähernd 100 m/min Schnittgeschwindigkeit den $k_{s1 \cdot 1}$ - Wert und runden Sie das Ergebnis auf ganze N/mm^2!

80.2. Bestimmen Sie das stündlich anfallende Spanvolumen in dm^3/h für einen Zerspanungsvorgang bei n = 355 1/min!

80.3. Der Drehmeißel erreicht bei einer Drehzahl n = 355 1/min, einem Vorschub s = 0,18 mm und 80 Wellen eine zulässige Verschleißmarkenbreite VB =0,2 mm. Durch eine Verringerung der Schnittgeschwindigkeit auf v = 60 m/min und eine Vergrößerung der Zustellung a werden bei gleicher Verschleißmarkenbreite 120 Wellen hergestellt. Bestimmen Sie die Standzeiten der Zerspanungsvorgänge!

80.4. Übertragen Sie die Ergebnisse aus 80.4. in das T - v - Diagramm und berechnen Sie die Wellenzahl i bei einer Standzeit T = 480 min und einer Verschleißmarkenbreite VB = 0,2 mm!

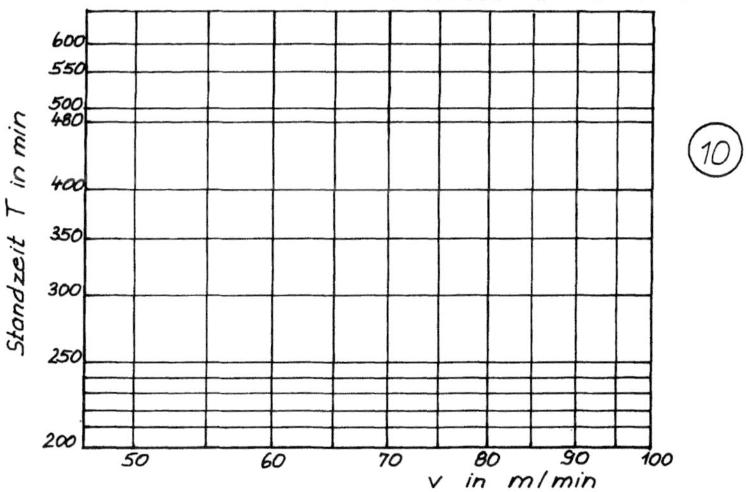

80.5. Welche mittlere Durchsatzgeschwindigkeit $\bar{v}$ in m/h muß die Kühlmittelpumpe bei einer Schnittgeschwindigkeit v = 100 m/min, Zustellung a = 5 mm, Vorschub s = 0,18 mm und mittlerem Querschnitt A_m = 1 dm^2 liefern, wenn die mittlere Verschleißmarkenbreite VB = 0,2 mm beträgt?

81*. (90') Projekt : zweigängige Schnecke vorschneiden

Eine zweigängige Schneckenwelle aus 30 CrNiMo 8V soll aus einem Rohling des Durchmessers D = 50 mm und der Länge L_o = 240 mm hergestellt werden.

A. Maschinentyp:
Drehmaschine mit PIV - Getriebe Drehzahlbereich : 10 bis 1400 1/min Gesamtwirkungsgrad: 0,85

B. Schnittdaten :	
Schneidenwerkstoff für Längs- und Plandreharbeiten : P 10	
Schruppen : v = 100 m/min s = 0,25 mm a_{max} = 5 mm	Schlichten : v = 200 m/min s = 0,1 mm a_{max} = 0,5 mm
Schneidenwerkstoff für das Vor- und Fertigschneiden der zweigängigen Schnecke : S 18-1-2-5	
Schruppen : v = 1 m/min Rücklaufgeschwindigkeit : v_R = 6. v a_{max} = 0,5 mm	Schlichten : v = 1 m/min Rücklaufgeschw. v_R = 6·v a_{max} = 0,1 mm

C. Kenngrößenzusammenhang : Zerspanungswerkstoff - Schneidenwerkstoff - Schnittbedingungen

Schneidenwerkstoff	κ/°	v m/min	$k_{s1\cdot1}$ N/mm²	1-z	Spanungsdicken h in mm					
					0,10	0,16	0,25	0,50	1,00	1,60
HM P 10	70	100	1723	0,7689	2934	2632	2374	2023	1723	1545
HM P 10	70	200	1666	0,7917	2692	2441	2224	1925	1666	1511
S 18-1-2-5	70	50	1684	0,7447	3032	2689	2400	2010	1684	1494
S 18-1-2-5	70	25	1665	0,6514	3715	3154	2655	2120	1665	1413

81.1. Berechnen Sie die Drehzeiten der nachfolgenden Arbeitsgangtabelle in s (auf eine Stelle hinter dem Komma gerundet) unter Berücksichtigung der Arbeitsgangfolge - s. nächste Seite -, sowie des Maschinentyps und tragen Sie die fehlenden Werte in die Tabelle ein!

81.2. Berechnen Sie die maximal erforderliche Maschinenleistung in W zur Herstellung der Schneckenwelle!

81.3. Ermitteln Sie zeichnerisch den Schnittdruck zum Vorschneiden der Schneckenwelle mit S 18-1-2-5 unter Zuhilfenahme der vorbereiteten Diagrammfelder der übernächsten Seite!

81.4. Bestimmen Sie für k_s = 200 N/mm^2 und 0,12 DM/kWh das auf eine DM bezogene Zerspanvolumen in dm^3/DM zum Vorschneiden der zweigängigen Schnecke!

Schneckenwelle :

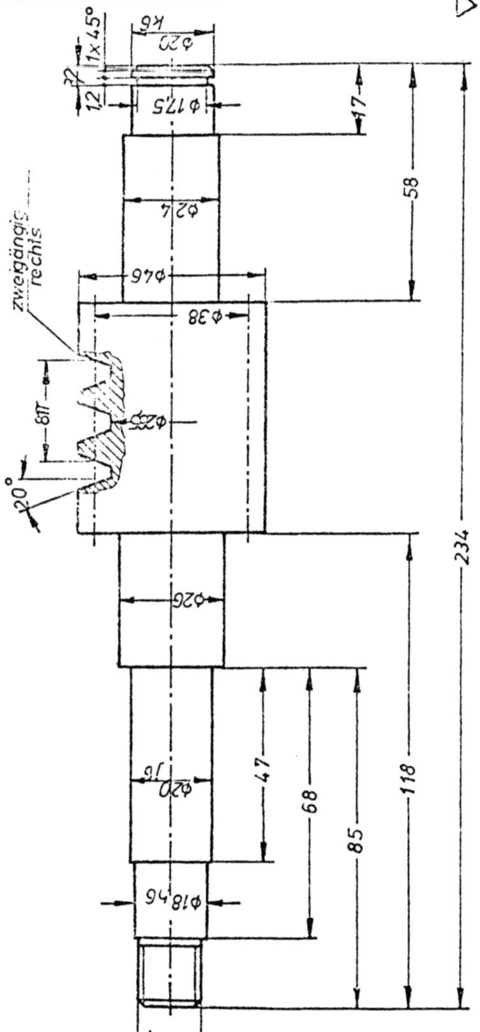

AG Nr.	Arbeitsgang-Kennzeichnung	l_a mm	$l_ü$ mm	Drehlänge mm	Zustellung mm	Vorschub mm	▽ oder ▽▽	Durchmesser von ..... mm	Durchmesser auf ..... mm	æ °	Herstellzeit s
1	Rohling planen, i = 2	–		236			▽			45	
	Gewindeseite zentrieren	–		—	—	—	▽▽	—		—	25
2	Längsdrehen	2	–	180	1,5	0,25	▽	50	47	70	68,6
3	"	2	–	$114_{-0,5}$		0,25	▽		27	70	
4	"	2	–	$84_{-0,5}$	3,0	0,25	▽	27	21	70	17,5
5	"	2	–	37	1,0	0,25	▽	21	19	70	6,2
6	"	2	–	16	1,25	0,25	▽	19	16,5	70	2,6
7	Umspannen	–		———	———	———	———	———	———	———	10
8	Planen, i = 1	–		234	2,0	0,25	▽			45	9,4
	Zentrieren	—		—	—	—	▽▽	—		—	25
9	Längsdrehen	2	–	58			▽		25	90	
10	"	2	–	17	2,0	0,25	▽	25	21	90	3,6
11	"	2	2				▽▽		46	90	
12	Schnecke 2-gängig vorschneiden	5	5		0,5/Schnitt		▽		29		
	Rücklauf	5	5		—		—	—		—	
13	Längsdrehen	2	–	58			▽▽		24	90	
14	"	2	–	17	0,5	0,1	▽▽	21	20_{k6}	90	3,8
15	Umspannen	–		———	———	———	———	———	———	———	10
16	Längsdrehen	2	–	17	0,3	0,1	▽▽	16,5	15,9	90	3
17	"	2	–	21	0,5	0,1	▽▽	19	18_{h6}	90	4,1
18	"	2	–	47			▽▽		20_{j6}	90	
19	"	2	–	33	0,5	0,1	▽▽	27	25	90	8,9
20	Schnecke 2-gängig	5	5		0,1/Schnitt		▽▽		28,5		
	Rücklauf	5	5		—		—	—		—	

(12)

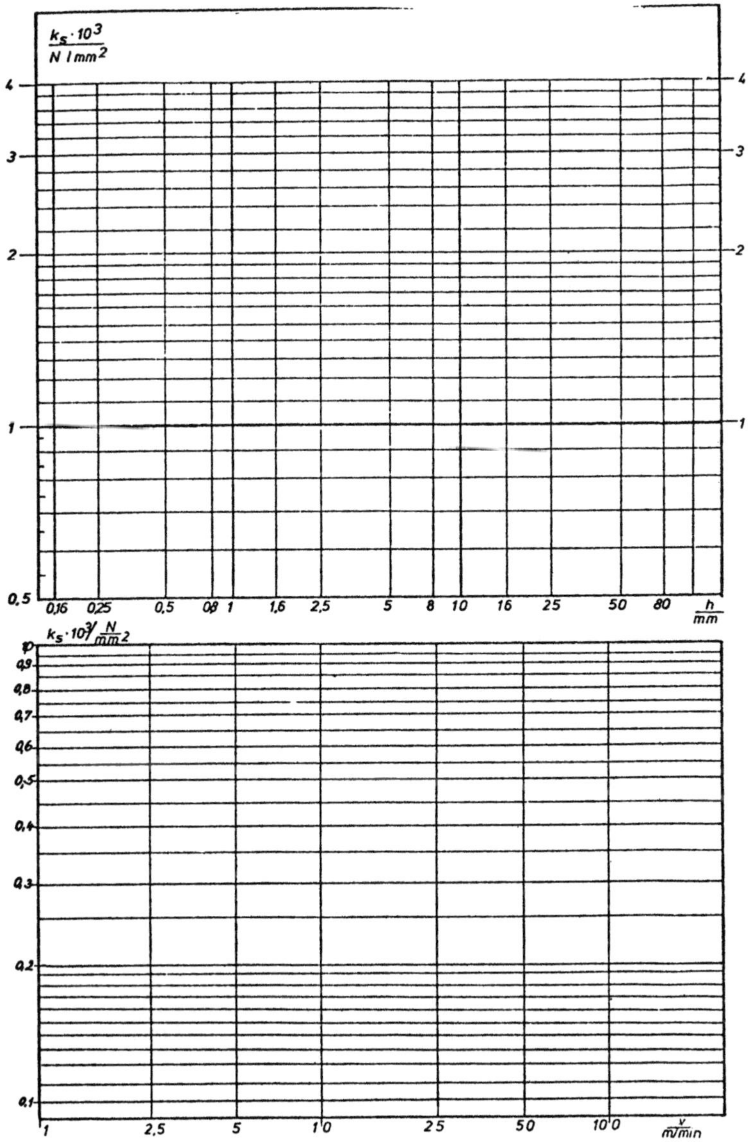
ks · 10³ / N/mm²
4
3
2
1
0,5
0,16 0,25 0,5 0,8 1 1,6 2,5 5 8 10 16 25 50 80
h / mm
ks · 10³ / N/mm²
1,0
0,9
0,8
0,7
0,6
0,5
0,4
0,3
0,2
0,1
1 2,5 5 10 25 50 100
v / m/min

13

82. (60') Projekt : Zweigängige Schnecke vorfräsen

Die zweigängige Schneckenwelle der Aufgabe 81 aus 30 CrNiMo 8V soll mit einem Profilscheibenfräser D = 120 mm, 18 Zähnen bei einer Schnittgeschwindigkeit von 25 m/min, einem Vorschub von s = 0,02 mm/Zahn, einem Wirkungsgrad von 0,7 auf 0,5 mm Aufmaß vorgefräst werden. Die Umrechnung der Schnittdrucke für Drehen auf Schnittdrucke für Fräsen ist durch einen Faktor von 1,15 zu berücksichtigen; eine kWh kostet 0,12 DM!

82.1. Berechnen Sie die Hauptzeit für das Fräsen eines Schneckenganges in s für $l_a + l_ü = 4$ mm!

82.2. Bestimmen Sie die erforderliche Maschinenleistung in W!

82.3. Ermitteln Sie das mittlere zeit- und leistungsbezogene Zerspanvolumen in cm^3/DM!

83*. (60') Spanndruck bei Fräsarbeiten

In eine Werkstückoberfläche aus 20 MoCr4 BG, Länge = 180 mm, Breite = 200 mm, wird eine Nut mit einem Walzfräser ausgeführt. Das Werkstück wird von den Parallelbacken eines Maschinenschraubstockes mit einer maximalen Spannfläche/Backe von 250 mm x 30 mm festgehalten; der Reibbeiwert beträgt 0,3 (s. Skizze).

A. Werkzeugdaten :	
Werkstoff :	S 18-1-2-5
Durchmesser :	120 mm
Fräserbreite :	60 mm
Zähnezahl :	24
Drallwinkel λ:	20°

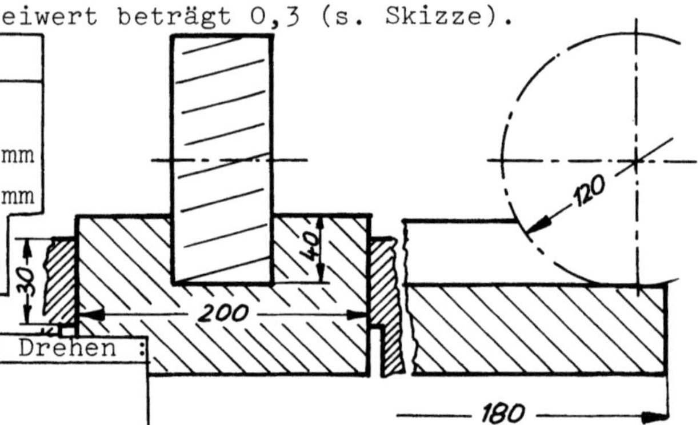

(14)

B. Schnittbedingungen : Drehen :	
Werkstoff :	S 18-1-2-5
Schnittgeschw. :	25 m/min
Spez. Schnittkraft : $k_{s1\cdot1}$	2032 N/mm^2
Exponent z :	0,1408

C. Schnittbedingungen : Fräsen :
Korrekturfaktor von Drehen auf Fräsen :120 %

Schnittgeschw.	: 25 m/min
Vorschub/Zahn	: 0,02 mm
Schnittiefe	: 40 mm

83.1. Berechnen Sie die mittlere Schnittkraft des Fräsvorganges!

83.2. Ermitteln Sie für eine mittlere Schnittkraft von 13 kN den erforderlichen Anpreßdruck der Backen, der das Werkstück bei $\Delta\varphi = 70^{\circ}$ gegen Herausziehen und Hochheben sichert!

84*. (180′) Projekt : Schnittdruck - Leistung - Wärmeabführung Kühlung

Eine Welle aus X 5 NiCrTi 2615 mit der Wärmebehandlung : 1170 K 1 h/Wasser; 1000 K 16 h/Luft soll überdreht werden. Rohdurchmesser D = 64 mm; Länge der Welle L_o = 195 mm; für An- und Überlauf werden 5 mm gerechnet. Dichte des Werkstoffes = 8 kg/dm^3.

Schneidenwerkstoff : Hartmetall K 10

Schneidkeilgeometrie :

$\gamma/^{\circ}$	$\alpha/^{\circ}$	$\lambda/^{\circ}$	$\varkappa/^{\circ}$	$\varepsilon/^{\circ}$	r/mm
12	8	0	70	90	0,8

An dem "scharf" geschliffenen Drehmeißel wurden mit einem Dreikomponenten - Schnittkraftmesser Hauptschnittkraftwerte ermittelt:

bei v ≈ 20 m/min :	s = 0,133 mm	k_s = 3 195 N/mm^2
	s = 0,67 mm	k_s = 2 101 N/mm^2
bei v ≈ 30 m/min :	s = 0,133 mm	k_s = 3 311 N/mm^2
	s = 0,67 mm	k_s = 2 150 N/mm^2

Maschinendaten : s_1 = 0,133 mm
s_2 = 0,670 mm

Grunddrehzahlreihe nach R 20 : 100 - 112 - 125 - 140 - 160 - 180 - 200 - 224 - 250 - 280 - 315 - 355 - 400 - 450 - 500 - 560 - 630 - 710 - 800 - 900 - 1 000

Zustellungen : a_1 = 3 mm
a_2 = 4 mm

84.1.1. Begründen Sie die o.a. Wärmebehandlung!

84.1.2. Berechnen Sie für v ≈ 20 m/min und v ≈ 30 m/min die Exponenten z!

84.1.3. Bestimmen Sie die Größen $k_{s1\cdot1}$ für $v \approx 20$ m/min und $v \approx 30$ m/min!

84.1.4. Geben Sie in der Gleichung $k_{s1\cdot1}(v) = k_{s1\cdot1}(v=1 m/min) \cdot v^{-m}$ die Werte $k_{s1\cdot1}(v = 1$ m/min) und m für scharf geschliffenen Drehmeißel an!

84.2. In einer neuen Schnittversuchreihe wird die Schnittgeschwindigkeit von annähernd 30 m/min beibehalten; die Schneidkeilgeometrie wird geändert und eine mittlere maximale Verschleißmarkenbreite VB = 0,1 mm zugelassen:

Neue Schneidkeilgeometrie :

$\gamma/^\circ$	$\alpha/^\circ$	$\varepsilon/^\circ$	$\lambda/^\circ$	$\varkappa/^\circ$	r/mm
15	10	90	-2	60	0,8

Einstellwerte : s_1 = 0,133 mm
a_2 = 4 mm

Ferner gilt : 1. Bei kleiner werdendem Spanwinkel erhöht sich je Grad die Hauptschnittkraft um 1,5 %;
2. Im Bereich des Freiwinkels $3^\circ \leqslant \alpha \leqslant 12^\circ$ ist kein Einfluß auf die Zerspankraftkomponenten festzustellen;
3. Je Grad Neigungswinkel - Verkleinerung erhöht sich die Hauptschnittkraft um 1,5 %;
3. Je 0,1 mm Verschleißmarkenbreite steigt die Hauptschnittkraft um 10 %.

84.2.1. Bestimmen Sie bei einem Wirkungsgrad von 80 % die auf das Zerspanvolumen bezogene elektrische Arbeit in cm^3/kWh!

84.3. Der Drehmeißel hat einen quadratischen Querschnitt A = 400 mm^2 und zerspant bei annähernd 30 m/min Schnittgeschwindigkeit mit s_1 = 0,133 mm und a_2 = 4 mm. 10 % der entstehenden Wärme werden über den Drehmeißel abgeführt; 12 % über das Werkstück, der Rest über die Späne.
Nach dem Überdrehen einer Welle mit VB = 0,1 mm wird an der Hauptschneide eine Temperatur T = 1000 K gemessen. Eine zweite Temperaturmessung wird 50 mm hinter der Hauptschneide vorgenommen.
Wärmeleitfähigkeit für Stahl : 150 kJ / (h·m·K)
Spezifische Wärme für Stahl : 0,46 kJ/(kg·K)
Wärmeübergangszahl für Luft mit v = 50 m/min : 690 kJ/(h·m^2·K)

84.3.1. Bestimmen Sie die Temperatur 50 mm hinter der Schneide und begründen Sie evtl. Widersprüche zur Praxis!

84.3.2. Welche Lufttemperatur liegt vor, wenn in der Praxis 50 mm hinter der Drehmeißelschneide 320 K gemessen werden und der Drehmeißelschaft allseitig mit Preßluft mit v = 50 m/min gekühlt wird?

84.4. Bei einer Verschleißmarkenbreite VB = 0,1 mm; a_2 = 4 mm, v annähernd 30 m/min und s_1 = 0,133 mm werden 60 Wellen überdreht.
Bei annähernd VB = 0,1 mm, a_1 = 3 mm und v annähernd 20 m/min, s unbekannt, werden 120 Wellen überdreht.

84.4.1. Ermitteln Sie bei einer erneuten Einstellung von annähernd 40 m/min über das Standzeit - Schnittgeschwindigkeitsgesetz die Zahl der möglichen Wellenüberdrehungen für VB = 0,1 mm!

84.5. Bei a_2 = 4 mm, s_2 = 0,670 mm, v annähernd 30 m/min ist für einen mittleren Kühlmittelpumpenquerschnitt A_m = 0,2 dm^2 für die neue Schneidkeilgeometrie die erforderliche Geschwindigkeit des Kühlmittels zu bestimmen, wenn die spezifische Wärme des Kühlmittels 4 kJ/(kg·K) beträgt und bei fünfmaligem Umlauf das Kühlmittel sich um 20 K erwärmt und während der Umläufe 60 % der Wärme an die Umgebung abgegeben werden!

85. (75') Projekt : Gleich- und Gegenlauffräsen

Eine 100 mm dicke Platte aus C 15G mit einer Breite von 100 mm und einer Länge von 400 mm wird in Richtung Länge mit verschiedenen Fräswerkzeugen bei gleichbleibender Zustellung von 3 mm bearbeitet. Zur Verfügung stehen:

<u>1. Walzfräser :</u> Fräserbreite : B = 140 mm
Fräser - Ø : D = 125 mm
Zähnezahl : z = 12 mit geraden Schneidkanten
Werkstoff : S 18-1-2-5

Gleichlauffräsen : v = 25 m/min; s_z = 0,1 mm; $k_{s1.1}$ = 4070 N/mm^2
Gegenlauffräsen : Bedingungen wie beim Gleichlauffräsen

<u>2. Walzfräser :</u> Wie 1. Walzfräser, jedoch mit Drallwinkel von $\lambda = 20^{\circ}$

85.1. Bestimmen Sie für $\mu = 0{,}2$ und Werkstoff - Exponent $z = 0{,}2343$ die Anpresskraft für Gleich- und Gegenlauffräsen des 1. Wälzfräsers!

85.2. Berechnen Sie die Kraft in Richtung Frässpindel bei vollem Fräsereingriff (mit und ohne Vorschub)!

85.3. Berechnen Sie das zeitbezogene Zerspanvolumen (über h_m)!

85.4. Überprüfen Sie für den vorgegebenen Drallwinkel von 20°, ob dies der günstigste Drallwinkel ist!

85.5. Bestimmen Sie die Kraft in Richtung Frässpindellagerung für den gedrallten Fräser!

85S*. Zerspantechnik : Studienarbeit

Aufgabentyp : Hausarbeit

Dauer : 1 Monat

Zeitliche Einordnung : Nach Beendigung des Themenkreises Zerspantechnik

Groblernziele :
1. Der Einfluß der Schnittgeschwindigkeit auf die Zerspankraft - Komponenten
2. Der Einfluß der Spanungsdicke, des Schlankheitsgrades des Spanes und des Spanungsquerschnittes auf den Schnittdruck
3. Der Einfluß der Schneidkeilgeometrie auf die Zerspankraft - Komponenten
4. Der Zusammenhang : Schnittbedingungen - Standzeit
5. Kostengünstigste und zeitgünstigste Schnittgeschwindigkeit - Kosten je Dreheinheit

Bei der Zerspanung von 31CrMoV9G auf einer stufenlosen Drehmaschine, Marke ...., wurden in zwei Versuchsserien I und II bei einer konstanten Zustellung a = 3 mm für Hartmetall - Schneidplatten P10, variablen Schnittgeschwindigkeiten (v = 50, 100, 200 m/min), variablen Vorschüben (s = 0,125 - 0,180 - 0,250 - 0,355 - 0,500 - 0,710 - 1,000 mm) und Schneidkeilgeometrien (I und II) folgende Kenngrößen mittels einer Dreikomponenten - Messung und durch Auswertungen festgestellt:

A.

Serie Nr.	Schneidkeilgeometrie						v	Spezifische Schnittkraft		Spezifische Vorschubkraft		Spezifische Rückstellkraft	
	$\gamma/^\circ$	$\alpha/^\circ$	$\lambda/^\circ$	$\varkappa/^\circ$	$\varepsilon/^\circ$	r/mm	m/min	$k_{s1\cdot1}$ N/mm²	1 - z ---	$k_{V1\cdot1}$ N/mm²	1 - y ---	$k_{R1\cdot1}$ N/mm²	1 - x ---
I	+6	+5	0	70	90	0,8	50	1570	0,6560	459	0,2464	306	0,3498
	+6	+5	0	70	90	0,8	100	1490	0,7470	381	0,2946	248	0,4950
	+6	+5	0	70	90	0,8	200	1414	0,8506	316	0,3523	201	0,7005
II	-6	+6	-6	70	90	0,8	50	1766	0,7189	671	0,3139	555	0,5163
	-6	+6	-6	70	90	0,8	100	1684	0,7449	659	0,4659	529	0,6195
	-6	+6	-6	70	90	0,8	200	1605	0,7719	647	0,6915	504	0,7433

B.

Mit kleiner werdendem	erhöht sich .... um .... % je Grad .... - winkelveränderung gegenüber den Meßwerten		
	Hauptschnittkraft F_s	Vorschubkraft F_V	Passivkraft F_P (F_R)
Spanwinkel γ	1,5	5,0	4,0
Freiwinkel α im Bereich von 3° bis 12°	---	---	---
Neigungswinkel λ	1,5	1,5	10,0
Je 0,1 mm Verschleißmarkenbreite VB (bzw. K_T/K_M) steigen die Kräfte .... um .... %	10,0	25,0	30,0

85_S.1. Bestimmen Sie zeichnerisch (oder rechnerisch) den Einfluß der Schnittgeschwindigkeit v in den beiden Versuchsserien I und II auf die Zerspanungs - Werkstoffkenngrößen $k_{s1\cdot1}$, $k_{V1\cdot1}$, $k_{R1\cdot1}$ und (1-z), (1-y), (1-x)!

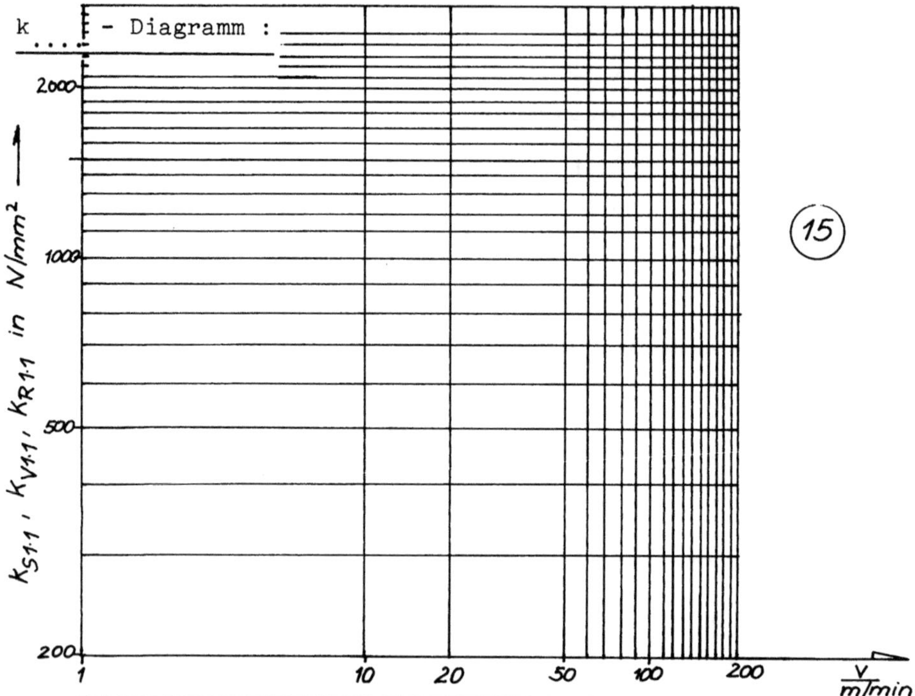

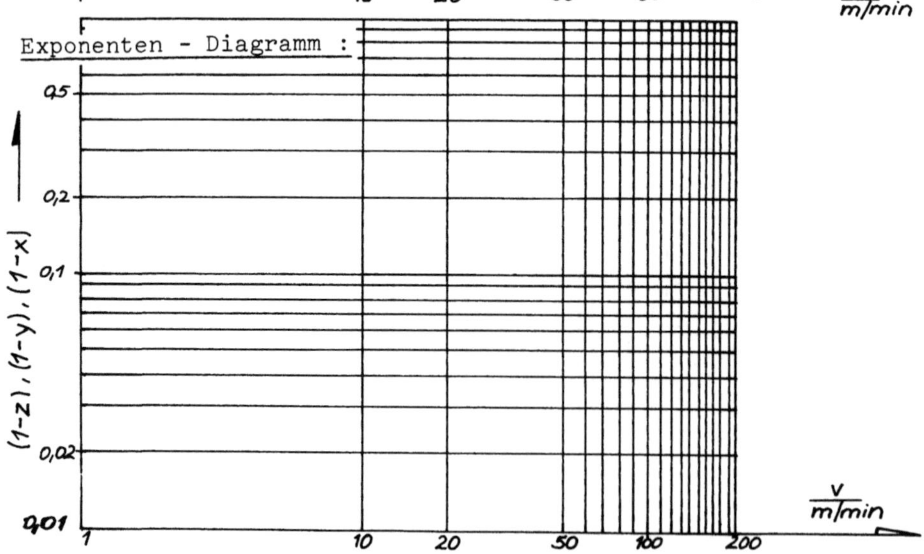

85_S.2. Ermitteln Sie rechnerisch für die Versuchsserien I und II die Schnittdruckwerte und tragen Sie Ihre Ergebnisse in die Tabelle ein!

Vorschub s in mm →		$k_{s1\cdot1}$ N/mm²	z	0,125	0,180	0,250	0,355	0,500	0,710	1,000	
Spanungsdicke h in mm →											
Vers. Nr.	Schnittgeschw. v in m/min ↓			Schnittdrucke k_s = f (h) in N/mm²							
I	50										
	100										
	200										
II	50										
	100										
	200										

85_S.3. Bestimmen Sie für **v** = 100 m/min den Zusammenhang k_s = f(S =b/h) für nachfolgende Bedingungen!

Vers. Nr.	z -	$k_{s1\cdot1}$ N/mm²	A mm²	b/h = S -	h mm	h^{-z} -	b mm	k_s N/mm²	Bemerkungen
I			1	5					
			1	10					
			1	20					
II			1	5					
			1	10					
			1	20					

Diagramm zur Ermittlung des Gesetzes $k_s = f(S)$ für v = 100 m/min :

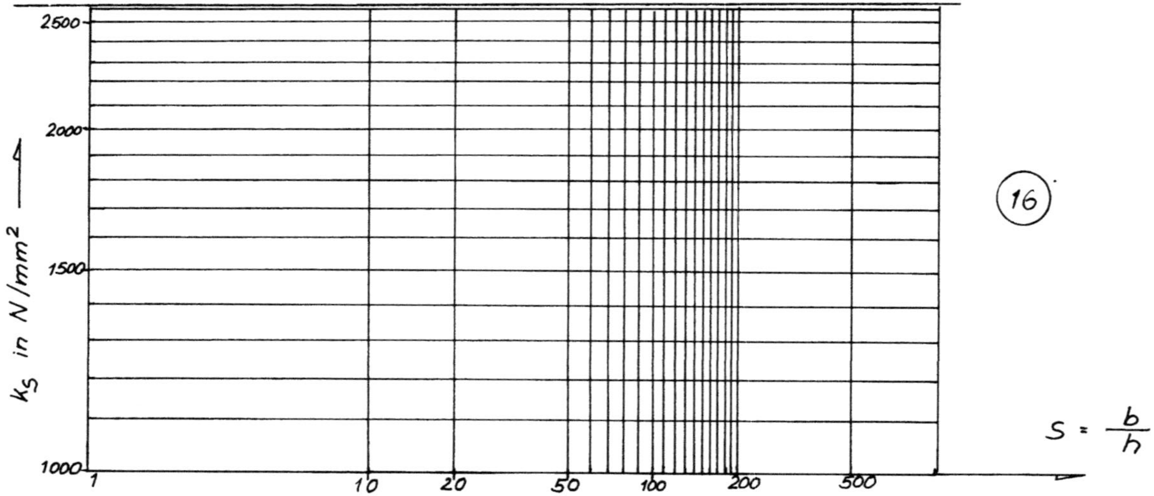

(16)

85_S.4. Vervollständigen Sie für v = 100 m/min die Tabelle und leiten Sie zeichnerisch die Gesetzmäßigkeit $k_s = f(A)$ für einen konstanten Schlankheitsgrad her!

Versuch Nr.	z -	$k_{s1\cdot1}$ N/mm^2	h mm	h^{-z} -	b/h -	b mm	$A = b\cdot h$ mm^2	k_s N/mm^2	Bemerkungen
I			0,1		10				
			0,5		10				
			1,0		10				
II			0,1		10				
			0,5		10				
			1,0		10				

Diagramm zur Ermittlung des Gesetzes $k_s = f(A)$ für v = 100 m/min :

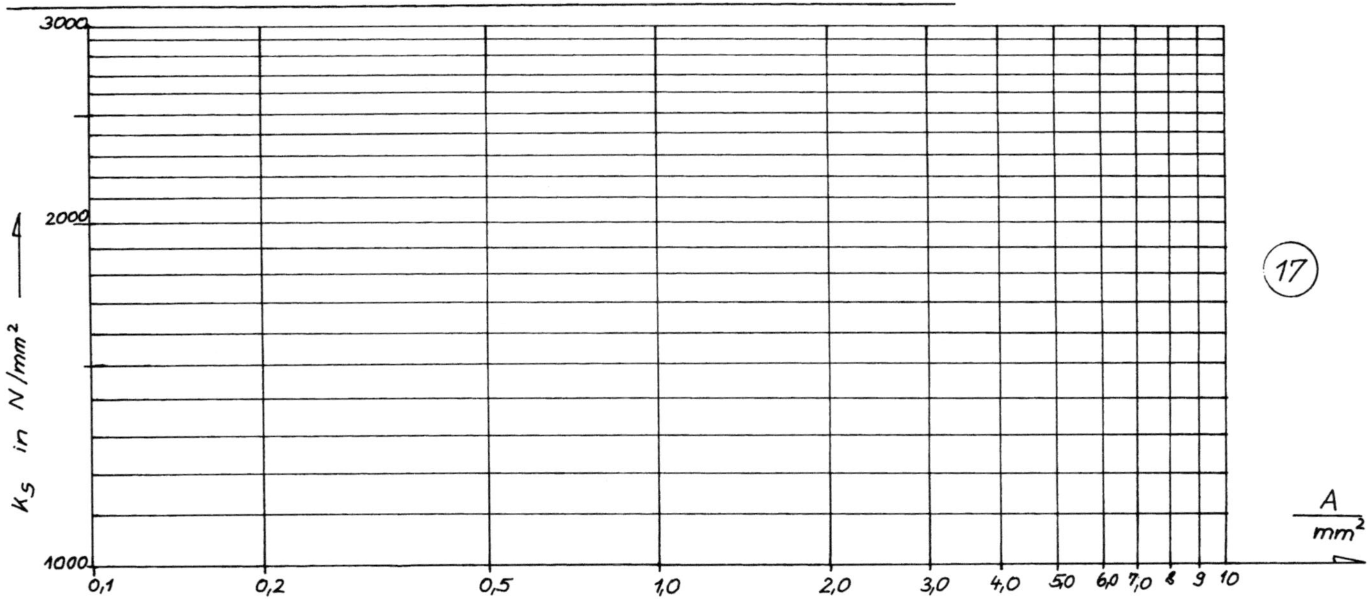

(17)

85_S.5. Berechnen Sie für die Schnittdaten : s = 0,5 mm; d = 50 mm; n = 900 1/min und a = 3 mm für eine neue Schneidkeilgeometrie III den Betrag der Zerspankraft F_Z und vergleichen Sie kritisch Ihr Ergebnis mit dem der Versuchsserien I und II für v = 100 m/min und VB = 0 !

Schneidkeilgeometrie III :

$\gamma/°$	$\alpha/°$	$\lambda/°$	$\varkappa/°$	$\varepsilon/°$	r/mm	VB_{max}/mm
2	4	2	45	100	0,8	0,1

85_S.6. Berechnen Sie für folgende Schnittdaten :
Zustellung a = 3 mm, Vorschub s = 0,5 mm, Drehzahl n = 900 1/min, Durchmesser d = 50 mm, Werkstücklänge L = 240 mm und Schneidkeilgeometrie III der Aufgabe 85_S.5.
die Stückzahl i, wenn
bei einer Schnittgeschwindigkeit von 100 m/min 95 Werkstücke bei einem Vorschub von 0,710 mm,
bei einer Schnittgeschwindigkeit von 200 m/min 15 Werkstücke bei einem Vorschub von 0,250 mm bis zur vereinbarten maximalen Verschleißmarkenbreite von 0,1 mm bearbeitet werden können!

85_S.7. Berechnen Sie für folgende Schnittdaten:
Zustellung a = 3 mm, Vorschub s = 0,5 mm, Drehzahl n = x 1/min, Durchmesser d = 50 mm, Werkstücklänge L = 240 mm und Schneidkeilgeometrie III und

W_a = Anschaffungswert des Werkzeuges	35,00 DM
W_u = Wert des abgenutzten Werkzeuges	11,00 DM
n_s = Zahl der möglichen Nachschliffe	12 -
W_s = Kosten je Nachschliff	1,25 DM
L = Stundenlohn	8,40 DM
t_n = Nebenzeit	3 min
t_W = Werkzeugwechselzeit	10 min
r = Restlicher Gemeinkostensatz	150 %
K_M = $\frac{\text{Maschinengebundene Kosten}}{\text{Dreheinheit}}$	0,50 DM

85_S.7.1. die kostengünstigste Schnittgeschwindigkeit,

85_S.7.2. die zeitgünstigste Schnittgeschwindigkeit und

85_S.7.3. die kostengünstigsten und zeitgünstigsten Kosten je Dreheinheit!

Literatur zur Zerspantechnik

für die Hand des Lehrenden und Lernenden:

- Preger, Zerspantechnik, Vieweg Verlag, Braunschweig
- Böge, Techniker - Handbuch, Vieweg Verlag, Braunschweig
- König u. Essel, Spezifische Schnittkraftwerte für die Zerspanung metallischer Werkstoffe, Verlag Stahleisen, Düsseldorf

III. 4. W e r k z e u g m a s c h i n e n

86. (12') Geometrische Stufung

Die Antriebsdrehzahl eines III-6-Getriebes beträgt n_A = 180 1/min, es sollen folgende Drehzahlen geschaltet werden können : 28, 45 71, 112, 180 und 280 1/min.

Auf der Welle II werden die Drehzahlen n_{II-1} = 71 und n_{II-2} = 280 1/min gemessen.

86.1. Berechnen Sie die Übersetzungen in Potenzen von φ !

86.2. Zeichnen Sie in die vorbereiteten Diagrammfelder den Übersetzungs- und den Germarplan!

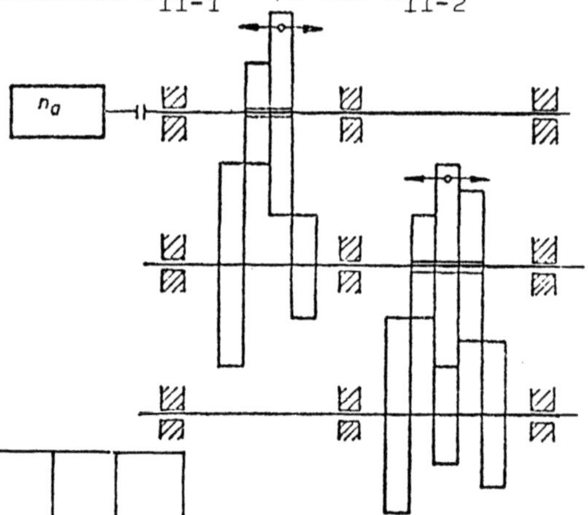

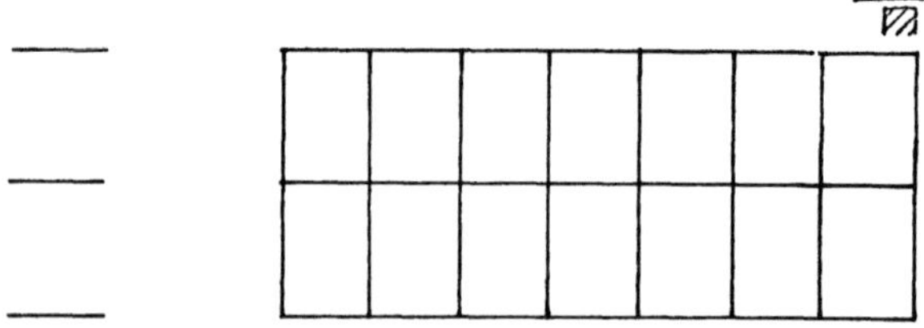

(1)

87. (30') Geometrische Stufung - Drehzahlverdopplung

Ein III/6 - Getriebe wird von einem polumschaltbaren Motor mit einer Leistung von P = 12 kW angetrieben.

In Polschaltung 1 hat der Motor die Lastdrehzahl n_{I-1}= 1400 min^{-1} und läuft in Polschaltung 2 mit n_{I-2}= 2800 min^{-1}. Durch die Polumschaltung wird eine 12 - stufige Drehzahlreihe ohne Überdekkung erzielt.

Bei der kleinstmöglichen Abtriebsdrehzahl n_1, in Schalterstellung n_{I-1}= 1400 1/min, beträgt das Wellenmoment der Abtriebswelle, unter Berücksichtigung eines Gesamtwirkungsgrades von 0,85, M_d= 216 Nm.

Aufbaunetz des III-6-Getriebes:

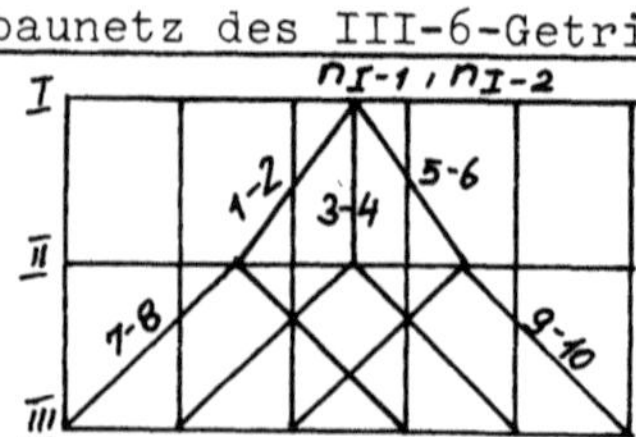

(2)

87.1. Zeichnen Sie den Getriebeplan und den Übersetzungsplan des III-6-Getriebes!

Getriebeplan :

I —

II —

III —

Übersetzungsplan:

I

II

III

87.2. Ermitteln Sie den Stufensprung der Drehzahlreihe ohne Überdeckung und wählen Sie nach DIN 804 die zugehörige Normdrehzahlreihe aus!

87.3. Bestimmen Sie nach DIN 804 für einen Stufensprung von $\varphi = 1{,}12$ die 12 Abtriebsdrehzahlen der Werkzeugmaschine und tragen Sie n_1 bis n_{12} in die Tabelle ein!

Ziffer i	1	2	3	4	5	6	7	8	9	10	11	12
Drehzahl n_i in 1/min												

87.4. Entwickeln Sie nach dem vorgegebenen Aufbaunetz das Drehzahlbild nach Germar in beiden Schalterstellungen des Motors! Berücksichtigen Sie hierbei:

1. Die maximale Übersetzung soll auf beide Getriebegruppen gleichmäßig aufgeteilt sein!
2. Die maximale Übersetzung je Gruppe darf 4 : 1 nicht überschreiten!
3. Es darf keine Übersetzung ins Schnelle auftreten!

Getriebeplan nach Germar für die beiden Motorschaltungen :

87.5. Bestimmen Sie die Übersetzungen der einzelnen Räderpaare mit Nennwerten nach DIN 804!

i_{1-2} = ______________ i_{7-8} = ______________

i_{3-4} = ______________ i_{9-10} = ______________

i_{5-6} = ______________ i_{11-12} = ______________

87.6. Bestimmen Sie die Zähnezahlen der einzelnen Zahnräder, wenn beide Getriebegruppen der Zahnsumme S = 120 genügen und tragen Sie Ihre Ergebnisse in die Tabelle ein!

Ziffer i	1	2	3	4	5	6	7	8	9	10	11	12
Zähnezahl z_i												

88.* (30') Geometrische Stufung - Vorgelege

Ein Motor mit 10 kW und einer Lastdrehzahl $n_{I,1}$ = 1 120 min^{-1} treibt ein III/6-Getriebe mit nachfolgendem Aufbaunetz:

Aufbaunetz des III/6-Getriebes :

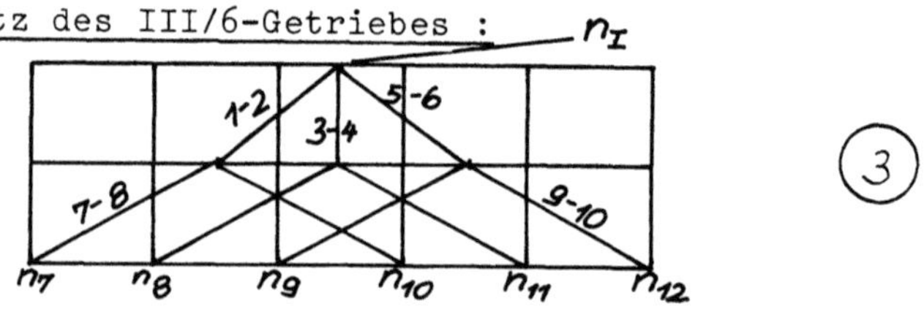

Die maximale Drehzahl des Getriebes ohne Vorgelege ist n_{12}= 560 min^{-1}. Dem III/6-Getriebe wird ein einfaches Vorgelege nachgeschaltet:

Getriebeplan des Vorgeleges :

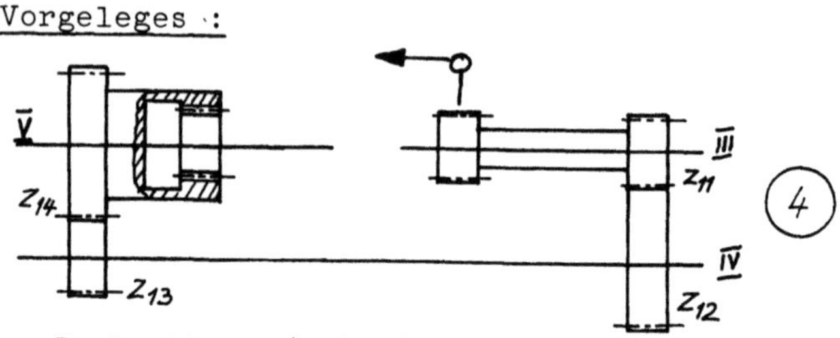

Bei der niedrigsten Drehzahl n_1 (bei eingeschaltetem Vorgelege) wird an der Abtriebswelle V ein Drehmoment M_d = 2 120 Nm gemessen (Der Wirkungsgrad des Getriebes werde vernachlässigt).

88.1. Zeichnen Sie den Übersetzungsplan einschließlich Vorgelegebenutzung!

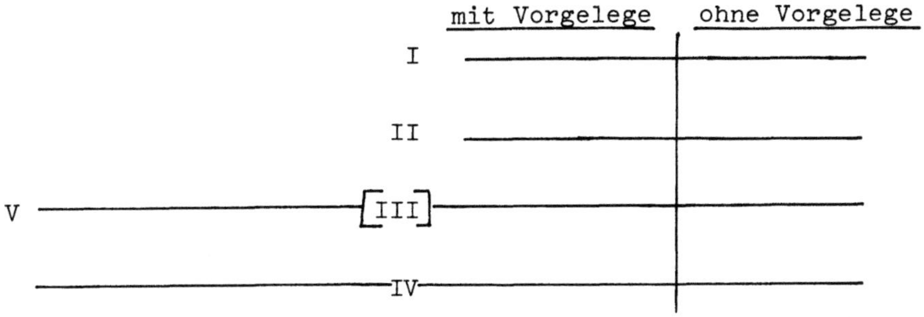

88.2. Bestimmen Sie die niedrigste Drehzahl n_1!

88.3. Geben Sie die Drehzahlen, Stufensprung und Normdrehzahlreihe nach DIN 804 an!

88.4. Zeichnen Sie das Drehzahlbild nach Germar unter Erfüllung der nachstehenden Forderungen:

1. Im III/6-Getriebe ist die Gesamtübersetzung gleichmäßig auf die Getriebegruppen aufgeteilt (i_{max} pro Gruppe unter 4 : 1)!
2. Im III/6-Getriebe tritt keine Übersetzung ins Schnelle auf!
3. Das nachgeschaltete Vorgelege hat seine Gesamtübersetzung gleichmäßig auf beide Vorgelege - Getriebegruppen verteilt!

Drehzahlbild nach Germar :

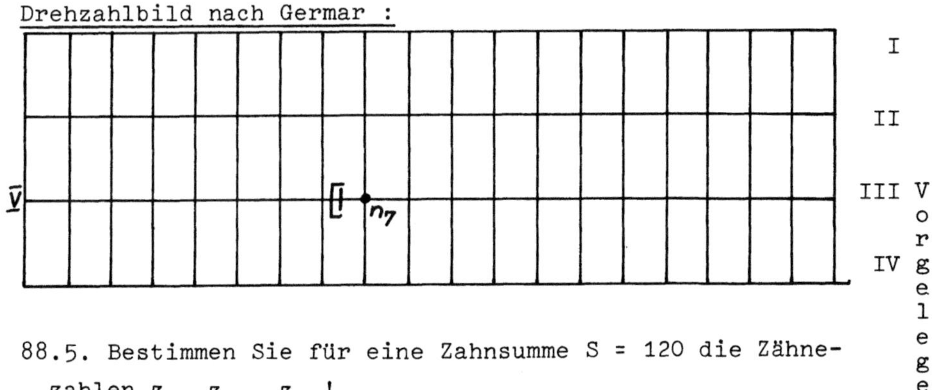

88.5. Bestimmen Sie für eine Zahnsumme S = 120 die Zähnezahlen z_1, z_2 , z_{13}!

88.6. Überprüfen Sie die Drehzahl n_7 auf Zulässigkeit bei mechanischer Toleranz nach DIN 804!

89.* (45') Mehrstufengetriebe eines Bohrwerkantriebes

Ein Elektromotor eines Bohrwerkantriebes entnimmt 10 kW dem Stromnetz und besitzt bei einem elektrischen Wirkungsgrad von 0,95 an der 50 mm dicken Abtriebswelle des Motors ein Übertragungsmoment von 65 Nm. An dem Motorwellenstumpf ist ein Mehrstufengetriebe angeschlossen, dessen Zahnräder alle den Modul 3,5 mm besitzen.

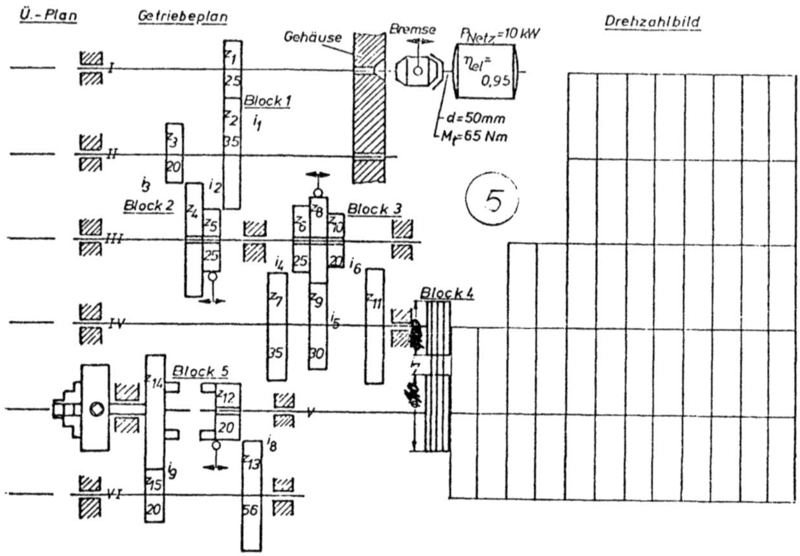

$z_1 = 25$	$z_9 = 30$	Block 4 :	$d_{o1} = 100$ mm
$z_2 = 35$	$z_{10} = 20$		$d_{o2} = 140$ mm
$z_3 = 20$	$z_{12} = 20$		
$z_5 = 25$	$z_{13} = 56$		
$z_6 = 25$	$z_{15} = 20$		
$z_7 = 35$			

89.1. Bestimmen Sie anhand des vorliegenden Getriebeplanes die fehlenden Zähnezahlen!

89.2. Zeichen Sie den Übersetzungsplan in den obigen Raum!

89.3. Entwickeln Sie das Drehzahlbild nach Germar für R 20/3!

89.4. Bestimmen Sie die Enddrehzahlen!

89.5. Ermitteln Sie für einen mechanischen Wirkungsgrad von 0,8 die an der Zahnflanke z_{14} auftretende Kraft!

89.6. Überprüfen Sie kritisch das Drehzahlbild und geben Sie Verbesserungsvorschläge an!

90. (30´) Auswahl von Aufbaunetzen

Die Arbeitsspindel einer Drehmaschine soll 8 Drehzahlstufen erhalten. Die Übersetzungen $i_{g\ max}$ und i_{na-nz} sollen 45 : 1, bzw. 4 : 1 betragen. Der Antriebsmotor hat eine Lastdrehzahl n_a = 2800 1/min.

Aufbaunetze von 8-Stufen-Getrieben : (6)

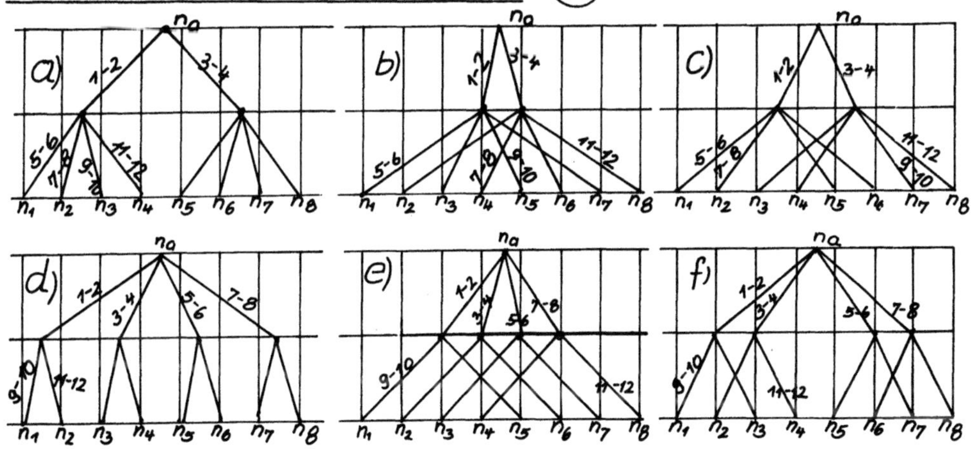

90.1. Berechnen Sie die niedrigste und größte Drehzahl des Getriebes!

90.2. Bestimmen Sie den Stufensprung, und wählen Sie die geeignete Lastdrehzahlreihe nach DIN 804 aus!

90.3. Wählen Sie aus den obigen Aufbaunetz - Möglichkeiten a) bis f) das geeignete Getriebe aus, und bestimmen Sie die Anzahl der Getriebegruppen!

90.4. Zeichnen Sie das Drehzahlbild, und geben Sie die Gesamtzahl der Stufensprünge an!

91*. (36´) Zahnflankenkräfte

Der Fußmotor einer Fräsmaschine, P = 8 kW, treibt mit n_a = 2800 min^{-1} über einen Keilriemenantrieb mit d_{o2} = 140 mm und d_{o1} = 100 mm ein III - Wellengetriebe, dessen Zahnräder alle den Modul 3,5 mm besitzen.

91.1. Bestimmen Sie die fehlenden Zähnezahlen des folgenden Getriebeplanes!

91.2. Zeichnen Sie unten den Übersetzungsplan ein!

91.3. Entwickeln Sie für R 20/3 das Drehzahlbild nach Germar!

91.4. Überprüfen Sie die Drehzahlen des Drehzahlbildes auf mechanische Toleranz nach DIN 804!

91.5. Berechnen Sie für einen Gesamtwirkungsgrad von 80 % die Zahnflankenkraft bei niedrigster Drehzahlschaltung!

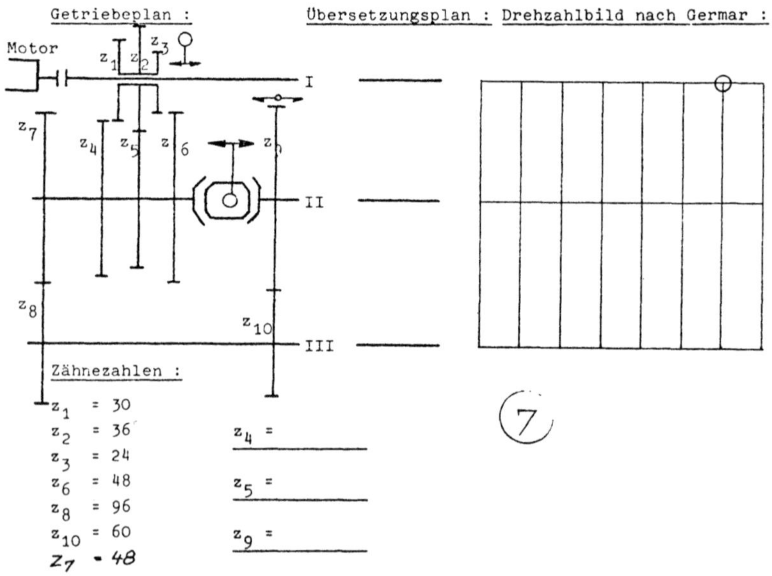

92*. (60′) Stufenloses Getriebe

Die Eingangsdrehzahl eines PIV - Getriebes beträgt n_a = 965 min^{-1}.
Der Verstellbereich ist B = 5.
Zur Erweiterung des Drehzahlbereiches auf B_{Ges} = 25 soll ein Stufengetriebe hinter dem PIV - Getriebe angeordnet werden ($n_{II\ min}$ = 18 min^{-1}).

92.1. Ermitteln Sie die Drehzahlen des stufenlosen Getriebes!

92.2. Bestimmen Sie die Anzahl der erforderlichen Getriebegruppen und Übersetzungen!

92.3. Zeichnen Sie das Drehzahlbild mit den entsprechenden Drehzahlen (s. hierzu nächste Seite)!

Drehzahlbild :

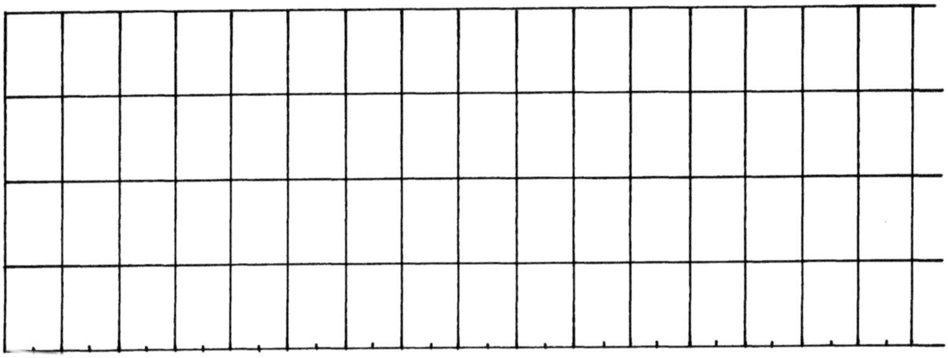

92.4. Bestimmen Sie die Zähnezahlen aller Zahnräder!

92.5. Mit dem gleichen stufenlosen Grundgetriebe soll ein erweiterter Drehzahlbereich $B_{ges} = 50$ erzielt werden, wobei eine Überdeckung der Verstellbereiche erwünscht ist und $n_{II\ min} = 18\ min^{-1}$ beträgt. Zeichnen Sie das Drehzahlbild, einschließlich der Drehzahlen, und bestimmen Sie die Zähnezahlen!

Drehzahlbild :

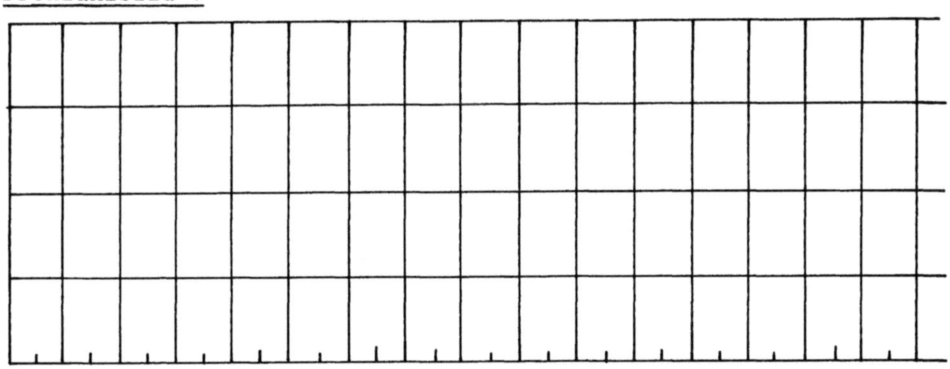

Literatur zu Werkzeugmaschinen

für die Hand des Lehrenden und Lernenden :

- Rögnitz, Stufengetriebe an Werkzeugmaschinen, Heft 55, Springer Verlag
- Schöpke, Werkzeugmaschinen - Getriebe, Westermann Verlag
- Werkzeugaufnahmen und Spannmittel im Werkzeugmaschinenbau, Hahn und Kolb, Stuttgart
- Simon, die numerische Steuerung von Werkzeugmaschinen, Hanser Verlag

III. 5. U m f o r m t e c h n i k

93. (15') Grundlagen

Berechnen Sie für den einachsigen Spannungszustand die maximale Schubspannung in Abhängigkeit der Hauptspannungen!

94. (12') Grundlagen

Kennzeichnen Sie den Kurvenverlauf für:

Kaltformgebung:

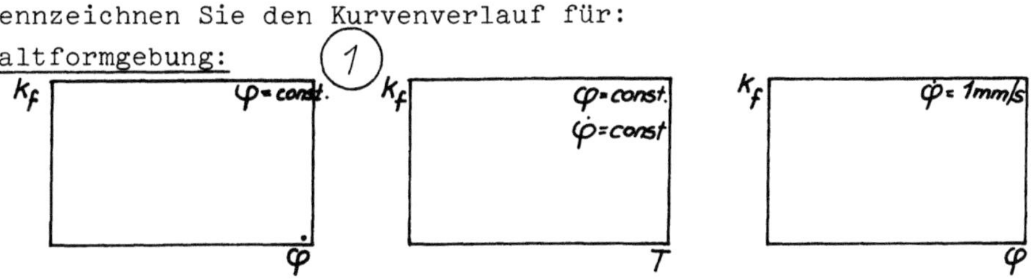

Warmformgebung:

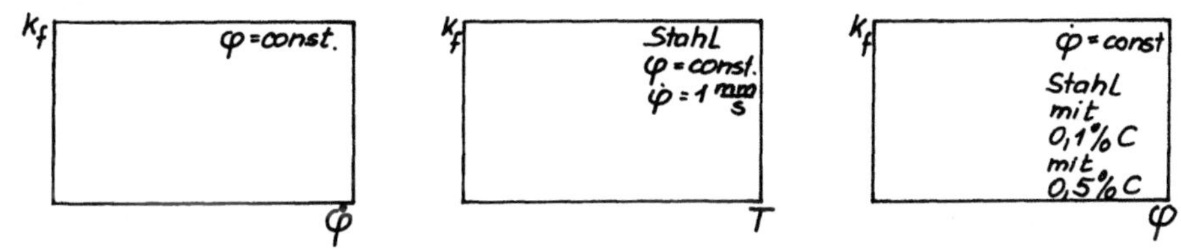

95. (9') Grundlagen

Weisen Sie nach: Die Summe der Formänderungsgeschwindigkeiten ist Null!

96. (7') Grundlagen

Unterscheiden Sie ideale und reale Elastizität!

97. (30') Gesenkschmieden

Eine Laufrolle aus Ck45 wird mit Grat unter einem Gegenschlaghammer im Gesenk geschmiedet (s. nächste Seite). Gegeben sind: Schmiedetemperatur 1470 K, Hammergeschwindigkeit v = 5 600 mm/s, Werkstückanfangshöhe h_o = 125 mm, Werkstückvolumen V_o = 100 cm^3, Werkstückprojektionsfläche (einschließlich Grat) A_d = 160 cm^2, Formänderungsverhältnis = - 0,63.

Bestimmen Sie:

97.1. die Endhöhe des Werkstückes,

97.2. die anfängliche Umformgeschwindigkeit w_o,

97.3. die mittlere Umformgeschwindigkeit w_m,

97.4. den mittleren Formänderungswiderstand k_{wm},

97.5. die Formänderungskraft F_{max} und

97.6. die Formänderungsarbeit W_{max} anhand der folgenden Diagramme!

<u>Richtwerte nach Lange, Gesenkschmieden von Stahl, Springer 1958:</u>

A. Arbeitsgebundene Maschinen			
	$\frac{w_o}{1/s}$	$\frac{w_m}{1/s}$	$\frac{v}{m/s}$
Hammer	40 bis 160	$(0,85 \div 0,95) \cdot w_o$	5 bis 7
Spindelpresse	4 bis 25	"	0,3 bis 0,4
B. Kraftgebundene Maschinen			
Hydraulische Pressen	0,01 bis 10	$(1,3 \div 1,6) \cdot w_o$	0,2 bis 0,5
C. Weggebundene Maschinen			
Kurbel- und Exzenterpressen	4 bis 25	$(0,3 \div 0,4) \cdot w_o$	0,4 bis 0,6

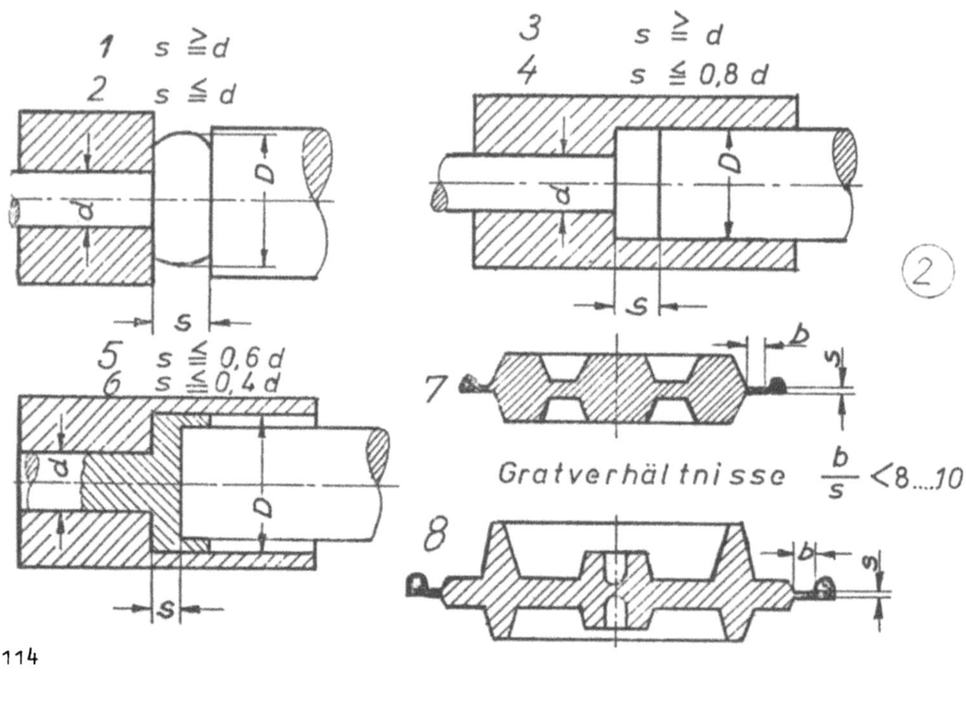

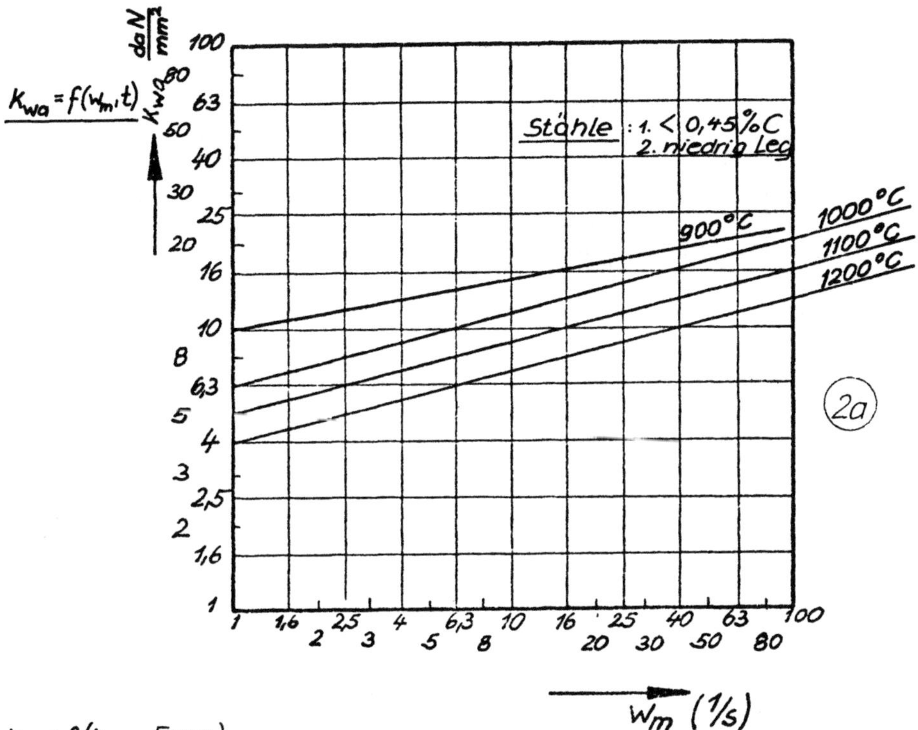
$k_{wa} = f(w_m, t)$
k_{wa} daN/mm²
100
80
63
50
40
30
25
20
16
10
8
6,3
5
4
3
2,5
2
1,6
1
Stähle: 1. < 0,45 % C
2. niedrig Leg
900 °C
1000 °C
1100 °C
1200 °C
2a
1
1,6
2
2,5
3
4
5
6,3
8
10
16
20
25
30
40
50
63
80
100
w_m (1/s)

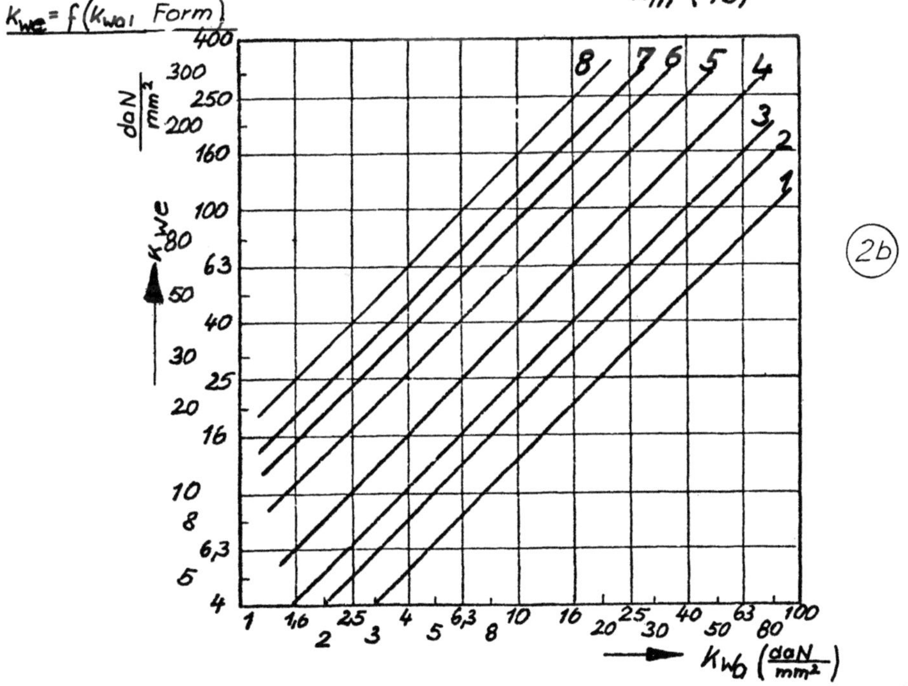
$k_{we} = f(k_{wa}, Form)$
k_{we} daN/mm²
400
300
250
200
160
100
80
63
50
40
30
25
20
16
10
8
6,3
5
4
8
7
6
5
4
3
2
1
2b
1
1,6
2
2,5
3
4
5
6,3
8
10
16
20
25
30
40
50
63
80
100
k_{wa} (daN/mm²)

$F = f(K_{we}, A_d)$

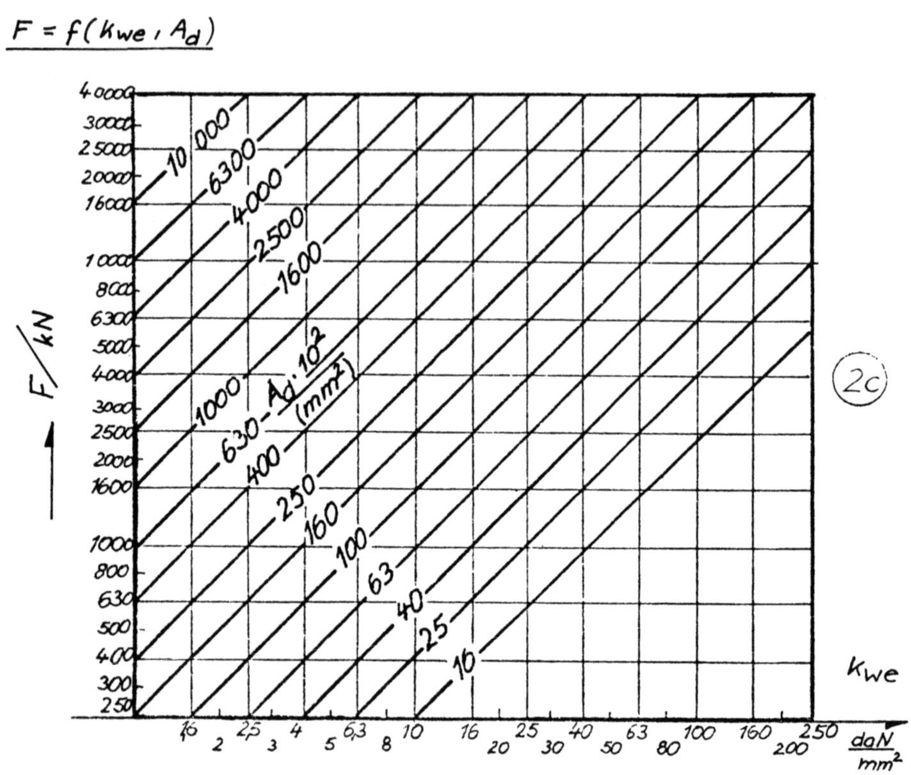
F/kN
4000
3000
2500
2000
1600
1000
800
630
500
400
300
250
10 000
6300
4000
2500
1600
1000
630
400
250
160
100
63
40
25
16
Ad · 10² (mm²)
Kwe
1,6
2
2,5
3
4
5
6,3
8
10
16
20
25
30
40
50
63
80
100
160
200
250
daN/mm²
2c

Formänderungen beim Schmieden: Umformarbeit W

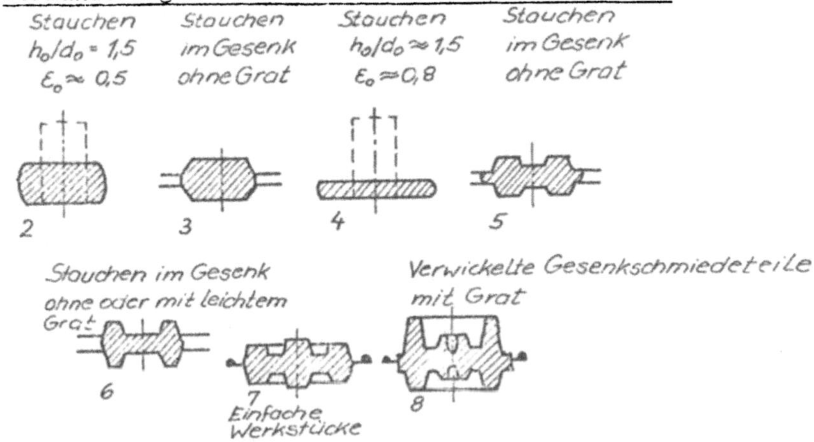

③

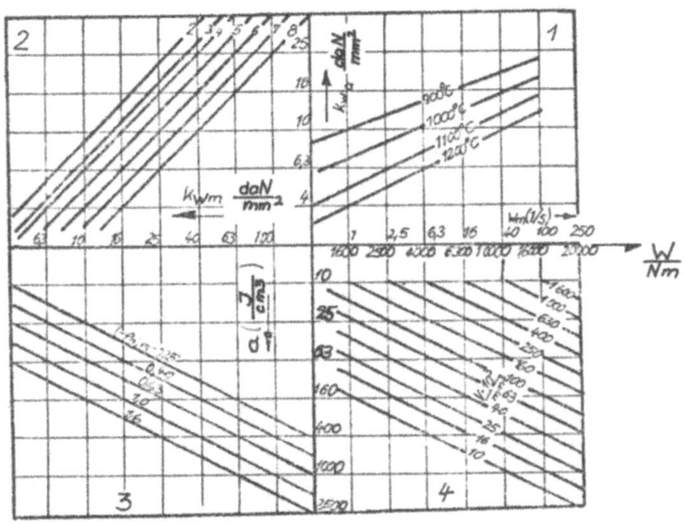

Feld 1: $k_{wa} = f(w_m, t)$

Feld 2: $k_{wm} = f(k_{wa}, \text{Form})$

Feld 3: $a = f(k_{wm}, \varphi_{nm})$

Feld 4: $W = f(a, V)$

98*. (60') Stauchvorgänge komplizierter Schmiedeteile

An einem vorgeschmiedeten Rohling aus 20 MnCr5, spez. Gewicht = 80 N/dm^3, Schmelztemperatur 1920 K, d_o = 300 mm, Gesamtlänge = 1200 mm, soll bei einem geschätzten Abbrand von 2 % ein Kegelstumpfkopf (Korrekturfaktoren s. Grüning, S. 65, Vieweg Verlag) mit großem Durchmesser D = 600 mm, kleinem Durchmesser d_o = d = 300 mm, Kegelstumpfkopfhöhe h = 250 mm bei einer mittleren Schmiedetemperatur von 1340 K durch die Bärmassen eines mit Dampf getriebenen Schlaghammers (Wirkungsgrad des Hammerwerkes = 0,7) mit einer Aufprallgeschwindigkeit von v = 5,5 m/s bei einem mittleren Reibungskoeffizienten von 0,25 umgeformt werden. Für den letzten Schlag wird eine Stauchung von 4 % angenommen. Der Temperatureinfluß von 1340 K oberhalb der Rekristallisationstemperatur wird durch einen logarithmischen Temperaturkoeffizienten c_T = - 2,5 berücksichtigt.

Anleitung: Rechnen Sie den Kegelstumpfkopf auf einen Zylinderkopf gleicher Höhe um und berücksichtigen Sie diese Umrechnung durch Korrekturfaktoren K_1 und K_2 nach Billigmann!

A. Gewichtskorrekturen nach Moschnin und Solotuschin :

Barrengewicht in kN	5	60	200	500	1 000
Korrekturfaktor c_G	0,8	0,7	0,6	0,55	0,50

B. Geschwindigkeitseinfluß - Korrekturfaktoren bei verschiedenen Temperaturen nach Gubkin :

$T : T_s$ / $\dot{\varphi}_2 : \dot{\varphi}_1$	<0,3	0,3 ÷ 0,5	0,5 ÷ 0,7	>0,7
10	1,05 - 1,10	1,10 - 1,15	1,15 - 1,30	1,30 - 1,50
100	1,10 - 1,22	1,22 - 1,32	1,32 - 1,70	1,70 - 2,25
1 000	1,16 - 1,34	1,34 - 1,52	1,52 - 2,20	2,20 - 3,40
Stoßbelastung	1,10 - 1,25	1,25 - 1,75	1,75 - 2,50	2,50 - 3,50

C. Stauchprozeß - Zahl n :

$h_o : d_o$	n
≤ 2,3	1
2,3 ÷ 4,5	2
4,5 ÷ 8,0	3

D. Mittlerer Stauchdruck und Reibungseinfluß für zylindrische Werkstücke bei Normaltemperatur : $\bar{p}$ (nach Unskov)

I.	$\frac{d}{h} \geqslant 2(1+\psi)$ mit $\psi = \frac{\lvert \ln 2\mu \rvert}{2\mu}$ und $0 < \mu < 0{,}5$	$\bar{p} = k_f \left\{ \frac{2h^2}{\mu^2 d^2} \left[\frac{1}{2\mu}\left(1 + \frac{\mu d_b}{h}\right) - \left(1 + \frac{\mu d}{h}\right) \right] + \frac{d_b^2}{2\mu d^2} \left(\cdot \left(1 + \frac{\mu d_b}{3h}\right) - \frac{h^2}{3d^2} \right\}$ mit $d_b = 2(0{,}5d - h\psi)$
II.	$\frac{d}{h} \geqslant 2$ und $\mu > 0{,}5$	$\bar{p} = k_f \left(1 + \frac{d}{6h} - \frac{h^2}{3d^2}\right)$
III.	$2(1+\psi) \geqslant \frac{d}{h} \geqslant 2$ und $0 < \mu < 0{,}5$	$\bar{p} = 2k_f \frac{h^2}{\mu^2 d^2} \left(\exp(\mu d/h) - \frac{\mu d}{h} - 1\right)$
IV.	$\frac{d}{h} \leqslant 2$ und $\mu > 0$	$\bar{p} = k_f \left(1 + \frac{\mu d}{4h}\right)$
V.	$\frac{d}{h}$ beliebig, aber $\leqslant 1$ und $\mu = 0$	$\bar{p} = k_f$

E. Staucharbeit (gesamte) bei Raumbedingungen : W

$$W_{ges} = k_w V \left[\ln \frac{h_0}{h} + \frac{1}{9}(d/h - d_o/h_o) \right]$$

F. Umformarbeit kleiner Umformvorgänge : W_n

$$W_n = \bar{p} \cdot V \cdot \varepsilon$$

G. Fließkurve von 20MnCr5 : (4)

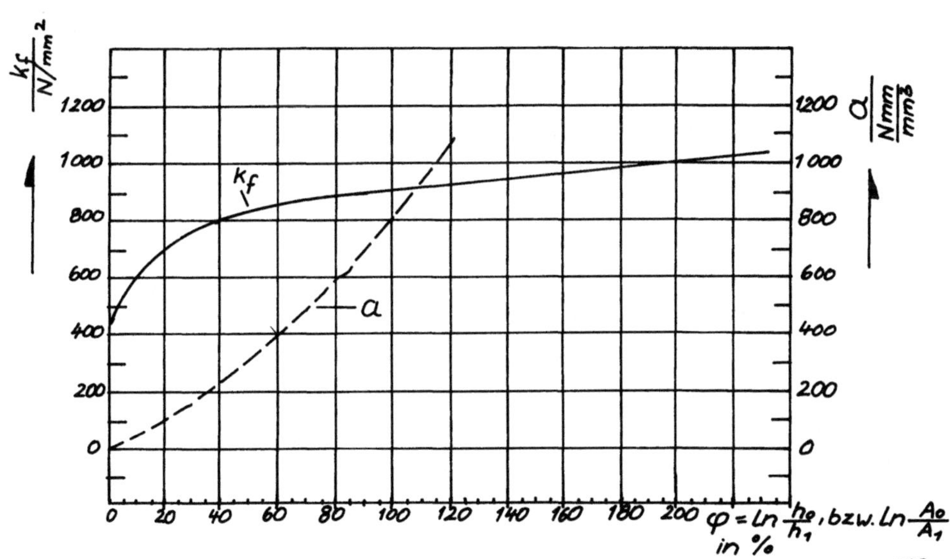

98.1. Bestimmen Sie den korrespondierenden Zylinderkopfdurchmesser in mm!
98.2. Ermitteln Sie die Ausgangslänge des Stauchkopfes h_o in mm!
98.3. Berechnen Sie die Zahl der Stauchprozesse!
98.4. Kennzeichnen Sie für die gesamte Stauchung die Kopfformgrößen K_1 und K_2 nach Billigmann!
98.5. Ermitteln Sie den Formänderungswiderstand unter Berücksichtigung des Gewichtes, der Umformgeschwindigkeit und der Temperatur des Stauchkörpers!
98.6. Berechnen Sie für einen mittleren Formänderungsdruck von 36 N/mm^2 nach Unskov, unter Berücksichtigung der Kopfform, die maximale Kraft in kN!
98.7. Ermitteln Sie für einen mittleren Stauchdruck von 63 N/mm^2 das Schlaggewicht des Bären in kN!
98.8. Bestimmen Sie die erforderliche Fallhöhe des Bären!
98.9. Berechnen Sie die erforderliche Schlagzahl des Schlagprozesses!
98.10. Berechnen Sie für 28 Schläge die mittlere Breitungsgeschwindigkeit des Werkstoffes!

99. (45′) Gesenkgravuren

Mit einer hydraulischen Presse (v = 0,2 m/s) soll ein Bolzen aus Muk 7, Ausgangsdurchmesser d_o = 6 mm, Schmelztemperatur T_s = 1450 K, bei einer Arbeitstemperatur von 1020 K mit einem Sechskantkopf, Schlüsselweite s = 10 mm, Höhe h = 6 mm, bei einem mittleren Reibbeiwert von 0,5 versehen werden. Grat- und Abbrandverluste betragen 4 %. Der Temperatureinfluß im Bereich von 900 bis 1 400 K wird durch einen logarithmischen Temperaturkoeffizienten c_T = - 3 berücksichtigt. Die Kopfform wird durch c_k = 1,35 korrigiert.

99.1. Bestimmen Sie die Zahl der erforderlichen Stauchprozesse!
99.2. Ermitteln Sie die Geometriegrößen der Kegelgravuren, falls der Abstand zwischen Ober- und Untergesenk a = 1 mm beträgt!
99.3. Unter Berücksichtigung von Umformtemperatur, Arbeitstemperatur (Tabelle nach Gubkin), Reibbeiwert, Kopfform ist die erforderliche Stauchkraft in N zu ermitteln!
(Diagramme, Tabellen s. nächste Seite!)

A. Geometriebedingungen für Kegelgravuren :

1. Das Stauchverhältnis der letzten Kegelgravur soll kleiner als 2,3 sein!
2. Die Länge vor dem Fertigstauchen l_{n-1} soll der Gleichung

$$l_{n-1} \geqslant \frac{l_{n-2}}{2} + \frac{d_o}{2}$$ genügen!

3. Der kleinste Durchmesser der 1. Gravur soll größer sein als der Ausgangsdurchmesser d_o sein!
4. Kegelneigungen für kegelige Zwischenformen

Zwischenform vor der Endstufe	Neigung etwa
letzte	1 : 10
vorletzte	1 : 20
drittletzte	1 : 50
viertletzte	1 : 100

5. Kegeldurchmesser d_k und d_g

Neigung	d_k/mm	d_g/mm
1 : 10	$d_m - 0{,}5 \cdot l \cdot 0{,}2$	$d_m + (0{,}5 \cdot l - a) \cdot 0{,}2$
1 : 20	$d_m - 0{,}5 \cdot l \cdot 0{,}1$	$d_m + (0{,}5 \cdot l - a) \cdot 0{,}1$
1 : 50	$d_m - 0{,}5 \cdot l \cdot 0{,}04$	$d_m + (0{,}5 \cdot l - a) \cdot 0{,}04$
1 : 100	$d_m - 0{,}5 \cdot l \cdot 0{,}02$	$d_m + (0{,}5 \cdot l - a) \cdot 0{,}02$

B. Fließkurve für Muk 7 : (5)

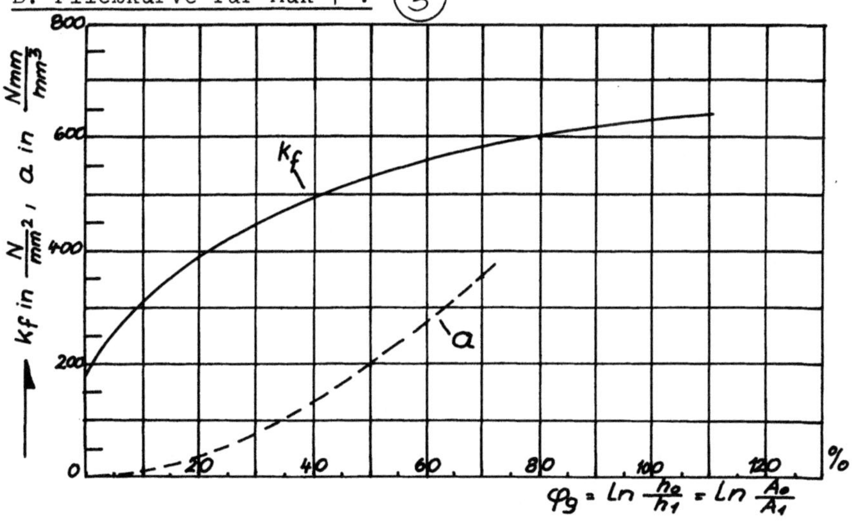

100. (30') Kegelgravuren beim Gesenkschmieden

In einer Waagerecht - Stauchmaschine soll ein tellerförmiges Schmiedeteil mit Schaft aus Muk 7 hergestellt werden. Die Kaltfestigkeit beträgt 600 N/mm², der Abbrand wird auf 3 % geschätzt.

Skizze des tellerförmigen Schmiedeteiles mit Schaft :

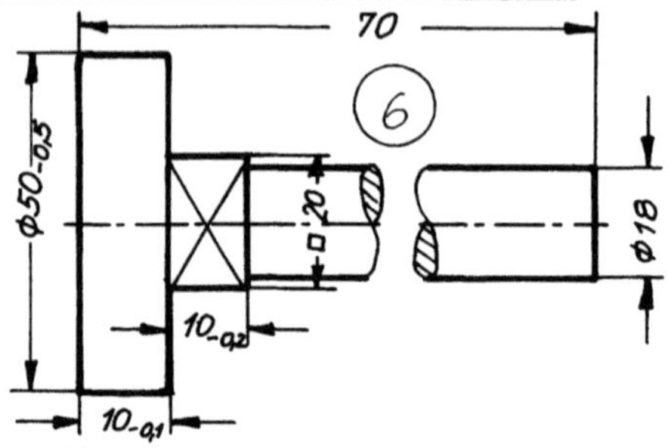

100.1. Bestimmen Sie die erforderliche Zahl der Stauchstufen!

100.2. Überprüfen Sie die letzte Stauchkegelstufe auf Verwendbarkeit!

100.3. Legen Sie mit a = 1 mm die Kegelgravuren fest, und tragen Sie Ihre Rechenwerte in die nachfolgende Tabelle ein!

Stauchstufe i	Kegellänge l_i in mm	mittl. Durchmesser d_{m_i} in mm	Kleinster Ø d_{k_i} in mm	Größter Ø d_{g_i} in mm
0				
1				
2				
3				
4				
5				

100.4. Bestimmen Sie die erforderliche Stauchkraft F_{max} in MN unter Zugrundelegung der Annahme, daß durch den Übergang Zylinder - Vierkant ein schwieriges Maschinenteil vorliegt!

Diagramm der erforderlichen Stauchkraft bei Waagerecht - Stauchen:

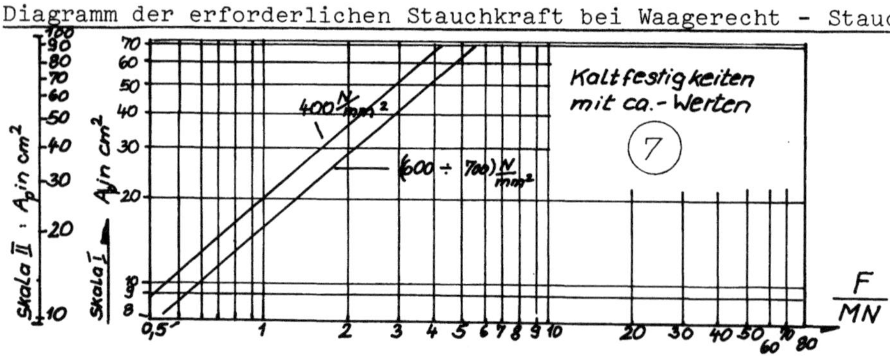

Skala I	Skala II
Maßgebend für einfache Werkstücke	Maßgebend für schwierige Werkstücke
abgerundete Ecken	scharfe Ecken
Dickwandige Teile	Dünnwandige Teile
Schwungräder einfache Zahnräder, usw.	Bremstrommeln, dünnwandige Zahnräder, Flansche, usw.

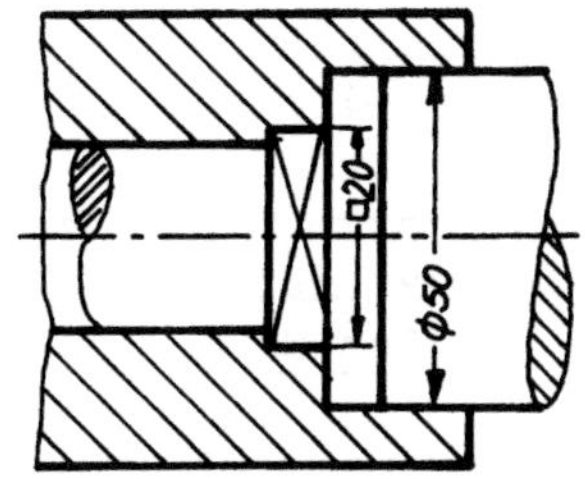

8

101.(15') Voll - Vorwärts - Fließpressen

Ein Stab aus 16MnCr5 mit den Maßen : d_o = 60 mm, h_o = 150 mm soll im Voll - Vorwärts - Fließpreßverfahren über eine Matrize mit einem Öffnungswinkel von 120° auf 40 mm verjüngt werden. Bestimmen Sie anhand des folgenden Diagrammes (nächste Seite) die erforderliche maximale Stempelkraft!

102*.(75') Strangpressen

Ein dreiteiliger Blockaufnehmer einer Strangpreßanlage, ist so zu bemessen, daß er höchsten Radialdrucken standhält. Die Heizbohrungen, mit einem Flächenanteil unter 30 %, sind in der Zwischenbuchse angeordnet und mit dem Korrekturfaktor 1,2 zu berücksichtigen (s. nebenstehende Skizze)!

9

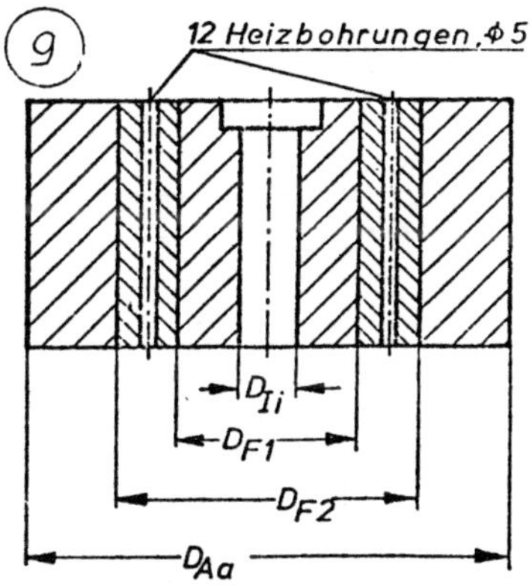

Werkstoffe :	Innenteil	Mittelteil	Außenteil
	30WCrV179	40CrMoV21	40CrMnMo7
Steckgrenzen : in N/mm²	820	770	700
Durchmesser : in mm	D_{Ii} = 80 mm		D_{Aa} = 550 mm
E - Moduli : in N/mm²	200 000	200 000	200 000

	Innenteil	Mittelteil	Außenteil
Oberflächenrauheiten in m : R_m	$10 \cdot 10^{-6}$	$10 \cdot 10^{-6}$	$10 \cdot 10^{-6}$
Glättungsgrößen G :	0,7 R_m	0,7 R_m	0,7 R_m
Haftmaßverlust :	4 Prozent für jede Fügung		
Fügefolge :	Von innen nach außen		

Hilfsgrößen - Diagramm K_I und K_A für Stahl : (10)

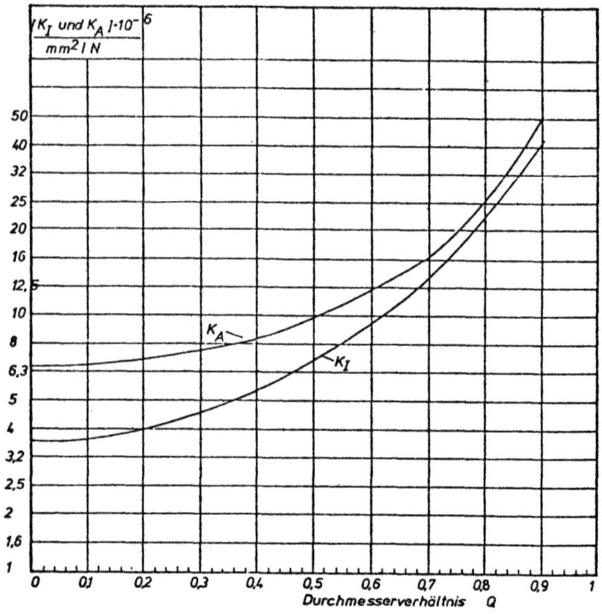

102.1. Berechnen Sie die Fugendurchmesser D_{F1} und D_{F2} in mm!

102.2. Kennzeichnen Sie die Fugenpressung zwischen Innen- und Mittelbuchse!

102.3. Bestimmen Sie das erforderliche Haftmaß zwischen Mittel- und Außenbuchse!

102.4. Berechnen Sie den zulässigen Radialdruck des gesamten Blockaufnehmers!

103. (54') Fließpressen

Ein zweiteiliger Blockaufnehmer, dessen Innenteil aus Hartmetall besteht und durch eine Mantelbuchse aus X28CrMoV33 vorgespannt ist, soll so bemessen werden, daß er höchstens Radialdrucken standhält.

Kenngrößen des Systems	Innenteil	Außenteil
Geometriegrößen	$D_{Ii} = 54$ mm	$D_{Aa} = 300$ mm
Werkstoffe	Hartmetall	X28CrMoV33
Streckgrenzen bei den Arbeitstemperaturen	-	480 N/mm^2
Oberflächenrauheiten	$R_{m\ HM} = 4 \cdot 10^{-6}$m	$R_{m\ X} = 12 \cdot 10^{-6}$m
Elastizitätsmoduli	$E_{HM} = 400$ kN/mm^2	$E_X = 200$ kN/mm^2
Fugenpressung	200 N/mm^2	
Heizbohrungen	vernachlässigbar klein	
Haftmaßverlust durch Fertigung	3 %	
Fügefolge	von innen nach außen	
Längenausdehnungskoeffizient	-	$11 \cdot 10^{-6} \cdot K^{-1}$
Einführspiel	-	$100 \cdot 10^{-6}$m
Glättungsgrößen	$G_{HM} = 0{,}5 \cdot R_{m\ HM}$	$G_X = 0{,}8 \cdot R_{m\ X}$

103.1. Berechnen Sie die zulässige Radialdruckbelastung in N/mm^2!

103.2. Bestimmen Sie über die Fugenpressung die vorhandene Fugenpreßkraft je mm Blockaufnehmerlänge in N/mm!

103.3. Ermitteln Sie für ein vorhandenes Übermaß von $790 \cdot 10^{-6}$m die erforderliche Schrumpftemperatur der Mantelbuchse in K! (K_I, K_A - Diagramm, s. nach Aufgabe 109)

104. (45') Einsenken in Gesenke

Mit einem X30WCrV53 - Stempel soll in ein Gesenk aus Ck 10 bei 1050 K eine Einsenkung von 40 mm Durchmesser und einer Einsenktiefe von 12 mm durchgeführt werden.

104.1. Ermitteln Sie über das 4,5-k_f-Verfahren die erforderliche Einsenkkraft in MN!

104.2. Bestimmen Sie die Zahl der Zwischenglühungen nach dem HB-Verfahren bei 10 % Überlastungsschutz für den Einsenkstempel!

104.3. Berechnen Sie für $\alpha = 18 \cdot 10^{-6} \cdot 1/K$ den erforderlichen Stempeldurchmesser! (3 Stellen hinter dem Komma)

105. (60′) Einsenken in Gesenke

In eine 500 mm dicke Platte aus 20MnCr5 soll eine Vierkanteinsenkung $(20 \cdot 20)\ mm^2$, Tiefe = 80 mm, mit einer 100 KN-Presse ausgeführt werden, der zulässige Druck des Stempelwerkstoffs beträgt 2600 N/mm^2; der Formkorrekturfaktor C_k ist 1,2, der Temperatureinfluß wird durch 3 % berücksichtigt.

Es sind ferner gegeben:

Einsenkgeschwindigkeit des Stempels = 0,05 mm/s

$\alpha = 11 \cdot 10^{-6} K^{-1}$

Einsenktemperatur = 800 K $< T_{Rekr}$

$K_{fo} = 400\ N/mm^2$ } linear

für $\varphi = 10$ % ist $k_f = 660\ N/mm^2$ } linear

Im Bereich von $\varphi = 50$ % bis $\varphi = 220$ % wird k_f durch eine Gerade dargestellt:

für $\varphi = 50$ % ist $k_f = 840\ N/mm^2$

für $\varphi = 220$ % ist $k_f = 1100\ N/mm^2$

105.1. Ermitteln Sie die erforderliche Zahl der Zwischenglühungen rechnerisch (elastische Verformung wird vernachlässigt)!

105.2. Berechnen Sie die erforderliche Einsenkzeit in s unter Berücksichtigung

105.2.1. der Temperatur,

105.2.2. elastischer Umformung und

105.2.3. einer Oberflächenbearbeitungszugabe von 4 % !

105.3. Ermitteln Sie den erforderlichen Stempelquerschnitt, der die Temperatur berücksichtigt!

106. (45') Einsenken von Gesenken

In ein Gesenk aus Cq 35 (Fließkurven-Diagramm) soll mit einem X165CrMoV 12 mit p_{zul} = 2940 Nmm^{-2} eine zylindrische Bohrung bei 1050 K ausgeführt werden. Nach dem Einsenken werden bei Normaltemperatur 3 mm auf der Stirnseite abgefräst, um die Konizität zu Beginn der Einsenkung zu entfernen. Der Einsenkstempel hat bei Normaltemperatur einen Durchmesser d = 34 mm, die Einsenkung soll nach dem Fräsen 22 mm Tiefe besitzen; Gesenkwerkstoff und Stempelwerkstoff haben die Wärmedehnungszahl $18 \cdot 10^{-6} K^{-1}$; die mittlere Einsenkgeschwindigkeit beträgt 3 mm min^{-1}. (k_f - Diagramm, s. nach Aufgabe 109)

106.1. Bestimmen Sie die erforderliche Einsenkkraft F in MN nach dem 4,5 k_f-Verfahren ohne Berücksichtigung der Wärmedehnung!

106.2. Überprüfen Sie Ihr Ergebnis aus Aufgabe 106.1. bei 20 % zusätzlichem Überlastungsschutz für den Einsenkstempelwerkstoff und berechnen Sie die maximale Einsenktiefe!

106.3. Geben Sie die Zahl der Zwischenglühungen an und begründen Sie Ihr Ergebnis!

106.4. Berechnen Sie den erforderlichen Durchmesser des Einsenkstempels bei 1050 K!

106.5. Bestimmen Sie die Einsenkzeit in s unter der Annahme, daß die Einsenkung in einem Arbeitsgang durchgeführt wird und bei Raumtemperatur gemessen wird!

107. (15') Voll-Vorwärts-Fließpressen

20 MnCr 5 soll im Voll-Vorwätsfließpress-Verfahren umgeformt werden. Bekannte Werte: d_o = 60 mm; d_1 = 40 mm; h_o = 120mm; Matrizenöffnungswinkel = 100°; $p_{max\ Fließdorn}$ = 2100 N/mm^2!

107.1. Überprüfen Sie die Haltbarkeit des Fließpreßdornes und geben Sie eine Begründung für Ihr Ergebnis!

107.2. Bestimmen Sie die erforderliche Kraft F in MN!

(Arbeitsdiagramm nach VDI 3138, Bl.2, s. nach Aufgabe 109)

108. (20´) Napf-Rückwärts-Fließpressen

Gegeben sind : Formblatt für die Berechnung der bezogenen und der maximalen Stempelkraft (nach VDI 3138, Bl. 2, korrigierte Fassung)

d_o = 70 mm; d_1 = 58 mm; h_o = 35 mm

Werkstoff Ma 8

108.1. Bestimmen Sie $\bar{p}_{max}$, F_{max}!

108.2. Wählen Sie einen geeigneten Stempelwerkstoff aus und begründen Sie Ihre Entscheidung!

109. (20´) Hohl-Vorwärts-Fließpressen

Gegeben sind : Formblatt für die Berechnung der bezogenen und der maximalen Stempelkraft (nach VDI 3138, Bl. 2, korrigierte Fassung)

d_o = 95 mm; d_1 = 85 mm; d_2 = 80 mm; h_o = 50 mm

$2\alpha = 120^o$

Werkstoff 15 Cr 3

109.1. Zeichnen Sie die Kurve des in Frage kommenden Werkstoffes in Feld 2 ein!

109.2. Bestimmen Sie $\bar{p}_{max}$, F_{max} anhand des Diagrammblattes!

109.3. Führen Sie eine Drucküberprüfung durch geeignete Werkstoffauswahl durch!

Einbauhärte und zulässige spezifische Druckbelastung von Standardstählen für Kalteinsenkstempel :

Benennung nach DIN 17006	Einbauhärte HRC (ca.)	zulässige spezifische Druckbelastung in N/mm^2
X 165 CrMoV12	61	2 940
75 CrMoNiW 67	61	2 740
55 NiCr 10	56	2 150

Diagramm : Hilfsgrößen $K_{I\ St}$, $K_{A\ St}$, K_{HM} der Aufgabe 103

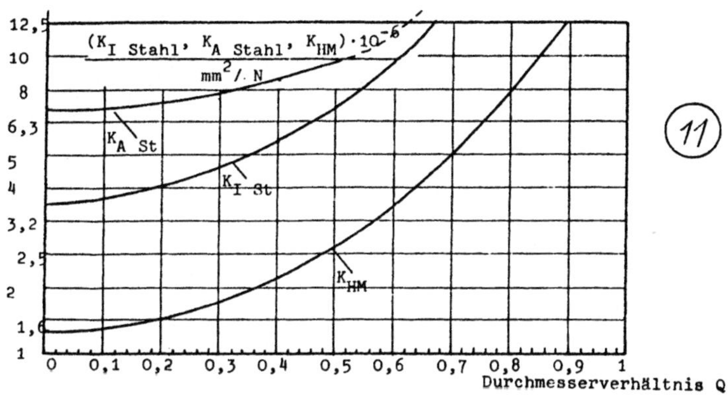

Diagramm : Fließkurve von Cq 35 der Aufgabe 106

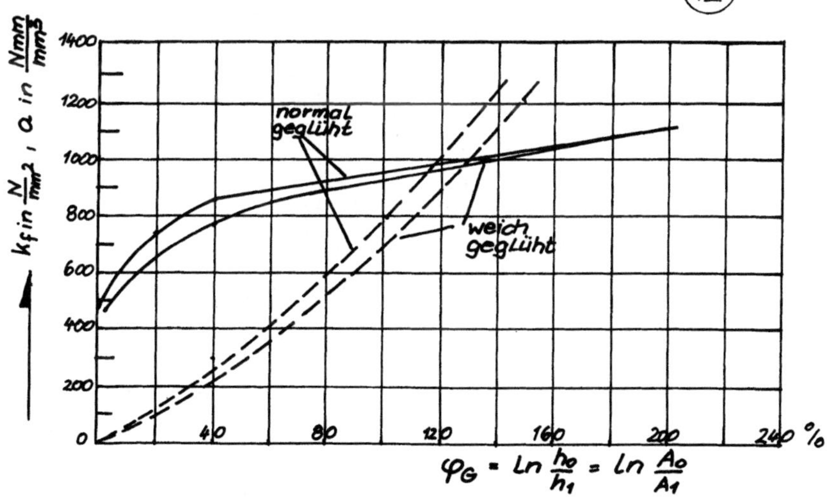

Arbeitsdiagramm zu Aufgabe 107 (13)

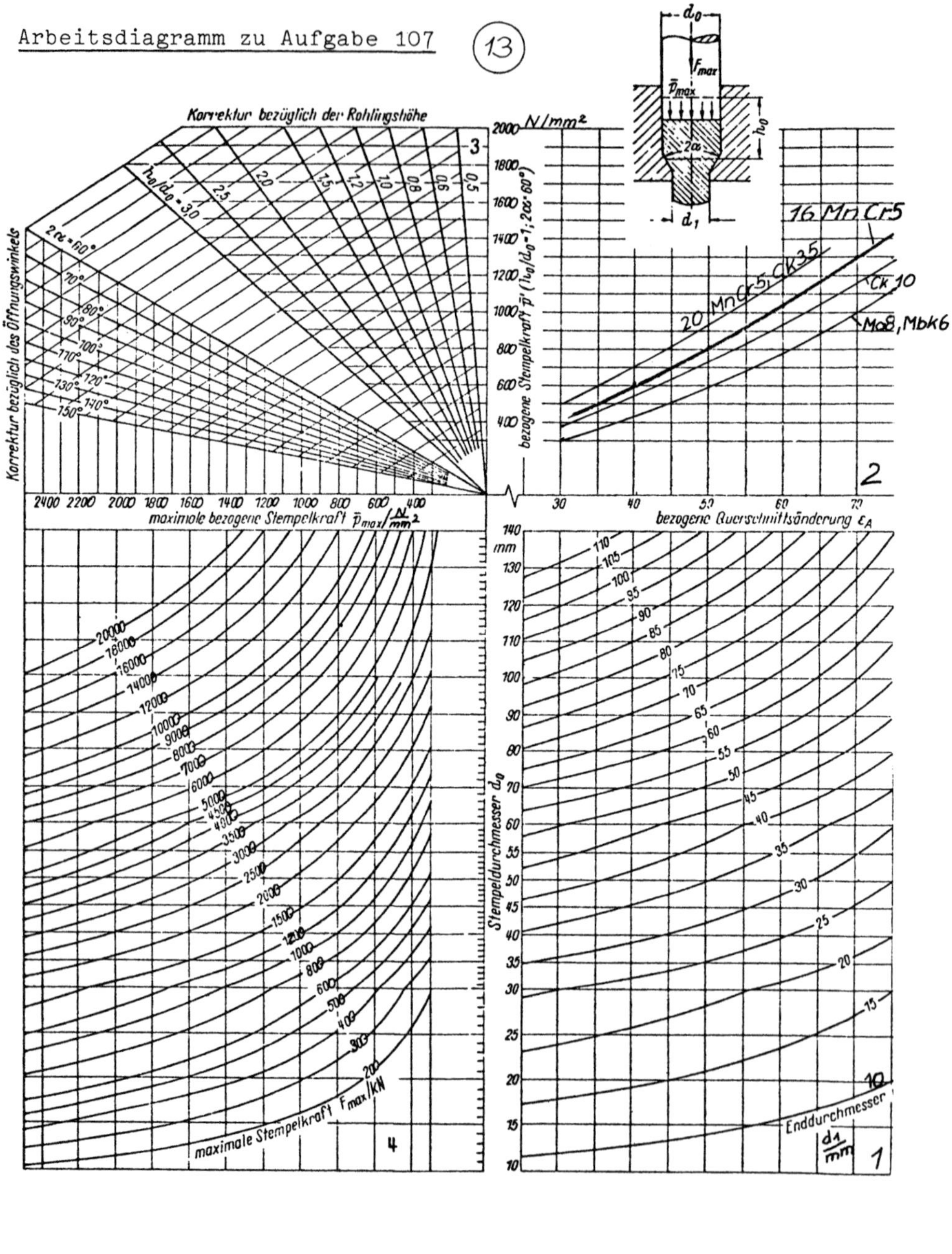

Arbeitsdiagramm zu Aufgabe 108 (14)

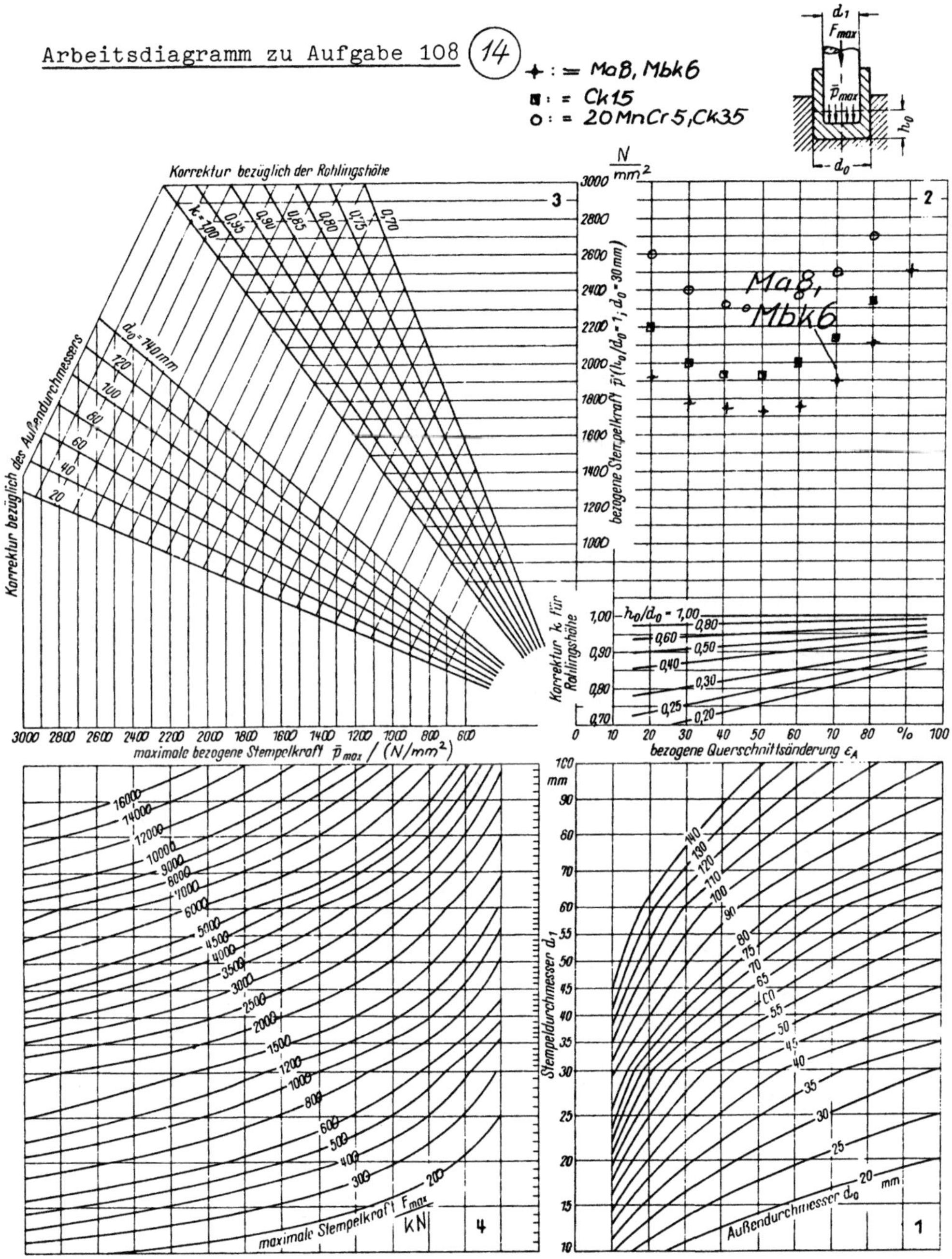

Arbeitsdiagramm zu Aufgabe 109 (15)

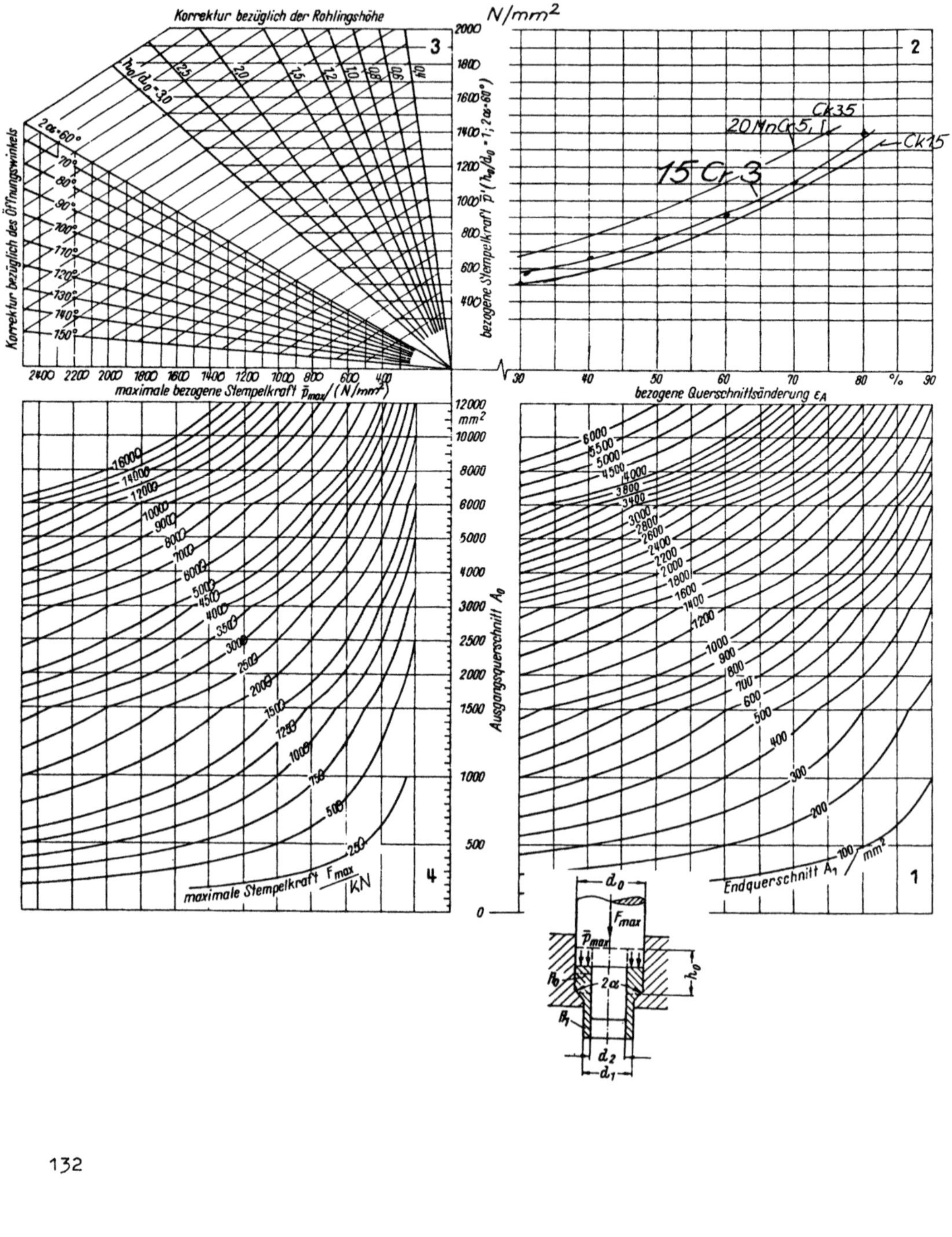

110. (15') Arbeitsabläufe

Eine Nadellagerbüchse aus 15 Cr 3 wird in nachfolgenden Arbeitsschritten umgeformt:

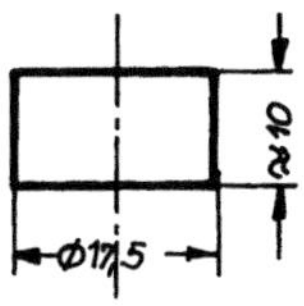

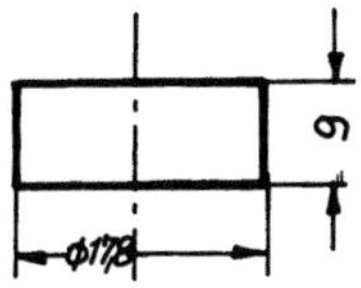

16

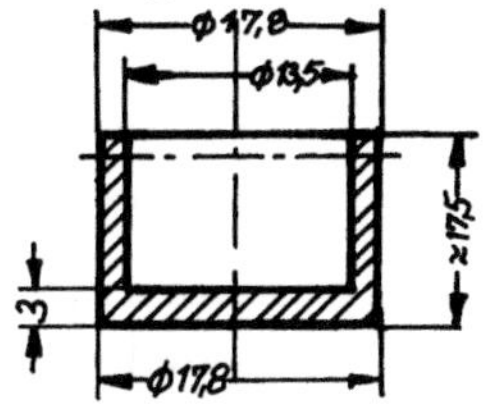

Rohteil, geschert	1.Stufe Setzen	Weichglühen Beizen Phosphatieren Befetten	2.Stufe Napf-Rückwärts-Fließpressen $\varepsilon_A \approx 60$ %

110.1. Kennzeichnen Sie in Beanspruchungsart (z.B. Zug u.ä.) und Rechengang die auftretenden Kräfte und begründen Sie die genannten Arbeitsstufen!

110.1.1. Rohteil, geschert: ____________________

____

110.1.2. 1.Stufe: Setzen: ____________________

____

110.1.3. Weichglühen: ____________________

____

____

110.1.4. Beizen: ____________________

____

____

110.1.5. Befetten: ____________________

____

110.1.6. Napf-Rückwärts-Fließpressen: ____________________

____

____

____

____

110.2. Überprüfen Sie durch Rechnung für einen Fließpreßstempel mit $p_{zul} = 1800\ N\ mm^{-2}$ den Stempel auf Verwendbarkeit!

111. (9') Walzen

111.1. Beschreiben Sie ein Quarto-Walzgerüst (Schemaskizze)!

111.2. Begründen Sie die Anordnung der Walzenkörper durch Untersuchung des Kräftefeldes!

112. (45') Walzen

In einem geschlossenen Kaliber sollen mit geschliffenen Hartgußwalzen, Durchmesser 400 mm, Brammen von 400 cm^2 (quadratische) bei einer Walztemperatur T = 1273 K und einer Walzengeschwindigkeit $v = 3\ m\ s^{-1}$ gewalzt werden. Der Formänderungswirkungsgrad beträgt 65 %, die mittlere Formänderungsfestigkeit des Walzgutes 70 N mm^{-2} ; der Endquerschnitt A_1 beträgt 384,5cm^2.

112.1. Bestimmen Sie den maximal zulässigen Eingriffswinkel für das Anwalzen! (Der Reibbeiwert ist zu berechnen!)

112.2. Berechnen Sie die erforderliche Walzendrehzahl in min^{-1}!

112.3. Berechnen Sie die maximale Zustellung für das Durchwalzen!

112.4. Wie groß ist die mittlere Geschwindigkeit des Walzgutes in m min^{-1}!

112.5. Berechnen Sie das vorhandene Walzmoment je Walze in kNm!

112.6. Berechnen Sie die erforderliche Leistung in kW für eine Stichabnahme!

A. Für Warmwalzen im Bereich von 970 K bis 1470 K gilt nach Geleji und Ekelund :

1. rauhe Gußeisenwalzen

$$\mu = 1{,}05 - 0{,}0005(T - 273K) - 0{,}056 \cdot v \quad \left.\right\} \begin{matrix} T \text{ in K} \\ v \text{ in m/s} \end{matrix}$$

2. Hartgußwalzen: Die Werte liegen um 0,1 unter denen für Gußeisenwalzen (1.)

3. geschliffene Hartgußwalzen und Stahlwalzen :
Die Werte liegen um 0,2 unter denen für Gußeisenwalzen (1.)

<u>Literatur zur Umformtechnik</u>

<u>für die Hand des Lehrenden und Lernenden :</u>

- Grüning, Umformtechnik, Vieweg Verlag, Braunschweig
- Hoff, Dahl, Grundlagen des Walzverfahrens, Stahleisen Verlag, Düsseldorf
- Storoschew, Popow, Grundlagen der Umformtechnik, VEB Verlag Technik, Berlin
- Billigmann, Stauchen und Pressen, Hanser Verlag, München
- Geleji, Walzwerks- und Schmiedemaschinen, VEB - Verlag Technik, Berlin
- Kaessberg, Gesenkschmieden 1 und 2, Werkstattbücher Nr. 17/18, Springer Verlag, Berlin

- VDI 3170
- DIN 1749 - 7524 - 7529 - 9891 - 9894 - 55157

III. 6. Verbindungstechnik

113. (15´) Weich- und Hartlöten

Unterscheiden Sie Weich- und Hartlöten bezüglich

113.1. der Arbeitstemperaturen,

113.2. der hauptsächlich verwendeten Lote,

113.3. der Festigkeiten und

113.4. der Anwendung mit je zwei Beispielen!

114. (9´) Lötspaltbreite

Wie beeinflußt die Breite des Lötspaltes die Festigkeit der Lötnaht?

115. (9´) Benetzung

Erläutern Sie den Benetzungsvorgang beim Löten!

116. (12´) Unfallgefahren beim Schweißen

Nennen Sie wichtige Unfallvorschriften bei Verwendung von Azetylengas aus Flaschen und aus Entwicklern!

117. (12´) Schweißflammeneinstellung

Kennzeichnen Sie übliche Schweißflammeneinstellungen bei einem Azetylen - Sauerstoff - Gasgemisch und erläutern Sie die wesentlichen Merkmale!

118. (15´) Schutzgasschweißen

Kennzeichnen Sie zwei Schutzgasschweißverfahren!

119. (15´) Elektroschweißen

Differenzieren Sie das Schweißen mit Gleich- und mit Wechselstrom!

120. (30´) Test aus der Verbindungstechnik

120.1. Beschreiben Sie stichwortartig die Entstehung eines Lichtbogens bei einer Betriebsspannung von 45 V und einer Stromstärke von 4 000 A!

120.2. Begründen Sie für das Elektroschweißen, daß man die Leerlaufspannung unter 70 V, die Betriebsspannung unter 45 V wählen soll!

120.3. Kennzeichnen Sie die Arcatom - Schweißung nach
- Technologie,
- Aufgaben der Reaktionsteilnehmer,
- Anwendung!

121.* (15´) Chemische Zusammensetzung - Martensitpunkt - Vorwärmtemperaturen zur Vermeidung von Schweißrissen

Berechnen Sie für ein Werkstück aus 42CrMo4G, Werkstoff - Nr. 1.7225, über das Kohlenstoffäquivalent K nach Dearden und O´Neill und über die Martensittemperatur die maximal mögliche Vorwärmtemperatur!

K - Wert in %	Vorwärmtemperaturen in °C
bis 0,45	nicht erforderlich
0,45 bis 0,60	100 bis 200
über 0,6	200 bis 350

Literatur zur Verbindungstechnik

für die Hand des Lehrenden und Lernenden :

- Puhrer, Schweißtechnik, Vieweg Verlag, Braunschweig
- Böge, Techniker - Handbuch, Vieweg Verlag, Braunschweig
- Wuttke, Die Lichtbogenschweißung in Frage und Antwort, Vieweg Verlag, Braunschweig
- Fachbuchreihe, Deutscher Verlag für Schweißtechnik, Düsseldorf

- Unfallverhütungsvorschriften, Süddeutsche Eisen- und Stahl-Berufsgenossenschaft

KAPITEL IV : Strömungs- und Kolbenmaschinen

1. (15') Stationäre Strömung von Flüssigkeiten

In einer Rohrleitung, durch die Warmwasser von 60°C mit 200 m^3/h gefördert wird, soll Re = 10^6 eingehalten werden. Welche lichte Weite muß die Leitung erhalten, wenn die Viskosität für Wasser, der Tabelle aus Aufgabe 26*, Meß- und Prüftechnik entnommen, und linearer Abfall zwischen 50°C und 80°C angenommen wird?

2. (30') Stationäre Strömung von Gasen

Welcher Druck steht bei einer Druckluftleitung mit einer lichten Weite von 100mm und einer Länge von 3 km am Ende zur Verfügung?

Folgende Strömungs- und Geometriedaten sind bekannt:

Leitungsanfang: Luftgeschwindigkeit 10 m/s
Luftdruck 5 bar
Lufttemperatur T_1 = 300 K

Rauhigkeit der Leitung = 0,1 mm

Summe der Widerstandszahlen aller Leitungseinbauten = 12 = $\Sigma\zeta$

Höhendifferenzen vernachlässigbar

Gaskonstante $R = \frac{287 J}{kg \cdot K}$

Temperaturabfall = 5 K.

3. (30') Heißluftaustritt

Heißluft mit p_1 = 18 bar, T_1 = 630 K (357°C) tritt durch eine 2,5 cm^2 große Mündung und soll auf Lavaldruck entspannen. Der Kantenradius des Düsenmundes beträgt 6 mm.

φ_M = 0,96; Adiabatenexponent $\varkappa$ = 1,4; Gaskonstante R = 287 J/(kgK).

Ermitteln Sie:

3.1. Austrittsgeschwindigkeit,

3.2. Mengenstrom,

3.3. Temperaturabfall der Heißluft beim Austritt aus der Düse!

4. (90') Dampfturbine

Eine Kreislabyrinthdichtung einer Dampfturbine mit Anfangsdruck p_1 = 64 bar, Anfangstemperatur 690 K besitzt z Dichtspalten mit einem mittleren Spaltdurchmesser von 350 mm und einer Spalthöhe von 0,25 mm.

Die Dichtung soll vor den letzten 8 Dichtstellen eine Spaltdampfableitung von 2 bar erhalten, während das Ende der Dichtung 1 bar aufzeigt. Falls in keiner Dichtstelle überkritische Entspannung auftritt, so gilt: 200 Dichtstellen dürfen nicht überschritten werden. Falls dies nicht möglich ist, wähle man z=60 Dichtstellen und verlege die überkritische Entspannung auf die letzte Dichtstelle vor der Spaltdampfentnahme.

Gegeben sind ferner: $\varkappa$ für Heißdampf bei 600 K = 1,3
μ für Kreislabyrinthe = 0,75

Bestimmen Sie:

4.1. Die Zahl der Dichtspalten, falls in keiner Dichtstelle überkritische Entspannung auftritt!

4.2. Die mögliche Dampfentnahme für z = 60 Dichtstellen!

5. (30´) Wasserturbine

Die Druckleitung einer Wasserturbine hat eine Länge von 250 m u. e. lichte Weite von 400 mm. Bei stationärem Strömungszustand und 3,0 m/s Strömungsgeschwindigkeit zeigt ein Manometer vor dem Absperrschieber der Turbine einen Überdruck von 8,0 bar an. Beim Schließen des Schiebers verringert sich der Durchflußquerschnitt innerhalb von 15 s gleichmäßig auf Null. (ρ_{H_2O}=1000 kg/m^3) Wie groß sind der durch Massenwirkung erzeugte Druckstoß und der Manometerstand während des Absperrvorganges?

6. (30´) Pelton - Rad

Ein Pelton - Rad mit D = 800 mm mittlerem Raddurchmesser dreht sich mit einer Drehzahl n = 315 1/min. Die Turbinendüse mit einem wirksamen Querschnitt von 60 cm^2 hat eine Durchsatzleistung von 1000 m^3/h.

6.1. Ermitteln Sie für einen Schaufelwinkel von 4°, unter Vernachlässigung der Flüssigkeitsreibung die Leistung am Radumfang!

6.2. Hinter dem Rad soll der Wasserstrom durch einen Thomson-Überfall mit α = 45° Dreieckswinkel gemessen werden: Überfallhöhe h = 0,3 m, (μ= 0,5926 nach Rehbock)!

7. (15') Turbolader

Die Radscheibe eines Turboladers mit 36 radial endenden ($\beta_2 = 90^o$) einfach gekrümmten Schaufeln hat $d_1 = 180$ mm, $d_2 = 300$ mm und läuft mit $n = 17000\ min^{-1}$. Es sind $b_2 = 15$ mm, $s = 3$ mm und $\alpha = 45^o$.

Gesucht: Spezifische Schaufelarbeit und Förderstrom!

8*. (120') Radiales Verdichterrad

Gegeben sind: $d_2 = 0{,}9$ m, $d_1 = 0{,}5$ m, $n = 80$ 1/s, $\tau_1 = \tau_2 = 1$,
$b_1 = b_2 = 60$mm, $\alpha_1 = 90^o$, $\beta_1 = 30^o$, $\beta_2 = 45^o$,
Arbeitsminderungsfaktor $k = 0{,}85$; $R = 287$ J/(kg·K)
$T_1 = 293$ K, $p_1 = 1$ bar, $\varkappa = 1{,}4$;
Strömungsverlust zwischen Ein- und Austritt =3kJ/kg
für Luft von 273 bis 373 gilt: $c_{pm} = 1000\ m^2/(s^2 \cdot K)$

Gesucht:

8.1. Volumenstrom am Laufradeintritt,
8.2. Spezifische Schaufelarbeit,
8.3. Enthalpieerhöhung im Laufrad,
8.4. Temperatur am Laufradaustritt,
8.5. Druck am Laufradaustritt,
8.6. Dichte am Laufradaustritt,
8.7. Tatsächliche spezifische Schaufelarbeit !

9. (120') Gleichdruck - Dampfturbine

Ermitteln Sie für

ein theoretisch verfügbares Energiegefälle	$Y_s = 75$ kJ/kg,
Dichte des Dampfes	$\rho_m = 10\ kg/m^3$,
Kinematische Viskosität	$\nu = 2{,}5 \cdot 10^{-6}\ m^2/s$,
Förderleistung	$\dot{m} = 54$ kg/s,
Drehzahl	$n = 50$ 1/s,
Auslaßzahl nach Pfleiderer	$\varepsilon = 1$
	$\alpha_1 = 16^o$,
Geschwindigkeitszahl	$k_D = 0{,}96$,
Winkel der Laufschaufeln	$\beta_1 = \beta_2$
Austrittsgeschwindigkeit	$c_1 = k_D \sqrt{2\ Y_s}$

und aus den Kennwerten für Gleichdruckstufen von Dampfturbinen:

Schnellaufzahl u/c_1 0,42 bis 0,49,

Y_{Smax} 300 kJ/kg ,

α_1 14° bis 17°,

β_2 20° bis 30°,

den optimalen mittleren Laufraddurchmesser in mm!

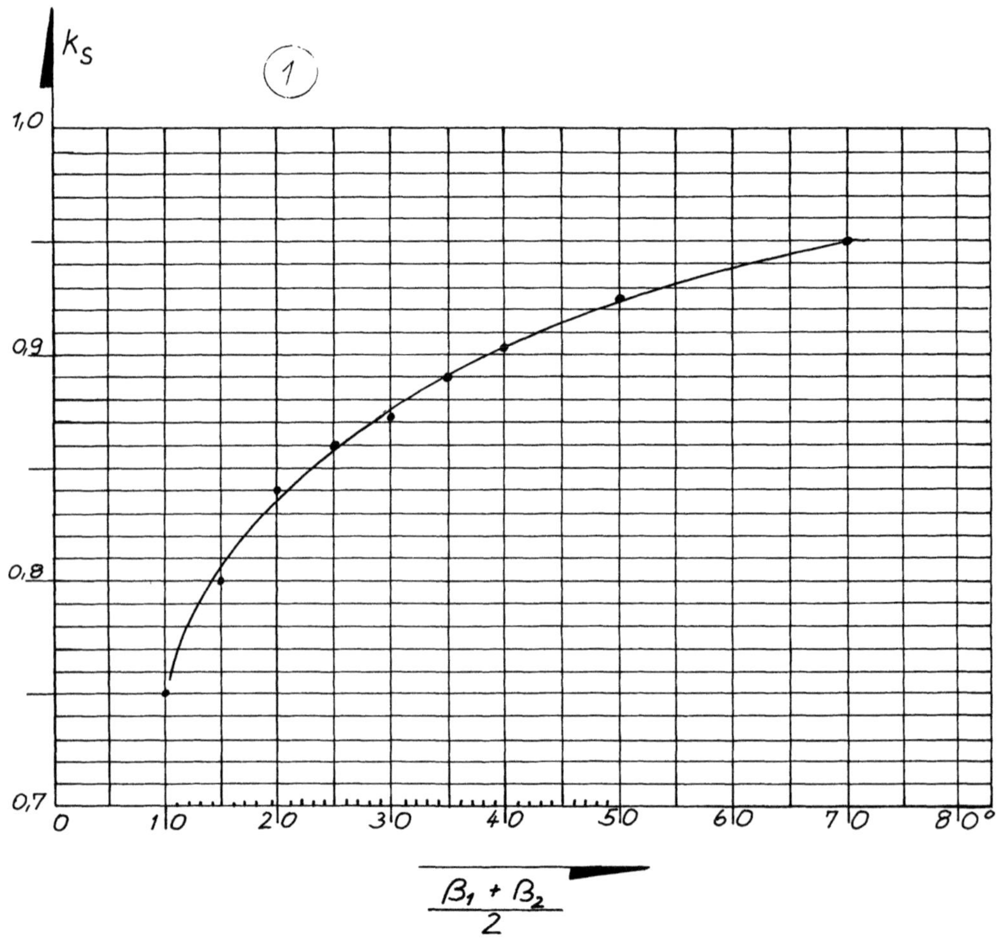

(2)

									Einheiten
Schnellaufzahl u/c_1									–
Umfangsgeschwindigkeit u									m/s
Mittlerer Durchmesser d_m									m
Meridian-Austritts-geschwindigkeit c_{1m}									m/s
w_{1u}									m/s
$\tan \beta_1$									°
w_1									m/s
Geschwindigkeits-zahl k_s									–
w_2									m/s
w_{2u}									m/s
$w_{1u} + w_{2u}$									m/s
spezifische Schau-felarbeit Y									m^2/s^2
Radreibungsverlust nach Keller $P_R = 5{,}13 \cdot \varrho_m \cdot d_m^{4,6} \cdot n^{2,8} \cdot \nu^{0,2} \cdot 10^{-4}$ kW falls $\left\{ \frac{[\varrho_m]}{kg/m^3}, \frac{[d_m]}{m}, \frac{[n]}{s^{-1}}, \frac{[\nu]}{m^2/s} \right.$									kW
Höhenverlust durch Radreibung h_R									m^2/s^2
Nutzbare Schaufel-arbeit Y_i									m^2/s^2
Innerer Wirkungsgrad η_i									%

10. (90') Kaplan - Überdruckturbine

Eine schnelläufige axiale Überdruckturbine, System Kaplan, besitzt folgende technische Daten:

Außendurchmesser d_A = 1400 mm,
Nabendurchmesser d_N = 600 mm.

Die Turbine soll bei einem Reaktionsgrad r = 0,65 mit n = 180 1/min laufen und ein Energiegefälle $g \cdot H_o$ von 45 m^2/s^2 verarbeiten.

Strömungsdaten:

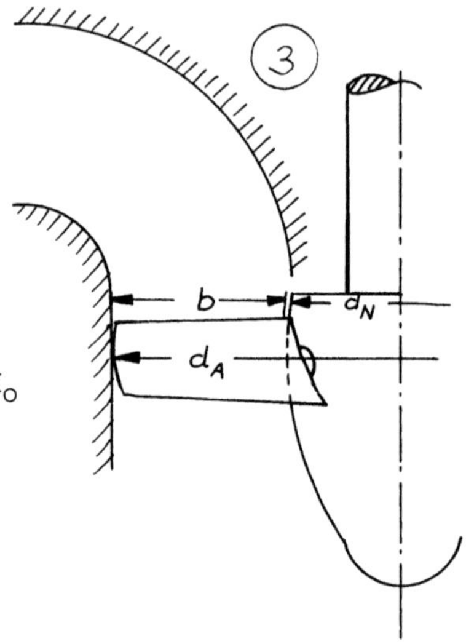

Winkel der Turbinenschaufel-Austrittskante $\alpha_2 = 90^\circ$

Strömungswirkungsgrad $\eta_s = 0{,}75$

Austrittsverlust $h_A = 0{,}03\ g \cdot H_o$

Energieverlust im Leitapparat und im Laufschaufelkanal $h_{Le} + h_{La} = 0{,}025 g \cdot H_o$

Geschwindigkeitszahl $k_D = 0{,}96$

Reibverluste $P_R/P_o = 0{,}01$

Liefergrad $\eta_v = 0{,}98$

mechanischer Wirkungsgrad $\eta_m = 0{,}985$

<u>Gesucht:</u> β_1, β_2, w_1, w_2, P_e, η_e!

11. (30') Pelton - Turbine

Eine Pelton-Turbine mit einem Wirkungsgrad von 0,92 soll ein Energiegefälle $g \cdot H_o$ = 6 kJ/kg bei einer Durchsatzleistung von 10 m^3/s verarbeiten.

Bestimmen Sie mit $d_m \geqslant 8\ d_s$ (d_s = Wasserstrahldurchmesser,
d_m = mittlerer Laufraddurchmesser)

11.1. die Leistung, die Normdrehzahl, die Laufradabmessungen;

11.2. die Zahl der erforderlichen Düsen, wenn der mittlere Laufraddurchmesser maximal 1650 mm betragen soll!

12.* (300') Mehrstufige Radialpumpen - Dimensionierung Studienarbeit

Für eine mehrstufige Radialpumpe mit beschaufeltem Leitapparat sind die Laufrad-Abmessungen zu ermitteln!

I. Auslegungsdaten:

Förderleistung	$\dot{V}$	=	180 m^3/h
Fördergut			Wasser
spezifische Förderarbeit	w_F	=	15000 m^2/s^2
Drehzahl	n	=	49 1/s
Motorüberlastungsschutz			15 %

II. Mechanische Erfahrungswerte:

Stufenzahl von Pumpen	Zulässige Torsionsspannungen $\tau_{zul.}$
1	21 N/mm^2
mehrstufig	12 N/mm^2

	Bereich	zu wählen
Schwächung des Wellendurchmessers d_W durch Keilnuten d_W	$d_W=(1{,}05 \text{ bis } 1{,}25) d_{erf}$	$d_W = 1{,}2\ d_{erf}$
Schwächung des Nabendurchmessers d_N durch Keilnuten	$d_N=(1{,}1 \text{ bis } 1{,}4) d_W$	$d_N = 1{,}25\ d_W$
Saugmunddurchmesser d_S Laufschaufeleintrittsdurchmesser d_1	$d_S=(1{,}05 \text{ bis } 1{,}2) d_1$	

III. Kennwerte und Grenzen für Strömungsmaschinen:

Wirkungsgrade	Bereich	zu wählen
hydraulischer η_h	0,8 bis 0,9	0,85
volumetrischer (Liefergrad) η_v	0,9 bis 0,98	0,94
mechanischer η_m	0,96 bis 0,99	0,97
Reibeinfluß P_r/P_a	0,05 bis 0,20	0,1
Gesamtwirkungsgrad der Maschine $\eta_e = P_e/P_a$	0,4 bis 0,8	festgelegt

Pumpenräderwerkstoffe	Max. Umfangsgeschwindigkeiten in m/s
Grauguß	30 bis 35
Bronze	bis 50
Chromstahlguß	bis 90

Einsatz von radialen Rädern als	spez. Drehzahl n_y in 1/s	Radformzahl σ	zu wählen	
			n_y in s^{-1}	σ
Hochdruckrad	bis 0,075	bis 0,16	0,05	0,105
Mitteldruckrad	bis 0,12	bis 0,25	0,10	0,21
Niederdruckrad	bis 0,21	bis 0,45	0,17	0,36

Kenngrößenbezeichnungen für Strömungsmaschinen	Erfahrungswerte	zu wählen
spezifische Drehzahl n_y	>0,042 1/s pro Stufe	0,0475 s^{-1}/ Rad bei Mehrstufen
Druckzahl ψ		
Lieferzahl φ		
Radformzahl σ	>0,09 pro Stufe	0,1 pro Rad bei Mehrstufen
spezifischer Durchmesser δ		
Stufenzahl i		

Kenngrößenbezeichnungen für Strömungsmaschinen	Erfahrungswerte	zu wählen
Schaufelkrümmungswinkel bei Eintritt $ß_1$	Schaufelkante vorgezogen: 16° Schaufelkante achsparallel: 18°	5 mm vorgezogen
Schaufelkrümmungswinkel an der Austrittskante $ß_2$	15° bis 30°	
Schaufelwandstärke s	(2 bis 5)·mm	3 mm
Kleiner Schaufeleintrittskantenradius	r_k = 6 mm	6 mm
Schaufeleintrittsbreite b_1		
Schaufelaustrittsbreite b_2		
Verengungsfaktor τ		
Schaufelzahl $z = a^* \frac{d_1+d_2}{d_2-d_1} \sin \frac{\beta_1+\beta_2}{2}$	ungerade z-Werte kleine z: einfache Herstellung große z: gute Strömungsführung a^*=(5 bis 6,5)für gegossene Räder a^*=(4 bis 5)für Propellerpumpen a^*=(8 bis 12)für Blechschaufel(Verdichter)	a^* = 6,5
Arbeitsminderungsfaktor k		
Minderleistungszahl p	$p = \frac{a}{z}\left(1+\frac{\beta_2}{60^o}\right)\frac{d_2^2}{d_2^2-d_1^2}$ einfach gekrümmte Schaufeln $p = \frac{a}{8z}\left(1+\frac{\beta_2}{60^o}\right)\frac{d_2^2}{S}$ doppelt gekrümmte Schaufeln	
Statisches Moment der Flußlinie: S	a=1,2 beschaufelter Leitapparat a=(1,7 - 2,0) unbeschaufelter Leitapparat	

Kenngrößenbezeichnungen für Strömungsmaschinen	Erfahrungswerte	zu wählen
Saugmundgeschwindigkeit c_S	(2 bis 4 bis 8)m/s	7 m/s
Schaufelkanaleintritts-geschwindigkeit c_o	$(1{,}05 \text{ bis } 1{,}2)\cdot c_S$	$1{,}125\ c_S$
Meridiangeschwindigkeit c_{2m}	$(0{,}8 \text{ bis } 0{,}9)\cdot c_o$	$0{,}85\ c_o$

Bestimmen Sie:

12.1. den Gesamtwirkungsgrad der Anlage,

12.2. die Stufenzahl i,

12.3. Wellendurchmesser d_W und Nabendurchmesser d_N,

12.4. Saugmunddurchmesser d_s,

12.5. Laufschaufeleintrittsbreite b_1,

12.6. Laufradaußendurchmesser d_2,

12.7. Schaufelzahl z,

12.8. Werkstoff,

12.9. Laufschaufelaustrittsbreite b_2!

12.10. Überprüfen Sie anhand Ihrer Konstruktionsdaten die Energieübertragung jeder Stufe!

12.11. Bestimmen Sie zeichnerisch den Schaufelkrümmungsradius!

Kenngrößen - Diagramm für Radialpumpen : Aufgabe 12*

(4)

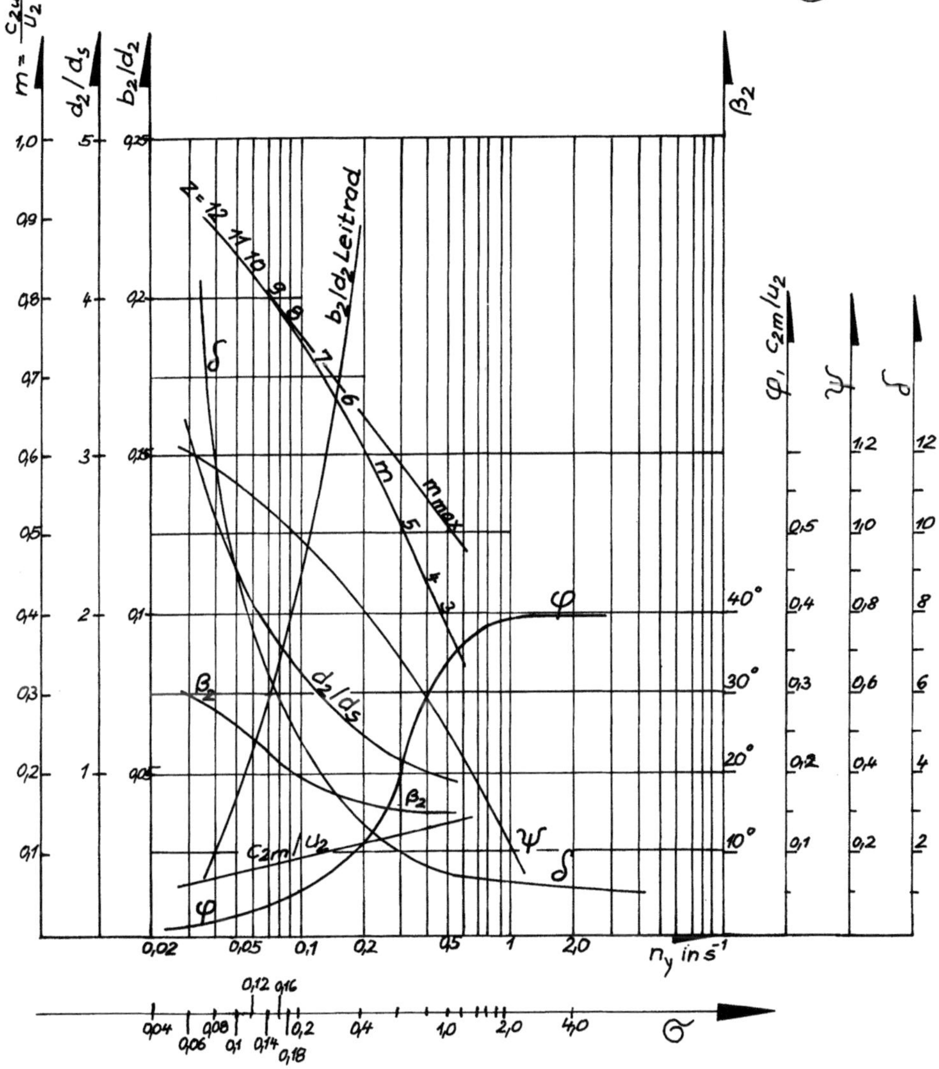

Literatur zu Strömungs- und Kolbenmaschinen

für die Hand des Lehrenden und Lernenden :

- Eck, Technische Strömungslehre, Springer Verlag, Berlin
- Winter, Technische Wärmelehre, Girardet Verlag, Essen
- VDI - Wasserdampftafeln
- Dzung/Rohrbach, Enthalpie - Entropie - Diagramme für Wasserdampf und Wasser
- Pfleiderer/Petermann, Strömungsmaschinen, Springer Verlag, Berlin
- Kruschik, die Gasturbine, Springer Verlag, Wien
- Böge, Techniker - Handbuch, Vieweg Verlag, Braunschweig

- DIN 1940 - 1941 - 1943 - 4044 - 4048 - 4304 - 4323 - 4324 - 6265 - 6270 - 24260E - 24261E - 51511 - 51600 - 51601 - 51602 - 51603

K A P I T E L V : Hebe- und Fördertechnik

1. (10') Grundlagen

Geben Sie eine Übersicht über die Hebezeuge und ordnen Sie den jeweiligen Gliederungspunkten Beispiele zu!

2. (10') Grundlagen

Greifen Sie sich eines der Hebezeuge, das Sie als Beispiel gewählt haben, heraus und beschreiben Sie es (z.B. Aufbau, Funktionsweise, Vorteile, Nachteile usw.)!

3. (10') Grundlagen

Beschreiben Sie Ihnen bekannte Tragorgane und vergleichen Sie sie in Bezug auf Zugfestigkeit (keine Zahlenangaben), Vorteile, Nachteile, Verwendbarkeit usw.!

4. (10') Grundlagen

Krane werden in Gruppen eingeteilt. Nach welchen Gesichtspunkten richtet sich diese Einteilung?

5. (10') Grundlagen

Nennen Sie

5.1. Kranbauformen,

5.2. Kranbauweisen,

5.3. Hubarten,

5.4. Bedienungsmöglichkeiten und

5.5. Antriebsmöglichkeiten!

6. (10') Grundlagen

Geben Sie die Hauptkräfte an, die an den Kranbauteilen angreifen!

7. (10') Grundlagen

Welche Größen müssen bei der Auswahl eines für den Kranbetrieb bestimmten Motors berücksichtigt werden? (Entwickeln Sie die Gleichung für die erforderliche Antriebsleistung!)

8. (10') Grundlagen

Welche Aufgabe hat das Übersetzungsgetriebe bei einem elektromotorisch betriebenen Kran und welche Größen spielen hier eine

Rolle? (Geben Sie Gleichungen an!)

9. (10´) Grundlagen

Nennen Sie die Aufgaben der Bremsen beispielsweise eines Kranes und geben Sie gebräuchliche Bauarten an!

10. (10´) Grundlagen

Führen Sie einige wichtige Unfallverhütungsvorschriften an, die sich auf Hebezeuge beziehen!

11. (10´) Grundlagen

11.1. Wer erläßt die Unfallverhütungsvorschriften?

11.2. Nennen Sie Aufgaben und Leistungen der Berufsgenossenschaften!

11.3. Wer ist Genossenschaftsmitglied und wer ist versichert?

11.4. Nennen Sie Versicherungsfälle!

12. (120´) Projekt Zwillingsrollenzug

Ein Zwillingsrollenzug hat eine Tragfähigkeit von 300 kN. Die mittlere Laufzeit je Tag bei nahezu ständig größten Lasten beträgt 4 bis 8 h, die Hubhöhe h = 12 m, die Hubgeschwindigkeit $v = 15\ m\ min^{-1}$, der Rollenwirkungsgrad $\eta = 0,91$. Die Umfangsgeschwindigkeit der Trommel ist dreimal so groß wie die Lastgeschwindigkeit. $\sigma_{bzul} = 120\ N/mm^2$.

Berechnen Sie :

12.1. den Drahtseildurchmesser, nicht drehungsfreies Seil,

12.2. den Trommeldurchmesser,

12.3. den Seilrollendurchmesser,

12.4. die Trommeldrehzahl,

12.5. die Trommellänge,

12.6. die Lagerkräfte an Trommel- und Achsenlager,

12.7. den Achsendurchmesser!

(Skizze siehe nächste Seite)

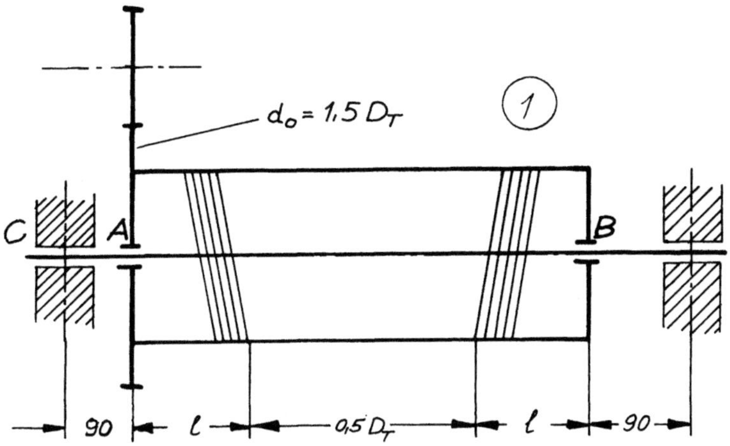

13. (180') Projekt Bockkran

Für den dargestellten Bockkran gelten folgende Daten:

Hublast	F = 80 kN
Spannweite	l = 10 m
Höhe	h = 4 m
Minimaler Katzenabstand	l_1 = 1,5 m
Radstand	l_2 = 2,5 m
Katzgewicht	G_K = 8 kN
Brückengewicht	G_{Br} = 10 kN
Kopfträgergewicht	G_{Ko} = je 3 kN
Seitenstützengewicht	G_s = je 7 kN

Hubwerk:

Hubgeschwindigkeit Zwillingsrollenzug	V_H = 12,5 m/min
Motordrehzahl	n_m = 970 min^{-1}
Wirkungsgrad einer Getriebestufe	η_G = 0,97
Schwungmoment	GD^2 = 5 kgm^2
Rollenwirkungsgrad	η_R = 0,96
Gesamtwirkungsgrad	η_{ges} = 0,8
Verhältnis Anlaufleistung/Motornennleistung	$(P_{Anl}/P_n)_{max}$ = 1,4

Kranfahrwerk:

Einheitsfahrwiderstand	w = 35 N/kN
Fahrgeschwindigkeit	V_F = 40 m/min
Anlaufzeit	t_A = 4 s

Gesamtwirkungsgrad $\eta_{gesK} = 0{,}78$

Bestimmen Sie:

13.1. die Anlaufzeit für das Hubwerk unter Zugrundelegung der Drehmassenbeschleunigung ($P_n \approx P_v$),

13.2. die Anlaufleistung des Kranfahrwerkes ohne Last und bei Vollast,

13.3. die Motorleistung des Kranfahrwerkes, wenn gelten soll $(P_{Anl}/P_n)_{max} = 1{,}5$,

13.4. das Übersetzungsverhältnis zwischen Antrieb und Hubwerk,

13.5. den Gesamtwirkungsgrad des Hubwerkes, wenn der Trommelwirkungsgrad mit $\eta_T = 0{,}97$ angenommen werden kann,

13.6. die erforderlichen Profile für Haupt- und Kopfträger!

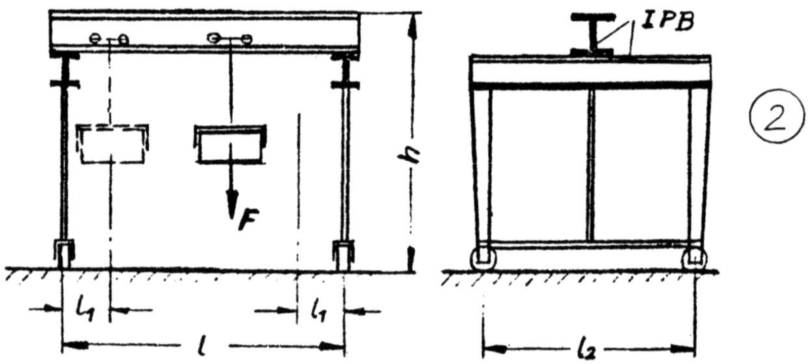

14. (180') Projekt Laufkran

Das Hubwerk eines Laufkranes mit G = 100 kN Tragfähigkeit und 30 m/min Hubgeschwindigkeit soll eine Doppelbacken-Stoppbremse mit elektrischer Senkbremsschaltung erhalten.

Es wird schwerer Betrieb angenommen: ED = 40 % = 60 Spiele/h. Der Richtwert für thermische Beanspruchung soll nicht überschritten werden.

Die Höchsttemperatur soll 105°C, die Raumtemperatur 35°C, der Reibwert für Baumwollgewebe $\mu = 0{,}45$, das Schwungmoment der Bremsscheibe $GD^2 = 36$ kg m², das Schwungmoment des Motorankers $GD^2 = 7$ kg m² und das Gewicht der Unterflasche 300 N betragen. Der Motor hat eine Drehzahl $n = 570\ min^{-1}$ bei einem Gesamtwirkungsgrad $\eta_{ges} = 0{,}84$.

Hebe- und Fördertechnik

14.1. Bestimmen Sie die Abmessungen der erforderlichen Bremsscheibe!

14.2. Prüfen Sie die Bremsscheibe auf thermische Überbeanspruchung nach!

14.3. Berechnen Sie die Bremsarbeit!

14.4. Berechnen Sie die übertragbare Wärmemenge während einer Stunde

14.4.1. durch Strahlung,

14.4.2. durch freie Strömung,

14.4.3. durch erzwungene Strömung!

14.5. Bestimmen Sie den Bremslüfter!

Literatur zur Hebe- und Fördertechnik

für die Hand des Lehrenden und Lernenden :

- Ernst, Hebezeuge I - III, Vieweg Verlag
- Zillich, Fördertechnik I - III, Werner Verlag
- SFW - Handbuch, Proj. von Elektrozuganlagen, Francis Verlag
- Hütte II B, V B
- Betriebshütte III
- Zebisch, Fördertechnik - Hebezeuge I, II, Vogel Verlag

- DIN 15020 - 15434
- Unfallverhütungsvorschriften der gewerblichen Berufsgenossenschaft für Krane (VBG 8)

KAPITEL VI : Konstruieren und Berechnen - Technisches Zeichnen

1. (8´) Grundlagen

Skizzieren Sie das Verspannungsschaubild einer vorgespannten Schraubverbindung! Erklären Sie anhand des Schaubildes die Wirkung einer Betriebskraft!

2. (8´) Grundlagen

Erklären Sie die Wirkungsweise von Ringfeder-Spannelementen und den Verlauf des Kraftschlusses bei hintereinander geschalteten Elementen!

3. (8´) Grundlagen

Benennen Sie sämtliche Größen, die in der nachstehenden Formel auftreten!

$$c = \frac{\Delta F}{f} = \frac{G \cdot d^4}{8D_m^3 \cdot i_f}$$

4. (8´) Grundlagen

Erklären Sie den Begriff "Übergangszahl", und benennen Sie Größen, von denen diese Drehzahl abhängt!

5. (8´) Grundlagen

Welche Vorteile sind durch Profilverschiebung einer Evolventenverzahnung zu erzielen?

6. (8´) Grundlagen

Bestimmen Sie den Durchmesser und die Länge einer Drehstabfeder, die für ein Drehmoment von 16 Nm einen Federungswinkel von 105° ergeben soll! Die Belastung ist als statisch anzunehmen.

7. (5´) Grundlagen

Für ein einstufiges Stirnradgetriebe mit einem Achsenabstand

von 108 mm und einem Modul von 3 mm wird ein Übersetzungsverhältnis i = 2,5 angestrebt.
Berechnen Sie die Zähnezahlen und Teilkreisdurchmesser der beiden Räder und das tatsächliche Übersetzungsverhältnis!

8. (5´) Grundlagen

Berechnen Sie überschlägig den Mindestdurchmesser einer Getriebewelle aus St 60 für die Übertragung einer Leistung von 12 kW bei einer Drehzahl von n = 140 Umdrehungen pro Minute!

9. (15´) Grundlagen

Für die Achslager eines PKW sind Rillenkugellager der Baureihe 64 mit 40 mm Innendurchmesser vorgesehen.
Folgende Betriebsbedingungen werden angenommen:
Radiallast F_r = 4000 N; Axiallast $F_a = 0,2\ F_r$;
umlaufender Außenring; Lagertemperatur unter 100°C;
mittlere Drehzahl n = 600 1/min.
Berechnen Sie die Lebensdauer!
(Anleitung: Für die Berechnung der ideellen Lagerlast P soll die Formel $P = F_r \cdot x \cdot c + F_a \cdot y \cdot c$ verwendet werden, wobei x = 1,4, y = 2 und c = 1,5 zu setzen ist.)

10. (10´) Grundlagen

Die Achsen eines Kegelräderpaares schneiden sich unter einem Winkel von 78°. Berechnen Sie die Teilkegelwinkel für ein Übersetzungsverhältnis i = 1,6!

11. (8´) Grundlagen

Ein L-Stahl ist als Zugstab an ein Knotenblech anzuschliessen. Skizzieren Sie die Anordnung der beiden Flankenkehlnähte, und begründen Sie die skizzierte Anordnung!

12. (8´) Grundlagen

Benennen Sie fünf Arten von formschlüssigen Wellen-Nabenverbindungen, und führen Sie dazu je ein Beispiel für deren zweckmäßigen Einsatz an!

13. (8´) Grundlagen
Bezeichnen Sie die Art der Beanspruchung von Blattfedern, Schenkelfedern, Tellerfedern, Schraubenfedern und Drehstabfedern!

14. (8´) Grundlagen
Erklären Sie die Begriffe "Biegekritische-" und "Verdrehkritische Drehzahl"!

15. (8´) Grundlagen
Welche Größen und Bedingungen sind für dic Lebensdauer eines Wälzlagers maßgebend?

16. (15´) Grundlagen
Ein einseitig eingespannter Stab mit rechteckigem Querschnitt aus Federstahl 51 Si 7, hat 70 cm von der Einspannstelle eine Kraft von 60 kN aufzunehmen.
Berechnen Sie die Abmessungen des Stabes, wenn die maximale Durchbiegung f = 22 mm beträgt und 2-fache Sicherheit verlangt ist!

17. (15´) Grundlagen
Zum Aufklemmen des nach Skizze entworfenen Hebels aus Gußeisen auf eine Stahlwelle von 40 mm Durchmesser sind 2 Sechskantschrauben M10x65 DIN 931-6.9 vorgesehen.
Zu ermitteln ist die größte Hebelkraft F, bei der ein Rutschen des Hebels gerade noch nicht eintritt, wenn die Schrauben mit dem größten Auszugsmoment Ma bei 90 % Ausnutzung der Mindeststreckgrenze (Tabelle) festgezogen werden!
Rechnen Sie sicherheitshalber mit der kleinsten Reibungszahl (trocken)!

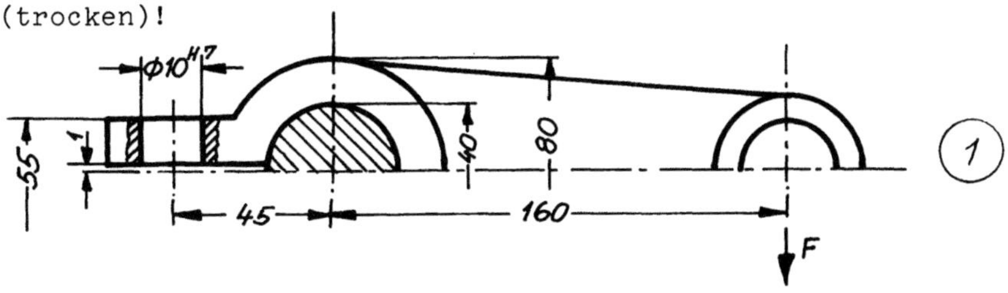

18. (15´) Grundlagen

Eine Welle dreht sich mit n = 630 1/min und ist entsprechend der Skizze in Rillenkugellagern DIN·625 gelagert. Der Zapfendurchmesser beträgt 70 mm und es muß eine Lebensdauer von 10^4 Std. gewährleistet werden.

Bestimmen Sie die geeignete Lagergröße!

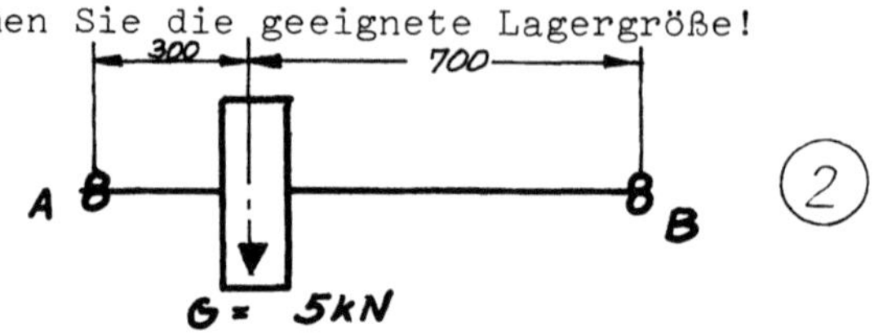

19. (15´) Grundlagen

Eine Laufradachse ist mit einer Sicherheit von 2 zu dimensionieren!

Werkstoff St 60, Raddruck 20 kN.

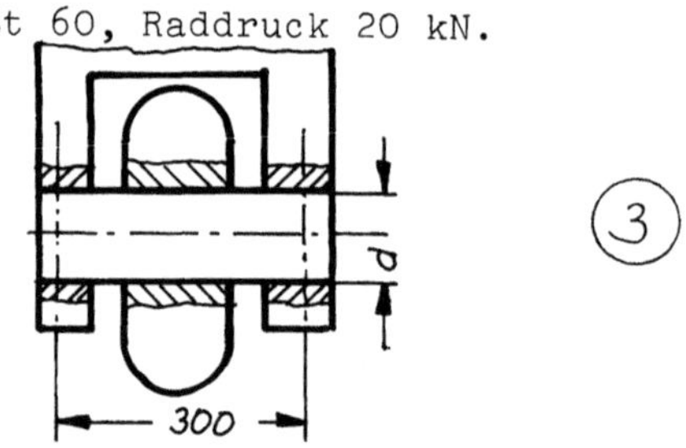

20. (15´) Grundlagen

Ein einstufiges Getriebe besteht aus zwei geradverzahnten Stirnrädern. Bekannt sind folgende Daten:

Ritzel z_1 = 23, Zahnrad z_2 = 52, Modul m = 5 mm!

Bestimmen Sie den Achsenabstand, die Teilkreisdurchmesser, sowie die Fuß- und Kopfkreisdurchmesser!

21. (60′) Schraubenverbindung

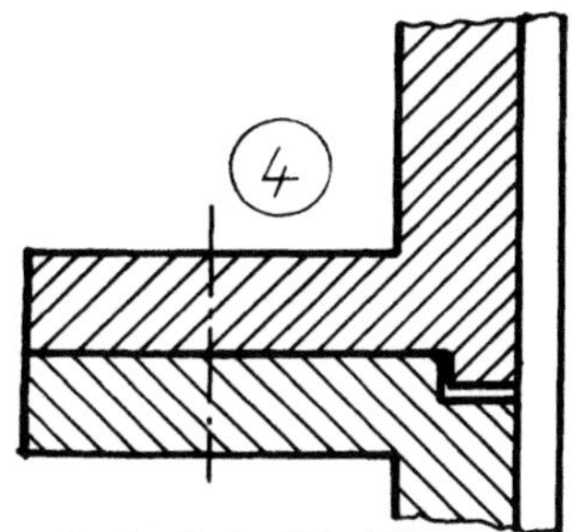

Zwei (rauhe) Gehäuseflansche aus GG-35 von je 20 mm Dicke sollen durch Sechskantschrauben DIN 931, ohne Nachbehandlung, Festigkeitsklasse 8.8, verbunden werden; Muttern nach DIN 934, die mit Drehmomentschlüssel angezogen werden. Die vorwiegend ruhende Belastung je Schraube beträgt 32 kN.

21.1. Der erforderliche Schraubendurchmesser ist zunächst festzustellen und dann durch <u>angenäherte</u> Berechnung zu prüfen!

21.2. Die Verbindung ist zu entwerfen und zu zeichnen, wobei die Maße L, b, D_B, nach DIN 69 "mittel" festzulegen sind!

21.3. Geben Sie die Normbezeichnung der Schraube an!

21.4. Geben Sie den Berechnungsgang zur genauen Ermittlung des Schraubendurchmessers an (Eintragung der entsprechenden Größen (Längen) in die Zeichnung)!

21.5. Stellen Sie das Anzugsmoment Ma und die damit erreichbare Vorspannkraft F_V nach Herstellerangabe fest!

22. (45′) Schraubenverbindung

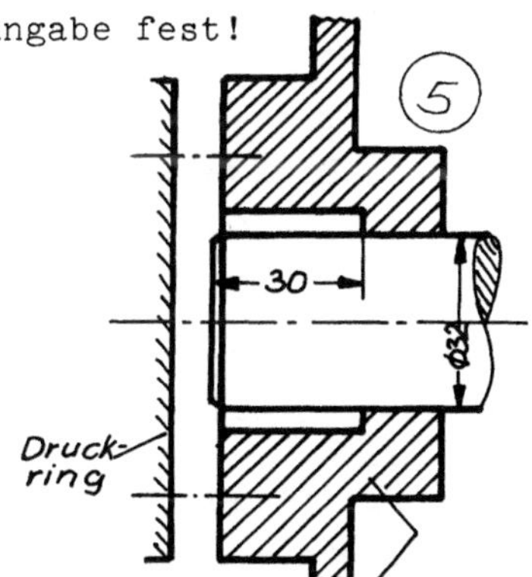

Die Bremsscheibe eines Fahrzeuges ist mit der Triebwelle durch Ringfeder-Spannelemente befestigt, wobei das Spannen durch vier Spannschrauben M10 DIN 931 (geölt und mit Drehmomentschlüssel angezogen) vorgesehen ist. Die Welle von d = 32 mm Durchmesser ist aus Vergütungsstahl 30 Mn 5, die Bremsscheibennabe aus GGG-60. Das größte auftretende Moment beträgt $M_{t\ max} \approx 600$ Nm. Berechnen Sie die Verbindung (Anzahl der Spannelemente, Festigkeitsklasse der Spannschrauben) und entwerfen Sie eine Skizze!

23. (45') Schweißverbindung

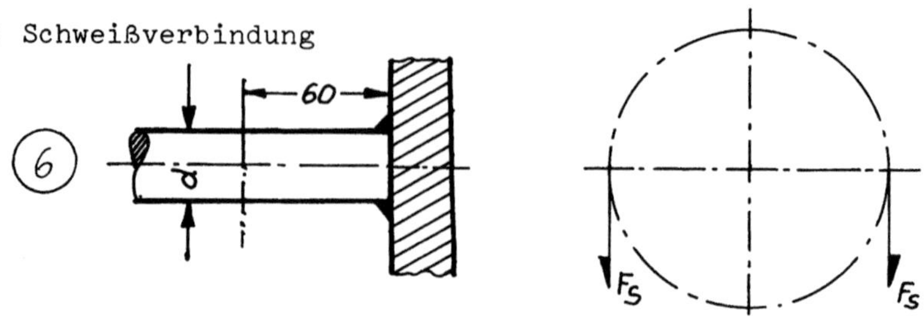

Berechnen und entwerfen Sie die Lagerung einer Seilrolle aus GG (Skizze)!
Die schwellend auftretende Seilkraft beträgt F_s = 3 kN;
Achsenwerkstoff: Blanker Rundstahl St 50-k, DIN 670;
Schmierung durch Querbohrung mit Durchmesser 4 mm.

24. (45') Nietverbindung

Ein Zugstab aus Flachstahl St 52 soll verbunden werden durch:

- Doppellaschennietung
- einfache Laschennietung
- Überlappungsnietung.

<u>gegeben:</u> F = 500 kN
s = 20 mm
Nietwerkstoff: St 44
v = 0,7
Lastfall H
$\sigma_{z\ zul}$ = 21000 N/cm²; $\tau_{a\ zul}$ = 16800 N/cm²
$\sigma_{l\ zul}$ = 42000 N/cm²

<u>gesucht:</u>
24.1. Profil des Flachstahles;
24.2. Nietdurchmesser;
24.3. Anzahl der Niete (n_a und n_e);
24.4. Nachrechnung des Stabes;
24.5. Skizze der jeweiligen Nietaufteilung!

25. (45') Kurbelwellenlager eines Dieselmotors

Für einen Dieselmotor ist ein Kurbelwellenlager zu berechnen und die erforderliche Ölviskosität zu bestimmen.

Gegeben sind : Drehzahl $n = 2\,000$ 1/min; Zapfendurchmesser $d = 80$ mm
Lagerkraft $F_{max} = 28{,}5$ kN

Bestimmen Sie:

25.1. Lagerwerkstoff,
25.2. Lagerbreite,
25.3. erforderliche Passung,
25.4. Ölzähigkeit,
25.5. erforderliche Ölmenge,
25.6. Kontrolle auf Erwärmung und
25.7. wählen Sie ein geeignetes Normalschmieröl!

26. (15') Lagergrößenberechnung

Als Loslager für die Welle des Abgasturboladers eines Dieselmotors soll ein Rillenkugellager mit einer Bohrung $d = 40$ mm eingesetzt werden, das bei einer Betriebstemperatur von $120\,^{\circ}C$ eine größte Belastung von 2 650 N aufnehmen kann. Die Wellendrehzahl beträgt $n = 18\,000$ 1/min.

Bestimmen Sie die erforderliche Lagergröße für eine Lebensdauer von 5 000 h und überprüfen Sie die Drehzahl auf Zulässigkeit, wenn am Innenring Umfangslast vorliegt!

27. (20') Zugfederberechnung

Eine Zugfeder nach DIN 2097 soll aus Federstahldraht der Klasse II auf einer Wickelbank hergestellt werden. Der Drahtdurchmesser beträgt 1,4 mm, der Außendurchmesser soll $D_a = 10$ mm sein. Bei einem Federweg von $f = 10$ mm soll die Feder eine Rückstellkraft von $F_N = 120$ N bei ruhender Belastung aufbringen ($\sigma_B = 2500$ N/mm^2, $G = 83\,000$ N/mm^2).

Bestimmen Sie

27.1. die Vorspannkraft,
27.2. die Anzahl der federnden Windungen und
27.3. die Federkonstante!

28. (360´) Projekt : Förderband

28.1. (240´) Konstruieren und Berechnen

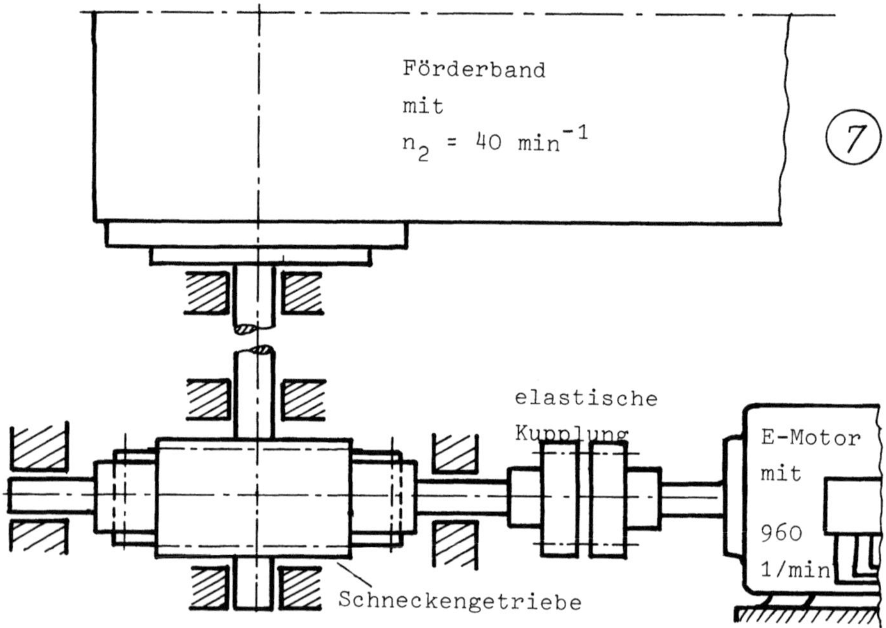

Die Trommel eines Förerbandes soll mit der Drehzahl n_2 = 40 min^{-1} über ein Schneckengetriebe angetrieben werden. Die Schneckenwelle ist direkt mit dem Antriebsmotor mit einer Leistung P_1 = 2,1 kW und einer Drehzahl n_1 = 960 min^{-1} durch eine elastische Kupplung verbunden.

Zu ermitteln sind:

28.1.1. die Zähnezahlen z_1 und z_2,

28.1.2. die für die vorliegenden Verhältnisse zweckmäßigen Werkstoffe für Schnecke und Schneckenrad,

28.1.3. der etwa zu erwartende Teilkreisdurchmesser d_{o2} des Schneckenrades auf Grund der zu übertragenden Leistung,

28.1.4. der Stirnmodul m_s des Rades und der Achsmodul m_a der Schnecke,

28.1.5. der Wellendurchmesser der Schnecke bei Ausführung als Schneckenwelle,

28.1.6. der Mittenkreisdurchmesser d_{m1} der Schnecke,

28.1.7. der Steigungswinkel γ_m der Schnecke,

28.1.8. die Schneckenlänge,

28.1.9. Kopfkreisdurchmesser, Fußkreisdurchmesser und der

Außendurchmesser,

28.1.10. die Zahnbreite,

28.1.11. der Achsabstand,

Weiterhin sind nachzuprüfen bzw. zu ermitteln:

28.1.12. die Flanken-Tragfähigkeit, wobei extreme Betriebsverhältnisse nicht anzunehmen sind, eine für Fördermaschinengetriebe übliche, mittlere Lebensdauer zu wählen ist, (ggf. Änderung der vorgewählten Werkstoffe)

28.1.13. die Grenzleistung P_{g2} hinsichtlich der zulässigen Betriebstemperatur,

28.1.14. der Wirkungsgrad des Getriebes, wobei die Schneckenwelle in Wälzlagern, die Welle des Schneckenrades in Gleitlagern gelagert werden soll,

28.1.15. die zu übertragende Leistung P_2,

28.1.16. die Kräfte an Schnecke und Schneckenrad,

28.1.17. die Wälzlager zur Lagerung der Schneckenwelle, wobei zur Aufnahme der Axialkraft ein kombiniertes Lager vorzusehen ist,

28.1.18. die tatsächliche Lebensdauer des gewählten Axiallagers,

28.1.19. eine elastische Kupplung zum Antrieb der Schneckenwelle.

28.2. (120´) Technisches Zeichnen: Konstruktion des Schneckengetriebes

28.2.1. Konstruieren Sie das Schneckenrad in geschweißter Ausführung mit aufgeschrumpftem Zahnkranz im Maßstab 1:1!

28.2.2. Zeichnen Sie die elastische Kupplung in zusammengebautem Zustand mit der Schnecke (Maßstab 1:1) als Werkstattzeichnung!

29. (360´) Projekt : Kettenförderer

29.1. (240´) Konstruieren und Berechnen

Für den Antrieb eines Kettenförderers mit einer Fördergeschwindigkeit (Kettengeschwindigkeit) von v = 0,6 m/s ist ein Antriebsmotor von P = 3 kW bei n_1 = 1435 min^{-1} ermittelt worden.
Das Kettenrad hat den Teilkreisdurchmesser D_o = 276,83 mm.

Als erste Stufe des Antriebes wird ein Keilriemengetriebe mit der Übersetzung i_1 = 4,75 verwendet, für die zweite Stufe soll ein Geradstirnradgetriebe als Anbaugetriebe vorgesehen werden. Die Entwurfszeichnung zeigt die Hauptabmessungen.

Zu ermitteln sind:

29.1.1. die Übersetzung des Geradstirnradpaares,

29.1.2. die Zähnezahl z_2 des Rades, wenn für das Ritzel $z_1 = 17$ gewählt wird,

29.1.3. der zum berechneten nächstliegende Norm-Modul m des Radpaares, wobei davon auszugehen ist, daß das Rad aus Einbaugründen einen Teilkreisdurchmesser $d_{o2} \approx 380$ mm haben soll,

29.1.4. die endgültigen Teilkreisdurchmesser d_{o1} und d_{o2} und Kopfkreisdurchmesser d_{k1} und d_{k2} des Ritzels und Rades, wobei anschließend zu prüfen ist, ob d_{o1} günstig ausgefallen ist für eine Ausführung als Ritzelwelle, deren Durchmesser sich aus überschlägiger Berechnung mit d = 35 mm ergab,

29.1.5. die Breiten b_1 und b_2 der Zähne des Ritzels und des Rades aus den für die vorliegenden Lagerungs-und Betriebsverhältnisse in Frage kommenden etwa mittleren Breitenverhältnissen bei guter, handelsüblicher Ausführung,

29.1.6. der Achsenabstand a_o des Radpaares,

29.1.7. die auf Grund der vorliegenden Betriebsverhältnisse geeignete Verzahnungsqualität, wobei aus dem in Frage kommenden Bereich eine möglichst gute zu wählen ist,

29.1.8. die Biegespannung σ_{b1} am Ritzel-Zahnfuß, wobei extreme Betriebsverhältnisse nicht anzunehmen sind,

29.1.9. welcher Baustahl für das Ritzel in Frage kommt bei der vorliegenden Schwellbelastung und einer möglichst hoch angesetzten Sicherheit,

29.1.10. die Biegespannung σ_{b2} am Rad - Zahnfuß,

29.1.11. welcher Gußwerkstoff für das Rad in Frage kommt,

29.1.12. die Flanken - Tragfähigkeit des Radpaares, wobei mit vorwiegend gleichmäßigem Lauf der Räder zu rechnen ist,

29.1.13. welche Ölviskosität etwa geeignet ist und welche Schmierungsart für das vorliegende Getriebe in Frage kommt (s. nächste Seite)!

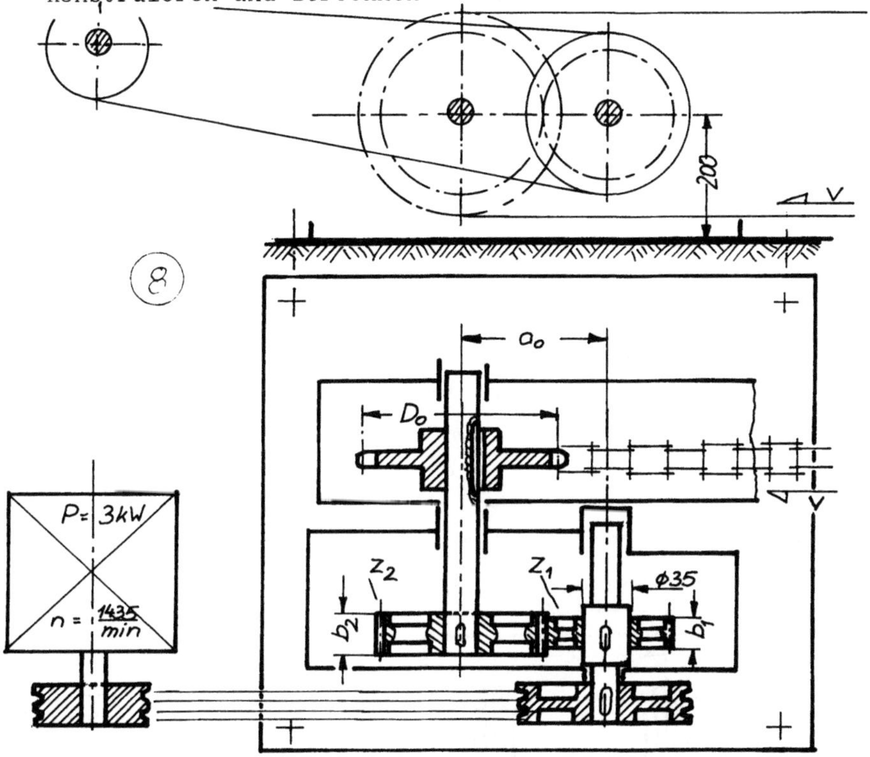

29.2.

Für die Auslegung des Keilriemengetriebes des Kettenförderers (wie Aufgabe 29.1.) sind zu ermitteln und zu prüfen:

29.2.1. die Durchmesser d_{m1} und d_{m2} der Keilriemenscheiben, wenn für die Motorscheibe der kleinste für den Motor vorgesehene Durchmesser gewählt wird,

29.2.2. die für die gewählte Motorscheibe in Frage kommende Breite des Keilriemens,

29.2.3. die von den Keilriemen zu übertragende Nutzleistung P, wenn mit einem mittleren Anlauf, stoßfreier Vollast und 8 h täglicher Laufzeit gerechnet wird,

29.2.4. die Anzahl der Keilriemen, wenn eine Überbeanspruchung nicht angenommen wird,

29.2.5. die erforderliche innere Riemenlänge L_i, wenn der Achsabstand aus baulichen Gründen ca. L_a = 650 mm betragen soll,

29.2.6. der tatsächlich vorzusehende Achsenabstand L_a', der sich mit der nach DIN 2215 zu wählenden Innenlänge L_i des Riemens ergibt,

29.2.7. der für den Motor vorzusehende Spannweg s_{sp},

29.2.8. die Biegehäufigkeit B_z und Überprüfung auf zulässigen Wert!

29.3. (60') Technisches Zeichnen

Konstruieren Sie die Keilriemenscheibe am Getriebe in gegossener Ausführung und zeichnen Sie diese normgerecht im Schnitt!

29.4. (60') Technisches Zeichnen

Konstruieren Sie das große Stirnrad in geschweißter Ausführung (im Schnitt)!

30. (360') Projekt Becherwerk

30.1. (240') Konstruieren und Berechnen

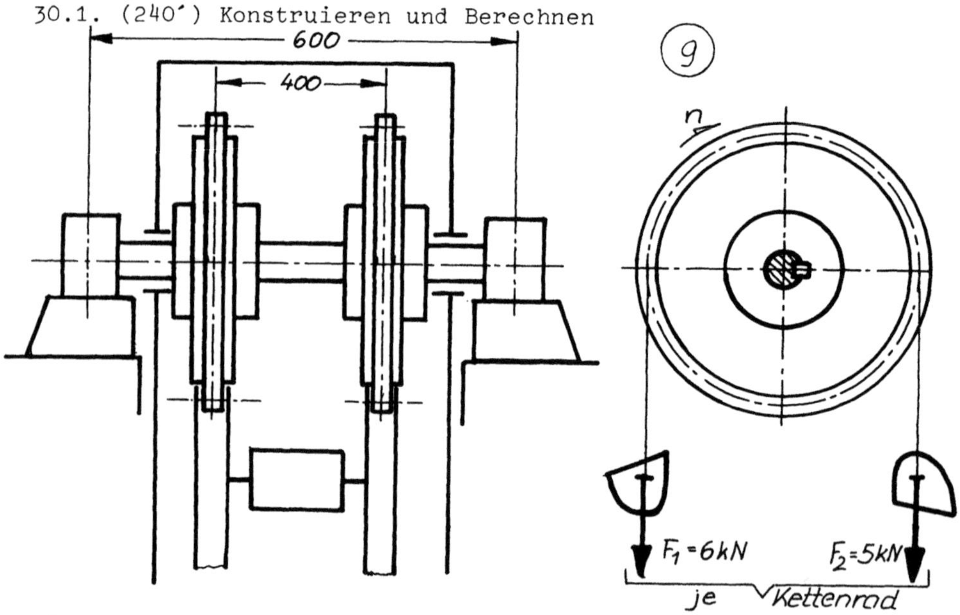

Ein Becherwerk soll 60 t Feinkohle pro Stunde bei einer Förderhöhe von 25 m liefern.

Der Lagerabstand beträgt 600 mm, der Kettenradabstand 400 mm. Die am auf- und absteigenden Kettentrumm wirkenden Kräfte wurden zu F_1 = 6 kN und F_2 = 5 kN je Kettenrad ermittelt. Die Drehzahl der Antriebswelle beträgt 80 1/min.

Zu berechnen bzw. festzulegen sind:

30.1.1. Antriebswelle des Becherwerkes,

30.1.2. Lagerung der Antriebswelle (Wälzlager),

30.1.3. Abmessungen des Stirnradvorgeleges und die Tragfähigkeit der Eingangsstufe, wenn der Antriebsmotor eine Drehzahl von 1440 1/min hat,

30.1.4. Leistungsbedarf des E-Motors

30.2. (120') Technisches Zeichnen

30.2.1. Zeichnen Sie die Antriebswelle des Becherwerks als Werkstattzeichnung!

30.2.2. Konstruieren Sie das Stehlager mit Lagerdeckel und Abdichtungen!

30.2.3. Fertigen Sie eine Entwurfzeichnung eines Kettenrades an!

31. (360') Projekt Bockkranantrieb

31.1. (240') Konstruieren und Berechnen

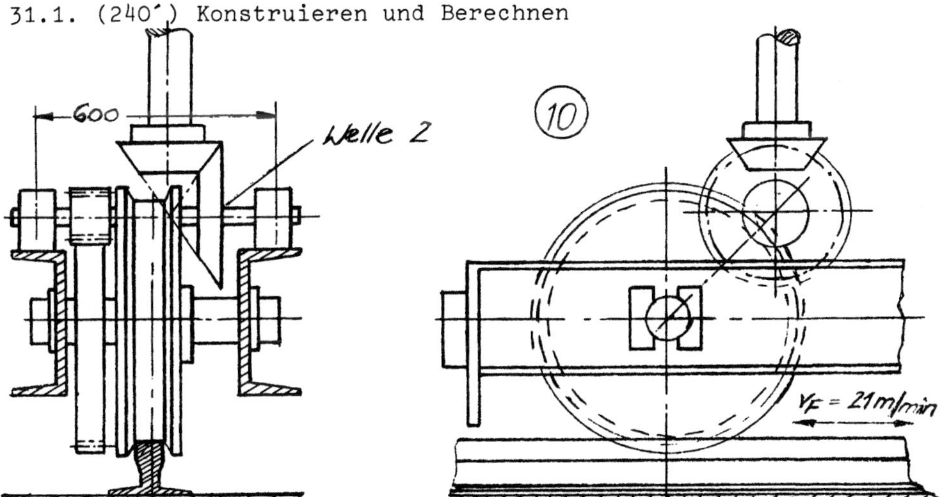

Der Fahrantrieb eines Bockkranes, bestehend aus Geradstirnrad- und geradverzahntem Kegelradgetriebe, ist zu berechnen. Das Eingangsdrehmoment beträgt 570 Nm, die Eingangsdrehzahl 90 1/min. Die Fahrgeschwindigkeit soll 21 m/min betragen.

Zu berechnen bzw. festzulegen sind:

31.1.1. Abmessungen des Kegelradgetriebes und die Tragfähigkeit,
31.1.2. Abmessungen des Stirnradgetriebes,
31.1.3. Lagerung der Welle 2 (Wälzlager),

31.2. (120´) Technisches Zeichnen

31.2.1. Konstruieren Sie das Lagergehäuse der Welle 2 fertigungsgerecht mit Lagerdeckel in Schweißkonstruktion!
31.2.2. Konstruieren Sie die Welle 2 werkstattgerecht!
31.2.3. Zeichnen Sie das Tellerrad in Gußkonstruktion!

32.(360´) Projekt : Elektrozug

Ein Elektrozug für eine Tragkraft von 30 kN, einer Hubhöhe von 10 m und einer Hubgeschwindigkeit von ca. 15 m/min soll entworfen werden. Der Antrieb soll durch einen Elektromotor mit Bremse und einer Drehzahl n = 1380 1/min erfolgen. Der Seiltrommeldurchmesser soll ca. 300 mm betragen; die Aufhängung des Zuges erfolgt an zwei Trägern, I - 220 DIN 1025; St 37-2 (s. Skizze).

32.1. (240´) Konstruieren und Berechnen

32.1.1. Dimensionierung aller Zahntriebe!
32.1.2. Bestimmung der Wälzlagergrößen!
32.1.3. Leistungsbedarf des E-Motors!
32.1.4. Nachprüfung der Aufhängung!

32.2. (120´) Technisches Zeichnen

32.2.1. Fertigen Sie eine Entwurfszeichnung der Aufhängung des Elektrozuges an zwei I-Trägern an!
32.2.2. Entwerfen Sie den Antrieb für die Längsbewegung des Zuges über die Haspelkette!

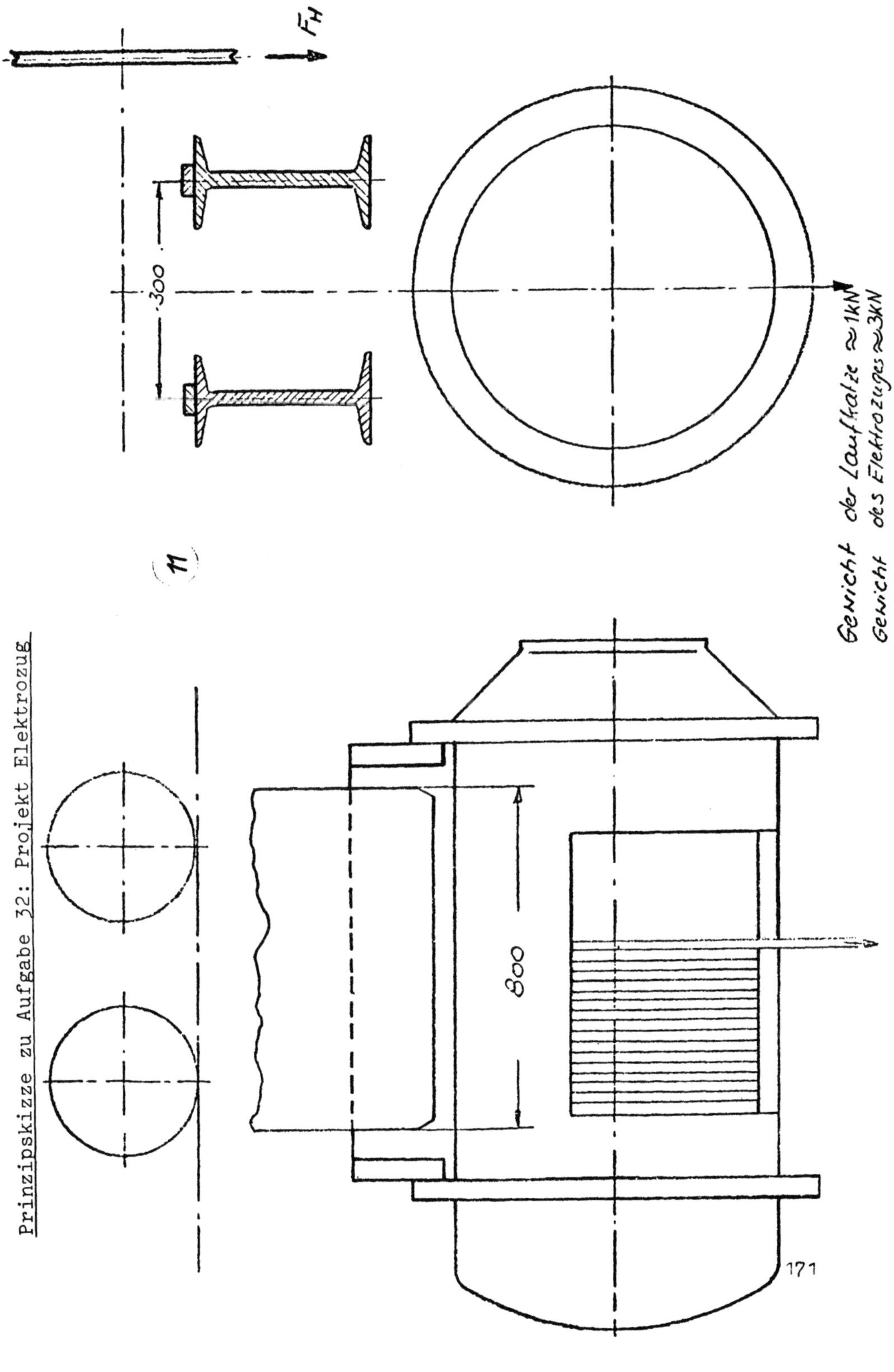

Prinzipskizze zu Aufgabe 32: Projekt Elektrozug

33. (360′) Projekt Stauschütze

Der Antrieb zum Heben und Senken einer Stauschütze, bestehend aus einem selbsthemmenden Schneckengetriebe und einer Zahnstange, ist zu entwerfen.
Die Zahnstangenkraft beträgt 20 kN, die Bewegung soll mit einer Geschwindigkeit von ca. 6m/min erfolgen. Für den Antrieb ist ein Elektromotor mit $n = 720\ min^{-1}$ vorgesehen; die Drehzahl der Ritzelwelle beträgt $n_2 = 20\ min^{-1}$.

33.1. (240′) Konstruieren und Berechnen
33.1.1. Dimensionierung aller Zahntriebe!
33.1.2. Bestimmung der Wälzlagergrößen!
33.1.3. Leistungsbedarf des E-Motors!
33.1.4. Auswahl der Kupplung!

33.2. (120′) Technisches Zeichnen
33.2.1. Konstruieren Sie die Schneckenwelle werkstattgerecht!
33.2.2. Zeichnen Sie ein geteiltes Stehlager mit Lagerbuchse für die Antriebswelle zur Zahnstange (Welle 2)!

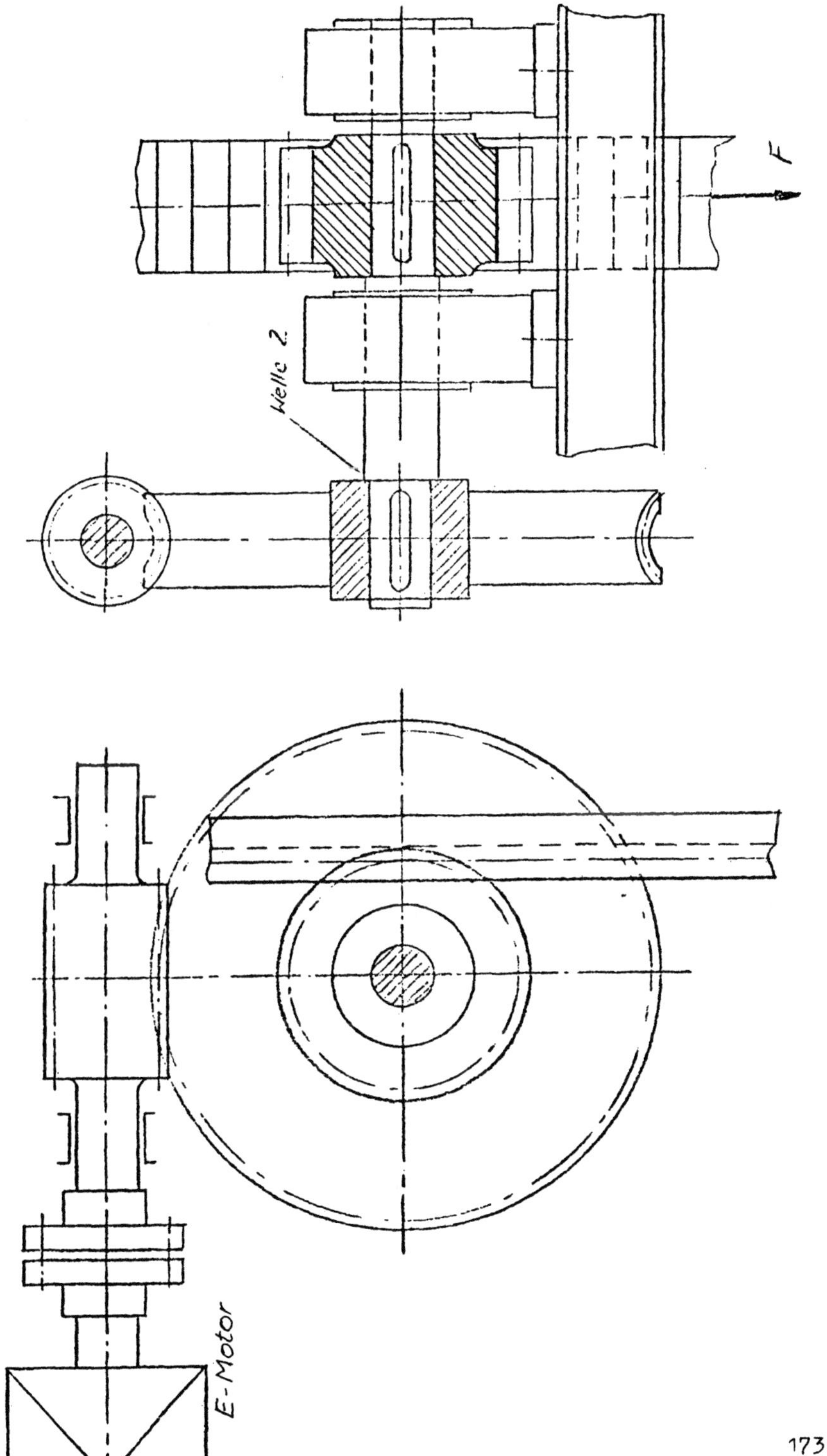

Prinzipskizze zu Aufgabe 33: Projekt Stauschütze (12)

34. (360´) Projekt Zugstangenbrecher

Zugstangen- Backenbrecher werden z.B. als Vorbrecher bei der Aufbereitung von Schotter und Splitt für den Straßenbau verwendet. Das Brechergehäuse ist eine mehrteilig ausgeführte, versteifte Schweißkonstruktion.

Der Antrieb der Schwinge erfolgt über ein Stirnrad- und Keilriemengetriebe auf eine Exzenterwelle. Auf ihr sitzt die Zugstange und bewegt über einen Kniehebel die Brechbacke.

<u>Kenngrößen:</u>	Antriebsleistung	50 kW
	Drehzahl	1440 1/min
	Drehzahl der Exzenterwelle	190 1/min
	Breite des Brechermaules	800 mm
	Exzenterradius	28 mm

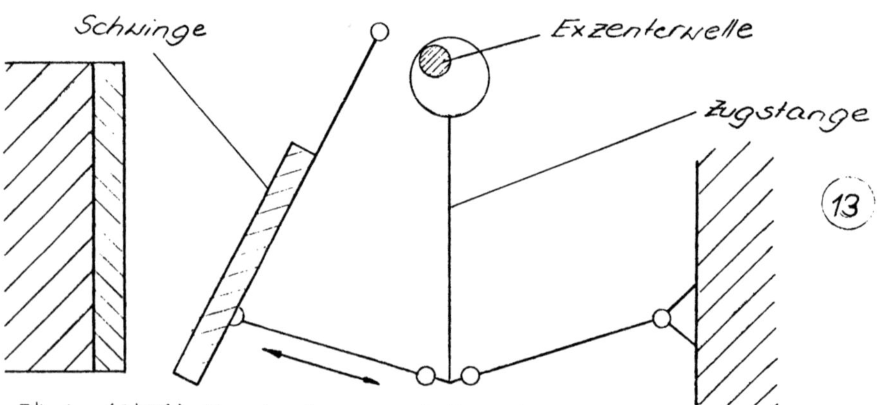

34.1. (240´) Konstruieren und Berechnen

34.1.1. Dimensionierung des Zahn- und Keilriementriebes!

34.1.2. Dimensionierung der Exzenterwelle!

34.1.3. Bestimmung der Wälzlagergrößen!

34.2. (120´) Technisches Zeichnen

Zeichnen Sie die Exzenterwelle werkstattgerecht (Maßstab 1:2,5)!

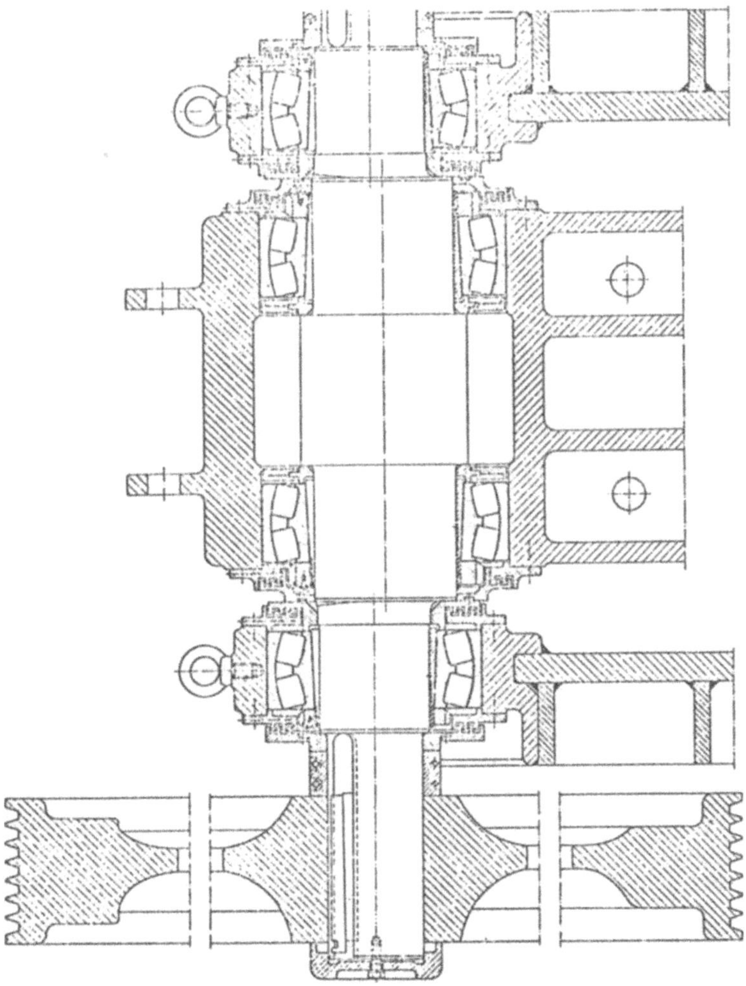

Zusammenbauzeichnung zu Aufgabe 34: Projekt Zugstangenbrecher 14

35. (360') Projekt Lufthammer

Während bei einem Fallhammer das Arbeitsvermögen allein von der potentiellen Energie bestimmt ist, wird bei einem Lufthammer der Bär noch zusätzlich durch Druckluft, die auf den Bärkolben wirkt, beschleunigt.

Von einem Elektromotor wird über Keilriemen und Stirnräder die Kurbelwelle angetrieben. Der Arbeitskolben erzeugt in den Zylinderräumen Über- oder Unterdruck, der durch die Steuerungen über oder unter den Schlagbärkolben geleitet wird. (Anlage)

Kennwerte:	Durchmesser des Bärkolbens	250 mm
	Betriebsdruck	5 bar
	Schlagzahl	130 1/min
	Drehzahl des E-Motors	1440 1/min
	Bärhub	400 mm
	Masse des Schlagbären	500 kg

35.1. (240') Konstruieren und Berechnen

35.1.1. Erstellung einer Prinzipskizze

35.1.2. Berechnung des Arbeitsvermögens des Lufthammers

35.1.3. Dimensionierung des Keilriemengetriebes

35.1.4. Dimensionierung aller Zahnräder

35.1.5. Bestimmung der Wälzlagergrößen

35.1.6. Festlegung der Hauptabmessungen der Kurbelwelle

35.1.7. Leistungsbedarf des E-Motors

35.2. (120') Technisches Zeichnen

35.2.1. Entwurfszeichnung des Kolbens mit Bär

35.2.2. Entwurfszeichnung des Zylinders mit Zylinderdeckel

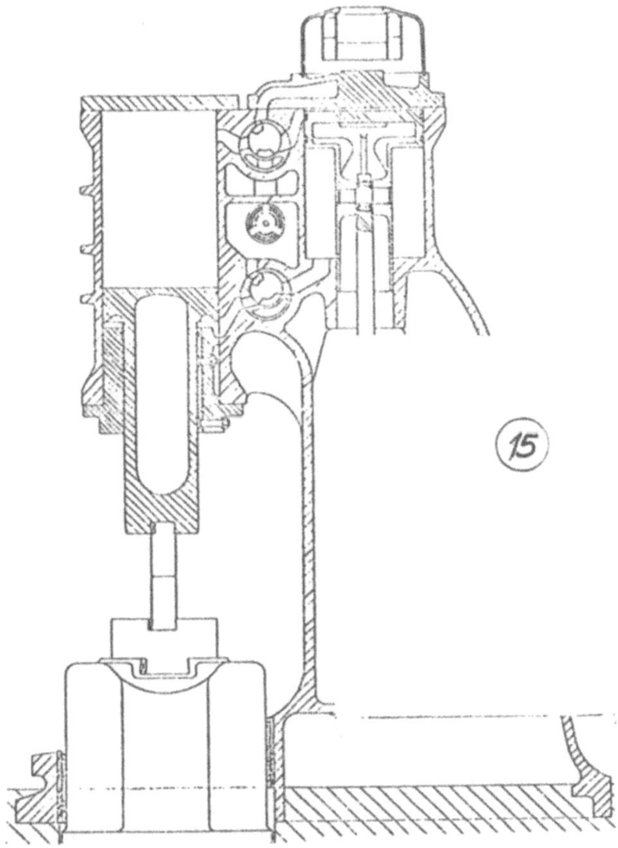

36. (360') Projekt Schwingsieb

Schwingsiebe dienen zum Fördern oder Sortieren von Schüttelgütern. Hierbei wird ein Siebkasten, der auf Lenkern oder Blattfedern gestützt ist, durch schnelle Schwingungen mit kleiner Amplitude vor-aufwärts und zurück-abwärts bewegt. Dadurch wird das auf dem Sieb liegende Schüttgut in eine fließende Bewegung versetzt.

Es soll hier die Schwingsiebbauform mit Exzentertrieb (Zwanglaufantrieb) zugrunde gelegt werden. Von einem Elektromotor wird über Stirnrad- und Keilriemengetriebe die Exzenterwelle angetrieben. Auf ihr sind zwei Schubstangen gelagert, die mit dem Siebkasten verbunden sind und so die Bewegung übertragen.

Kenndaten:			
	Siebkastengewicht	40	kN
	Schwingweg des Siebkastens	22	mm
	Betriebsdrehzahl	380	1/min
	Drehzahl des E-Motors	2800	1/min
	Breite des Siebkastens	2500	mm

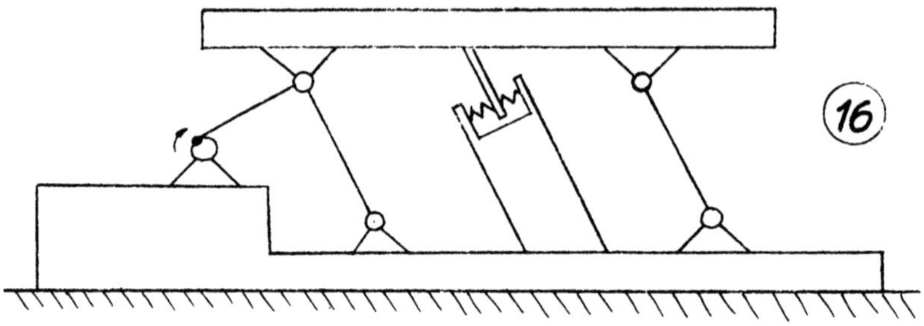

36.1. (240') Konstruieren und Berechnen
36.1.1. Erstellung einer Prinzipskizze
36.1.2. Dimensionierung des Keilriemengetriebes
36.1.3. Dimensionierung des Stirnrädergetriebes
36.1.4. Bestimmung der Hauptabmessungen der Exzenterwelle
36.1.5. Ermittlung der Wälzlagergrößen
36.1.6. Leistungsbedarf des E-Motors

36.2. (120') Technisches Zeichnen
36.2.1. Werkstattzeichnung der Exzenterwelle
36.2.2. Werkstattzeichnung der großen Keilriemenscheibe in Gußausführung

37. (360') Projekt : Keilpresse

Der Keil ist ein für Kraftübersetzungen unter Kraftrichtungsänderung beliebtes Maschinenelement. So gibt es insbesondere für den Karosseriebau zahlreiche der Blechumformung dienende Großwerkzeuge, bei denen ein zu beschneidendes oder umzuformendes Blechteil zumeist in Waagerechtebene aus verschiedenen Richtungen durch von Keiltrieben bewegte Werkzeugschlitten bearbeitet wird. Auch in der Warmverarbeitung sind derartige Keiltriebwerkzeuge in zunehmendem Maße eingesetzt, da diese Bauform neben der sehr geringen Auffederung auch eine hohe Kippsteifigkeit zeigt.

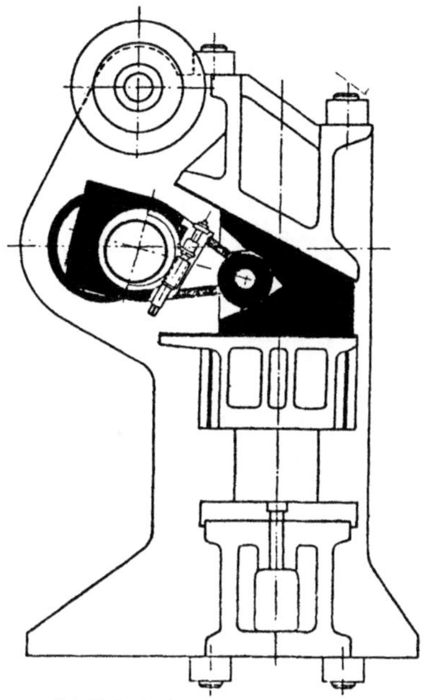

17

Schnitt durch eine Keilpresse

Die Schnittdarstellung zeigt den Antrieb der Presse.
Zur Bewegung des Stößels wird ein breiter Keil mit einem Steigungswinkel von etwa 30° zwischen Ständer und Stößel geschoben und dadurch der Stößel nach unten gedrückt. Der auf der Rückseite der Presse angebrachte Kurbeltrieb besteht aus einer Kurbelwelle und einer Doppeldruckstange als Verbindungsglied zwischen Kurbelwelle und Keil. Der Antrieb der Kurbelwelle erfolgt über Stirnräder und Keilriemen von dem auf dem Kopf der Maschine angebrachten E-Motor.

Kennwerte:	Umformkraft	1000 kN
	max. Hub	60 mm
	Hubzahl	50/min
	Drehzahl des E-Motors	720 1/min
	Stößelabmessungen	560 x 350

37.1. (240´) Konstruieren und Berechnen
37.1.1. Erstellung einer Prinzipskizze
37.1.2. Dimensionierung des Keilriemengetriebes
37.1.3. Dimensionierung des Stirnradgetriebes
37.1.4. Bestimmung der Hauptabmessungen der Kurbelwelle
37.1.5. Ermittlung der Wälzlagergrößen
37.1.6. Leistungsbedarf des E-Motors

37.2. (120´) Technisches Zeichnen
37.2.1. Erstellen Sie eine fertigungsgerechte Detailzeichnung der Kurbelwelle!
37.2.2. Erstellen Sie eine fertigungsgerechte Detailzeichnung des geschweißten Zahnrades!

38. (360´) Projekt: Setzmaschine

Setzmaschinen dienen zum Sortieren von Kohle oder Erz bei großen Durchsatzleistungen und hoher Trennschärfe. Im Prinzip läuft dabei folgender Vorgang ab:

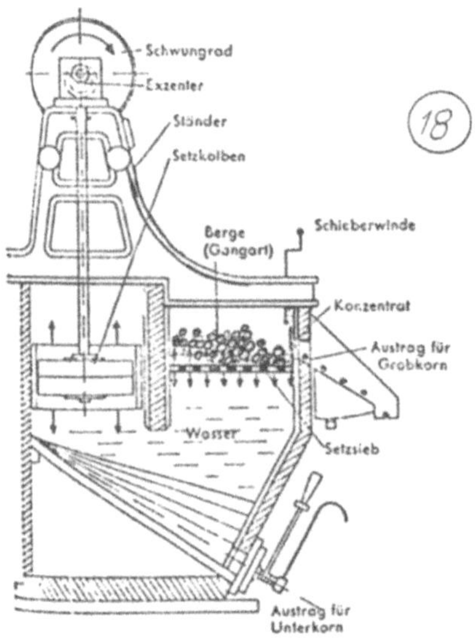

Kolbensetzmaschine

Das geförderte Gut wird zunächst durch Brecher auf eine bestimmte Körnung zerkleinert und anschließend in der "Wäsche" über Setzmaschinen geleitet. Wie aus der Darstellung ersichtlich, erfolgt der Trennungsvorgang durch die unterschiedlichen γ-Gewichte der Bestandteile des Fördergutes, in diesem Falle des Eisenerzes. Das auf dem Siebrost aufgegebene Fördergut wird durch die vom Setzkolben hervorgerufene Wasserbewegung in Berge (Gangart) und Erz getrennt, wobei mindestens zwei solcher Siebrahmen hintereinander geschaltet sind, die Berge also auch eine Längsbewegung über die Siebe durchführen und so in einem kontinuierlichen Ablauf am Ende abgezogen werden, während seitlich an den Rahmen der Austrag für das Erz (Grobkorn) erfolgt. Der Antrieb der beiden Kolben soll über eine Exzenterwelle sowie Keilriemen- und Stirnradgetriebe von einem E-Motor aus erfolgen.

<u>Kennwerte:</u>	Abmessungen des Setzsiebrahmens	1500 x 3000
	Höhe des eingegebenen Gutes auf dem Siebrahmen	100 mm
	Anzahl der Hübe	100/min
	Hubhöhe	120 mm
	Drehzahl des E-Motors	960 1/min

38.1. (240') Konstruieren und Berechnen

38.1.1. Erstellen Sie eine Prinzipskizze des Antriebes!

38.1.2. Ermitteln Sie den Leistungsbedarf des E-Motors!

38.1.3. Dimensionieren Sie den Keilriementrieb!

38.1.4. Dimensionieren Sie die Stirnräder!

38.1.5. Bestimmen Sie die Abmessungen der Exzenterwelle!

38.1.6. Berechnen Sie die Lagerungen!

38.2. (120') Technisches Zeichnen

Erstellen Sie eine fertigungsgerechte Detailzeichnung des Oberteils eines Stehlagergehäuses (Hauptabmessungen nach Tabelle der Anlage)!

Anlage zu Aufgabe 38: Projekt Setzmaschine (19)

FAG Stehlagergehäuse

für Wälzlager der Durchmesserreihe 2
mit kegeliger Bohrung und Spannhülse

Reihe SN 5 DIN 736

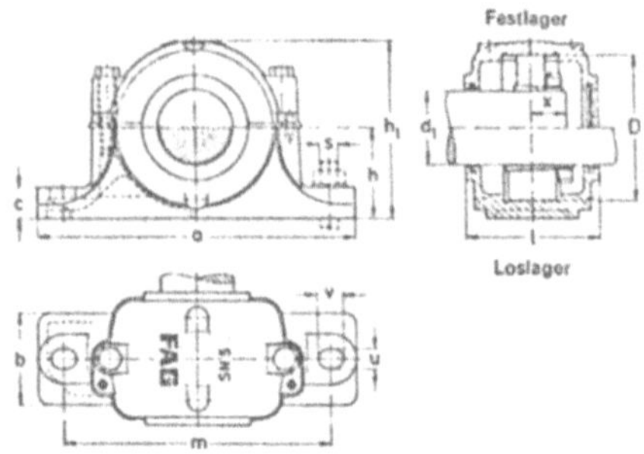

Abmessungen · Gewicht

Kurzzeichen Gehäuse ohne Lager	Abmessungen d_1	D	h	h_1 ≈	l	a ≈	b ≈	c ≈	m	u	v	Befestigungsschrauben s Metrisch	s Zoll
	mm												
SN 505	20	52	40	75 (74)	67	165 (170)	46	19 (18)	130	15	20	M 12	1/2"
SN 506	25	62	50	90	77	185 (190)	52	22	150	15	20	M 12	1/2"
SN 507	30	72	50	95	82	185 (190)	52	22	150	15	20	M 12	1/2"
SN 508	35	80	60	110	85 (90)	205 (210)	60	25	170	15	20	M 12	1/2"
SN 509	40	85	60	110 (112,5)	85 (90)	205 (210)	60	25	170	15	20	M 12	1/2"
SN 510	45	90	60	115 (116)	90 (95)	205 (210)	60	25	170	15	20	M 12	1/2"
SN 511	50	100	70	130 (133)	95 (105)	255 (270)	70	28	210	18	23	M 16	5/8"
SN 512	55	110	70	135 (138)	105 (115)	255 (270)	70	30	210	18	23	M 16	5/8"
SN 513	60	120	80	150 (154)	110 (120)	275 (290)	80	30	230	18	23	M 16	5/8"
SN 515	65	130	80	155 (160)	115 (125)	280 (290)	80	30	230	18	23	M 16	5/8"
SN 516	70	140	95	175 (180)	120 (130)	315 (330)	90	32	260	22	27	M 20	3/4"
SN 517	75	150	95	185 (186)	125 (130)	320 (330)	90	32	260	22	27	M 20	3/4"
SN 518	80	160	100	195 (197)	145 (140)	345 (360)	100	35	290	22	27	M 20	3/4"
SN 519	85	170	112	210 (215)	140 (145)	345 (360)	100	35	290	22	27	M 20	3/4"
SN 520	90	180	112	215 (220)	160 (155)	380 (400)	110	40	320	26	32	M 24 (M 22)	7/8"
SN 522	100	200	125	240 (244)	175 (170)	410 (420)	120	45	350	26	32	M 24 (M 22)	7/8"
SN 524	110	215	140	315 (267)	185 (175)	410 (420)	120	45	350	26	32	M 24 (M 22)	7/8"
SN 526	115	230	150	335 (286)	190 (175)	445 (450)	130	50	380	28	35	M 24 (M 27)	1"
SN 528	125	250	150	350 (298)	205 (185)	500 (510)	150	60	420	35	42	M 30	1 1/4" (1 1/8")
SN 530	135	270	160	370 (318)	220 (200)	530 (540)	160	60	450	35	42	M 30	1 1/4" (1 1/8")
SN 532	140	290	170	390 (341)	235 (210)	550 (560)	160	60	470	35	42	M 30	1 1/4" (1 1/8")

Literatur zu Konstruieren und Berechnen - Techn. Zeichnen

für die Hand des Lehrenden und Lernenden

- Roloff/Matek, Maschinenelemente, Vieweg Verlag, Braunschweig
- Böge, Techniker - Handbuch, Vieweg Verlag, Braunschweig

- DIN 3 - 323 - 7150 - 1912 - 4100 - 8558 - 997 - 998 - 1050 - 15018 - 13 - 267 - 2089 - 2091 - 2092 - 2097 - 7190 - 622 - 1850 - 17223

- VDI - Richtlinien 2230 - 2204
- FAG - SKF - Lagerkataloge, Schweinfurt
- Ingenieur Dienst der Fa. Bauer u. Schaurte, Neuß - Rhein

Hans - Günther Varnhagen

T e i l 2

L Ö S U N G E N

zur

A u f g a b e n s a m m l u n g

- Wirtschafts- und Betriebslehre
- Meß- und Prüftechnik, Steuerungs- und Regelungstechnik
- Fertigungstechnik
- Strömungs- und Kolbenmaschinen
- Hebe- und Fördertechnik
- Konstruieren und Berechnen - Technisches Zeichnen

Lösumgen zu WL

Lösungen zu K A P I T E L I : Wirtschaftslehre

1. (7´) Zahlungsverkehr : 6 Pkte

1.1. Vorteile für den einzelnen:

1.1.1. kein Zählen und Befördern,

1.1.2. kein Verlust durch Falschgeld,

3 1.1.3. kein Verlust durch Feuer oder Diebstahl, Geld liegt bei der Bank sicher,

1.1.4. Zahlung erfolgt schnell, bequem und sicher,

1.1.5. kleiner Zinsgewinn (Girokonto).

1.2. Vorteile für die Gemeinschaft:

1.2.1. Geld strömt an wenigen Stellen zusammen, daher gute
3 Übersicht über die Gesamtwirtschaftslage,

1.2.2. ungenütztes Geld kann der Wirtschaft zufließen,

1.2.3. durch schnellen Zahlungsausgleich Belebung der Wirtschaft,

1.2.4. niedriger Zinsfuß für Kredite,

1.2.5. wenig Geldtransporte.

2. (9´) Zahlungsverkehr : 6 Pkte

2.1. Mit Hilfe eines Girokontos können durchgeführt werden:
Gutschriften und Lastschriften, wie Überweisung von Löhnen
3 und Gehältern; bargeldlose Überweisungen, Scheckausstellungen; durch Überweisungsaufträge Zahlungen leisten; die Veränderungen des Kontostandes werden den Bankkunden durch Kontoauszüge mitgeteilt.

2.2. Vorteil:
3 Zinssätze für Sparkonten liegen bedeutend über den Zinssätzen für Guthaben auf Girokonten.

Nachteil:
Das Sparguthaben ist nur bedingt zugängig.

3.(9´) Zahlungsverkehr : 6 Pkte

1 3.1. Voraussetzung für die Erlangung eines Kredites ist die Kreditwürdigkeit.

Lösungen zu WL

	langfristig	kurzfristig
Dauer	5 - 30 Jahre	unter einem Jahr
Sicherheiten	Pfandrecht an beweglichen Sachen o. Grundstücken (Hypothek, Grundschuld)	Kreditwürdigkeit, Selbstschuldnerische Bürgschaft, Ausfallbürgschaft, Abtretungsvertrag

2

3.2. Kosten des Kreditnehmers: Bearbeitungsgebühr, Provisionen, jährliche Zinsen
Aufgabe einer gesunden Wirtschaftspolitik ist es, eine zu starke Kreditschöpfung, bei welchem der Zahlungsmittelumlauf im Verhältnis zum Güterumlauf zu hoch ist, zu vermeiden. 3
Diese Regelung obliegt in der Bundesrepublik Deutschland der Deutschen Bundesbank, die als Zentralnotenbank ihre Diskontpolitik danach einrichtet und notfalls zur Kreditrestriktion schreitet. Zu dieser Sicherung gehören Mindestreserven, die von den Kreditinstituten bei der Deutschen Bundesbank zu halten sind.

4. (5') Bedarf-Bedürfnisse : 4 Pkte
Je höher der Preis, desto geringer die Nachfrage. 2
Je niedriger der Preis, desto höher die Nachfrage. 2

5. (5') Bedarf-Bedürfnisse : 6 Pkte
- von den Bedürfnissen 1,5
- von der Konsumsumme 1,5
- vom Preis des nachgefragten Gutes 1,5
- von den Preisen anderer Konsumgüter 1,5

6. (5') Bedarf-Bedürfnisse : 4 Pkte
- vom Preis dieses Gutes 2
- von den Preisen anderer Güter 1
- von allen Haushaltseinkommen 1

7. (5') Bedarf-Bedürfnisse : 4 Pkte
- weil es an der erforderlichen Kaufkraft mangeln kann 2
- weil es auch außerökonomische Bedürfnisse gibt 1

1 - weil Bedürfnisse durch Eigenproduktion befriedigt werden können.

8. (12´) Produktionsfaktoren : 8 Pkte

1 - Erschließung neuer Rohstoffquellen
1 - Stärkere Wiederverwendung bereits genutzter Stoffe
1 - Ersatz seltener durch häufiger vorkommende Stoffe
1 - Bessere Ausnutzung der Stoffe
1 - Erschließung neuer Siedlungs- und Anbauflächen
1 - Anpassung der Landwirtschaftstechnik in den weniger entwickelten Ländern an den neuesten Stand
1 - Gewinnung von Nahrungsmitteln aus dem Meer
1 - Geburtenkontrolle

9. (10´) Wirtschaftskreislauf : 4 Pkte

2 9.1. Minimalprinzip: eine vorgegebene Leistung mit geringstmöglichem Aufwand an Mitteln zu erzielen
2 9.2. Maximalprinzip: mit vorgegebenen Mitteln ein Höchstmaß an Leistung zu erzielen.

10. (9´) Wirtschaftskreislauf : 4 Pkte

1 - Güter gewinnen
1 - Güter bearbeiten bzw. verarbeiten
1 - Güter verteilen
1 - Güter verbrauchen

11. (7´) Wirtschaftskreislauf : 8 Pkte

8 Faktoren die die Nachfrage lenken sind:
die technische Entwicklung, die Ernährungsgewohnheiten, der Lebensstandard und der gesellschaftliche Status, das Preisgefüge und die Preisentwicklung, die Mode und der Nachahmungstrieb, religiöse und geistige Auffassungen sowie Moralvorstellungen, die Erreichbarkeit zusätzlicher Güter aus dem Ausland, staatliche Maßnahmen.

12. (7´) Wirtschaftskreislauf : 8 Pkte

3 - weil die Betriebe meist bereits die Kapazitätsgrenze der

Produktion erreicht haben
- weil sich der Expansionsprozeß nur in einer allgemeinen Preissteigerung niederschlägt — 3
- weil der Arbeitsmarkt keine Reserven mehr hat — 2

13. (7´) Wirtschaftskreislauf : 5 Pkte
- durch investieren ohne zu sparen — 1
- durch sparen ohne zu investieren — 1
- durch entsparen und investieren — 1
- durch staatlich ausgelöste Geldmengenvermehrung — 1
- durch physische Vernichtung von Geldzeichen — 1

14. (9´) Wirtschaftskreislauf : 10 Pkte
die Höhe des Volkseinkommens, die Preisentwicklung, die Stellung des einzelnen in der Einkommenspyramide; die Bedingungen, unter denen Konsumentenkredite aufgenommen werden können; die Lage auf dem Arbeitsmarkt. — 2 / 2 / 2 / 2 / 2

15. (9´) Wirtschaftskreislauf : 10 Pkte
Produktion; Einkommenserzielung und -verwendung; Vermögensbildung; Beziehung zum Ausland. — 2 / 3 / 3 / 2

16. (5´) Sozialprodukt : 5 Pkte
Das Sozialprodukt ist die jährliche Güterproduktion (Wertschöpfung) einer Volkswirtschaft. — 3
Es wird ermittelt durch Addition aller produktiven Leistungen am Ende eines Jahres. — 2

17. (7´) Sozialprodukt : 8 Pkte
- von der Leistungsfähigkeit der Menschen — 2
- von den Möglichkeiten der Landnutzung — 2
- vom technischen Wissen — 2
- vom technischen Stand des Produktionsmittelapparates — 2

18. (7´) Sozialprodukt : 5 Pkte
- das Arbeitskräftepotential einer Volkswirtschaft — 1
- das Rentenalter — 1
- die Ausstattung einer Volkswirtschaft mit Produktionsmitteln — 1
- der Stand des technischen Wissens — 1

1 - die Wirtschaftsordnung

19. (12') Preisindex - Lebenshaltungsindex : 10 Pkte

Der Preisindex für die Lebenshaltung wird ermittelt aus den
Preisen der Waren und Dienstleistungen, die für den durch-
2 schnittlichen privaten Haushalt wichtig sind. Grundlage für
den Preisindex ist der sog. Warenkorb, d.h. die Liste aller
Güter und Dienstleistungen mit den in Frage kommenden Mengen,
2 die ein solcher Durchschnittshaushalt in Monat verbraucht.
Der Inhalt wird mit den Preisen eines Basisjahres bewertet.
Später wird der gleiche Warenkorb mit den Preisen der Folge-
jahre bewertet. Daraus gewinnt man die Aussage, daß z.B. die
2 Lebenshaltung von 1962 bis 1964 von 100 auf 105,4 gestiegen
ist. Der Index ist daher kein absolutes Maß, sondern zeigt le-
diglich die Veränderung der Preise in ihrer Gesamtheit. Die
2 Problematik liegt in den fortschreitenden Veränderungen der
Verbrauchsgewohnheiten, den sich ändernden Qualitäten und
der fehlenden Berücksichtigung der individuellen Haushalts-
2 lage; unter Umständen ist der Warenkorb eines Basisjahres
schon nach kurzer Zeit für die Verbrauchsgewohnheiten nicht
mehr repräsentativ.

20. (9') Volkseinkommen : 5 Pkte

1 - an Streikdrohungen
1 - an den Bemühungen von Beamtengruppen um das Streikrecht
1 - an Streiks und Aussperrungen
1 - an vergeblichen Schlichtungsbemühungen
1 - an Lohnkompromissen

21. (12') Störungen im Wirtschaftskreislauf : 10 Pkte

2 - Übereilte Entscheidungen und Fehlinvestitionen durch "Flucht in die Sachwerte"
2 - Enteignung der Sparer durch Absinken des Geldwertes
2 - Entlastung der Schuldner und Vermögensverluste bei den Gläubigern
2 - Förderung von Spekulationen und Umschichtung von Vermögen
2 - Umlenkung des Nachfrageüberhanges auf das Ausland, Abschirmung des Auslandes durch Exporteinschränkung o. Geldaufwertung.

22. (12') Störungen im Wirtschaftskreislauf - Bundesbank: 8Pkte

Die Bundesregierung greift gestaltend in den Wirtschaftskreislauf ein:

- Förderung des Wettbewerbs; 2
- Förderung wenig entwickelter Gebiete; 2
- soziale Maßnahmen; 2
- Senkung des Diskontsatzes durch die Bundesbank und s. A.35, A.37 2

23. (7') Störungen im Wirtschaftskreislauf : 5 Pkte

- Überproduktion 1
- Steuererhöhungen und Stillegung zusätzlicher Steuereinnahmen 1
- Kreditrestriktionen 1
- Einkommenssenkungen bei konstanter Produktion 1
- Überhöhtes Sparen 1

24. (7') Störungen im Wirtschaftskreislauf : 5 Pkte

- an "schwarzen Märkten" 1
- an Stopp-Preisen 1
- an Bezugscheinen 1
- an vollen Kassen 1
- an hohen Bankguthaben 1

25. (7') Störungen im Wirtschaftskreislauf : 4 Pkte

- Besserung der Arbeitsmoral 1
- Ausscheiden kostenungünstiger Grenzbetriebe 1
- Umstrukturierung der produktiven Kräfte nach wirtschaftlichen Gesichtspunkten 2

26. (9') Störungen im Wirtschaftskreislauf-Bundesbank : 8 Pkte

- zwar kann sie die umlaufende Geldmenge regulieren, aber nicht die Umlaufgeschwindigkeit des Geldes; 2
- sie kann bei günstigem Zins die Unternehmer nicht zwingen, Investitionskredite aufzunehmen; 2
- sie kann nicht verhindern, daß bei hohem Inlandzins ausländische Geldgeber Kapital im Inland anlegen; 2
- sie hat keinen Einfluß auf die Tarifpolitik der Sozialpartner 1

| 1 | - sie kann nicht sicher sein, ob ihre Maßnahmen mit den Maßnahmen der Bundesregierung in Einklang stehen.

27. (12') Störungen im Wirtschaftskreislauf-Bundesbank : 12 Pkte

3 | 27.1. Diskontpolitik (Wechselzinsen)
Diskontsatzsenkung - Erhöhung der Kreditnachfrage
Diskontsatzerhöhung - Dämpfung der Kreditnachfrage

3 | 27.2. Lombardpolitik (Beleihung von Wertpapieren)
Lombardsatzsenkung - Erhöhung der Kreditnachfrage
Lombardsatzerhöhung - Dämpfung der Kreditnachfrage

3 | 27.3. Offenmarktpolitik (An- und Verkauf von Wertpapieren durch die Bundesbank)
Ankauf - Geld strömt in die Wirtschaft
Verkauf - Geld wird der Wirtschaft entzogen

3 | 27.4. Mindestreservenpolitik (Zinsloses Guthaben der Banken bei der Notenbank)
Senkung- Erhöhung des Kreditangebots
Erhöhung - Senkung des Kreditangebots

28. (9') Konjunktur-Zyklus : 6 Pkte

4 | Die Konjunktur ist eine zyklische Wirtschaftsschwankung, ein Auf und Ab ohne Regelmäßigkeit.
2 | Der Konjunkturzyklus ist die Dauer einer Konjunktur.

29. (12') Störungen im Wirtschaftskreislauf : 6 Pkte

2 | - die Produktivität übersteigende Lohn- und Kapitalkosten;
2 | - überhöhte Staatsausgaben;
2 | - überhöhte Investitionen.

30. (12') Störungen im Wirtschaftskreislauf : 5 Pkte

1 | - Die Gewinne gehen zunächst weiter zurück.
1 | - Das Lohnniveau steigt weiter an.
1 | - Das Preisniveau erhöht sich weiter.
1 | - Die Vollbeschäftigung bleibt erhalten (von einigen besonders konjunkturempfindlichen Wirtschaftszweigen abgesehen).
1 | - Eine rigorose Geldmengenpolitik treibt den Zinssatz hoch.

Lösungen zu WL

31. (7') Deutsche Bundesbank : 4 Pkte

Die Notenbank oder Deutsche Bundesbank hat folgende Aufgaben:

- sie allein hat das Recht Banknoten auszugeben; 1
- sie soll den inneren und äußeren Geldwert überwachen; 1
- sie regelt die umlaufende Geldmenge in Abhängigkeit zur jeweils vorhandenen Gütermenge und zum jeweiligen Preisstand. 2

32. (9') Deutsche Bundesbank : 5 Pkte

- die Diskontpolitik, 1
- die Offenmarktpolitik, 1
- die Lombardpolitik, 1
- die Mindestreservenpolitik, 1
- die Kurssicherungspolitik. 1

33. (7') Währung : 9 Pkte

Unter dem Begriff "Währung" versteht man:

- alle Rechtsvorschriften, die das Geldwesen ordnen; 3
- die jeweils im Land gesetzlich gültige Währung (DM, Dollar); 3
- die Art, wie Geld formal gesichert ist. 3

34. (9') Währung : 6 Pkte

- Der Binnenwert (innerer Wert) ist die Tausch- bzw. Kaufkraft des Geldes im Inland. 3
- Der Außenwert ist das Austauschverhältnis einer nationalen Währung gegenüber ausländischen Währungen (Kurswert). 3

35. (12') Konjunkturpolitik : 9 Pkte

Zu den nicht-monetären Mitteln der Bundesregierung gehören:

- Maßnahmen der Fiskalpolitik; 2
- psychologische Maßnahmen (Verbraucheraufklärung, Maßhalteappelle); 2
- Lohn- und Preispolitik. 2

Sie haben die Aufgabe, die monetären Maßnahmen der Konjunkturpolitik zu unterstützen, zu ergänzen und eventuell auch abzumildern. 3

36. (9') Bundesbank - Wirtschaftliche Entwicklung : 5 Pkte

2 - Diskontpolitik = Verteuerung bzw. Verbilligung des Diskontkredites

1 - Mindestreservenpolitik = Herauf- bzw. Herabsetzen der Mindestreserven

1 - Offenmarktpolitik = An- oder Verkauf von Wertpapieren

1 - Lombardpolitik = Beleihung festverzinslicher Wertpapiere

37. (9') Bundesregierung - Konjunktur : 9Pkte

Die Bundesregierung kann:

2 - einen Konjunkturzuschlag erheben;

2 - die Staatsausgaben beschränken;

2 - die Kreditaufnahme beschränken;

2 - Steuererhöhungen beschließen;

1 - Abschreibungsmöglichkeiten einschränken.

38. (9') Währung : 8 Pkte

3 Der Außenwert der Währung (Wechselkurs) wird von der Regierung angehoben (1961, 1976 in der BRD). Verzichten andere Länder auf eine Aufwertung, dann wirkt die Aufwertung einfuhrverbilligend (auch einfuhrsteigernd) und ausfuhrverteuernd und damit ausfuhrreduzierend (Verluste ausländischer Marktanteile).

3 Unter Voraussetzung der Aufrechterhaltung der Preisniveaustabilität dient die Aufwertung der Beseitigung fortwährender Zahlungsbilanzüberschüsse.

2 Aufwertungen stellen keine Währungsreform dar wie dies z.B. die Ausfuhrumsatzsteuer von 1968 ("Quasiaufwertung") oder die Anhebung des Diskontsatzes bewirken.

39. (5') Geldwert : 4 Pkte

2 - Abhängigkeit vom gesamten Angebot an Gütern und Dienstleistungen einer Volkswirtschaft;

2 - Abhängigkeit von der Geldmenge, die als mögliche Gesamtnachfrage diesem Angebot gegenübersteht.

40. (12') Wirtschaftskreislauf : 6 Pkte

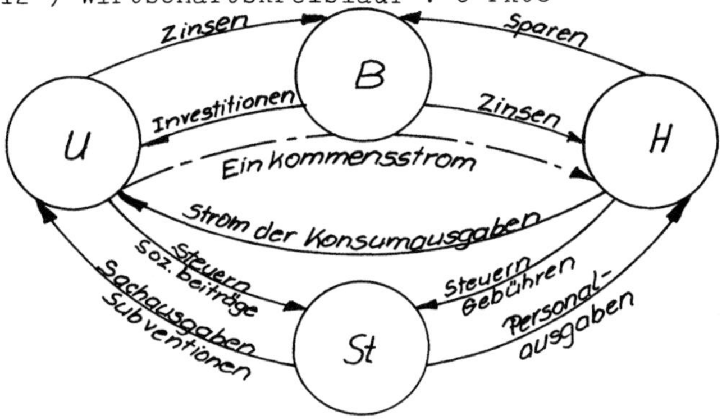

6

41. (9') Wirtschaftskreislauf : 10 Pkte

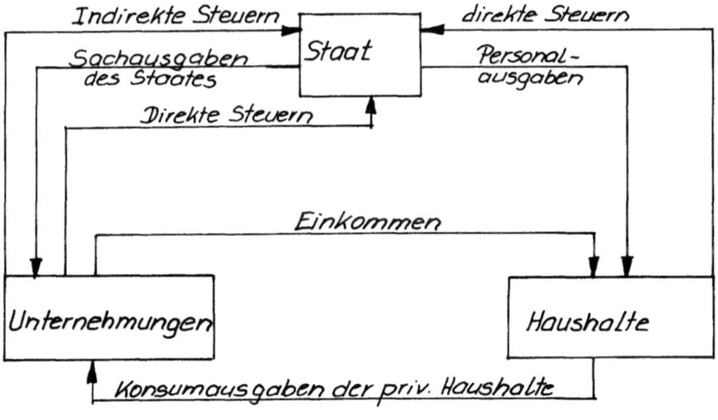

4
2
2
2

42. (12') Notenbank - Wirtschaftskreislauf : 26 Pkte

Die Notenbank kann die Geldmenge als Nachfrage beeinflussen durch die Diskontpolitik, die Offenmarktpolitik und die Mindestreservenpolitik. Diskontpolitik bedeutet das Hinauf- oder Herabsetzen des Diskontsatzes (Zinssatz für Wechsel, die von der Notenbank angekauft werden können) und damit Erschweren oder Erleichtern der Wechselkreditaufnahme durch die Wirtschaft. Bei der Offenmarktpolitik tritt die Notenbank als Verkäufer

2
3
4

2 oder Käufer von Wertpapieren auf und entzieht so der Volkswirtschaft Geld oder versorgt sie mit Geld. Bei der Mindestreservenpolitik müssen die Geschäftsbanken einen Teil der bei ihnen
1 vorhandenen Sichtguthaben in Stückgeld bei der Notenbank unver-
5 zinslich hinterlegen. Hiermit wird die Buchgeldschöpfung der Geschäftsbanken erschwert bzw. erleichtert, je nachdem ob die Mindestreserve erhöht oder erniedrigt wird.
Die Notenbank hat keinen Einfluß auf die Umlaufgeschwindigkeit
3 des Geldes. Sie kann zwar die Liquidität der Geschäftsbanken verbessern, die Unternehmer aber nicht zwingen, dann auch Investitionskredite aufzunehmen. Sie hat keinen Einfluß auf die
3 Lohnpolitik der Sozialpartner und damit auf die Masseneinkommen. Sie kann nicht verhindern, daß bei knappem Geld und damit hohem Zins ausländische Kreditgeber ihr Geld im Inland anlegen. Sie
3 ist nicht sicher, ob ihr Bemühen um einen stabilen Geldwert mit anderen, gesamtwirtschaftlich ebenfalls wichtigen Zielen der Regierungspolitik in Konflikt gerät.

43. (5') Notenbank : 5 Pkte

5 siehe Aufgabe 32

44. (7') Konjunktur - Bundesbank : 5 Pkte

2 - Senkung des Diskontsatzes : Erweiterung der umlaufenden Geldmenge;

2 - Mindestreservenpolitik : Senkung des Mindestreservesatzes der Kreditanstalten;

1 - Offenmarktpolitik : durch Ankauf von Wertpapieren durch die Bundesbank fließt Geld in die Wirtschaft.

45. (9') Preisbindung : 5 Pkte

1 Die Nachfrage - Elastizität vorausgesetzt - wird ausgeweitet, das Angebot geht zurück: das Ungleichgewicht wird vergrößert.

1 Nachfrage verlagert sich auf andere Märkte.

1 An die Stelle des funktionsfähigen Marktes treten "schwarze Märkte" und "graue Märkte".

1 Um größere Angebots-/Nachfrageverzerrungen zu vermeiden, ist der Staat gezwungen, andere Güter in die Preisbindung mit einzubeziehen.

Die zunehmende Ausschaltung des Preises als Verteilungsinstrument erzwingt als Ersatz ein Mengenzuteilungssystem (Rationierung). 1

46. (9') Kosten - Preis : 12 Pkte

Absolut fixe Kosten, auch "Bereitschaftskosten" genannt, sind nicht nutzungsabhängig, sondern zeitabhängig. Sie entstehen: 5

- vor der Produktionsaufnahme,
- während einer Produktionspause (Streik, Betriebsferien),
- nach der Produktionseinstellung.

Beispiele: Kapitalverzinsung, Pflege-und Verwaltungsarbeiten während eines Streiks, Verwaltungsaufgaben. 2

Relativ fixe Kosten treten erst nach Aufnahme der Produktion auf. Es sind dies Kosten, die nur innerhalb einer bestimmten Kapazität konstant sind. Wird die Kapazitätsgrenze überschritten, so gehen sie sprunghaft in die Höhe, daher auch "sprungfixe Kosten" ! 5

47. (7') Preis : 5 Pkte

- Er zeigt die Knappheitsverhältnisse an. 1
- Er erzieht Anbieter und Nachfrager zu ökonomischem Verhalten. 1
- Er lenkt die Produktionsfaktoren zum rentabelsten Einsatz. 1
- Er stimmt Güterproduktion und Güterverbrauch unauffällig aufeinander ab. 1
- Er schaltet die leistungsschwachen Unternehmen vom Wettbewerb aus. 1

48. (7') Marktgleichgewicht : 5 Pkte

- angebotene Menge = nachgefragte Menge 1
- Angebotspreis = Nachfragepreis 1
- im Schnittpunkt von Angebots- und Nachfragekurve sind die Angebots- und Nachfragemengenüberschüsse = 0 1
- zum Gleichgewichtspreis ist der Umsatz am größten (räumt den Markt) 1
- der Gleichgewichtspreis ist ein marktgerechter Preis. 1

Lösungen zu WL

49. (9') Preis - Angebot - Nachfrage : 7 Pkte

4 Ist der Gleichgewichtspreis p^* geltender Marktpreis, kommen alle Nachfrager und Anbieter zum Zuge und keiner hat Veranlassung, einen anderen zu über- oder unterbieten.
3 Der Preis "tendiert" also weder nach oben noch nach unten, sondern er bleibt auf seinem Niveau p^* stehen.

50. (7') Werbung : 9 Pkte

3 Die Werbung soll den Verbraucher über das vorhandene Warenangebot informieren (Preise, Qualitäten); dadurch hilft sie ihm, sich wirtschaftlich richtig zu verhalten.
1,5 Sie schadet ihm, <u>wenn</u> sie an geheime Wünsche oder Ängste appelliert und rationale Überlegungen überspielt;
1,5 <u>wenn</u> sie die Ware mit etwas wertvollem Schönem, allgemein Anerkanntem verknüpft, das in Wahrheit mit dem Produkt nichts zu tun hat;
1,5 <u>wenn</u> sie ein Produkt mit berühmten, begehrten, beneideten Personen verknüpft;
1,5 <u>wenn</u> sie an den Konformismus appelliert; wenn sie Halbwahrheiten sagt.

51. (7') Preis - Verbraucher : 3 Pkte

1,5 - um der Abwanderung von Kunden beim Überwechseln in andere Preisklassen zu begegnen;
1,5 - um den Gesamtgewinn zu erhöhen.

52. (12') Marktwirtschaft : 15 Pkte

10 52.1. Allg. politische Ziele:
Friede, Freiheit, Sicherheit, Wohlstand
Wirtsch.-politische Ziele:
Vollbeschäftigung, Preisniveaustabilität, Wachstum, außenwirtschaftliches Gleichgewicht
Sozialpolitische Ziele:
Mitbestimmung, soziale Sicherheit, gerechte Einkommens- und Vermögensverteilung, Chancengleichheit

5 52.2. ergibt sich aus Aufgabe 52.1. und Aufgabe 16

53. (9') Soziale Marktwirtschaft : 6 Pkte

1,5 - der Wettbewerb ist unvollkommen;

- der Wirtschaftsprozeß ist konjunkturanfällig; 1,5
- das Produktivvermögen ist wenig gestreut; 1,5
- die Werbung manipuliert den Verbraucher. 1,5

54. (12') Zentralverwaltungswirtschaft : 10 Pkte

In der Zentralverwaltungswirtschaft bestimmt eine zentrale Instanz, welche wirtschaftlichen Ziele verwirklicht werden sollen. (1,5) Sie stellt durch den Gesamtplan sicher, daß die verfügbaren Produktionsfaktoren auf diese Ziele gelenkt werden. (2) Alle notwendigen Einzelpläne müssen dem Gesamtplan ein- und untergeordnet werden. Die Zentralinstanz muß den künftigen Bedarf an Gütern und Diensten abschätzen und festsetzen. Auf diese Weise, sowie mit Hilfe ihres Überblicks über Bestände und Lager, gelangt sie zur Abschätzung der Knappheitsgrade. (3) Die Preise werden in Abhängigkeit von den Planzielen und den Knappheitsgraden festgesetzt. (1,5)

Voraussetzung für eine solche zentrale Lenkung des Wirtschaftsprozesses ist eine starke politische Befehlsgewalt, die zumindest über die wichtigsten Kapitalgüter verfügt und in der Lage ist, den Planvollzug zu erzwingen. (2)

55. (9') Zentralverwaltungswirtschaft : 5 Pkte

- höherer Leistungseffekt als die Marktwirtschaft; 1
- gerechtere Güterverteilung; 1
- keine Wirtschaftsschwankungen; 1
- keine Ausbeutung; 1
- Preisstabilität. 1

56. (9') Reine Marktwirtschaft : 6 Pkte

- dezentrale Willensbildung und Planung (individueller Bedarf); 2
- freier, ungehinderter Wettbewerb; 2
- einzelwirtschaftliche Nutzenmaximierung als Ziel. 2

57. (9') Wirtschaftsformen : 5 Pkte

- das Problem der Knappheitsminderung; 1
- das Problem der Leistung; 1
- das Problem der Verteilung der Lasten und Erträge des arbeitsteiligen Wirtschaftens; 1

1 - das Problem der Planung;
1 - das Problem der Interessen.

58. (9') Monopolistischer Markt : 5 Pkte

1 - weil die Kontrolle durch die Konkurrenz fehlt;
1 - weil Monopole häufig das Ziel haben, den Wettbewerb einzuschränken oder auszuschalten;
1 - weil Rationalisierungseffekte meist einseitig dem Anbieter zufließen;
1 - weil der Monopolpreis nicht das Knappheitsverhältnis anzeigt;
1 - weil Produktionskapazitäten nicht voll genutzt, knappe Mittel fehlgeleitet und verschwendet werden.

59. (12') Oligopolistischer Markt : 6 Pkte

2 - Preiserhöhungen machen die Anbieter nicht mit (es sei denn, solche wären kosteninduziert und würden mit größter Wahrscheinlichkeit von allen mitgemacht).
2 - Preissenkungen beantworten die Mitanbieter unverzüglich mit Preissenkungen.
2 - Die geringe Zahl von Anbietern erlaubt es, das preispolitische Verhalten der Mitanbieter genau zu kontrollieren.

60. (9') Monopolistischer Spielraum : 6 Pkte

1,5 - von der Substitutionskonkurrenz;
1,5 - vom Markencharakter des Gutes;
1,5 - von persönlichen Präferenzen der Nachfrager gegenüber dem Marktgut;
1,5 - von räumlichen Präferenzen gegenüber dem Marktgut.

61. (9') Nationale Volkswirtschaft : 6 Pkte

2 - aus der Bevölkerung;
2 - aus dem Land, bzw. dem Grund und Boden;
2 - aus dem Produktionsmittelapparat.

62. (7') Wirtschaftsform - Unternehmergewinn : 5 Pkte

1 - auf Rationalisierungserfolge;
1 - auf Ausnutzung von Marktvorteilen;
1 - auf Monopol- und Oligopolstellungen;

- auf Unterbezahlung des Faktors Arbeit; 1
- auf Pionierleistungen. 1

63. (9') Wirtschaftsform - Staat : 5 Pkte

Einige Kollektivgüter wie Sicherheit und Rechtsschutz lassen sich über den Markt nicht erstellen; über den Markt würde sich aus Rentabilitätserwägungen kein genügend großes Angebot an Kollektivgütern wie Erziehung usw. einstellen. 5

64. (5') Wirtschaftsform - Nachfrage : 6 Pkte

- entsprechend den Bedürfnissen und der Knappheit Güter und Dienste zur richtigen Zeit, am richtigen Ort, in der richtigen Menge und in der gewünschten Qualität vorhanden sind; 3
- zuverlässige Knappheitsanzeiger zur Verfügung stehen; 1
- in Abhängigkeit von Bedarf und Knappheitsanzeigern die Produktionsfaktoren richtig eingesetzt werden und nicht fehlgeleitet werden oder brachliegen. 2

65. (9') Marktbedingungen : 6 Pkte

- Nichtvorhandensein persönlicher oder zeitlicher Präferenzen; 1,5
- Homogenität des Marktgutes; 1,5
- Markttransparenz unbehindert; 1,5
- Nichtvorhandensein räumlicher Differenzierungen. 1,5

66. (9') Steuerung von Wirtschaftssystemen : 5 Pkte

Es gibt den einzelnen Teilnehmern am Wirtschaftsleben ein hohes Maß an wirtschaftlicher Freiheit und Eigenverantwortung.
Das Streben nach dem Höchstgewinn lenkt die produktiven Kräfte zur höchsten Produktivität. 2
Auf Grund dezentraler Entscheidungen besitzt es einen hohen Grad von Anpassungsfähigkeit auf Änderungen von Daten. 1
Die Güter werden marktleistungsgerecht verteilt. 1
Der Markt befindet über Produktion und Preis. 1

67. (9') Wirtschaftsformen : 10 Pkte

Im wirtschaftlichen Liberalismus finden wir folgende Ideen (Forderungen) :

Lösungen zu WL

1,5 - "freies Spiel der Kräfte", d.h. freien, ungehinderten Wettbewerb

1,5 - "so viel Freiheit wie möglich, so wenig Staat wie nötig"

Dies bedeutet z.B.

4
- Freiheit, ein Gewerbe auszuüben (Zunftzwang)
- Freit, den Wohnsitz nach Belieben zu wählen
- Vertragsfreiheit zwischen Arbeitgeber und Arbeitnehmer
- Koalitionsfreiheit (Gründung von Vereinigungen)
- freier Handel zwischen den Ländern (Zollfreiheit)

3 Der Staat hatte demnach nur folgende Aufgaben:

- Schutz der Freiheit der Bürger
- Schutz von Leben und Eigentum der Bürger
- Schutz des Friedens.

68. (9´) Wirtschaftswachstum : 6 Pkte

Stetes Wirtschaftswachstum ist Voraussetzung für:

2 - Vollbeschäftigung
2 - Steigerung des Lebensstandards
2 - Bereitstellung von Mitteln für soziale und politische Zwecke.

69. (7´) Steuern : 6 Pkte

1,5 - weniger individuelle Freiheit;
1,5 - zunehmende Abhängigkeit vom Staat;
1,5 - weniger Eigenverantwortlichkeit;
1,5 - individueller Wohlfahrtsverlust.

70. (9´) Staat und Steuern : 10 Pkte

6 Die "relative Konjunkturpolitik" will die Konjunkturbewegungen nicht ausschalten, sondern die Konjunkturausschläge nur abmildern. Eine Hochkonjunktur soll nicht verhindert, sondern nur gedämpft werden, um eine nachfolgende starke Schrumpfung zu vermeiden. Ein Konjunkturtief soll durch anregende Mittel möglichst schnell überwunden werden.

4 Bei der relativen Konjunkturpolitik (marktgemäße Konjunkturp.) muß dabei eine leichte Geldentwertung und evtl. eine vorübergehende Arbeitslosigkeit in Kauf genommen werden.

71. (9´) Staat und Steuern : 10 Pkte

auf die zunehmende Verstädterung; auf die wachsenden Bevölkerungszahlen; auf Kriege und Kriegsfolgen; auf fortschreitende Arbeitsteilung; auf steigende Bedürfnisse nach höheren Leistungen im Bereich des Gesundheitswesens, der Kranken- und Altersversorgung, der Bildung, der Wissenschaft und Forschung.

2 / 2 / 2 / 2 / 2

72. (7´) Staat und Steuern : 9 Pkte

Das Einkommen wird direkt bei seiner Entstehung und indirekt bei seiner Verwendung besteuert.

2

Bei der direkten Einkommensbesteuerung wird das Gesamteinkommen von Personen bzw. Gesellschaften als Einkommen- oder Körperschaftssteuer besteuert. Das Einkommen der Produktionsfaktoren wird mit Hilfe der sog. Ertragsteuern besteuert. Die wichtigste Besteuerung der Einkommensverwendung erfolgt durch die Umsatzsteuer in Form der Mehrwertsteuer.

7

72*M (120´) Staat und Steuern - Multiple choice : 100 Pkte

In der Auswertungskarte sind in den Zeilen A und H Hilfsmarkierungen angebracht, um die Auswertung im 100-Punkte-System führen zu können (dies gilt auch für die Schülerkarten).

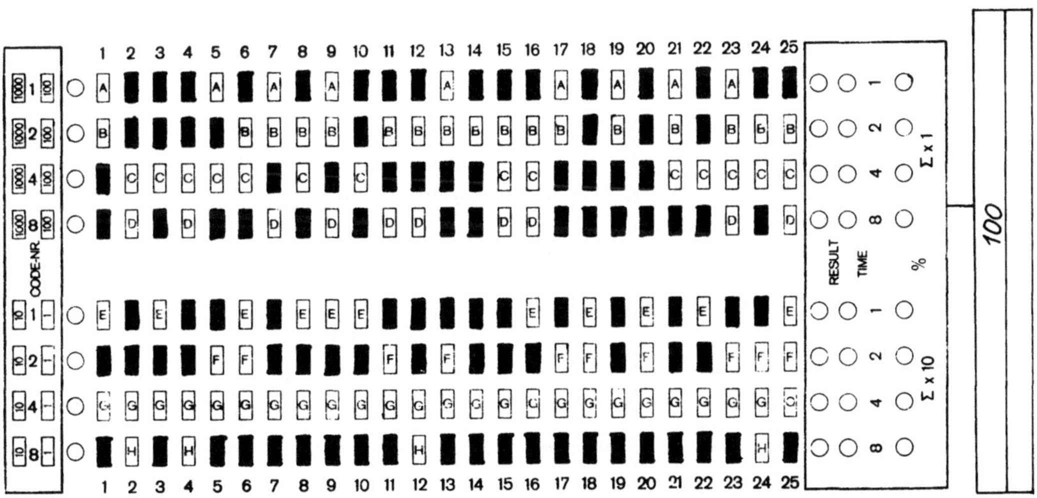

73. (9') Staat - Unternehmen : 5 Pkte

- Staatliche Unternehmen sollen volkswirtschaftlich wichtige
3 Produktionsaufgaben übernehmen, die von privaten Unternehmern aus Rentabilitätserwägungen nicht durchgeführt werden;
- 2 Staatliche Unternehmungen sollen Monopolstellungen privater Unternehmungen verhindern.

74. (9') Unternehmen, Unternehmenskonflikte : 3 Pkte

- 1 in der Doppelnatur der Löhne : Kosten für die Unternehmen, Einkommen für die Besitzer des Faktors Arbeit;
- 2 in den gegensätzlichen Interessen von Arbeitnehmern und Arbeitgebern: Streben nach Lohnmaximierung - Streben nach Gewinnmaximierung.

75. (9') Unternehmen - Sonderformen : 12 Pkte

- Ein Kartell ist der Zusammenschluß verschiedener Unternehmen
4 eines gleichen Wirtschaftszweiges mit dem Ziel, einen möglichst großen Marktanteil zu erringen. Dabei behält jedes Unternehmen seine rechtliche Selbständigkeit.
- Vorteile können sein:
4 höhere Gewinne, stabilere Preise, Planung und Kalkulation für längere Zeit, gleichmäßigere Produktion, Vermeidung von Fehlinvestitionen, Vermeidung zu hoher Kapazitäten, Vermeidung gesamtwirtschaftlicher Verluste, Förderung des Export, wirksamere Rationalisierung;
- Nachteile können sein:
4 Gefahr der Ausschaltung des Wettbewerbs; Kartelle mit hohen Marktanteilen können Konkurrenten mit zulässigen und evtl. unzulässigen Mitteln zum Beitritt oder zur Aufgabe zwingen; Monopolbildung kann zur künstlichen Verknappung und damit zu erhöhten Preisen führen.

76. (9') Modernisierung - Unternehmen : 6 Pkte

- 2 technologische Arbeitslosigkeit;
- 2 schnellere Erschöpfung der Rohstoffvorräte;
- 2 wirtschaftliche Konzentration.

Lösungen zu WL

77. (9') Unternehmen - Wirtschaftsform : 6 Pkte
- weil durch Einführung technischer Neuerungen betriebsfremde Personen die Normen neu berechnen müßten; — 2
- weil die Betriebe mit höheren Planauflagen rechnen müßten; — 2
- weil technische Neuerungen zur Entlassung von Arbeitskräften führen könnten. — 2

78. (9') Löhne : 5 Pkte
- Förderung der Konsumnachfrage — 1
- Erhöhung der Steuereinnahmen des Staates — 1
- Schmälerung der Unternehmergewinne — 1
- Förderung der Rationalisierung — 1
- in der Regel Erhöhung der Güterpreise — 1

79. (7') Moderne Industrie : 8 Pkte
Bei der modernen Industrieproduktion finden wir folgende Merkmale:
- umfassende Anwendung der Fließbandfertigung; — 2
- Arbeitsteilung; — 1
- möglichst großer Maschineneinsatz; — 1
- Verstärkung bzw. Vervollkommnung der Normung; — 1
- zunehmende Modernisierung bis zur Automation; — 1
- fortschreitende Rationalisierung und damit steigende Produktivität; — 1
- möglichst hohes Ausnutzen aller Energiequellen. — 1

80. (7') Automation : 6 Pkte
- sie begrenzt den Arbeitskräftemangel; — 1,5
- sie befreit den Menschen von abstumpfenden Routinearbeiten; — 1,5
- sie erlaubt kürzere Arbeitszeiten; — 1,5
- sie erhöht den Güterausstoß. — 1,5

81. (7') Unternehmen : 9 Pkte
<u>Vorteile:</u> Großunternehmen sind die notwendige Voraussetzung für die Kostensenkung nach dem Gesetz der Massengüterproduktion. — 5
Forschungsarbeiten können nur von Großunternehmen finanziert werden. die damit den technischen Fortschritt ablösen bzw.

begünstigen. Der internationale Konkurrenzkampf macht größere Produktionseinheiten erforderlich (Unternehmensgröße als Funktion der Marktgröße). Gewisse technische Prozesse können nur mit größtem Kapitaleinsatz verwirklicht werden, setzen mithin Großunternehmen voraus.

4 Nachteile: Der Wettbewerb wird tendentiell schwächer, die Zahl der Konkurrenten nimmt ab, kleine - jedoch nicht unbedingt unrentable Betriebe - werden "geschluckt". Die volkswirtschaftliche Betriebsstruktur ändert sich, der Mittelstand schrumpft. Wirtschaftliche Macht in Händen von Großunternehmen wird möglicherweise zum Nachteil von Staat und Gesellschaft ausgespielt.

82. (20') Externe Wirkungen - Wirtschaft : 15 Pkte

4 82.1. Flugverkehr, Waschmittel, Lkw - Fernverkehr

4 82.2. Ingenieurausbildung, Typhus - Impfung

7 82.3. In der reinen Zentralverwaltungswirtschaft schlägt sich überhaupt nichts im Marktpreis nieder, weil es einen solchen gar nicht gibt.

83. (9') Jugendarbeitsschutz : 12 Pkte

2 - Für Jugendliche unter 16 Jahre:
Die tägliche Arbeitszeit darf 8 Stunden, die wöchentliche Arbeitszeit darf 40 Stunden nicht überschreiten.

2 - Für Jugendliche über 16 Jahre:
Die tägliche Arbeitszeit darf 8 Stunden, die wöchentliche Arbeitszeit darf 44 Stunden nicht überschreiten.

2 - Außerdem darf die Arbeitszeit der Jugendlichen wöchentlich die übliche Arbeitszeit der erwachsenen Arbeitnehmer des Betriebes nicht überschreiten.

6 - Die Höchstarbeitszeit darf überschritten werden:

1- wenn ständige Arbeitsbereitschaft der erwachsenen Arbeitnehmer vereinbart ist;
2- aus dringenden Gründen des Gemeinwohls oder zur Vermeidung erheblicher Schäden für den Betrieb;
3- in ganz besonderen Notfällen (Feuer- oder Wassernot).

Bei Fall 1 darf die Erhöhung höchstens 1 Stunde täglich und 3 Stunden wöchentlich betragen für Jugendliche über 16 Jahre;

Bei Fall 2 kann für höchstens 30 Tage im Kalenderjahr eine Verlängerung im gleichen Umfang wie in Fall 1 zugelassen werden;
Bei Fall 3 gelten die Vorschriften bzgl. Höchstarbeitszeit und Ruhepausen nicht, wenn die Arbeiten vorübergehend und unaufschiebbar sind. Jugendliche dürfen aber nur dann zu diesen Arbeiten herangezogen werden, wenn erwachsene Beschäftigte nicht ausreichend zur Verfügung stehen. Es muß unverzüglich Anzeige bei der Aufsichtsbehörde erfolgen (Gewerbeaufsichtsamt). Die Mehrarbeit der Jugendlichen ist in den folgenden 3 Wochen durch Arbeitszeitverkürzung auszugleichen. Kann aus betrieblichen Gründen eine Arbeitszeitverkürzung nicht erfolgen, muß die Mehrarbeit bezahlt werden.

84. (9´) Arbeitsrecht : 5 Pkte
- Wahl eines Betriebsrates (ab 5 Arbeitnehmer - 1 Betriebsobmann usw.) 1
- betriebliche Mitbestimmung über den Betriebsrat bei: 4
  - der Durchführung der Tarifverträge;
  - Beschwerden der Arbeitnehmer;
  - der Erhaltung des Arbeitsfriedens;
  - Entlassungen und Versetzungen;
  - Festlegung des Urlaubsplanes, der täglichen Arbeitszeit und der Pausen;
  - der Bekämpfung von Unfall- und Gesundheitsgefahren.

85. (12´) Rechte und Pflichten des Arbeitnehmers und Arbeitgebers : 15 Pkte

Für den Arbeitnehmer: 8
- die Arbeitspflicht (persönlich, regelmäßig, in vereinbarter Dauer, an vereinbartem Ort)
- die Gehorsamspflicht
- die Treuepflicht (Interessen des Betriebes wahren)

Für den Arbeitgeber: 7
- die Lohnzahlungspflicht (Holschuld, nachträglich zu zahlen)
- die Fürsorgepflicht (Leben, Gesundheit, Eigentum, Urlaub)
- das Weisungsrecht (im Rahmen der auszuführenden Arbeiten).

Lösungen zu WL

86. (7') Ende des Arbeitsverhältnisses : 5 Pkte

1 - durch Kündigung des Arbeitnehmers oder Arbeitgebers
1 - durch Zeitablauf
1 - durch Zweckerreichung
1 - durch Aufhebungsvereinbarung
1 - durch den Tod des Arbeitnehmers

87. (9') Wirtschaftliche Angelegenheiten : 8 Pkte

1 - Fabrikations- und Arbeitsmethoden
1 - Produktions - und Investitionsprogramm
1 - Wirtschaftliche und finanzielle Lage des Unternehmens
1 - Produktions- und Absatzlage
4 - Alle Vorgänge, welche die Interessen der Arbeitnehmer des Unternehmens wesentlich berühren, insbesondere Betriebsänderungen, wie Stillegungen, Einschränkungen, Verlegungen, Zusammenschlüsse, Änderungen des Betriebszweckes oder der Produktionsmethode

88. (9') Tarifpartner : 8 Pkte

2 88.1. Gewerkschaften - Arbeitgeberverband

6 88.2. Die Ecklohn - Lohngruppe ist eine bestimmte, im Manteltarif vereinbarte Lohngruppe, z.B. Lohngruppe VII. Der Ecklohn ist der Lohn der Arbeitnehmer, die 18 Jahre oder älter sind.
Beispiel: Lohngruppe VII = Gruppe der Facharbeiter mit Schlüssel 100 %; Lohngruppe X = 133 %.

89. (7') Tarifvertrag : 10 Pkte

3 Ein Tarifvertrag ist ein Vertrag zwischen Arbeitgeber und den Vertretern der Arbeitnehmer. Er enthält Bestimmungen bzw. Abmachungen über Arbeitszeit, Pausen, Urlaub, Kündigungsfristen, Kündigungsgründe, Mehrarbeit usw. (Manteltarifvertrag).

7 Der Lohntarifvertrag beinhaltet die Höhe der Löhne und Gehälter.
Die Vorteile des Tarifvertrages sind
- einheitliche Entwicklung und Verbesserung der Arbeitsbedingungen
- klare Rahmen-Rechtsverhältnisse, daher Vereinfachung von Einzelarbeitsverträgen
- Begrenzung der Macht des wirtschaftlich stärkeren Arbeitgebers gegenüber dem schwächeren Arbeitnehmer

- dem Arbeitnehmer ist ein Mindestlohn für eine längere Zeit gewährleistet
- der Arbeitgeber kennt für einen bestimmten Zeitraum die Lohnkosten
- Hilfe bei der Erhaltung des Arbeitsfriedens

90. (7') Arbeitslosigkeit : 8 Pkte
- Friktionelle Arbeitslosigkeit (Arbeitsplatzwechsel auf eigenen Wunsch) 2
- Saisonale Arbeitslosigkeit (Folge jahreszeitlicher Verhältnisse, Beschränkung auf einzelne Berufsgruppen) 2
- Konjunkturelle Arbeitslosigkeit (Bedingt durch unzureichende gesamtwirtschaftliche Nachfrage im Vergleich zu den Produktionsfaktoren) 2
- Strukturelle Arbeitslosigkeit (Folge eines längerfristigen Wandels der Wirtschaftsstruktur oder bedingt durch Qualifikationsstruktur der Arbeitnehmer) 2

91. (12') Presse - 624-DM-Gesetz : 20 Pkte
- Von Geldinjektionen sind heute erhebliche Teuerungsimpulse zu erwarten, aber nur geringe Wirkungen auf den Arbeitsmarkt 5
- Die Lähmung der Investitionsbereitschaft ist das natürliche Ergebnis einer infolge von Flucht in die Sachwerte zu dünn gewordenen Kapitaldecke 5
- Heute haben wir einen Überfluß an kaufbereitem Geld, aber einen Mangel an Kapital 5
- Es wäre deshalb geradezu verderblich, die Menge kaufbereiten Geldes noch zu vermehren. Sinnvoller wäre die Umwandlung dieser festliegenden Spargelder in Anteile am Produktivvermögen 5

92. (12') Rechtsgeschäfte : 20 Pkte

92.1. Rechtsgeschäfte kommen durch Willenserklärungen natürlicher oder juristischer Personen zustande. 8
- Voraussetzung für den Abschluß von Rechtsgeschäften ist die altersbedingte Geschäftsfähigkeit.
- Einseitige Rechtsgeschäfte : Kündigung, Testament, Vollmacht, Prokura
- Zweiseitige Rechtsgeschäfte : Alle Verträge

12 92.2.

- Testament : schriftlich mit Unterschrift - Notar
- Eintragung ins Handelsregister : schriftlich bei Gericht o. Notar
- Belastung eines Grundstückes : Öffentliche Beurkundung beim Notar oder Gericht

93. (120') Volkswirtschaftslehre - Multiple choice : 100 Pkte
Durch die Hilfsmarkierungen in den Zeilen A und H kann eine Auswertung in Prozenten der Lösungsrichtigkeiten angegeben werden

100

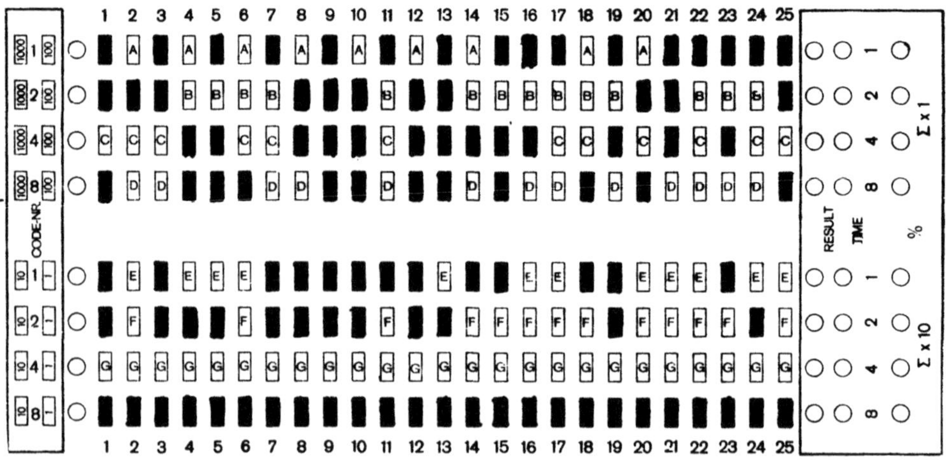

Lösungen zur Betriebslehre :

94. (15´) Kosten - Kosten pro Maschinenstunde - Kosten je Werkstück : 20 Pkte

Fixkosten	DM/Jahr	DM/h
Abschreibung : 80 000 DM : 10 =	8 000	5,00
mittl. Verzinsung : 40 000 DM·9 % =	3 600	2,25
Raumkosten : 9 m^3·45 DM/m^3 =	405	0,25
Variable Kosten		
Energiekosten : 6 kW·0,10 DM/kWh·1600 h	= 960	0,60
Instandhaltung : 80 000 DM· 6 % =	4 800	3,00

94.1. Fixkosten = 12 005 DM/Jahr — 5

94.2. Kosten /Jahr = 17 765 DM — 5

94.3. Kosten / Maschinenstunde = 11,10 DM — 5

94.4. Kosten / Stück = — 5

$$11.10\ \frac{DM}{60min} \cdot \frac{50\ min}{Stück} = 9{,}25\ \frac{DM}{Stück}$$

95. (20´) Kosten - Grenzstückzahl : 12 Pkte

95.1. Lohnkosten / Stück manuelle Fertigung: — 2

$$\frac{9DM}{h} \cdot \frac{60'}{3\,Stck} = \frac{3DM}{Stck.}$$

95.2. Lohnkosten / Stück bei Vorrichtung : — 2

$$\frac{7{,}50DM}{h} \cdot \frac{60'}{12\,Stck} = \frac{0{,}625\,DM}{Stck}$$

95.3. Gesamtkosten für 5 000 Stück :

Manuell: $K_M = 300\,DM + \frac{5000\,Stck \cdot 3DM}{Stck} = 18\,300\,DM$ — 2

Vorrichtung : $K_V = 2\,100DM + 5000\,Stck. \cdot \frac{0{,}625\,DM}{Stck} = 5\,225\,DM$ — 2

95.4. Grenzstückzahl : $K_M = K_V$ — 4

$$300 + 3x = 2100 + 0{,}625x$$

$$x = 757{,}89 \approx 758$$

96. (12´) Verfahrensvergleich : 10 Pkte

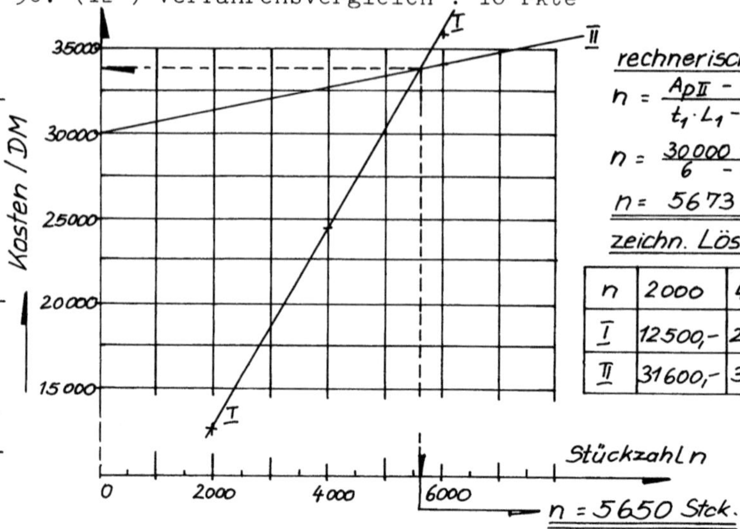

4

3

3

rechnerische Lös.:

$$n = \frac{Ap_{II} - Ap_{I}}{t_1 \cdot L_1 - t_2 L_2}$$

$$n = \frac{30000 - 500}{6 - 0{,}8}$$

$n = 5673$ Stck.

zeichn. Lös.:

n	2000	4000	6000
I	12500,-	24500,-	36500,-
II	31600,-	33200,-	34800,-

97. (12´) Kostenrechnung : 10 Pkte

Kostenart	DM	Gesamtkosten o. Z.	mit Z.
Reine Materialkosten	231 000,--		
27% Mat.kost.satz	62 370,--	293 370,--	
Zinsen	3 750,--		297 120,--

3

7

Zuschlagsprozentsatz: $\left(\frac{297\,120}{293\,370} \cdot 100 - 100\right)\% = 1{,}27825\%$

Echter Materialgemeinkostensatz: 28,62 %

98. (15´) Kosten : 20 Pkte

5 — 98.1. Fixkosten (Verzinsung nicht gemittelt) = 10 080 DM / Jahr

5 — 98.2. Variable Kosten = 4 160 DM / Jahr

5 — 98.3. Kosten je Maschinenstunde = 8,90 DM

5 — 98.4. Notwendige Stundenzahl pro Jahr = 3 242,1 h

99. (15´) Kosten : 20 Pkte

10 — 99.1. Fixkosten = 23 000 DM/Jahr; variable Kosten = 2 310 DM/Jahr

5 — 99.2. Kosten pro h = 18,40 DM

5 — 99.3. Rentable Laufstundenzahl = 1 607 h

Lösungen zur BL

100. (15´) Kosten - Maschinenstundensatz : 15 Pkte

100.1. Kosten je Jahr = 21 260 DM; Kosten je Stunde = 13,29 DM 10

100.2. Kosten je Stück = 7,75 DM 5

101. (10´) Abschreibungen : 10 Pkte

		DM / Jahr	DM / Jahr
		Linear	Degressiv
1. Nutzungsjahr	K_A	50 000	100 000
	W_A	450 000	400 000
2. Nutzungsjahr	K_A	50 000	80 000
	W_A	400 000	320 000
3. Nutzungsjahr	K_A	50 000	64 000
	W_A	350 000	256 000
4. Nutzungsjahr	K_A	50 000	51 200
	W_A	300 000	204 800
5. Nutzungsjahr	K_A	50 000	40 960
	W_A	250 000	163 840

10

102. (7´) Kalkulation : 8 Pkte

$$\text{Fertigungszuschlag} = \frac{\text{Fertigungsgemeinkosten}}{\text{Fertigungslöhne}}$$ 2

$$\text{Materialzuschlag} = \frac{\text{Materialgemeinkosten}}{\text{Fertigungsmat.einzelkosten}}$$ 2

$$\text{Verwaltungszuschlag} = \frac{\text{Verwaltungsgemeinkosten}}{\text{Gesamtfertigungskosten}}$$ 2

$$\text{Vertriebszuschlag} = \frac{\text{Vertriebsgemeinkosten}}{\text{Gesamtfertigungskosten}}$$ 2

103. (7´) Kosten : 10 Pkte

2
2
2
2
2

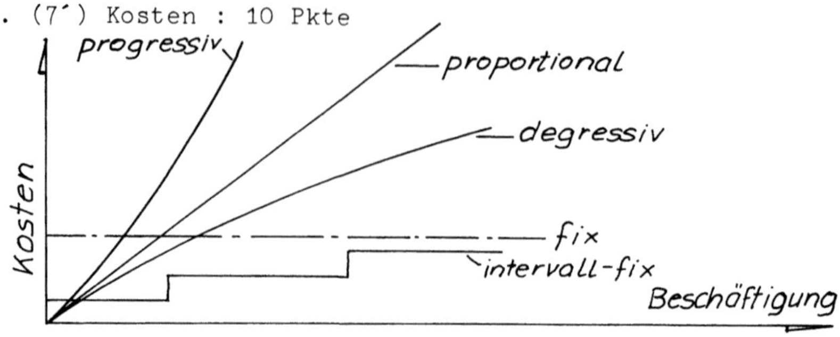

104. (7´) Kosten : 4 Pkte

2 Kostenarten = Kosten gleicher Ursache

2 Kostenstellen = Orte, an denen die Kosten aufgewendet wurden

105. (7´) Kalkulation : 10 Pkte

s. auch A 107. (7´) Kalkulation : 5 Pkte

Kalkulation = Kostenrechnung

5 Sie hat folgende Aufgaben zu lösen :

1. Ständige Kontrolle der Betriebsgeschehnisse mit Hilfe der Kosten, d.h. Erfassen der durch eine Leistung entstehenden Kosten,
2. Schaffung der Unterlagen zur Preisbildung und ständigen Preiskontrolle. 5

106. (9´) Kalkulation : 10 Pkte

3 Divisionskalkulation = Selbstkosten werden ermittelt, indem die angefallenen Kostensummen einer Periode durch die erzeugte Gütermenge dividiert werden;

4 Äquivalenzrechnung = Äquivalenzziffern kennzeichnen als Verhältniszahl den Kostenunterschied zwischen Erzeugnissen ähnlicher Art. Mit diesen Zahlen kann man die erzeugte Menge in kostengleiche Einheiten umwandeln und so die Selbstkosten ermitteln;

3 Zuschlagskalkulation = Material- und Fertigungslohnkosten werden den Kostenträgern zugeordnet. Alle übrigen Kostenarten werden summarisch mit Hilfe von Faktoren dem Kostenträger zugerechnet.

107. (7´) Kalkulation : 5 Pkte
s. auch A 105. (7´) Kalkulation : 10 Pkte
Aufgabe der Kalkulation (= Kostenträgerstückrechnung) ist es,
den einzelnen Leistungen alle anfallenden Kosten zuzurechnen, 5
die sie zu tragen haben; dadurch werden Unterlagen zur Preisbildung und Kontrolle des Betriebsgeschehens ermöglicht.

108. (7´) Betriebsabrechnung : 10 Pkte
Im BAB erfolgt eine Zuordnung der Kostenarten zu den Kostenstel-
len allgemeiner Bereich, Fertigungsbereich, Fertigungshilfsbe- 4
reich, Materialbereich, Verwaltungsbereich und Vertriebsbereich.
Hinsichtlich der Zuordnung der Kosten zu den Kostenstellen sind zu unterscheiden:

1. die direkte Zuordnung der Kosten aufgrund des Belegwesens, 2
2. die Verteilung der summarisch für eine Anzahl Kostenstellen
   gleichzeitig entstandenen Kostenarten mit Hilfe der Verschlüs- 2
   selung (indirekte Verteilung);
3. die Verteilung (Umlage) von Gemeinkostensummen der einzelnen 2
   Kostenstellen des allgemeinen Bereiches auf die übrigen Kostenstellen.

s. auch A 110. (20´) Betriebsabrechnung

109. (5´) Liquidität : 6 Pkte
Die Liquidität beurteilt die Zahlungsfähigkeit, sie gibt einen Einblick in die Anspannung des Zahlungsverkehrs des Unternehmens.
Der Liquiditätsgrad ist der Quotient aus den verfügbaren (mo- 6
mentan) Zahlungsmitteln und den Verbindlichkeiten des Unternehmens; i.a. wird diese Größe in Prozenten angegeben.

20

110. (20') Betriebsabrechnung : 40 Pkte

Kostenstellen / Kostenarten	Zahlen der Buchhaltung	Materialstelle	Fertigungsstellen			Verwaltung	Vertrieb
			A	B	C		
	DM	DM	DM	DM	DM	DM	DM
Gemeinkosten, Gemeinkostenlöhne	24 800	430	12 200	3 270	6 900	620	1 380
Gehälter	48 100	5 700	8 600	5 600	3 200	21 100	3 900
Sozialabgaben	20 200	1 270	7 800	4 900	2 530	2 300	1 400
Hilfs- u. Betriebsstoffe	19 600	400	10 300	5 400	2 900	350	250
Fremdstrom, -gas, -wasser	8 900	510	1 800	4 200	1 500	690	200
Steuern, Gebühren, Beiträge, Versich.	9 900	350	1 600	3 900	950	2 100	1 000
Bürobedarf	1 300	80	-	20	-	900	300
Verschiedene Gemeinkosten	4 800	1 100	600	200	300	800	1 800
Kalkulatorische Kosten: Abschreibungen, Zinsen, Unternehmerlohn	20 900	1 300	2 400	10 700	3 800	2 100	600
Summe der Gemeinkosten	158 500	11 140	45 300	38 190	22 080	30 960	10 830
Fertigungsmaterial	148 500	148 500					
Materialgemeinkostensatz		7,5 %					
Fertigungslöhne	196 270		53 320	15 280	22 100	Herstellkosten 355 910	Herstellkosten 355 910
Fertigungsgemeinkostensätze			85 %	250 %	100 %		

Verwaltungsgemein-kostensatz						8,7 %	
Vertriebsgemein-kostensatz							3,04 %

Ermitteln Sie aus dem BAB und anhand der folgenden Angaben den Nettopreis! Selbstkosten = 397 700 DM

Kostenart	Zuschlags-satz in %	Betrag DM	Betrag DM	
Fertigungsmaterial		1 338,--		
Materialgemeinkosten	7,5 %	100,35		
Materialkosten			1 438,35	
Fertigungslöhne Stelle A		480,--		
Fertigungsgemeinkosten A	85 %	408,--		
Fertigungslöhne Stelle B		138,--		
Fertigungsgemeinkosten B	250 %	345,--		
Fertigungslöhne Stelle C		199,--		
Fertigungsgemeinkosten C	100 %	199,--		
Fertigungskosten			1 769,--	
Herstellkosten			3 207,35	
Verwaltungskosten	8,7 %		+ 279,04	Selbstkosten
Vertriebskosten	3,04 %		+ 97,50	3 583,89
Gewinn- und Risikozuschlag = 8 %	8	286,71	+ 286,71	3 870,60
Treuerabatt (Mengenrabatt)	6	./. 232,24	− 232,24	3 638,36
Mehrwertsteuer	11	+ 400,22	+ 400,22	4 038,58
Skonto	3	121,16	− 121,16	

Nettopreis 3 917,42 DM

–20

Lösungen zur BL

111. (12´) Zuschlagskalkulation : 10 Pkte

10

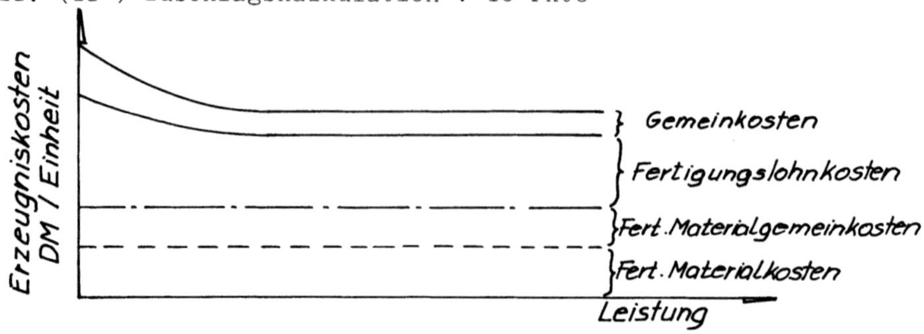

112. (7´) Kalkulation : 7 Pkte

2 Vorkalkulation = Können, Preise und Offerten rein theoretisch (bzw. anhand von ähnlichen Aufträgen) mit angemessener Genauigkeit in kurzer Zeit weit vor Beginn der Fertigung zu finden;

2 Zwischenkalkulation = Beansprucht die Herstellung eines Erzeugnisses mehrere BAB - Abrechnungszeiträume, so kann man die Überprüfung des Kostenstandes nur eines Teilzeitraumes als Zwischenkalkulation bezeichnen;

3 Nachkalkulation = Hier wird der Erfolg (Gewinn oder Verlust) nach Ausführung der Arbeit, bzw. des Auftrages ermittelt. Außerdem liefert sie wichtige Werte für nachfolgende Vorkalkulationen.

113. (7´) Betriebsvermögen : 7 Pkte

Das Betriebsvermögen dient der eigentlichen Unternehmensaufgabe und wird in das Anlagevermögen und das Umlaufvermögen aufgeteilt.

3 <u>Anlagevermögen :</u> Fest investierte Produktionseinrichtungen zur Erfüllung der Unternehmensziele; keine Veräusserungsabsicht;

4 <u>Umlaufvermögen :</u> Dient unmittelbar dem Leistungsvorgang. Aus Sachwerten werden z.B. Geldmittel und aus Geldmittel wieder Sachwerte, denn während des Produktionsprozesses werden die Rohstoffe in Halbfabrikate und diese schließlich in verkaufsfähige Erzeugnisse umgewandelt, die nach ihrem Absatz wieder zu Geldbeträgen werden.

Lösungen zur BL

114. (9') Statistik : 6 Pkte

Statistiken sind Zahlen - Ketten - Kombinationen mit bestimmten Aussagefähigkeiten; die vorher festzulegende Aussagekraft bestimmt die Form der Statistik. Man unterscheidet:

1. analytische über Näherungsfunktionen (Ausgleichsparabeln) mit Wahrscheinlichkeitsaussagen; 3
2. Diagrammdarstellungen : - Kurven 3
   - Kreisdiagramme
   - Säulendiagramme
   - Sankey - Diagramme u.a.

115. (7') Betriebsorganisation : 10 Pkte

Räumlich zusammenhängend, einheitliche Leitung, Zusammenfassung von Arbeitskräften u. Sachgütern zum Ziele der Erzeugung von Gütern oder Bereitstellung von Leistungen 10

116. (7') Betriebsorganisation : 10 Pkte

Stabstellen = bearbeiten i.a. von Linieninstanzen bestimmte Probleme, arbeiten Vorschläge aus, beraten ihre Arbeitgeber. Sie können selbst nicht anordnen. 5

Querfunktionen = bearbeiten Aufgaben, die das ganze Unternehmen oder mehrere Abteilungen betreffen. Ihnen ist eine beschränkte, aber bestimmte Entscheidungsbefugnis eingeräumt worden. 5

117. (7') Betriebsorganisation : 10 Pkte

Liniensystem = Geschäftsverkehr zwischen den Stellen gleicher oder verschiedener Rangstufen durchläuft alle zwischen ihnen liegende Instanzen. System mit klarer Bestimmung des Anordnungsrechts, der Verantwortung, also ein straffes, autoritatives System. Der Nachteil liegt in der Schwerfälligkeit und der Gefahr der Bürokratisierung. 5

Funktionalsystem = Spezialisierung der Tätigkeitsbereiche. Jede Stelle ist sachlich von einigen anderen Stellen abhängig und kann andererseits den Dienststellen fremder Ressorts fachliche Anweisung erteilen. Der Vorteil besteht im kurzen Instanzenweg; Nachteile entstehen dadurch, daß keine eindeutige Ver- 5 antwortungsbegrenzung vorliegt. Eine Überschneidung der Anordnungsbefugnisse ist außerdem möglich.

118. (7´) Betriebsführung : 8 Pkte

8 Kompetenz verleiht das Recht, alle zur Bearbeitung einer Aufgabe notwendigen Maßnahmen zu treffen. Der "Chef" soll in seiner Führungsrolle mit der Übertragung von Aufgaben auch die notwendigen Befugnisse verteilen, bzw. erteilen. Probleme tauchen erst auf, wenn Überschneidungen, Zwei- oder Mehrdeutigkeiten auftreten.

119. (7´) Betriebsorganisation : 8 Pkte

4 - Ein Beispiel wird von dem Studierenden selbst gewählt.

4 - Ein Mitarbeiter trägt Verantwortung, wenn er Aufgaben übernimmt, diese gewissenhaft erfüllt, nach bestem Wissen, oder seine Vorgesetzten auf Schwierigkeiten aufmerksam macht.
" Wer Verantwortung auf andere abschiebt, wird bald selbst abgeschoben!"

120. (9´) Betriebsorganisation : 8 Pkte

4 <u>Arbeitgeber :</u> Garantie, daß die Aufgaben nach seiner Vorstellung richtig durchgeführt und beendet werden;

4 <u>Arbeitnehmer :</u> Durch die Überwachung nimmt der Überwachende einen Teil der Verantwortung auf sich.

121. (7´) Betriebsorganisation : 8 Pkte

1 - Risikoverteilung
2 - Sicherung von Mitarbeitern
1 - Erbteilung
2 - steuerliche Gesichtspunkte
2 - Absicherung des Privatvermögens

122. (7´) Betriebsorganisation : 6 Pkte

1,5 - Aufgabenbereiche sind zu klein
1,5 - Kompetenzen sind an zuviele Mitarbeiter verteilt
1,5 - die gleichen Aufgaben werden von verschiedenen Mitarbeitern ohne Koordinierung durchgeführt
1,5 - Befugnisse der einzelnen Mitarbeiter werden klein gehalten.

Lösungen zur BL

123. (7') Betriebsführung : 6 Pkte
Einführung in Aufgaben des Vorgesetzten; durch Übertragung von 6
Aufgaben; durch Delegation von Verantwortung.

124. (9') Betriebsführung : 10 Pkte
s. auch A 119. (7') Betriebsorganisation
Mit der Übernahme einer Aufgabe sollte man zeigen, daß man in
eigener Verantwortung diese Aufgabe durchführen kann. Gleich- 10
zeitig mit der Übernahme der Aufgabe sollte man auch alle Kompetenzen erhalten, die zur Bewältigung der Aufgabe erforderlich sind.

125. (7') Betriebsführung : 8 Pkte
Der Untergebene muß seine Bereitschaft zur Mitarbeit im Unternehmen durch entsprechenden Arbeitseinsatz und -willen zeigen. Die freiwillige Suche nach Richtlinien, die Übernahme von Ver-
antwortung erhöht das Vertrauen des Vorgesetzten. So kann die 8
im BVG festgelegte verantwortliche Mitwirkung und Mitbestimmung in personalen, sozialen und wirtschaftlichen Angelegenheiten nur in Information und Orientierung liegen!

126. (9') Arbeitsplatzgestaltung :10 Pkte

- Stehen, Sitzen, Fußkraft: Richtige Sitzhöhe, geringe Druckbe- 2
  lastung der Beingelenke, richtige Gestaltung von Rückenlehne und Armlehne; bei Fußarbeiten Beinkraft unter 250 N halten;
- Gehen, Steigen :Stufenhöhe + Stufenbreite 450mm bis 460 mm, 2
  Neigung einer Treppe unter einem Winkel von 30° ausführen; wenn möglich: schiefe Ebene oder Aufzug einsetzen;
- Hand- und Arbeitsbereich : Wenn möglich, Arbeitsbereich mit 2
  einem Kreisbogen von r = 400 mm einplanen; Arbeit in der richtigen Höhenlage ausführen; richtige Gestaltung der Bedienungs-Handräder bzgl. Durchmesser, Höhe und erforderlichem Drehmoment;
- Farben : Auswahl von Farben, die für den Menschen eine positi- 2
  ve Stimmungsatmosphäre erzeugen, wie etwa grün; aber auch der Einsatz von krassen Farben kennzeichnet günstig etwa eine Gefahrenquelle.
- Beleuchtung : genügend hohe Beleuchtungsstärke; Vermeidung von 2
  Blendung, Spiegelung und Schlagschatten; Lichteinfall möglichst von links

Lösungen zur BL

127. (7´) Warenschutz : 5 Pkte

5 Eigene Maßnahmen; Geschmacksmuster; Gebrauchsmuster; Warenzeichen; Patent

128. (7´) Warenschutz : 5 Pkte

Rechtlich geschütztes Zeichen eines Gewerbetreibenden zur Kennzeichnung der von ihm in den Verkehr gebrachten Waren. Eintra-
5 gung in die Warenzeichenrolle beim Deutschen Patentamt in München. Ein Patent erlischt nach 10 Jahren; kann aber beliebig oft verlängert werden.

129. (7´) Warenschutz : 5 Pkte

Ein eigetragenes Warenzeichen ist eine beliebige Bezeichnung, die ein Gewebetreibender zur Kennzeichnung einer Ware und zur Unterscheidung von anderen Waren benutzt. Eine anschließende Be-
5 nutzung ist gegeben, wenn dieses Zeichen in die Zeichenrolle des Patentamtes eingetragen ist; Schutzdauer 10 Jahre; Verlängerung ist möglich. Es besteht Benutzungszwang: Dritte können Löschung eines Zeichens verlangen, falls das Zeichen mindestens 5 Jahre besteht und in dieser Zeit nicht benutzt wurde.

130. (12´) Verteilzeitaufnahme : 15 Pkte

8

Ablaufabschnitt	min	G	V_{sk}	V_{sv}	V_p	Er	N	F
Verspäteter Arbeitsbeginn	18						18	
Lohn empfangen und prüfen	15				15			
Arbeitsplatz vorbereiten	8		8					
Säubern des Arbeitsplatzes am Schichtende	10		10					
Arbeitsmittel empfangen	21			21				
Heizung/Lüftung regeln	14				14			
Längerer Energieausfall	68							68
Erholungszeiten planmäßig	50					50		
Summe der Grundzeiten	1 960	1960						
Kleine Störungen im Arbeitsablauf	19			19				
Austreten	66				66			
Privatgespräche mit Kollegen	14						14	
Dienstgespräch mit Meister	65			65				
Sonst. sachliche konstante Verteilzeiten	72		72					
	2 400	1960	90	105	95	50	32	68

130.2.

— $Z_{SK} = \frac{\sum V_{SK}}{\sum Az - \sum(V+Er)} \cdot 100\% = \frac{90 \cdot 100}{2400-(290+50)} \% = \underline{\underline{4{,}37\%}}$ — 2

— $Z_{SV} = \frac{\sum V_{SV}}{\sum G} \cdot 100\% = \frac{105 \cdot 100}{1960} \% = \underline{\underline{5{,}36\%}}$ — 2

— $Z_{P} = \frac{\sum V_{P}}{\sum Az - \sum(V+Er)} \cdot 100\% = \frac{95 \cdot 100}{2400-(290+50)} \% = \underline{\underline{4{,}61\%}}$ — 2

— $Z_V = Z_{SK} + Z_{SV} + Z_P = 4{,}37\% + 5{,}36\% + 4{,}61\% = \underline{\underline{15\%}}$ 1

131. (15´) Zeitaufnahmenauswertung : 15 Pkte

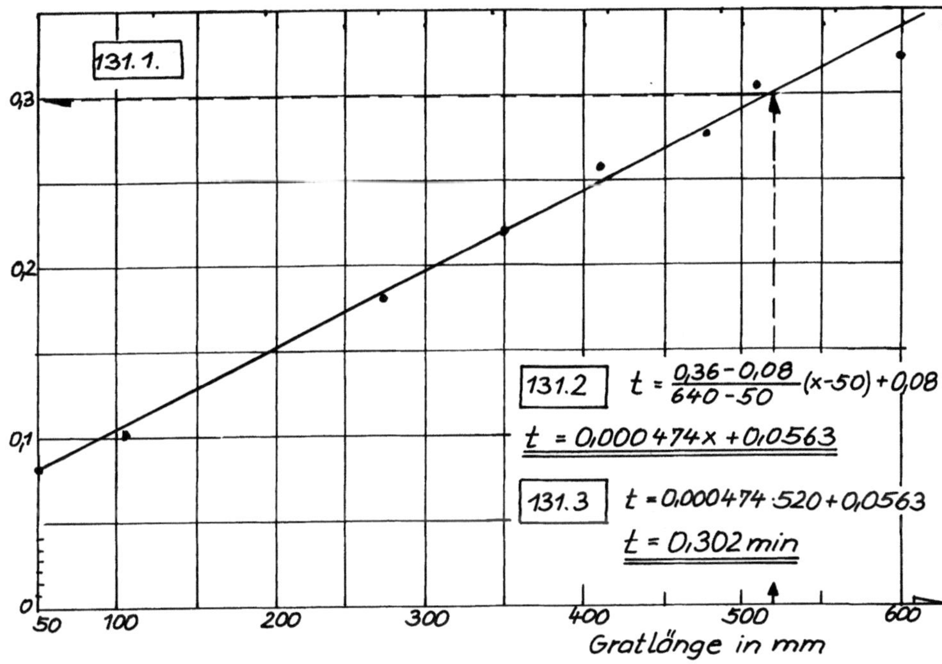

131.2 $t = \frac{0{,}36-0{,}08}{640-50}(x-50)+0{,}08$ — 5

$\underline{\underline{t = 0{,}000474x + 0{,}0563}}$

131.3 $t = 0{,}000474 \cdot 520 + 0{,}0563$ — 5

$\underline{\underline{t = 0{,}302\,min}}$

(131.1: 5)

132. (15´) Solltaktzeit - Isttaktzeit - Taktausgleichszeit : 15 Pkte

132.1

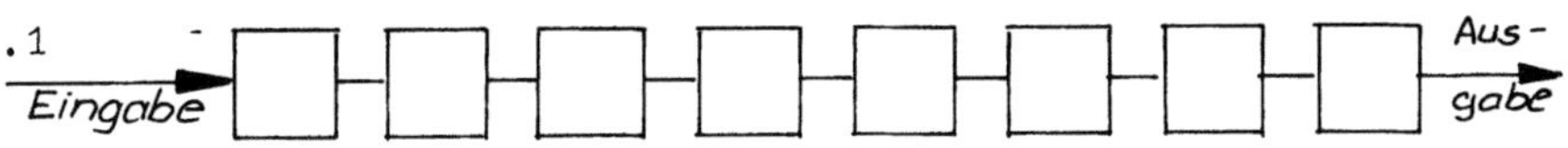

— 3

132.2.

— $\text{Soll-Taktzeit} = \frac{\text{Arbeitszeit}}{\text{Sollmenge}} \cdot BWF = \frac{450}{150} \cdot 0{,}94 = \underline{\underline{2{,}82 \frac{min}{Stck}}}$ — 4

132.3.

— $\text{Ist-Taktzeit} = \frac{t_e \text{ im Engpaß}}{\text{Auslastungsgrad}} \cdot 100\% = \frac{3{,}2 \cdot 100}{115} \% = \underline{\underline{2{,}78 \frac{min}{Stck}}}$ — 4

4 — 132.4. $\text{Taktausgleichszeit} = te_{max} - te_{min}$

$$= (3{,}2 - 2{,}8)\,min$$

$$= 0{,}4\,min$$

133. (7´) Normallohn - Effektivlohn : 12 Pkte

4

Anforderungsart	Rangplatz Nr. nach REFA		Gew. faktor
Kenntnisse	55	55	1,0
Geschicklichkeit	35	21	0,6
Verantwortung	40	20	0,5
geistige Belastung	45	36	0,8
körperl. Belastung	25	10	0,4
Umgebungseinflüsse	20	08	0,4

150 : 10 = 15,0

133.1. $-\text{Lohn/AW} = \frac{10{,}20 - 6{,}00}{21}\,\frac{DM}{AW} = 0{,}20\,\frac{DM}{AW}$

4 — 133.2. $\text{Normallohn} = 15{,}0 \cdot 0{,}20\,DM + 6{,}00\,DM = 9{,}00\,DM$

4 — 133.3. $\text{Effektivlohn} = 9{,}00\,DM \cdot 125\% = 11{,}25\,DM$

134. (12´) Auswertung einer Multimomentaufnahme : 20 Pkte

5

Ablaufart	Anzahl d. Beobachtungen	p in %	f in %
1. Maschine produziert	527	65,9	3,28
2. Masch. produziert nicht	122	15,3	2,49
3. Masch. wird gerüst.	91	11,4	2,20
4. Sonst. nicht erk.	60	7,5	1,82
	800		

$p = \frac{x \cdot 100}{800}\,\%$	$f' = 1{,}96 \cdot \sqrt{\frac{p(100-p)}{n}}\,\%$
1. $p_1 = \frac{527 \cdot 100}{800} = 65{,}9\,\%$	$f_1 = 1{,}96\sqrt{\frac{65{,}9 \cdot 34{,}1}{800}} = 3{,}28\,\%$
2. $p_2 = \frac{122 \cdot 100}{800} = 15{,}3\%$	$f_2 = 1{,}96 \cdot \sqrt{\frac{84{,}7 \cdot 15{,}3}{800}} = 2{,}49\%$
3. $p_3 = \frac{91 \cdot 100}{800} = 11{,}4\%$	$f_3 = 1{,}96 \cdot \sqrt{\frac{88{,}6 \cdot 11{,}4}{800}} = 2{,}20\%$
4. $p_4 = \frac{60 \cdot 100}{800} = 7{,}5\%$	$f_4 = 1{,}96 \cdot \sqrt{\frac{7{,}5 \cdot 92{,}5}{800}} = 1{,}82\%$

5 — 134.3. $n' = \frac{1{,}96^2 \cdot p(100-p)}{f'^2} = \frac{1{,}96^2 \cdot 65{,}9 \cdot 34{,}1}{4}$

$n' = n'(\text{absol. Gen.} = 2\% \wedge 95\%\ \text{Wahrscheinl.}) = 2158\ \text{Beob.}$

M M 2 (2)	Multimomentaufnahmebogen für zusammengefaßte Aufschreibungen																					Beobachter: X geprüft: X		Datum: 16.02.1976	
	Rundgang Tag	16.2.76						17.2.76						18.2.76						19.2.76		Ergebnisse			
Ablaufart	Nr.	1	2	3	4	5	6	7	8	9	10	11	12	13	14	15	16	17	18	19	20	Anzahl	Übertrag	Summe	Anteil p in %
Nr.	Bezeichnung / Zeit	7.14	8.29	9.15	11.16	13.48	15.01	7.58	9.36	11.56	13.04	14.14	14.41	8.01	10.04	12.03	13.28	14.28	15.15	6.27	6.58				
1	Maschine produziert	𝍸	𝍸	𝍸	𝍸	𝍸	𝍸	𝍸	𝍸	𝍸	𝍸	𝍸	𝍸	𝍸	𝍸	𝍸	𝍸	𝍸	𝍸	𝍸	𝍸	100			
		𝍸	𝍸	𝍸	𝍸	𝍸	𝍸	𝍸	𝍸	𝍸	𝍸	𝍸	𝍸	𝍸	𝍸	𝍸	𝍸	𝍸	𝍸	𝍸	𝍸	100			
		IIII	II	III	III	𝍸	IIII	IIII	II	IIII	II	II	𝍸	I	III	II	III	III	II	II	IIII	60			
2	Maschine produziert nicht	III	IIII	IIII	II	III	III	III	III	III	IIII	III	II	𝍸	II	IIII	IIII	III	IIII	IIII	II	65			
3	Maschine wird gerüstet	II	III	II	III	I	II	I	IIII	II	II	III	II	III	II	III	II	II	II	III	III	47			
4.	Sonstiges, und nichterkennbar	I	I	I	II	I	I	II	I	I	II	II	I	I	III	I	I	II	II	I	I	28			
Beobachtungen je Rundgang n_R																									100,0

10

2a Rundgang / Ablaufart		19.2.76				20.2.76						23.2.76						24.2.76				Ergebnisse			
	Nr.	21	22	23	24	25	26	27	28	29	30	31	32	33	34	35	36	37	38	39	40	Anzahl	Über-trag	Summe	Anteil p in %
Nr.	Bezeichnung / Zeit	7.02	9.12	10.39	12.22	7.18	9.03	11.02	13.20	14.53	15.55	8.26	9.14	10.11	12.36	13.58	15.18	7.58	9.09	11.24	12.38				
1.	Maschine produziert	卌	卌	卌	卌	卌	卌	卌	卌	卌	卌	卌	卌	卌	卌	卌	卌	卌	卌	卌	卌	100	100	200	
		卌	卌	卌	卌	卌	卌	卌	卌	卌	卌	卌	卌	卌	卌	卌	卌	卌	卌	卌	卌	100	100	200	
		III	卌	II	IIII	III	卌	III	II	III	卌	II	卌	III	IIII	I	III	卌	II	IIII	III	67	60	127	
																								×527	65,9
2.	Maschine produziert nicht	III	II	IIII	III	III	II	III	IIII	III	II	III	II	III	III	IIII	II	III	III	II	III	57	65	×122	15,3
3.	Maschine wird gerüstet	III	I	III	II	II	III	II	II	II	I	III	II	II	II	III	II	I	III	II	III	44	47	×91	11,4
4.	Sonstiges, und nicht erkennbar	I	II	I	I	II		II	II	II	II	II	I	II	I	II	III	I	II	II	I	32	28	×60	7,5
Beobachtungen je Rundgang n_R																								800	≈100,0

Lösungen zur BL

135. (15´) Fließfertigung : 15 Pkte

135.1. $Taktzeit = \frac{480\ min}{500\ Stck} = 0{,}96\ \frac{min}{Stck}$ 4

135.2. $Arbeitsplätze = \frac{Einzelarb.zeiten}{Taktzeit} = \frac{38\ min}{0{,}96\ min/Stck} = 39{,}6$ 4

135.3.

AG Nr.	Zeit/min	Arb.Plätze	Gew. Arb.Plätze
1	5	5,2	6
2	4	4,17	5
3	7	7,29	8
4	7,5	7,81	8
5	10	10,42	11
6	4,5	4,69	5
		39,58	43

4

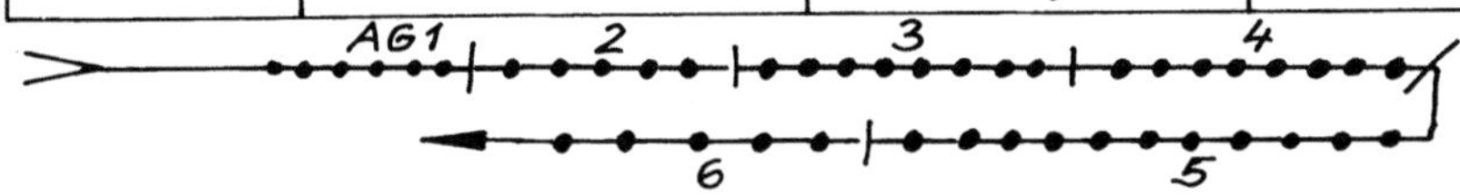

3

Weitere Möglichkeiten (gegenüberliegende Arbeitsplätze)sind auf Zweckmäßigkeit zu prüfen!

136. (12´) Zeitaufnahmen - Auswertung für Abläufe mit Wiederholungen : 30 Pkte

s. nächste Seite!

Arbeitsaufgabe	Scheiben drehen				
Auftrag Nr. 136	Menge m des Arbeitsauftrages 200		Abteilung Dreherei	Kostenstelle 782/03	
Datum der Zeitaufnahme 17.11.75	Beginn Uhrzeit Menge 15^{00}		Ende Uhrzeit Menge 16^{00}	Dauer 60 min	

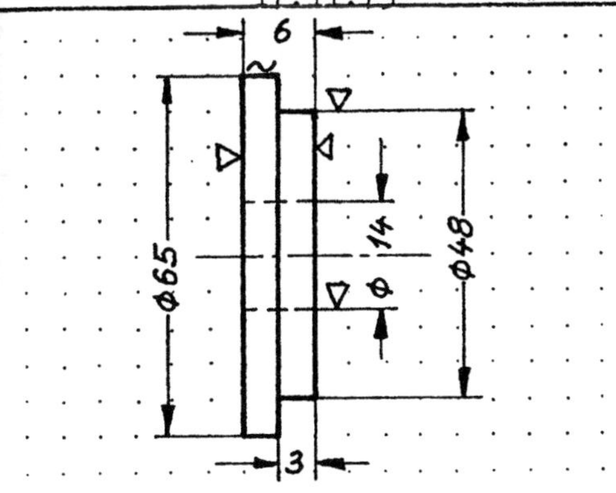

Zusammenstellung der Zeit je Einheit		Zeit in min/h	Herkunft
$t_a = m \cdot t_e$; $t_a = 200 \cdot 4{,}322$ =		864,4	
$T = t_r + t_a$; $T = 15 + 864{,}4$ =		879,4	
Vorzugeben: T =		880	
Grundzeit t_g		3,758	136.2.
Erholungszeit t_{er}	bei z_{er} = 0 %		
Verteilzeit t_v	bei z_v = 15 %	0,564	
sonstige Zuschläge			
Zeit je Einheit t_{e1}		4,322	
$t_{e1}/t_{e100}/t_{e1000}$ in min/h			
Rüstzeit t_r in min		15	

15

Nr.	Ablaufabschnitt und Meßpunkt	Bez.-menge	Einflußgröße	Meßwert, Klasse	Zy / m_z	1	2	3	4	5	6	7	8	9	10	11	12	13	14
1	Rundstahl Ø65x8 aufnehmen, einspannen u. ausrichten (normales Futter) Schlüssel ablegen	1	Weg (3a)	50cm	L	105	110	115	115	105	110	110	115	105	110		15Pkte		
					t_i														
					F	19	625	917	1170	1434	1715	2007	2298	2610	2920				
2	Ø14 Bohren von Hand 8mm lg, Reitstock zurück		n=500	1/min	L	105	105	100	110	110	100	105	100	105	110				
			s von Hand		t_i														
	Reitstock loslassen				F	88	680	979	1225	1496	1775	2073	2358	2675	2971				
3	Stahl mit Halter einsetzen u. planen mit autom.		n=500	1/min	L														
	Vorschub		s=0,1	mm	t_i														
	Maschine ausschalten				F	145	745	1038	1275	1551	1836	2143	2426	2736	28				
4	Stahlwechsel Ansatz drehen				L	100	105	100	100	105	105	100	105	105	100				
					t_i														
	Maschine ausschalten				F	224	825	1117	1358	1643	1917	2226	2513	2807	114				
5	Stahlwechsel Kantenbrechen		3 Stück		L	105	105	100	100	105	105	100	105	105	100				
					t_i														
	Maschine ausschalten				F	267	862	1147	1388	1679	1953	2260	2553	2877	143				
6	Scheibe ausspannen und ablegen					⊗	×		×		×		×						
					L	110	105	110	105	105	110	110	105	105	110				
					t_i														
	ablegen				F	593	895	1155	1417	1692	1988	2279	2588	2898	160				
					L														
					t_i														
					F														
					L														
					t_i														
					F														
					L														
					t_i														
					F														
					L														
					t_i														
					F														
			Summe der Zeiten je Zyklus t_z			293	302	(260)	262	275	296	291	309	(310)	262				

Lösung durch „Statistische Auswertung"

$n =$ 10 $k =$

$\bar{t}_z = \Sigma t_z / n =$ 2860 / 10 = 286

$\bar{R}_z = \Sigma R_z / k =$ 310-260 = 50

Spannweite je Zyklus R_z

$z = (\bar{R}_z / \bar{t}_z)\ 100\,\% =$ (50 / 286) 100 % = 17,5 % $\varepsilon =$ 4,2 % $\varepsilon' = \pm$ 5 % $n' =$

Nr/Zy	von	bis	Dauer	zusätzliche Ablaufabschnitte
6/1	293	593		austreten
×				messen

Nr/Zy	von	bis	Dauer	
5/9				Stahlhalter klemmt

136,1.

Lösungen zur BL

137. (9') Graphische Zeitermittlung : 10 Pkte

Φ mm	Dicke s mm	Länge cm	t_h min	t_n min	t_g min	t_v min 15%	t_e min
100	10	31,4	2,26	1,2	3,46	0,52	3,98
	15		2,51		3,71	0,56	4,27
	20		2,90		4,10	0,62	4,72
500	10	15,7	11,3	1,2	12,5	1,87	14,37
	15		12,6		13,8	2,07	15,87
	20		14,5		15,7	2,36	18,06

6

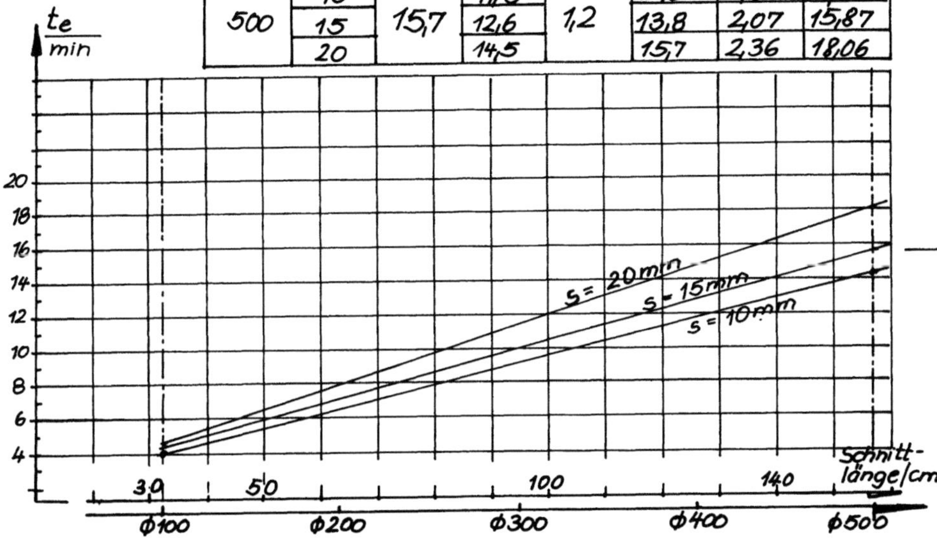

4

138. (5') Arbeitsbewertung : 8 Pkte

Bei der <u>summarischen</u> Arbeitsbewertung wird vorrangig nur die zur Arbeitsausführung erforderliche Ausbildung, bzw. das erforderliche Können berücksichtigt. Treten wesentlich andere Anforderungen auf, so ist man i.a. der Meinung, daß diese mit der Ausbildungsdauer in engem Zusammenhang stehen. 4

Bei der <u>analytischen</u> Arbeitsbewertung wird der Arbeitsplatz nach ganz methodischen Gesichtspunkten zerlegt und die den einzelnen Tätigkeiten eigenen Anforderungen werden nach Kenntnissen, Verantwortung und Belastung getrennt. 4

139. (5') Anforderungsarten : 6 Pkte

- Kenntnisse = Ausbildung, Erfahrung, Denkfähigkeit 1
- Geschicklichkeit = Handfertigkeit, Körpergewandtheit 1
- Verantwortung = für die eigene Arbeit, die Arbeit anderer und die Sicherheit 1
- Geistige Belastung = Aufmerksamkeit, Denkfähigkeit 1

1 -- Muskelmäßige Belastung = dynamische, statische oder einseitige Muskelarbeit

1 -- Umgebungseinflüsse = Klima, Nässe, Öl, Fett, Schmutz, Staub, Lärm, Erschütterung, Blendung und Erkältungsgefahr

140. (12´) Effektivlöhne : 15 Pkte

Effektivlohn = Zeitgrad·Normallohn

6 – Normallohn = $\frac{\text{höchster betr. Normallohn - niedr. tarifl. Normallohn}}{\text{höchster betr. Arbeitswert}}$. Wertzahl + niedrigst. tarifl. Normallohn

3 – A : $\left(\frac{10{,}80 - 6{,}80}{26} \cdot 7{,}2 + 6{,}80\right) \cdot 1{,}25 = \underline{\underline{9{,}88\ DM}}$

3 – B : $\left(\frac{10{,}80 - 6{,}80}{26} \cdot 16{,}4 + 6{,}80\right) \cdot 1{,}25 = \underline{\underline{11{,}65\ DM}}$

3 – C : $\left(\frac{10{,}80 - 6{,}80}{26} \cdot 18{,}8 + 6{,}80\right) \cdot 1{,}25 = \underline{\underline{12{,}12\ DM}}$

141. (20´) Fließfertigung : 30 Pkte

141.1. Fließband - schematisch - mengenteilungsmäßig

6 –

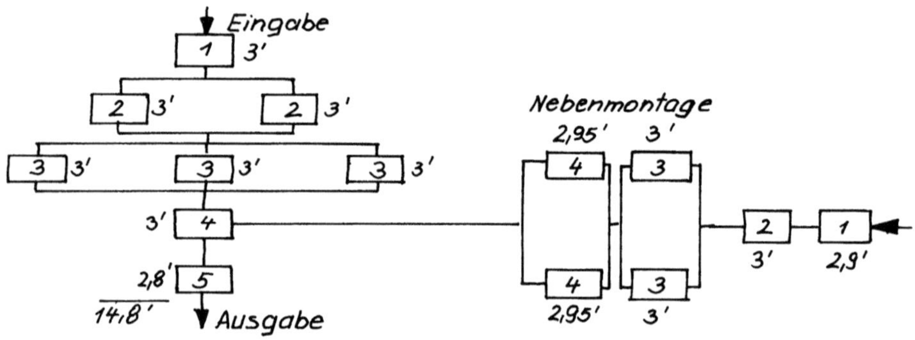

8 – 141.2. Solltaktzeitvorgabe t_s

$$t_s = \frac{\text{Schichtzeit}}{\text{Sollmenge/Sch.}} \cdot BWF = \frac{480'}{420\ \text{Stck}} \cdot 0{,}91 = \underline{\underline{1{,}04\ \text{min/Stck.}}}$$

8 – Isttaktzeit t_i

$$t_i = 1{,}14 \cdot \frac{100\,\%}{125\,\%} \cdot \frac{1}{BWF} = \underline{\underline{1{,}00\ \text{min/Stck.}}}$$

8 – Anzahl der Arbeitsplätze $n = \frac{\Sigma\, te}{\text{Solltaktzeit}} = \frac{23{,}8}{1{,}04} = 22{,}88 \sim \underline{\underline{23\ AP}}$

Lösungen zur BL

142. (20´) Auswertung von Zeitaufnahmen : 30 Pkte

Arbeitsaufgabe: Gleitrollengehäuse montieren

Auftrag Nr. 40325	Menge m des Arbeitsauftrages 1100	Abteilung Montage	Kostenstelle 532
Datum der Zeitaufnahme 18.11.75	Beginn Uhrzeit Menge 21	Ende Uhrzeit Menge 30	Dauer

142.2.

$$T = t_r + m \cdot t_e$$

$$t_e = t_g + t_v + t_{er}$$

$$t_e = t_g (100 + z_v + z_{er})\,\%$$

$$t_e = t_g (100 + 14 + 2)\,\%$$

$$t_e = 1{,}16\, t_g = 1{,}54\, min$$

$$T = (36 + 1100 \cdot 1{,}54)\, min$$

$$T = 1730\, min = 28{,}83\, h$$

Zusammenstellung der Zeit je Einheit	Zeit in ~~cmin~~/min/~~h~~	Herkunft
132,75 cmin	1,33	
Grundzeit t_g	1,33	
Erholungszeit t_{er} bei z_{er} = 2 %	0,03	
Verteilzeit t_v bei z_v = 14 %	0,18	
sonstige Zuschläge	—	
Zeit je Einheit t_{e1}	1,54	
$t_{e1}/t_{e100}/t_{e1000}$ in min/h	—	
Rüstzeit t_r in min/~~h~~	36	

15

Arbeitsverfahren und Arbeitsmethode

Gehäuse aus Transportkasten entnehmen und in Montagevorrichtung einle
Rollen aus Transportkasten entnehmen, prüfen und in Gehäuse einlegen.
Befestigungsbügel aufsetzen und mit Muttern und Splinten befestigen.
Fertig montierte Gehäuse in Transportkasten ablegen.

Arbeitsgegenstand (Eingabe)

Benennung	Werkstoff	Zustand bei Eingabe	Zeichn.-Nr.	Werkstoff Nr.	Maße, Forr Gewicht
Gleitrollen-Gehäuse	Stahlguß	bearbeitet	4521		5,0 kg
Rollen	Stahl	geschliffen	4521		0,5 kg
Bügel	Stahl	roh	4521		0,8 kg
Scheiben,Muttern,Splinte	Stahl	normal			

Mensch

Name	Personalnummer	m	w	Alter	Dauer der Ausübung ähnlicher Aufgaben	Dauer der Ausübung der untersuchte
Weber	0230	x		35	1 Jahr	

Betriebsmittel

Benennung, Type	Anzahl	Betriebsmittel-Nr.	Baujahr	technische Daten, Zustand
Montageverrichtung	1	131	72	gut
Schlosserwerkzeuge				

Umgebungseinflüsse normaler Arbeitslärm	Entlohnung Akkord

Nr.	Ablaufabschnitt und Meßpunkt	Bez.-menge	Zy / m_Z	1	2	3	4	5	6	7	8	9	10	11	12	13	14	15	$\Sigma L/n$ / $\Sigma t_i/n$	$\bar{L}$ / $\bar{t_i}$	$t = \frac{\bar{L}}{100} \bar{t_i}$	Zeitart
1	2 Stück zusammen aufnehmen und einlegen	2			o																	
			L										120						120/1	120	15,00	cmin
			t_i		25		28		21		26		25						125/10	12,5		
			F	⊿	25	⊿	53	⊿	74	⊿	100	⊿	125		↓							
2	beiderseits Laufrollen einsetzen	1	L	110		110		100		110		100			15 Pkte				530/5	106	44,84	cmin
			t_i	40	43	40	45	43	42	40	44	41	45						423/10	42,3		
			F	165	270	366	556	664	767	866	974	1080	1293									
3	Befestigungsbügel aufsetzen	1	L		120		110		110		120		80						540/5	108	13,50	cmin
			t_i	12	10	15	12	12	13	12	10	14	15						125/10	12,5		
			F	177	280	381	568	676	780	878	984	1094	1308									
4	Scheiben, Muttern und Splinte anbringen	1	L	100		100		100		90		110							500/5	100	22,70	cmin
			t_i	20	18	20	21	21	20	22	24	21	20						227/10	22,7		
			F	197	298	401	589	697	800	900	1008	1115	1328									
5	Muttern festziehen Splinte spreizen	1	L		100		80		110		80		80						450/5	90	26,37	cmin
			t_i	30	28	30	32	28	26	30	31	28	30						293/10	29,3		
			F	227	326	431	621	725	826	930	1039	1243	1358									
6	Werkstück aus Vorrichtung entnehmen u.ablegen	1	L										110						110/1	110	10,34	cmin
			t_i	8	10	8	10	11	8	10	9	10	10						94/10	9,4		
			F	1366	1376	1384	1394	1405	1413	1423	1432	1442	1452									

n = k =

$\bar{t_z}$ = $\Sigma t_z/n$ = / =

$\bar{R_z}$ = $\Sigma R_z/k$ = / =

/) 100 % = % ε = % ε' = % n' =

Σ t 132,75 cmin

Nr/Zy	von	bis	Dauer	zusätzliche Ablaufabschnitte
2/4	431	511	80	Unterbrechung durch Meister

Lösungen zu K A P I T E L II : Meß- und Prüftechnik, Steuerungs- und Regelungstechnik

II.1. Meß- und Prüftechnik

1. (9') Messen - Kosten für die Fertigung : 5 Pkte

- Werkstücke müssen maßhaltig sein, um als Baustein eines Systems dieses funktionsgerecht zu halten : Austauschbau — 2
- Mit steigender Genauigkeit = Maßhaltigkeit steigen die Kosten überproportional (z.B. Zollstock - Meßschieber - Außenmeßschraube - optische Meßzeuge) — 2

Daher: So genau wie möglich - so genau wie nötig! — 1

2. (10') Fehler allgemein : 5 Pkte

- Systematische Fehler = beherrschbare Fehler
  Gerätefehler, Fehler des Meßnormals, Meß- und Schwerkrafteinflüsse, Beobachterfehler, Umwelteinflüsse, Fehlerfortpflanzung — 3
- Zufällige Fehler = nicht beherrschbare Fehler
  Sie werden über Berechnungen ausgesteuert. — 2

3. (9 ') Relativer Fehler : 8 Pkte

- $A = \frac{d^2\pi}{4}$; $\left|\frac{\Delta A}{A}\right| \leq \left|\frac{\partial A}{\partial d}\right| \cdot |\Delta d| = 2\,\frac{|\Delta d|}{d}$ — 6
- $\left|\frac{\Delta A}{A}\right| \leq 2{,}77\,\%$ — 2

4. (12') Absoluter Fehler, relativer Fehler : 12 Pkte

4.1. $E = \frac{F \cdot L^3}{6420 \cdot 10^4 \cdot f} = \frac{10000 \cdot 2500^3\ N}{6420 \cdot 10^4 \cdot 11{,}6\ mm^2} = 209\,810\ N/mm^2$ — 3

4.2. $\left|\frac{\Delta E}{E}\right| \leq \left|\frac{\Delta F}{F}\right| + \left|\frac{3\Delta L}{L}\right| + \left|\frac{\Delta f}{f}\right|$ — 7

$\left|\frac{\Delta E}{E}\right| \leq 0{,}0691 \longrightarrow \underline{\Delta E = 14\,498\ N/mm^2}$

$\underline{\underline{E = (209\,810 \pm 14\,498)\ N/mm^2}}$ — 2

5. (9') Temperatureinfluß : 4 Pkte

$L_T = L_0(1 + \alpha\,\Delta T)$

$\underline{\underline{L_T = 200{,}01512\ mm}}$ — 4

6. (7´) Fehler 1. Ordnung : 5 Pkte

4 $f = a \cdot \tan\varphi = 100\,mm \cdot \tan 2' = 0{,}05818\,mm$

1 $\underline{\underline{Maß = 100{,}06\,mm}}$

7. (7´) Parallaxe : 8 Pkte

6 $f = \frac{a \cdot c}{b} = \frac{0{,}15 \cdot 32{,}5}{250}\,mm$

2 $\underline{\underline{f = 0{,}0195\,mm}}$

8. (7´) Abbé´sches Komparatorprinzip : 5 Pkte

5 Werkstück- und Maßstabsachse sollen hintereinander liegen; hierdurch können nur Fehler 2. Ordnung entstehen!

9. (7´) Fehler 2. Ordnung : 10 Pkte

6 $f = A\left(\frac{1}{\cos\varphi} - 1\right) = 26\,mm\left(\frac{1}{\cos 1'} - 1\right) = \underline{\underline{1{,}092 \cdot 10^{-6}\,mm}}$

2 $I = S - f = 26\,mm - 0{,}000\,001092\,mm$

2 $\underline{\underline{I = 25{,}99999891\,mm \approx 26\,mm}}$

10. (15´) Meßreihenauswertung : 15 Pkte

10.1.

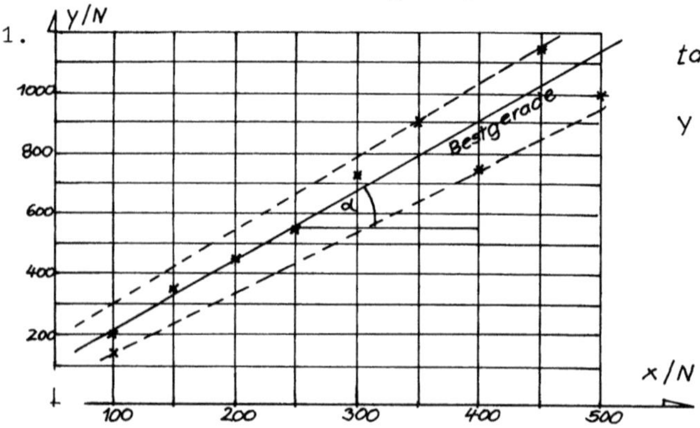

4 $\tan\alpha = \frac{900 - 550}{400 - 250}$

1 $y = \frac{7}{3}x - \frac{100}{3}\,N$

1

2 10.2. Die Diskussion der Fkt. y = 7/3 x - 100/3 N zeigt, daß für x = 0, y = - 33 N wird : unmöglich; außerdem sind die Streuungen der Werte zu groß!

10.3.

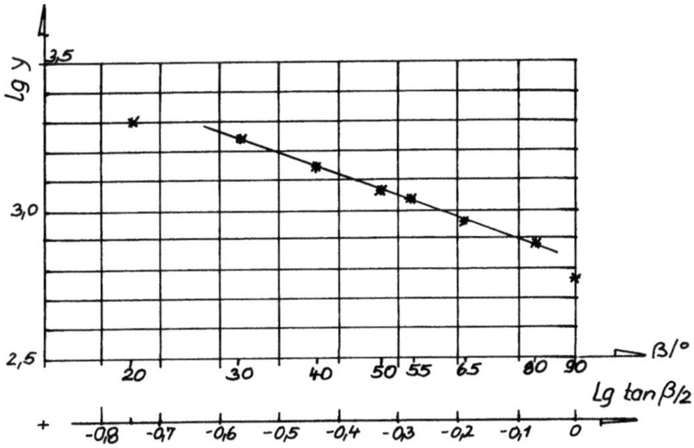

3

4

11.* (15') Meßunsicherheit bei Mehrfach - Messungen : 26 Pkte

11.1. $\bar{x} = 48{,}3192\,mm$ 1

$\sum_i (\bar{x} - x_i)^2 = 641600 \cdot 10^{-8}\,mm^2$ 1

$s = \sqrt{\frac{\sum(\bar{x}-x_i)^2}{n-1}} = 163{,}5 \cdot 10^{-4}\,mm$ 1

$VB = \pm \frac{t}{\sqrt{n}} \cdot s = \pm \frac{2{,}81}{5} \cdot 0{,}01635\,mm = 9{,}188 \cdot 10^{-3}\,mm$ (s. Tabelle) 2

$x = \bar{x} + VB = \begin{cases} 48{,}3283\,mm \\ 48{,}3100\,mm \end{cases}$ 2

11.2. $i = 0{,}45\sqrt[3]{D} + 0{,}001\,D$; i in µm, falls D in mm 1

$i = 1{,}6871\,\mu m$

Qualität	Toleranzfeldgröße
6	10i
7	16i
8	25i
9	40i
10	64i
11	100i

$40i = 67{,}48\,\mu m$ ← 2

$48{,}3\ H9 = \begin{cases} 48{,}367\,mm \\ 48{,}300\,mm \end{cases}$ 3

Alle Maße, außer 48,290 mm liegen im Vertrauensbereich und in dem Toleranzfeld → Neuauswertung der Meßreihe ohne 48,290 mm →

$\bar{x} = 48{,}3204\,mm$ 2

$s = 154{,}6 \cdot 10^{-4}\,mm$ 2

$VB = \pm\, 0{,}0089\,mm$ 2

$x = \begin{Bmatrix} 48{,}3293\,mm \\ 48{,}3115\,mm \end{Bmatrix}$ → echte Vertrauenswerte liegen im Bereich (von 48,31 bis 48,33) mm ! 7

12. (12´) Vertrauensgrenze - statistische Sicherheit : 20 Pkte

5 12.1. $s = 25{,}877 \cdot 10^{-3}$ mm; $\bar{x} = 164{,}349$ mm

15 12.2. t = 2,51, somit nach Tabelle der Aufgabe 11*: 95 % Wahrscheinlichkeit : $VB = + \frac{t}{\sqrt{n}} \cdot s$

13. (10´) Fehlerermittlung bei Einzelversuchen : 15 Pkte

3 Es ist zu beachten, daß $\Delta\beta$ im Bogenmaß eingesetzt wird!

12 $|\Delta F_T| \leq 0{,}692$ N; $\left|\frac{\Delta F_T}{F_T}\right| \leq 0{,}692$ %

14. (5´) Gerätefehler : 5 Pkte

1 - Verringerung des Abstandes a der beiden Ebenen

1 - Meßachse und Maßstabsachse liegen in einer Ebene

1 - Entlangschauen an den Teilstrichen

1 - Spiegel hinter dem Zeiger

1 - Schwarz-Weiß - Unterlegung (z.B. schwarzer Untergrund - weiße Teilstriche u. umgekehrt)

15. (5´) Fehlerhafte Meßzeuge : 5 Pkte

3 f = I - S = 24,99 mm - 25 mm = - 0,01 mm

2 S = I - f = 23,68 mm - (-0,01)mm = 23,69 mm

16.* (12´) Fehlerhafte Meßzeuge : 12 Pkte

3 Temperaturfehler des Normals : $f_N = L_{N20°C} \cdot \alpha_N \cdot \Delta t_N = +17{,}9\,\mu m$

3 Temperaturfehler des Prüflings : $f_P = L_{N20°C} \cdot \alpha_P \cdot \Delta t_P = 22{,}4\,\mu m$

3 Korrektur der Temperaturfehler : $\Delta L_{20°C} = (\text{Unterschiedsmaß}) + f_N - f_P$
$= 15\,\mu m + 17{,}9\,\mu m - 22{,}4\,\mu m$
$\underline{\Delta L_{20°C} = 10{,}5\,\mu m}$

3 Istmaß des Prüflings bei 20°C :
260 mm + 0,0105 mm = 260,0105 mm: das Maß liegt in der Toleranz

17. (7´) Passungen : 6 Pkte

1 - System Einheitsbohrung : H7 - n6 = Übergangspassung

1 - Nennmaß = 115 mm

1 -

	Welle n6	Bohrung H7
Größtmaß	115,045 mm	115,035 mm
Kleinstmaß	115,023 mm	115,000 mm
Toleranz	22 µm	35 µm

- Größtspiel = 12 µm 3
  Kleinstspiel = 0 µm
  Kleinstpressung = 10 µm
  Größtpressung = 45 µm

18. (7´) Endmaßkombinationen : 5 Pkte

<u>Endmaß - Normalsatz :</u>

Maßbildungsreihe	Anzahl	Blöcke Größe in mm	Stufung von Block zu Block in mm
1	9	1,001 bis 1,009	0,001
2	9	1,01 bis 1,09	0,01
3	9	1,1 bis 1,9	0,1
4	9	1 bis 9	1
5	9	10 bis 90	10

- Bei Endmaßkombinationen sollen möglichst wenig Blöcke verwendet werden, um den Summenfehler klein zu halten! 1
- 4

Endmaßkombinationen	43,347 mm	85,821 mm	67,009 mm	12,302 mm
Einzelblöcke	1,007 mm	1,001 mm	1,009 mm	1,002 mm
	1,04 mm	1,02 mm	6 mm	1,3 mm
	1,3 mm	1,8 mm	60 mm	10 mm
	40 mm	2 mm		
		80 mm		

19* (12´) Meßzeugfehler - Einflüsse auf Prüfmaße : 25 Pkte

19.1. Endmaßfehler nach DIN 861 :

- Maßabweichungen an beliebiger Stelle der Meßfläche vom Sollmaß heißen <u>Endmaßfehler</u> $f_b = l_b - l_c$ 2
- <u>Mittenmaßfehler</u> f_m = Abweichung des Mittenmaßes L_m vom Sollmaß L_o: $f_m = L_m - L_o$ 2
- <u>Meßflächenfehler</u> f_F = Abweichung eines beliebigen Maßes L_b vom Mittenmaß L_m: $f_F = L_b - L_m = f_b - f_m$ 2
- <u>Nach DIN 861 muß gelten</u> : $f_m + f_F \leq f_b$ 2
- <u>Schiefe s</u> = Abweichung einer Seitenfläche von ihrer rechtwinkligen Lage zu einer Meßfläche 2
- <u>Genauigkeitsgrad I</u> : $f_b = \pm\,(0{,}2 + 0{,}005 \cdot L)$ µm 2

$$f_F = \pm\,(0{,}16 + 0{,}00025 \cdot L)\ \mu m$$
$$s = \pm\,(60 + 0{,}12 \cdot L)\ \mu m$$

3 — Die 126 mm - Endmaßkombination wird gebildet aus 50 - 70 - 6 mm.

5 —

	Einzelfehler			Summenfehler
	6 mm	50 mm	70 mm	
Endmaßfehler f_b	$\pm 0,23$	$\pm 0,45$	$\pm$ 0,55	< 1,23
Meßflächenfehler f_E	$\pm 0,1615$	$\pm 0,1725$	$\pm$ 0,1775	< 0,5115
Schiefe s	$\pm$ 60,72	66	68,4	<195,12
Die Fehlerwerte sind in µm angegeben				

2 — 19.2. L = 126,0072 mm

3 — 19.3. Anzeige = 1,450 mm - 0,0072 mm = 1,4428 mm

20. (10´) Messen von Prüflehren : 15 Pkte

3 — 145 h8 - Rachenlehre: $N = 145^{\,0}_{-63}$ $H_1/2 = 6$ µm

$G = 145{,}000$ mm $H_p/2 = 2{,}5$ µm

$K = 144{,}937$ mm $Y_1 = 6$ µm

$T = 63$ µm $Z_1 = 9$ µm

4 — Gut neu = $G - Z_1 \pm H_p/2 = \begin{cases} 144{,}9935 \text{ mm} \\ 144{,}9885 \text{ mm} \end{cases}$

4 — Gut abgenutzt = $G + Y_1 \pm H_p/2 = \begin{cases} 145{,}0085 \text{ mm} \\ 145{,}0035 \text{ mm} \end{cases}$

4 — Ausschuß = $K \pm H_p/2 = \begin{cases} 144{,}9395 \text{ mm} \\ 144{,}9345 \text{ mm} \end{cases}$

21. (10´) Prüfmaße von Meßzeugen : 15 Pkte

3 — Ø 62 H6 - Lehrdorn : $N = 62^{+19}_{0}$

$H/2 = 1{,}5$ µm

$H_s/2 = 1{,}5$ µm

$Y = 2$ µm

$Z = 2{,}5$ µm

4 — Gut neu = $K + Z \pm H/2 = \begin{cases} 62{,}004 \text{ mm} \\ 62{,}001 \text{ mm} \end{cases}$

4 — Gut abgenutzt = K - Y = 61,998 mm

4 — Ausschuß = $G \pm H/2 = \begin{cases} 62{,}0205 \text{ mm} \\ 62{,}0175 \text{ mm} \end{cases}$

22. (10´) Prüfmaße von Meßzeugen : 15 Pkte

3 — Ø 50H6 - Lehrdorn : $N = 50^{+16}_{0}$

4 — Gut neu = $\begin{cases} 50{,}00375 \text{ mm} \\ 50{,}00125 \text{ mm} \end{cases}$

Prüflehre nicht festgelegt!

4 — Gut abgenutzt = 49,998 mm

4 — Ausschuß = $\begin{cases} 50{,}01725 \text{ mm} \\ 50{,}01475 \text{ mm} \end{cases}$

23. (30´) Meßverhalten eines Manometers : 30 Pkte

23.1. 4

23.2. 6

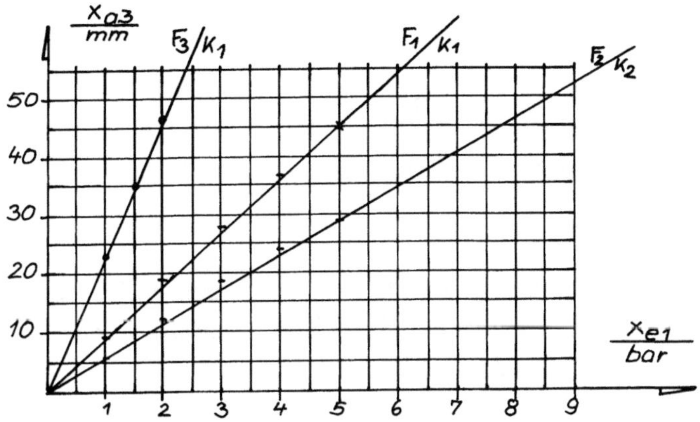

23.3. $f_1 = \frac{x_{a3}}{x_{e1}} = \frac{28{,}5\,mm}{3\,bar} = 9{,}5\ \frac{mm_a}{bar}$ 6

$f_2 = 23{,}33\ \frac{mm_a}{bar}$

$f_3 = 6\ \frac{mm_a}{bar}$

23.4. $f_1 = K_1 \cdot K_2 \cdot K_3$; $K_1 = 3{,}14\,cm^2$; $K_3 = 7\ \frac{mm_a}{mm_e}$; $K_1 \cdot K_3 = 3{,}14 \cdot 7\ \frac{cm^2 \cdot mm_a}{mm_e}$ 7

Feder 2: $K_2 = \frac{f_1}{K_1 \cdot K_3} = 0{,}106\ \frac{mm_e}{N} = C_2$

Feder 1: $K_2 = \frac{f_2}{K_1 \cdot K_3} = \frac{9{,}5}{3{,}14 \cdot 7 \cdot 10}\ \frac{mm_e}{N} = 0{,}0432\ \frac{mm_e}{N} = C_2$

23.5. System 1: $F_1 = 3{,}14 \cdot p$ in N ; Kolben 2: $F = p \cdot K_1 = 0{,}79\,p$ in N 7

System 2:

Feder 1: $s = 0{,}128 \cdot F$ in mm

Feder 2: $s = 0{,}0504 \cdot F$ in mm

System 3: $x_{a3} = 7\,x_{e3}$

24. (30´) Druckmessung : 30 Pkte

24.1. Überdruck - absoluter Druck 8

$p_{ü1} = \frac{(m_1 + m_2)\,g}{A_{Kolb}} = 0{,}56207\,bar$

$p_{1abs} = p_{ü1} + p_{ao} = (0{,}56207 + 1{,}013)\,bar = 1{,}575\,bar$

24.2. Absoluter Druck am Gefäßboden 8

$p_{ü2} = h \cdot \varrho \cdot g + p_{ü1} = 0{,}749\,bar$

$p_{2abs} = p_{ü2} + p_{ao} = 1{,}762\,bar$

14 24.3. Fehler der absoluten Druckmessung

$$p_{2ab} = 1{,}013 bar + h\varrho g + \frac{(m_1+m_2)g}{A}$$

$$|\Delta p_{2ab}| \leq |\varrho \cdot g| \cdot \Delta h + \left|\frac{g}{A}\right| \cdot |\Delta m_1| + \left|\frac{g}{A}\right| \cdot |\Delta m_2| = 280{,}7\ N/m^2$$

$$\left|\frac{\Delta p_{2ab}}{p_{2ab}}\right| \leq 0{,}159\,\%$$

25.* (30') Durchfluß - Messung : 40 Pkte

8 25.1. Standhöhe h : $\sqrt{\frac{2\Delta p}{\varrho_1}} = \frac{q_v}{\alpha \cdot A_d} = 10\ m/s$

$$\frac{2\Delta p}{\varrho_1} = \frac{2\varrho_1 \cdot h \cdot g}{\varrho_1} = 100\ m^2/s^2$$

$$h = 5{,}1\ m$$

8 25.2. Reynoldszahl Re

$$A_1 \cdot v_1 = \mu \cdot A_2 \cdot v_2\ ;\ v_1 = \mu\sqrt{2gh} \cdot \frac{A_2}{A_1} = 2{,}87\ m/s$$

$$Re = \frac{D \cdot v}{\nu} = \frac{0{,}15 \cdot 2{,}81}{1{,}38 \cdot 10^{-6}}\quad (\nu \text{ aus Kurvenblatt})$$

$$Re = 3{,}05 \cdot 10^5$$

4 25.3. Durchfluß - Beiwert - Überprüfung

$$\alpha_{neu} = 0{,}6817 \text{ nach DIN 1952, Tab. 5}$$

10 25.4. Standhöhen - Veränderung

$$Q = \alpha \cdot A_d \sqrt{\frac{2\Delta p}{\varrho_1}} = k\sqrt{\frac{2\Delta p}{\varrho_1}} \quad \text{mit } Q = Q_1/2 \Rightarrow$$

$$\frac{Q_1}{2} = k_2\sqrt{h} \Longrightarrow$$

Die Höhe h geht für Q = $Q_1/2$ auf den 4. Teil zurück!

10 25.5. Standhöhen - Veränderung

$$Q = \alpha \cdot \frac{d^2\pi}{4}\sqrt{\frac{2\Delta p}{\varrho_1}} = k \cdot d^2\sqrt{h} \quad \text{mit } d = d_1/2 \Rightarrow$$

$$\sqrt{h} = \frac{Q}{k\left(\frac{d_1}{2}\right)^2} \Longrightarrow$$

Wird die Drosselöffnung auf den halben Durchmesser verringert, so steigt die Höhe h auf das 16-fache an!

26.* (30') Durchfluß - Messung und Fehlerermittlung : 30 Pkte

26.1. Volumenstrom

$$q_v = \alpha \cdot m \cdot A_0\sqrt{\frac{2\Delta p}{\varrho_1}} \quad \text{mit } m = \frac{A_d}{A_D} = \left(\frac{d}{D}\right)^2 = \left(\frac{160}{250}\right)^2 = 0{,}4096$$

$$Re = \frac{D \cdot v}{\nu} = 4{,}36 \cdot 10^5$$

nach Tabelle :

		Re		
m	m^2	10^5	$4{,}36 \cdot 10^5$	10^6
0,4000	0,16	0,6633	0,6614	0,6600
0,4096	0,168		0,6645	
0,4243	0,18	0,6711	0,6691	0,6675

$\alpha = 0{,}6645$ durch zweifache Interpolation

$\Delta p = \Delta\varrho \cdot g \cdot h = (\varrho_{Hg} - \varrho_{H_2O}) \cdot g \cdot h$

$\Delta p = 20271\ N/m^2$

$\varrho_1 = 1000\ kg/m^3$

$$q_v = \alpha \cdot m \cdot A_0 \cdot \sqrt{\frac{2\Delta p}{\varrho_1}}$$ 15

$$q_v = 0{,}6645 \cdot 0{,}4096 \cdot \frac{0{,}25^2\pi}{4} \cdot \sqrt{\frac{2 \cdot 20271}{1000}}\ \frac{m^3}{s}$$

$$q_v = 0{,}0850\ m^3/s$$

$$q_v = 5104\ \ell/min$$

26.2. relativer Fehler der Volumenstrom - Anzeige 15

$$q_v = \alpha \cdot m \cdot A_0 \sqrt{\frac{2(\varrho_{Hg} - \varrho_{H_2O}) \cdot g \cdot h}{\varrho_1}}$$

$$\left|\frac{\Delta q_v}{q_v}\right| \leq \left|\frac{\Delta\alpha}{\alpha}\right| + \left|\frac{\Delta m}{m}\right| + \frac{1}{2}\left|\frac{\Delta h}{h}\right|$$

$$\left|\frac{\Delta m}{m}\right| \leq 2\left|\frac{\Delta d}{d}\right| + \left|\frac{\Delta D}{D}\right|$$

$$\left|\frac{\Delta Re}{Re}\right| \leq \left|\frac{\Delta d}{d}\right| + \left|\frac{\Delta v}{v}\right|$$

$$\left|\frac{\Delta Re}{Re}\right| \leq 7{,}68 \cdot 10^{-3}$$

$|\Delta Re| \leq 3348$ vernachlässigbar gegenüber $4{,}36 \cdot 10^5$

$$\left|\frac{\Delta m}{m}\right| \leq 0{,}01025$$

$$|\Delta m| \leq 4{,}2 \cdot 10^{-3}$$

$$m^* = |m + \Delta m| = 0{,}4138$$

Durch Interpolation:

$$\alpha^* = 0{,}6656$$

$$|\Delta\alpha| = \alpha^* - \alpha = 0{,}0011$$

$$\left|\frac{\Delta q_v}{q_v}\right| \leq \left|\frac{\Delta\alpha}{\alpha}\right| + \frac{2|\Delta d|}{|d|} + \frac{2|\Delta D|}{|D|} + \frac{1}{2}\frac{|\Delta h|}{|h|}$$

$$\left|\frac{\Delta q_v}{q_v}\right| \leq \frac{0{,}0011}{0{,}6645} + \frac{2 \cdot 0{,}5}{160} + \frac{2 \cdot 0{,}5}{250} + \frac{1}{2 \cdot 164} = 0{,}01495$$

$$\left|\frac{\Delta q_v}{q_v}\right| \leq 1{,}5\,\%$$

II.2. Steuerungs - und Regelungstechnik :

27. (5´) Grundlagen des Steuerns und Regelns : 5 Pkte

5 - in einem Regelkreis angeordnete Gerätefolge mit offenem Wirkungskreis

28. (7´) Grundlagen des Steuerns und Regelns : 10 Pkte

2 - Die Störgröße z_2 wirkt sich ungehindert auf die Raumtemperatur aus!

3 - Bei richtiger Bemessung des Steuergerätes wird die Stellgröße y gerade so verstellt, daß sie den Einfluß der Außentemperatur z_1 auf die Raumtemperatur x ausgleicht.

2 - Es ist kein geschlossener Wirkungskreis vorhanden, sondern 2 parallele Ketten, die von z_1 ausgehen und bei x enden.

3 - Bei einer Regelung wäre der Eingang des Gerätes nicht mit z_1, sondern mit x zu verbinden!

29. (5´) Grundlagen des Steuerns und Regelns : 5 Pkte

5 Auf eine Sprungeingabe reagiert ein Glied mit einer Totzeit (Trägheit des Gliedes)!

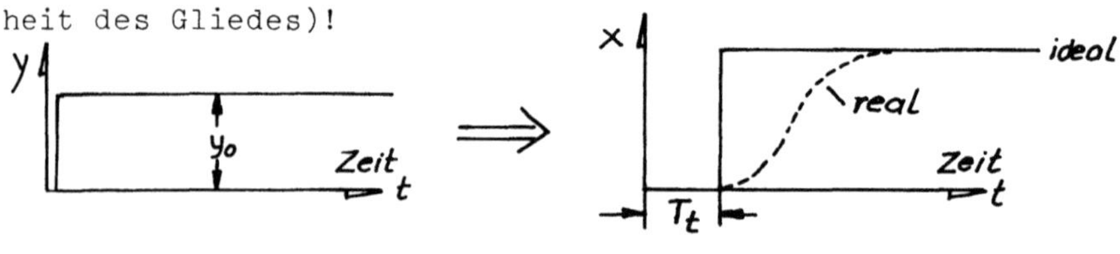

30. (5´) Grundlagen des Steuerns und Regelns : 7 Pkte

7 Die Tangente im Ursprung an die Kurve U = U(t) liefert im Schnittpunkt mit dem Gleichgewichtszustand U_∞ die Zeitkonstante T_s!

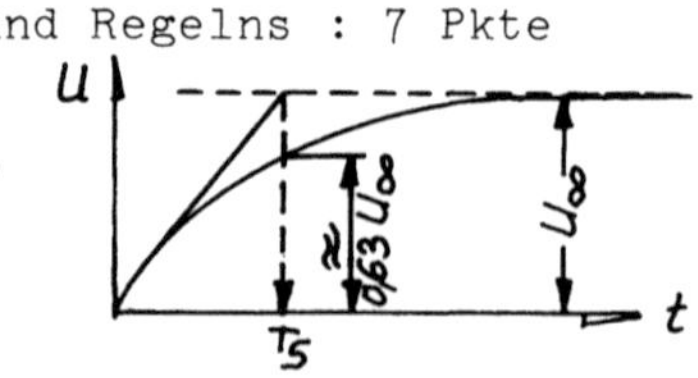

31. (7´) Grundlagen des Steuerns und Regelns : 6 Pkte

3 - Anlaufwert = $\frac{\Delta y / y_h}{\dot{x}_{max}} = A$; y_h = max. Stellmöglichkeit

$\dot{x}_{max} = \frac{\Delta x(t)}{\Delta t}$ = max. Veränderung der Regelgröße

3 - Anlaufzeit = Zeit in der der Sollwert x_k erreicht wäre:

$$T_A = x_k \cdot A$$

32. (9´) Grundlagen des Steuerns und Regelns : 9 Pkte

- Verstärkung = Die Verstärkung ist i.a. nicht einheitenlos; so hat z.B. die Änderung der Erregerspannung um 2 V eine Änderung der Drehzahl um 1000 1/min zur Folge und liefert eine Verstärkung von 500 1/(min·V). Allgemein gilt für stationäres Verhalten : 3

$$V_S = \frac{\Delta x^{\infty}}{\Delta y} = k \Longleftrightarrow \Delta x^{\infty} = k \cdot \Delta y = V_S \cdot \Delta y$$

- Ausgleichswert = Kehrwert der Verstärkung 3

$$q = \frac{1}{V_S} = \frac{\Delta y}{\Delta x^{\infty}}$$

- Ausgleichsgrad = einheitenlos 3

$$q' = \frac{\Delta y / y_h}{\Delta x^{\infty} / x_K}$$ mit y_h = max. Stellgliedverstellung
x_K = Sollwert
Δx^{∞} = Gleichgewichtszustand der Regelgröße

33. (7´) Regelstrecke 1. Ordnung : 15 Pkte

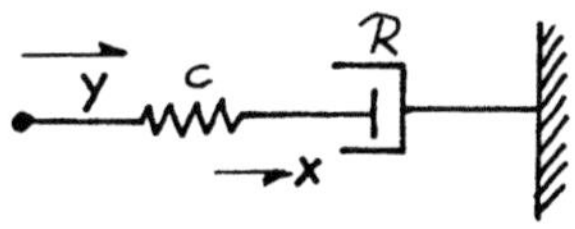

$$\left.\begin{aligned} F_R &= R \cdot \dot{x} \\ F_f &= c(y_o - x) \end{aligned}\right\} F_R = F_f$$

$$R\dot{x} = c(y_o - x) \Rightarrow \frac{R}{c}\dot{x} + x = y_o$$ 10

- Verstärkung $V_S = 1$
- Zeitkonstante $T_S = R/c$

$$\Bigg\} \quad x(t) = y_o\left(1 - e^{-\frac{c}{R}t}\right)$$ 5

34. (7´) Regelstrecke 1. Ordnung : 15 Pkte

- Steht die Maschine, so wirkt beim Anschalten der Maschine ein konstantes Moment M = y_o. Das Trägheitsmoment kann man sich bzgl der Motorachse auf einer Schwungscheibe denken; alle im Getriebe auftretenden Reibungen werden ebenfalls auf die Achse bezogen; bei laminarer Strömung liegt viskose Strömung vor und es gilt: K $\sim \dot{x}$ 5

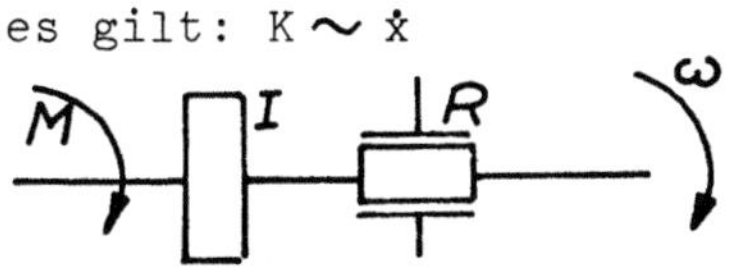

$$\rightarrow M = I \cdot \dot{\omega} + R\omega \rightarrow$$

$$\frac{M}{R} = \frac{I}{R}\dot{\omega} + \omega$$ 5

- durch Koeff.vergleich mit $V_S y_o = T_S \dot{x} + x$ $\Bigg\} \Longrightarrow V_S = \frac{1}{R} \wedge \frac{I}{R} = T_S$ 5

35. (15´) Regelstrecke 1. Ordnung mit P-Regler : 30 Pkte

6 35.1. Blockschaltbild des Regelkreises

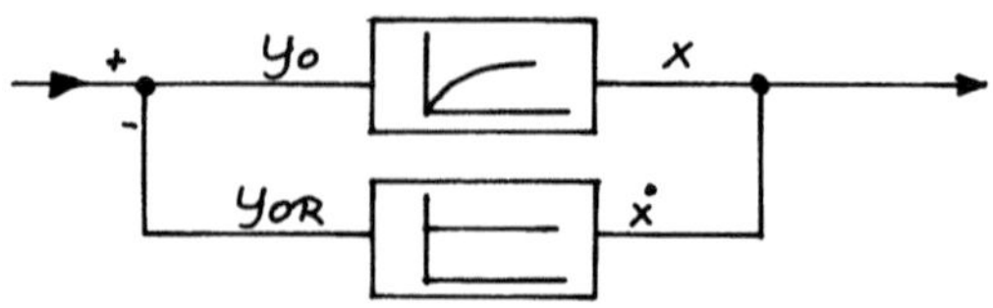

14 35.2. Regelkreisverhalten

- I. $T_S \dot{x} + x = V_S y_o \quad (0{,}2\dot{x} + x = 4{,}8 y_o)$
- II. $y_{oR} = V_r(x - w)$
- III. $-y_{oR} = y_o$

$$\Longrightarrow \quad T_S \dot{x} + x(1 + V_S \cdot V_r) = V_S \cdot V_r \cdot w$$

- $\dfrac{T_S}{1+V_S \cdot V_r}\dot{x} + x = \dfrac{V_S \cdot V_r}{1+V_S \cdot V_r} \cdot w \Longrightarrow x(t) = \dfrac{V_S \cdot V_r}{1+V_S \cdot V_r} w\left(1 - e^{-t/\frac{T_S}{1+V_S \cdot V_r}}\right)$
- $R = 2\,\% = \dfrac{1}{1+V} \cdot 100\,\% \longrightarrow V_{Ges} = 49$

$$\Longrightarrow \quad V_r \approx 10$$

10 35.3. Zeit, falls die Regelgröße 90 % des Führungsgrößensprunges erreicht hat:

- $\dfrac{w - w(t)}{w} = 0{,}9 \Longrightarrow 1 - \dfrac{V_S \cdot V_r}{1+V_S \cdot V_r}\left(1 - e^{-t/\frac{T_S}{1+V_S \cdot V_r}}\right) = 0{,}9$

$$\Longrightarrow \quad t \approx 8 \cdot 10^{-5}\,\mathrm{s}$$

36.* (15´) pT_1-Glied - I-Glied - Übergangsfunktion : 30 Pkte

6 36.1. erforderliche Eingangsspannung zur Aufrechterhaltung der Solldrehzahl:

- Der Motor ist eine Regelstrecke 1. Ordnung :

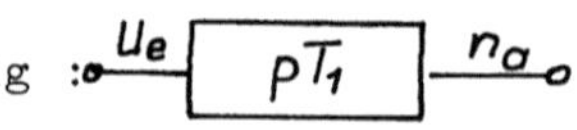

- $T_1 \dot{n}_a + n_a = V \cdot U_e$
- $V = \dfrac{\Delta n}{\Delta U_e} = \dfrac{\Delta x^\infty}{\Delta y^\infty} = \dfrac{75\ 1/\mathrm{min}}{5\ \mathrm{V}} = 15\ \dfrac{1}{\mathrm{min} \cdot \mathrm{V}}$
- $V = \dfrac{n}{U_e} = 15\ \dfrac{1}{\mathrm{min} \cdot \mathrm{V}} \Longrightarrow U_e = \dfrac{2800\ 1/\mathrm{min}}{15\ 1/(\mathrm{min} \cdot \mathrm{V})} = 186{,}6\ \mathrm{V}$

36.2. DGL der Regelstrecke und Übergangsfunktion :

- das Getriebe wirkt als integrale Regelstrecke, d.h. die Drehzahl entspricht der Zahnstangengeschwindigkeit:

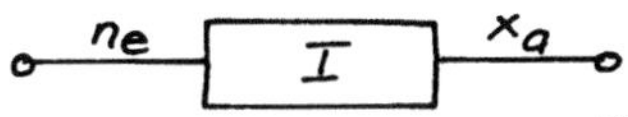

— $\dot{x}_a = c_I \cdot n_e$

$\dot{x} = v = 24\ mm/s$

$n_e = \frac{2800}{60} \cdot \frac{1}{s}$ 5

$\underline{\underline{c_I = \frac{v}{n_e} = 0{,}514\,mm}}$

— $n_a = n_e$ 9

$\rightarrow T_1 \cdot \dot{n} + n = V \cdot U_e$ mit $T_1 = 0{,}5s$

$V = 15\ 1/(min \cdot V)$

$c_I = 0{,}514\,mm$

— $n = v/c_I$

$\dot{n} = \dot{v}/c_I$

— $\Longrightarrow T_1 \dot{v} + v = V \cdot c_I \cdot U_e$

oder

$\underline{\underline{T_1 \ddot{x} + \dot{x} = V \cdot c_I \cdot U_e}}$ DGL. der Regelstrecke

— Übergangsfunktion 10

$T_1 \dot{v} + v = V \cdot c_I \cdot U_e$

besitzt die Lösung:

$v(t) = V \cdot c_I \cdot U_e \left(1 - e^{-t/T_1}\right)$

$v(t) = 15 \cdot \frac{1}{min \cdot V} \cdot 0{,}514\,mm \cdot 186{,}6\,V \left(1 - e^{-t/0{,}5s}\right)$

$\underline{v(t) = 1438{,}7 \frac{mm}{min} \left(1 - e^{-\frac{2t}{s}}\right)}$

— $x(t) = V \cdot c_I \cdot U_E \left(t + T_1 e^{-t/T_1}\right) + K$

$x(0) = 0 \Rightarrow K = -V \cdot c_I \cdot U_e \cdot T_1 \Rightarrow$

$\underline{\underline{x(t) = V \cdot c_I \cdot U_e \left[t - T_1\left(1 - e^{-t/T_1}\right)\right]}}$

37. (9´) I-Glied : 10 Pkte

3 — Wasserzunahme/s $= (0{,}6 - 0{,}1)\ \ell/s = 0{,}5\ \ell/s$

2 — $\dot{x} = \dfrac{\text{Volumenzunahme}}{\text{Querschnitt}} = \dfrac{500\ cm^3/s}{10\,000\ cm^2} = 0{,}05\ cm/s = 0{,}5\ mm/s$

3 — $c_I = \dfrac{\dot{x}}{\underline{t}\ y} = \dfrac{0{,}5\ mm/s}{5\ mm} = 0{,}1\ 1/s$

2 — $x = \int_0 y\,dt = 0{,}1 \cdot 5t + x_0 \Rightarrow \quad \underline{\underline{x(t) = 0{,}5\,t}}$

38. (30´) pT_1-Glied - P-Regler - I-Regler : 80 Pkte

38.1. Kenngrößen des Druckkessels:

20

- Verstärkung der Strecke = $V_S = \dfrac{\Delta x^{\infty}}{\Delta y} = \dfrac{(6{,}5-6)\ bar}{2\ mm} = \underline{\underline{0{,}25\ \dfrac{bar}{mm}}}$

- Ausgleichswert = $q = \dfrac{1}{V_S} = \underline{\underline{4\ \dfrac{mm}{bar}}}$

- Ausgleichsgrad = $q' = \dfrac{\Delta y / y_h}{\Delta x^{\infty} / x_K} = \dfrac{2 : 8}{0{,}5 : 6} = \underline{\underline{3}}$

- Totzeit = nicht vorhanden, falls die Störung gleich wirkt!

- Zeitkonstante = $T_S = \underline{\underline{0{,}8\ s}}$

- Anlaufwert = $A = \dfrac{\Delta y / y_h}{\dot{x}_{max}}$ mit $\dot{x}_{max} = \dot{x}(0)$

Gleichung der Strecke ohne Störung : $T_S \dot{x} + x = V_S \cdot y$

$$x(t) = V_S \cdot y\left(1 - e^{-t/T_S}\right)$$

$$\dot{x}(0) = \frac{V_S \cdot y}{T_S} = 0{,}625\ \frac{bar}{s}$$

$$\underline{\underline{A = \frac{2\,mm/8\,mm}{0{,}625\ bar/s} = 0{,}4\ s/bar}}$$

- Anlaufzeit = $T_A = x_K \cdot A = 6\,bar \cdot 0{,}4\ s/bar = \underline{\underline{2{,}4\ s}}$

30 — 38.2. Gleichung der Regelstrecke : (Änderung des Durchflusses)

$T_S \dot{x}_Z + x_Z = V_Z \cdot z \qquad$ mit $V_Z = \dfrac{x_Z^{\infty}}{z^{\infty}} = \dfrac{-2}{12-8}\ \dfrac{bar}{\ell/s}$

Störverstärkung

$$\underline{\underline{V_Z = -0{,}5\ \frac{bar}{\ell/s}}}$$

$$T_S \dot{x} + x = V_S\, y + V_Z \cdot z$$

$$\underline{\underline{x(t) = V_S\, y\left(1 - e^{-t/T_S}\right) + V_Z \cdot z\left(1 - e^{-t/T_S}\right)}}$$

38.3. Regelung der Regelstrecke durch einen P - Regler :

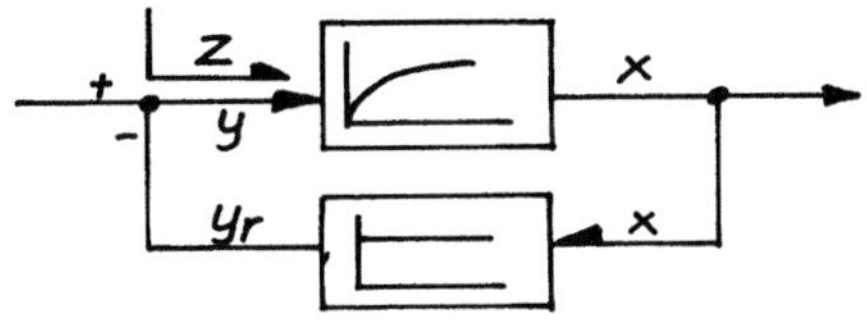

– I: $T_s\dot{x} + x = V_s \cdot y + V_z \cdot z$

– II: $y_r \quad = V_r \cdot x$

– III: $y \quad = -y_r$ (Verknüpfung)

– DGL des Regelkreises: 30

$$T_s\dot{x} + x(1 + V_s \cdot V_r) = V_z \cdot z \quad , \quad V = V_s \cdot V_r = 0{,}25\, V_r \,\frac{bar}{mm}$$

$$- \; x(t) = \frac{V_z}{1 + 0{,}25 V_r}\, z\left(1 - e^{-t/T}\right) \text{ mit } T = \frac{T_s}{1 + 0{,}25\, V_r}$$

$$- \; R = 0{,}1 = \frac{100}{1 + V_s \cdot V_r}\,\% \Rightarrow V_r = 36\,\frac{mm}{bar}$$

$$- \; R = 0{,}1 \wedge z = 2\,\ell/s \Rightarrow V = V_s \cdot V_r = 0{,}25\,\frac{bar}{mm} \cdot 36\,\frac{mm}{bar} = 9$$

$$x_r^{\infty} = \frac{V_z \cdot z}{1 + V} = \frac{-0{,}5\,\frac{bar}{\ell/s} \cdot 2\,\ell/s}{1 + 9} = -0{,}1\,bar$$

$$- \; x_r^{\infty} = -0{,}1\,bar$$

39.* (20´) Regelstrecke 2. Ordnung : 40 Pkte

$m = 150\,kg$; $R = 400\,kg/s$; $c = 3600\,kg/s^2$

– die DGL der Regelstrecke ≡ DGL eines Beschleunigungsmessers

$$m\ddot{x} + R\dot{x} + cx = cy \cdot u(t)$$

$$- \; \ddot{x} + \frac{8}{3}\dot{x} + 24x = 24y \cdot u(t)$$

– Charakteristische Gleichung:

$D^2 + \frac{8}{3}D + 24 = 0$ besitzt konjugiert komplexe Nullstellen;

⇒ Schwingfall 40

– Dämpfungsgrad $D^* = \frac{R}{2\sqrt{c \cdot m}} = 0{,}2722 < 1 \Rightarrow$ Schwingfall

– Dämpfungsfaktor $\alpha = -\rho = -\left(-\frac{R}{2m}\right) = \frac{4}{3} \cdot \frac{1}{s}$

– Eigenfrequenz des Systems: $\omega_0 = \sqrt{\frac{c}{m}} = 2\sqrt{6}\,\frac{1}{s} \approx 4{,}889\,\frac{1}{s}$

– Lösung:

$$x_{Gesamt} = y + A e^{-\rho t}\left[B \cos\omega t + D \sin\omega t\right]$$

$$v(0) = 0 \wedge \dot{v}(0) = 0 \Rightarrow$$

$$x_{Gesamt} = y\left[1 + 0{,}6\sqrt{3}\, e^{-4/3\, t} \sin\left(\tfrac{10}{3}\sqrt{2}\, t + 254°10'\right)\right]$$

40.* (120') Klausur zur Regelungstechnik : 100 Pkte

40.1. Schieberantrieb als Regelstrecke für die Schieberstellung:

8

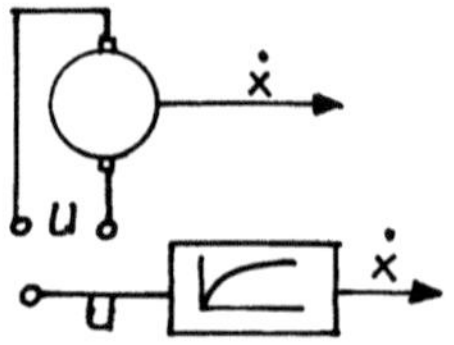

– der E-Motor wirkt auf $\dot{x} = v$ als PT_1-Glied

– setze $\dot{x} = u \Rightarrow$

$$T_S \dot{u} + u = V_S U_0 = T_S \ddot{x} + \dot{x}$$

$$- \; V_S = V(\ddot{x} \equiv 0) = \frac{\Delta \dot{x}^{\infty}}{\Delta U^{\infty}} = \frac{1{,}25}{10} \frac{cm}{V \cdot s} = 0{,}125 \frac{cm}{V \cdot s}$$

8 - Gleichung der Übergangsfunktion:

– $0{,}2\,\dot{u} + u = 0{,}125\,U_0$ hat als Lösung: $u(t) = Ae^{-5t} + 0{,}125\,U_0$

– Anfangsbed.: $u(0) = 0 \Rightarrow A = -0{,}125\,U_0$

– $u(t) = v(t) = 0{,}125\,U_0 \left(1 - e^{-5t}\right)$

– $x(t) = 0{,}125\,U_0 \left(t - 0{,}2 + 0{,}2\,e^{-5t}\right)$ aus Bedingung: $x(0) = 0$

mit t in s; U_0 in V; $x(t)$ in cm

- Übergangsfunktionsgraph für Δy = 10 V :

8

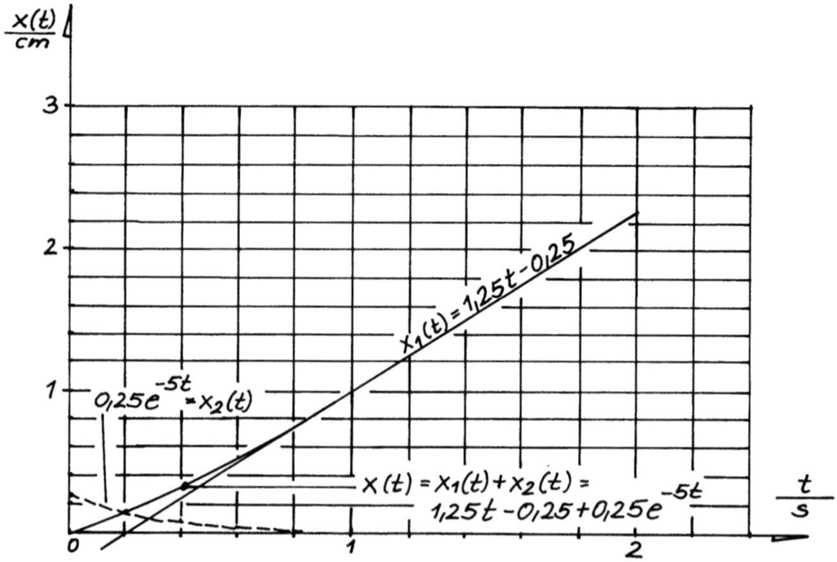

8 - Bode - Diagramm :

$$- \; F(p) = \frac{x_a^*}{x_e^*} \Rightarrow (0{,}2\,p^2 + p)\,x = 0{,}125\,U_0$$

$$F(p) = \frac{0{,}125}{0{,}2p^2 + p} = \frac{0{,}125}{0{,}2p + 1} \cdot \frac{1}{p} = F_1(p) \cdot F_2(p)$$

$$|F(p)| = \frac{V_S}{\sqrt{1 + T_S^2 \omega^2}} \cdot \frac{1}{\omega} \quad \text{mit } p = j\omega = \sqrt{-1}\,\omega$$

$$\tan\varphi = \frac{\operatorname{Im} F(p)}{\operatorname{Re} F(p)} = \frac{1}{T_S \cdot \omega} = \frac{5}{\omega}$$

– oder: $\lg|F| = \lg|F_1| + \lg|F_2|$ mit $|F_1| = 0{,}625/\omega \wedge |F_2| = 1/\omega$

Angaben in dezibel:

$$\frac{|F|}{dB} = 20 \lg|F| \Longrightarrow$$

$$- \frac{|F_1|_0}{dB} = 1{,}938 \quad \wedge \quad \frac{|F_1|_\infty}{dB} = 15{,}918 - 20 \lg\omega$$

$$- \frac{|F_2|}{dB} = -20 \lg\omega$$

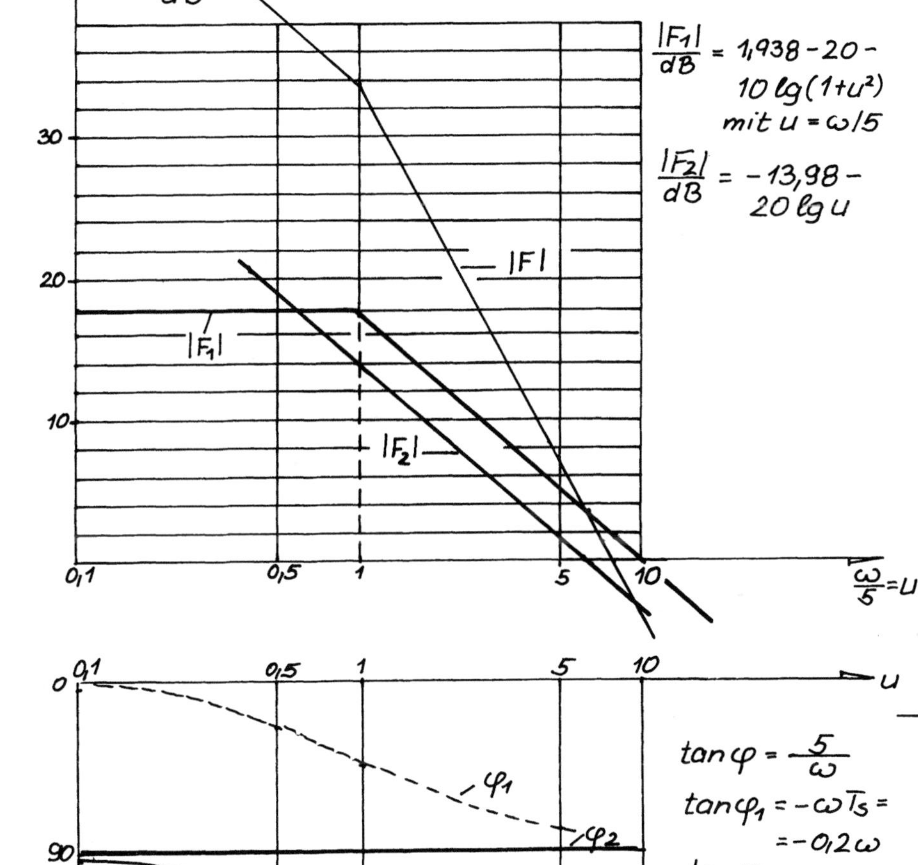

$$\frac{|F_1|}{dB} = 1{,}938 - 20 - 10 \lg(1+u^2) \quad \text{mit } u = \omega/5$$

$$\frac{|F_2|}{dB} = -13{,}98 - 20 \lg u$$

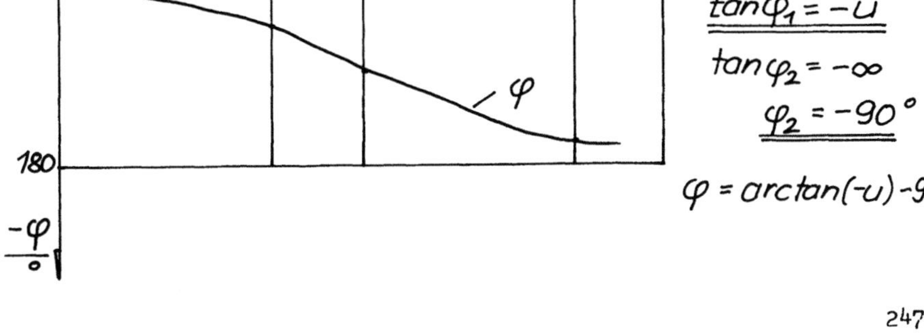

$$\tan\varphi = \frac{5}{\omega}$$

$$\tan\varphi_1 = -\omega T_s = -0{,}2\omega$$

$$\underline{\underline{\tan\varphi_1 = -u}}$$

$$\tan\varphi_2 = -\infty$$

$$\underline{\underline{\varphi_2 = -90°}}$$

$$\varphi = \arctan(-u) - 90°$$

8

– Ortskurve:

$$F(p) = \mathrm{Re}\,F(p) + \mathrm{Jm}\,F(p) = \frac{-V_S \cdot T_S}{1+T_1^2\omega^2} - j\,\frac{V_S}{T_S\omega^3+\omega}$$

$$F(j\omega) = \frac{-0{,}025}{1+0{,}04\,\omega^2} - j\,\frac{0{,}125}{\omega(0{,}04\omega^2+1)}$$

Setze: $\omega = 5u$

8 $$F(ju) = \frac{-0{,}025}{u^2+1} - j\,\frac{0{,}025}{u(u^2+1)}$$

Setze: $a = V_S \cdot T_S = 0{,}025$

Gleichung der Ortskurve = Kissoide:

$$-(a+X)\,Y^2 = X^3 \quad \text{mit} \quad X = \frac{-a}{1+u^2} \;\wedge\; Y = \frac{-a}{u(u^2+1)}$$

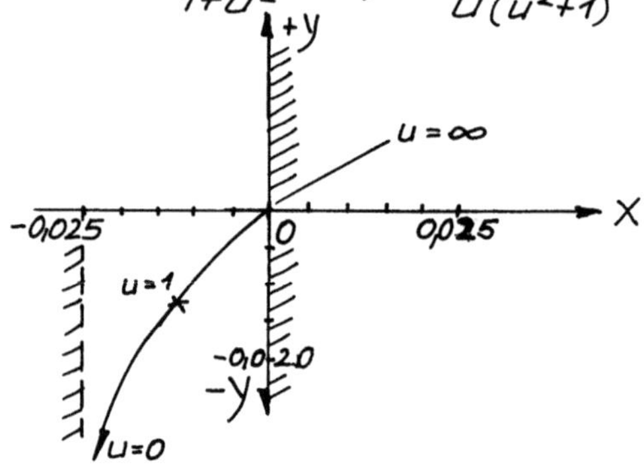

6 – Nullstellen und Pole:

$$F(p) = \frac{0{,}125}{0{,}2p^2+p}$$

– Nullstellen sind keine vorhanden

– Pole: $p(0{,}2p+1) = 0 \Rightarrow p_1 = 0$, $p_2 = -5$

– da $p_1 = 0 \Rightarrow$ der Einfluß von p_2 verschwindet sehr schnell;

– da $\mathrm{Re}\,p_2 < 0 \Rightarrow$ das System ist stabil

40.2. Die Strecke wird mit einem P-Regler geregelt:

– Die Gleichung des Regelkreises für das Führungsverhalten:

$$0{,}2\,\ddot{x} + \dot{x} = 0{,}125\,U_o$$
$$U_r = V_r(x - w)$$
$$U_r = -U_o$$

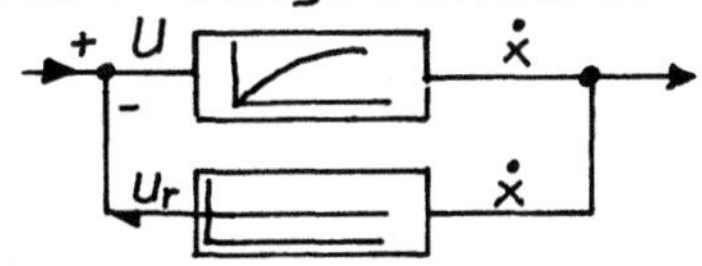

6

– $\underline{\underline{0{,}2\,\ddot{x} + \dot{x} + 0{,}125\,V_r x = 0{,}125\,V_r w\,\varepsilon(t)}}$

oder:

$\underline{\underline{T_S\,\ddot{x} + \dot{x} + V x = V w}}$

– die Übergangsfunktion lautet

$$x(t) = w\left(1 + \frac{\lambda_2 e^{\lambda_1 t}}{\lambda_1 - \lambda_2} - \frac{\lambda_1 e^{\lambda_2 t}}{\lambda_1 - \lambda_2}\right) \text{ für } \lambda_1 \neq \lambda_2$$ 5

– Bestimmung von V_{rap}: 5

$$\Leftrightarrow D = 1 = \frac{a_1}{2\sqrt{a_o \cdot a_2}} \quad \text{mit } a_1 = 1 \wedge a_o = V = 0{,}125\,V_r \wedge a_2 = T_S$$

$$1 = \frac{1}{2\sqrt{0{,}025\,V_r}}$$

$$\underline{\underline{V_{rap} = 10\,\frac{V}{cm}}}$$

– $0{,}2\,\ddot{x} + \dot{x} + 1{,}25\,x = 1{,}25\,w$ 10

$$\lambda_1 = \lambda_2 = -\frac{a_1}{2\,a_2} = -\frac{1}{2 \cdot 0{,}2} = -2{,}5$$

– $\underline{\underline{x(t) = w\left\{1 - (1 + 2{,}5t)\,e^{-2{,}5t}\right\}}}$

– Regelabweichung bei $w = 1\,cm \wedge V_r = 10\,V/cm \wedge t = 0{,}4\,s$:

$\underline{\underline{x(0{,}4) = 0{,}36\,cm}}$ 5

– V_r zum Abklingfaktor $k = 2 = e^{\frac{2\pi D}{\sqrt{1 - D^2}}}$ 5

für $k = 2 \Rightarrow$

D	0,1	0,2	0,25	0,32	0,5	0,7
k	2	3,33	5	8,33	25	500
n	10	5	4	3	2	1

n = Halbwellenzahl nach deren Ablauf $U_n \leq 4\%$ von U_1

k = Abklingfaktor $= \dfrac{U_a^{\infty} - U_{a1}}{U_a^{\infty} - U_{a2}}$; $D = \dfrac{a_1}{2\sqrt{a_o \cdot a_2}}$

$D = 0{,}1$ nach Tabelle oder durch Rechnung:

– $$0{,}1 = \frac{1}{2\sqrt{V \cdot T_S}} = \frac{1}{2\sqrt{0{,}2 \cdot 0{,}125\, V_r}}$$

$$\underline{\underline{V_r = 1000\ V/cm}}$$

5 – Periode des Einschwingvorganges:

$$T = \frac{2\pi}{\omega_0}\sqrt{\frac{1}{1-D^2}} \Rightarrow \qquad \omega_0 = \sqrt{\frac{a_0}{a_2}} = \sqrt{\frac{V_r \cdot V_S}{T_S}}$$

$$\underline{\omega_0 = \sqrt{\frac{1000 \cdot 0{,}125}{0{,}2}} = \frac{25}{s}}$$

$$\underline{\underline{T = \frac{2\pi}{25} \cdot \frac{1}{\sqrt{0{,}99}} \approx 0{,}2512\, s}}$$

5 – $T = f(V_r)$

$$T = 2\pi \sqrt{\frac{T_S}{(1-D^2)\, V_S}} \cdot \frac{1}{\sqrt{V_r}}$$

$$\underline{\underline{T \approx 8/\sqrt{V_r}}}$$

Lösungen zur Fertigungstechnik

Lösungen zu K A P I T E L III : Fertigungstechnik

III.1. Hüttentechnik

1. (9´) Erze : 10 Pkte

Namen	% Fe	Chemische Namen	chemische Gleichungen
Roteisenstein	40÷60	Oxid = Hämatit	Fe_2O_3
Vivianit	25÷50	Fe-Phosphat=Minette	$Fe_3(PO_4)_2 \cdot 8H_2O$
Magneteisenstein	45÷70	Mischoxid	$FeO \cdot Fe_2O_3$
Pyrit	bis 20 bis 60	Schwefelkies Aufbereitet	FeS_2; FeS_x
Brauneisenstein	25÷50	Oxid	$Fe_2O_3 \cdot xH_2O$; $FeO(OH)$; $FeO(OH)_2$

10

2. (5´) Erzaufbereitung : 8 Pkte
- Zerkleinerung in Backenbrecher und Mühlen
- Klassierung
- selektive Flotierung, z.B. Trennung von ZnS und PbS oder goldhaltige Mineralien

8

3. (7´) Erzaufbereitung : 10 Pkte

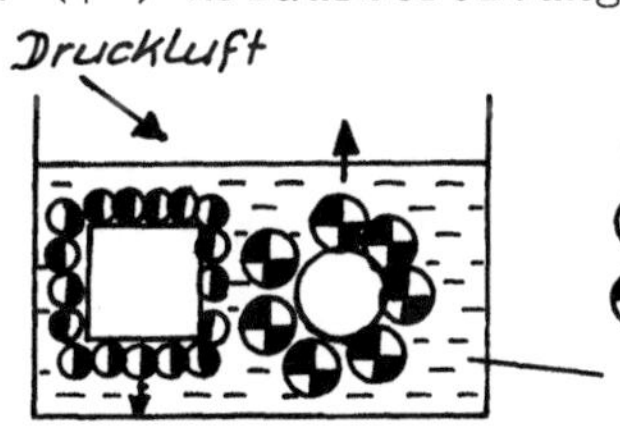

□:= benetzte (hydrophile) Körner
○:= unbenetzte (hydrophobe) Körner
◑:= Sammler (meist organische Verb.)
⊕:= Schäumer (Öle)

10

4. (7´) Erzaufbereitung : 10 Pkte
Ein Hardinge - Naßklassierer ist eine rotierende Trommel mit Wendel und Waschwasser; durch einen Schwemmeffekt wird das Feinkorn an der tiefen Stelle der Trommel abgezogen; das Grobkorn wird durch die Wendel mitgenommen.

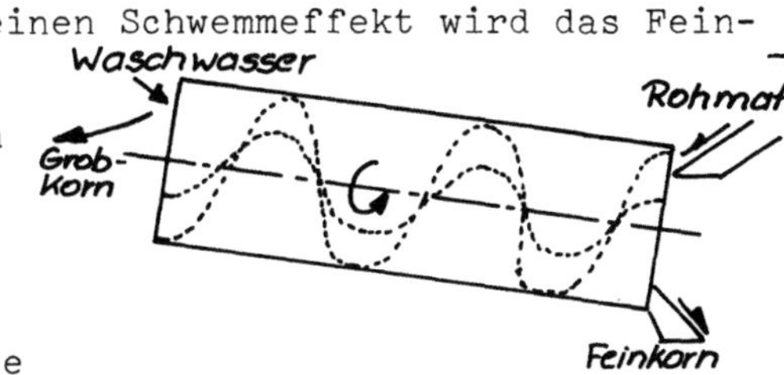

10

5. (5´) Erzaufbereitung : 5 Pkte
Spateisenstein = Eisenkarbonat ($FeCO_3$) mit 20 bis 40 % Fe:
ist für eine kostengerechte Verhüttung zu wenig Fe-haltig:

5

In einem Schachtofen wird das CO_2 aus dem klassierten Gut ausgetrieben; es entsteht Eisenoxydul-oxid, das stärker magnetisch ist; durch einen Magnetscheider (Laufband mit Trommel, wobei der E-Magnet in der Trommel sitzt) kann Berg und Erz getrennt werden.

6. (5´) Erzaufbereitung : 8 Pkte

4 - Phosphor : $2P(Erz) + \frac{5}{2}\{O_2\}(Warmluft) \longrightarrow \{P_2O_5\}$

$\{P_2O_5\} + 3\,(CaO) \xrightarrow{Wärme} (Ca_3(PO_4)_2)\downarrow$

4 - Silizium : $[Si](Erz) + \{O_2\} \xrightarrow{Wärme} (SiO_2)$

$(SiO_2) + (CaO) \longrightarrow (CaSiO_3)\downarrow$

7. (5´) Hochofen : 5 Pkte

5 Je höher die Temperatur, desto stärker werden die Ausmauerungen thermisch belastet (auch geringere Druckbelastung)!
Hochofen oben (im Schacht) : Schamotte - Steine
Hochofen unten (in der Windformebene) : Kohlenstoff - Steine

8. (5´) Hochofen : 10 Pkte

10 - Sturzfestigkeit - Trommelfestigkeit - Druckbeständigkeit -
- Körnung - Größe der Koksstücke - Wassergehalt - Schwefelgehalt

9. (5´) Hochofen : 5 Pkte

5 Je Anteil saurer Bestandteil, z.B. SiO_2 und Al_2O_3, müssen 0,7 Anteile basischer Zuschlag zugegeben werden, z.B. CaO!

10. (5´) Hochofen : 5 Pkte

3 - Schwefelgehalt ca. 0,8 % : nachträgliche Entschwefelung erford.
2 - großer Schlackenmengenanteil : wichtig für die Energiebilanz des Hochofens

11. (5´) Hochofen : 5 Pkte

5 Schlacken haben die Aufgabe: 11.1. *Aufnahme von S*
11.2. *Aufnahme von P* 11.3. *Aufnahme von Si*
11.4. *Trennung: Gangart - Fe* 11.5. *Mn-Gleichgewicht herstellen*
11.6. Schutz des flüssigen Fe vor Oxydation durch Wind

Lösungen zur Hüttentechnik

12. (5') Hochofen : 5 Pkte

- von dem Schwefel des Hochofenkokses mit ca. 1 % Schwefelgehalt!
- eine Schwelung des Kokses führt zwar zu S-ärmerem Koks : Grudekoks; dieser ist jedoch aus mehreren Gründen nicht so sehr geeignet!

5

13. (9') Hochofen : 15 Pkte

Reaktionsgleichungen	Temp.	Zonen des Hochofens	Reaktionsarten
$Fe_2O_3 + 3\{CO\} = 2\ Fe + 3\{CO_2\} + 25{,}53$ kJ/mol	≈ 1000 °C	direkte Reduktion Rast-Gestell	exotherm
$2\{CO\} = C + \{CO_2\} + x$ kJ/mol	200 °C bis 400 °C	Schacht → Gicht	exotherm
$FeS + \Delta H = Fe + S$	200-400	Gicht	endotherm
$2\ C + \{O_2\} = 2\{CO\} + 221$ kJ/mol	1300 °C bis 1500 °C	Windformebene	exotherm
$FeO \cdot (x\ H_2O) = FeO + \{H_2O\} - \Delta H$	200 °C bis 400 °C	Gicht	endotherm
$\{CO_2\}$ + Koks $= 2\{CO\} - 173$ kJ/mol	1500 °C	Windformebene	endotherm

5 5 5

14. (9') Hochofenreaktionen : 15 Pkte

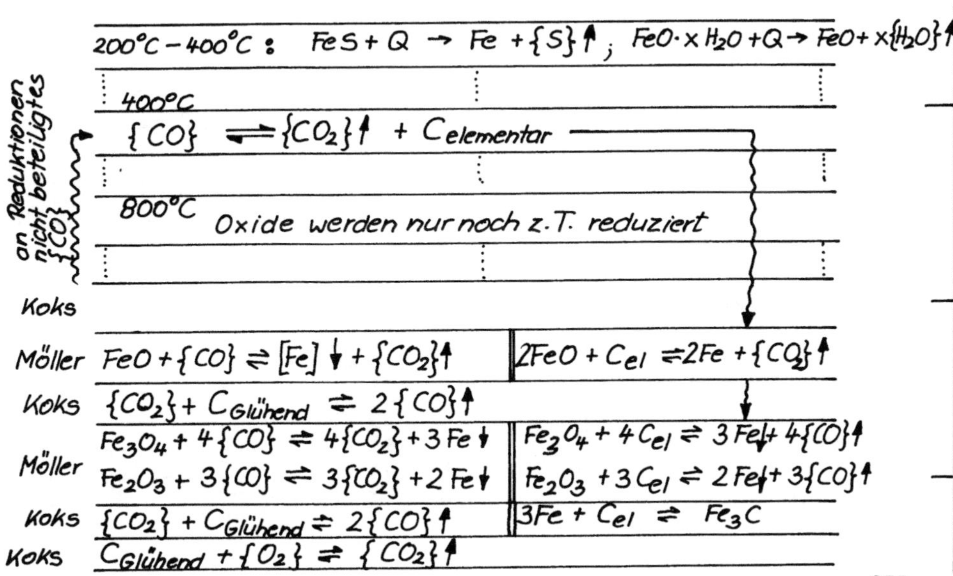

5 5 5

15. (9') Hochofenreaktionen / Gase : 15 Pkte

5 – O_2:= ----- Anteil vorher ca. 21 % beim Einströmen in die Windformebene; bei 800 mm über der Windformebene ist der Sauerstoffanteil ca. Null, da O_2 zur Bildung von CO-Gas benötigt wird: $C_{glühend} + O_2 = 2\{CO\}$

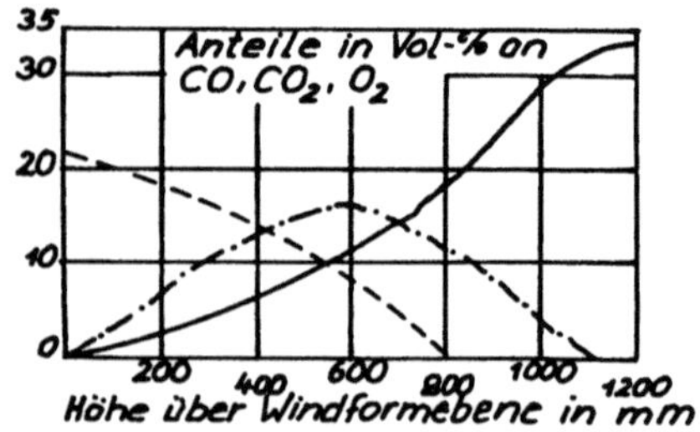

5 – CO_2:= -·-·-·- Der CO_2-Anteil hat bei ca. 600 mm ein Maximum, fällt bei 1100 mm auf 0 % zurück: $2\{CO\} + \{O_2\} = 2\{CO_2\}$ und $\{CO_2\} + \{C\} = 2\{CO\}$

5 – CO :=——— {CO} ist bei hohen Temperaturen das stabile, reduktionsfähige Gas!

16. (7') Hochofenreaktionen : 10 Pkte

10 – Durch Veränderung und Gleichhaltung des Möllers werden die w - förmigen Temperatur- und CO_2 - Linien (Schornstein-effekt) immer flacher und gehen bei aufbereitetem Möller nach japanischen Untersuchungen zu Schichtenform über!

17. (9') Hochofenreaktionen : 8 Pkte

8 – Je höher die Temperatur, desto höher der Energiebedarf, aber desto günstiger der Ausnutzungsgrad : geringer Koksverbrauch/ t Roheisen bei ca. 70 bis 65 % Kohlenmonoxid - Führung!

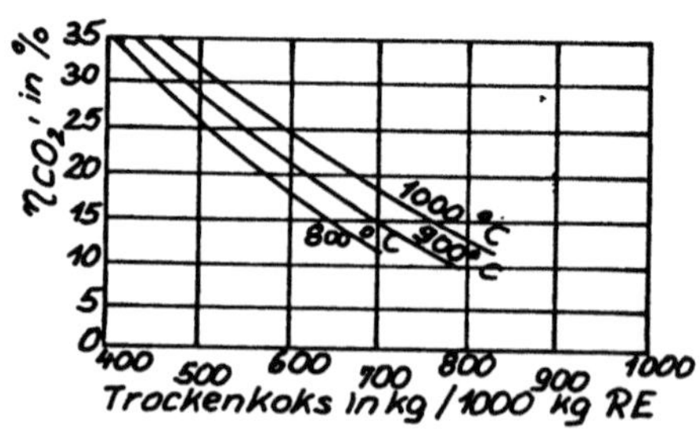

18. (7') Hochofenreaktionen : 6 Pkte

1,5 – - hohen Temperaturen entspricht geringer Abstand von der Windformebene : $\{H_2\}$ auf 2 %

1,5 – - $\{H_2\}$ + FeO = Fe + $\{H_2O\}$: dadurch ist die Linie rückläufig, d.h $\{H_2\}$ ist an Reduktionen beteili

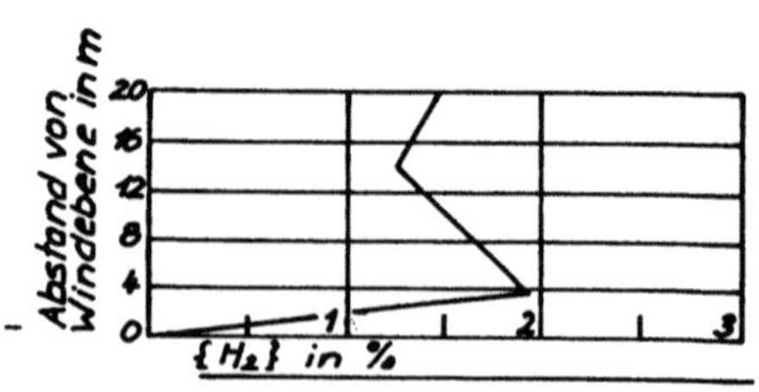

- $\{H_2\}$ ist für tiefere Temperaturen reaktionsfreudiger als CO, ein weiterer Grund für die Rückläufigkeit der Kurve — 1,5
- $\{H_2\}$ - Kurve im oberen Bereich (ab ca. 14 m) zunehmend durch Zunahme von Hydratwasser — 1,5

19. (7´) Hochofenreaktionen : 6 Pkte

T = 1173 K entsprechend 900 °C und p = 3 bar:
nach Diagramm 4 : ca. 20 %(Vol.) $\{CO_2\}$, entsprechend 80 Vol.% $\{CO\}$ ⇒ — 6
Aufkohlung (geschätzt) 0,2 bis 0,4 % C

20. (12´) Hochofenreaktionen : 25 Pkte

$\{CO\} : \{CO_2\} = 9:1 = 90:10 \Rightarrow 10\,\%\,\{CO_2\}$
$p = 10^5\,Pa = 1\,bar \Rightarrow$ Diagramm 4
$\Rightarrow \approx 920\,°C$; $\approx 0{,}6\,\%\,C$; Fe_3C-Gebiet: Aufkohlung
- Diagramm 5: $\frac{CO}{CO_2} \approx 10^{-1}$ bei 920 °C $\Rightarrow$
$p_{O_2} \approx 10^{-15} \Rightarrow \lg p_{O_2} = -15 \Rightarrow$
$a_{Fe} > 1 \Rightarrow \gamma$-Gebiet — 25

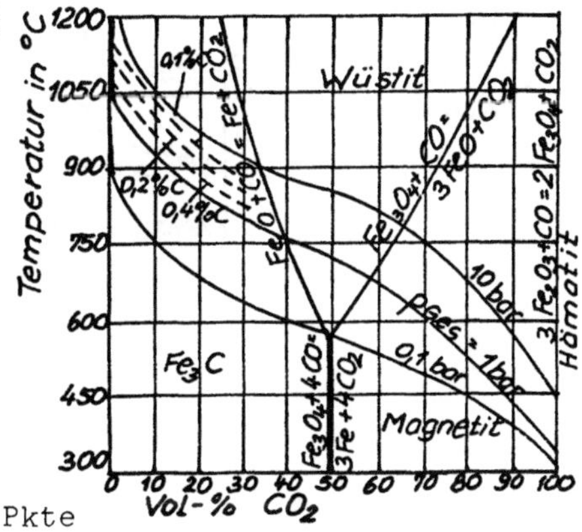

21. (9´) Hochofenreaktionen : 15 Pkte

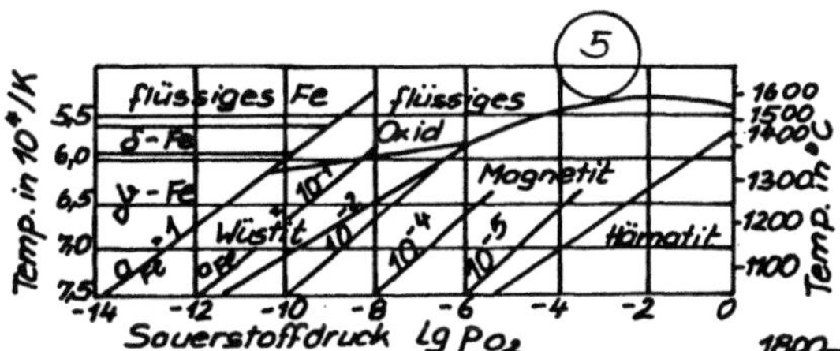

1570 K ≙ 1297 °C
$p_{O_2} = 10^{-6}$ bar
Magnetitgebiet (5) : Fe_3O_4
$\Rightarrow$ (6) $\Rightarrow$ (25 ÷ 28) Gew.% O_2 — 7

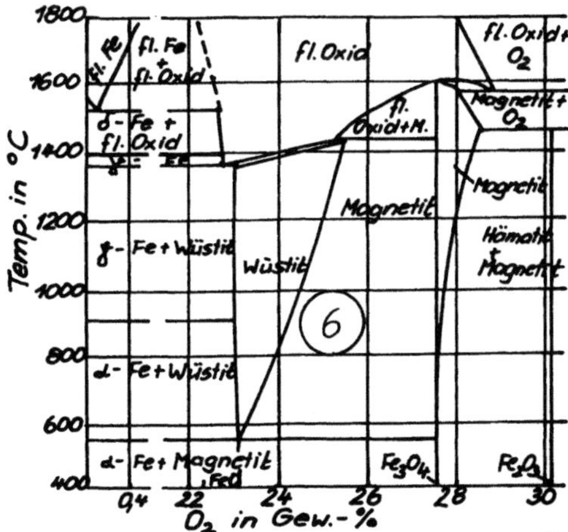

8

bei 1300°C

$p_{O_2} = 10^{-6}$ bar

$\Rightarrow CO_2/CO = 5 \cdot 10^1$

$= 50 : 1$

$\Rightarrow 98\% \; CO_2$

$\Rightarrow$ Diagramm 4

$\Rightarrow$ Magnetit-Gebiet

$\Rightarrow$ keine Aufkohlung

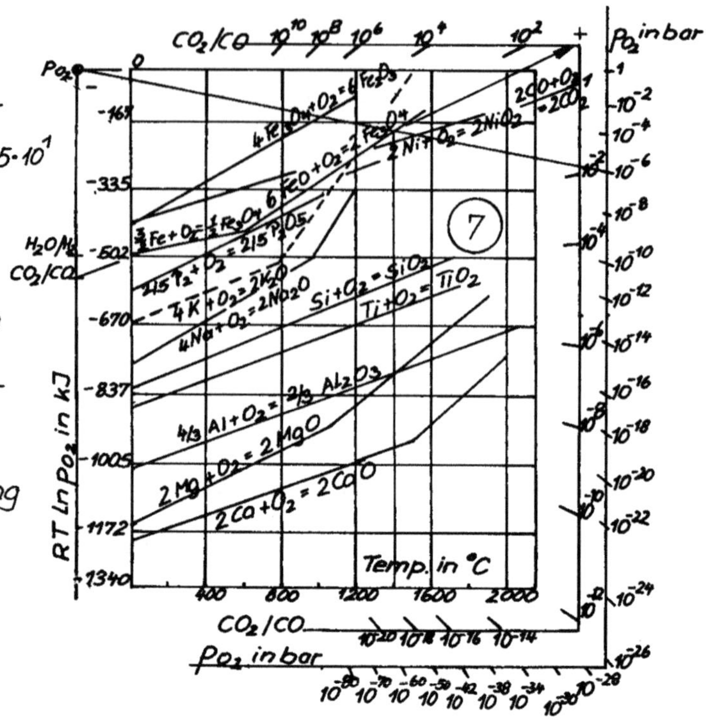

22. (9') Hochofenreaktionen : **15 Pkte**

$$\left.\begin{array}{l} T = 1600\,°C \\ 6\,FeO + O_2 \rightleftharpoons 2\,Fe_3O_4 \end{array}\right\} \text{Diagramm 7} \Rightarrow p_{O_2} = 10^{-3}$$ 5

$$Si + O_2 \rightleftharpoons SiO_2 \Rightarrow$$
$$p_{O_2} = 10^{-15}$$

→

Die Reaktion mit dem niedrigeren Dampfdruck ist stabil; somit kann die Reaktion 2 $Fe_3O_4 \doteq 6\,FeO + O_2$ über die Reaktion $Si + O_2 = SiO_2$ laufen, d.h. in saurer Schlackenführung; die gleiche Aussage liefert z.B. eine Reaktion wie 10

$4/3\,Al + O_2 = 2/3\,Al_2O_3$ oder
$2\,Mg + O_2 = 2\,MgO$ oder
$2\,Ca + O_2 = 2\,CaO$ (basisch)

23.* (15') Hochofenreaktionen : 25 Pkte

23.1. $\left.\begin{array}{l} T = 1100\,°C \\ p = 3\text{ bar} \end{array}\right\}$ Diagr. 4 ⇒ 98% CO (geschätzt) 5

$$\Rightarrow \frac{CO_2}{CO} = 2 \cdot 10^{-2}$$

Diagr. 7 ⇒ $p_{O_2} = 5 \cdot 10^{-16}$ bar

23.4. da die Reaktion $2\,Ni + O_2 \rightleftharpoons 2\,NiO_2$ einen höheren Sauerstoffpartialdruck hat, verschlackt Nickel nicht! 10
die Ti-Reaktion mit $p_{O_2} = 10^{-24}$ bar ⇒ Titan verschlackt!

23.2. $\lg p_{O_2} = -16 + \lg 5$ ⇒ Diagr. 5 ⇒ γ-Gebiet mit $a_{Fe} > 30$ 5

23.3. Aus Diagr. 4 ⇒ Aufkohlung $\approx (0{,}6 \div 1)\,\%$ C 5

24. (12´) Hochofenreaktionen : 10 Pkte

Pkte		Reaktionen	$\frac{\Delta H}{kJ/mol \cdot K}$	$\frac{\Delta S}{kJ/mol \cdot K}$	$-RT\ln k = \Delta H - T\Delta S$
2	24.1.	$C + O_2 = CO_2$	$-394{,}4$	$+0{,}84 \cdot 10^{-3}$	$-395{,}5$ kJ/mol
2	24.2.	$2C + O_2 = 2CO_2$	$-223{,}6$	$+0{,}175$	-451 kJ/mol
2	24.3.	$2CO + O_2 = 2CO_2$	$-565{,}5$	$-0{,}174$	-339 kJ/mol
2	24.4.	$CO_2 + C = 2CO$	$+169{,}6$	$+0{,}173$	-55 kJ/mol

2 - Je negativer das "Arbeitsvermögen", desto höher die Reaktionsgeschwindigkeit!

25. (20´) Hochofen - und Stahlreaktionen : 30 Pkte

[ ] := Stoff im Metallbad gelöst

{ } := gasförmiger Zustand

( ) := Stoff in der Schlacke

11 - 25.1. Mn - Si - Reaktionen

$$2\,(MnO) + 2\,[C_{el}] = 2\,[Mn] + 2\{CO\}$$
$$(SiO_2) + 2\,[C_{el}] = [Si] + 2\{CO\}$$

$$- \quad (SiO_2) + 2\,[Mn] = [Si] + 2\,(MnO)$$

$$- \quad K_{MnSi} = \frac{a^2_{(MnO)} \cdot a_{[Si]}}{a^2_{[Mn]} \cdot a_{(SiO_2)}} = \frac{a^2_{(MnO)} \cdot a_{[Si]}}{a^2_{[Mn]}}$$

$$K_{MnSi} \sim \frac{(\%Mn)^2 \cdot [\%Si]}{[\%Mn]^2} \Rightarrow K'_{MnSi} = \sqrt{K_{MnSi}} \Rightarrow$$

$$K'_{MnSi} = f\left(\frac{\%\,CaO}{\%\,SiO_2}\right) \Rightarrow \text{Diagr. 8} \Rightarrow$$

$$K'_{MnSi} = f\left(\frac{\%\,CaO}{\%\,SiO_2}\right) = \frac{(\%Mn) \cdot \sqrt{[\%Si]}}{[\%Mn]}$$

} Mn leichter zu reduzieren als Si für K'_{MnSi} ↓

11 - 25.2. S - Si - Reaktionen

$$[FeS] + (CaO) + [C_{el}] = (CaS) + [Fe] + \{CO\}$$
$$(SiO_2) + 2\,[C_{el}] = [Si] + 2\{CO\}$$

$$- \quad [FeS] + (CaO) + \tfrac{1}{2}\,[Si] = (CaS) + \tfrac{1}{2}(SiO_2) + [Fe]$$

$$- \quad K = \frac{(\%CaS) \cdot \sqrt{(\%SiO_2)} \cdot [\%Fe]}{(\%CaO) \cdot \sqrt{[\%Si]} \cdot [\%FeS]}$$

$$\frac{(\%\,CaS)}{[\%\,FeS]} \triangleq \frac{(\%\,S)}{[\%\,S]} \wedge [\%\,Fe] \approx const \Rightarrow$$

$$k'_{SiS} = \frac{(\%\,S)}{[\%S]\sqrt{[\%Si]}} = f\left(\frac{(\%\,CaO)}{(\%\,SiO_2)}\right) \Rightarrow$$

$$\Rightarrow \underline{\text{Diagramm 10}}: \; k'_{SiS} = f\left(\frac{(\%CaO)}{(\%SiO_2)}\right) \Rightarrow$$

Si in der Eisenschmelze kann als Indikator für den Reduktionsgrad des Schwefels angesehen werden: die Schwefelverteilung ist umso günstiger, je größer k'_{SiS} und je größer der Silizium-Anteil in der Schmelze; da dies jedoch nicht erwünscht ist, kann man die Reaktion durch Zusatz von MgO wesentlich bei gleichem Si-Gehalt verbessern : s. Diagramm 11

25.3. Mn - Fe - Reaktionen

$$[Mn] + (FeO) \rightleftharpoons (MnO) + [Fe]$$

$$k_{Mn} = \frac{(\%Mn)\cdot a_{Fe}}{[\%Mn]\cdot a_{FeO}} = f\left(\frac{(\%\,CaO)}{(\%\,SiO_2)}\right) \Rightarrow \underline{\text{Diagramm 9}}$$ 8

$$a_{Fe}/a_{FeO} \approx 1$$

26.*(20') Stahlreaktionen : 35 Pkte

26.1. bei 1 600 °C : **Berechnungen s.u.**

	Si (%)	Mn (%)	Fe (%)	Fe (kg)	S (%)	Einfluß von MgO
Schlacke	1,16	2,5	0,45	765	0,36	s. unten
Stahlbad	0,04	1,0	99,55	169235	0,04	
Gesamt	1,20	3,5	100,00	170 000	0,40	

11

$$- \; k'_{MnSi} = \frac{(\%Mn)\sqrt{[\%Si]}}{[\%Mn]} = \frac{2{,}5\sqrt{0{,}04}}{1} = 0{,}5 \Rightarrow \text{Diagramm 8} \Rightarrow$$

$$(\%\,CaO)\,/\,(\%SiO_2) = 1{,}3 \Rightarrow \underline{\underline{56{,}52\%\ CaO}}$$

26.2. Mit 56 % CaO $\Rightarrow$ Diagramm 9 $\Rightarrow k_{Mn} = 550 \Rightarrow$

$$550 = \frac{(\%Mn)\cdot 100}{(\%FeO)\,[\%Mn]} = \frac{(2{,}5)\cdot 100}{(\%FeO)\cdot[1]} \Rightarrow$$ 8

$\underline{\underline{(\%\,FeO) = 0{,}4545\,\%}}$ s. oben Tabelle

26.3.

$$\frac{(\%\,CaO)}{(\%\,SiO_2)} = 1{,}3 \Rightarrow \text{Diagramm 10} \Rightarrow k'_{SiS} = 45 \Rightarrow$$ 8

$$45 = \frac{(\%S)}{[\%S]\sqrt{[\%Si]}} = \frac{(\%S)}{[\%S]}\cdot\frac{1}{\sqrt{0{,}04}}\,; \text{ außerdem:}$$

$$[\%S] + (\%S) = 0{,}4 \Longrightarrow \underline{\underline{(\%S) = 0{,}36}}$$

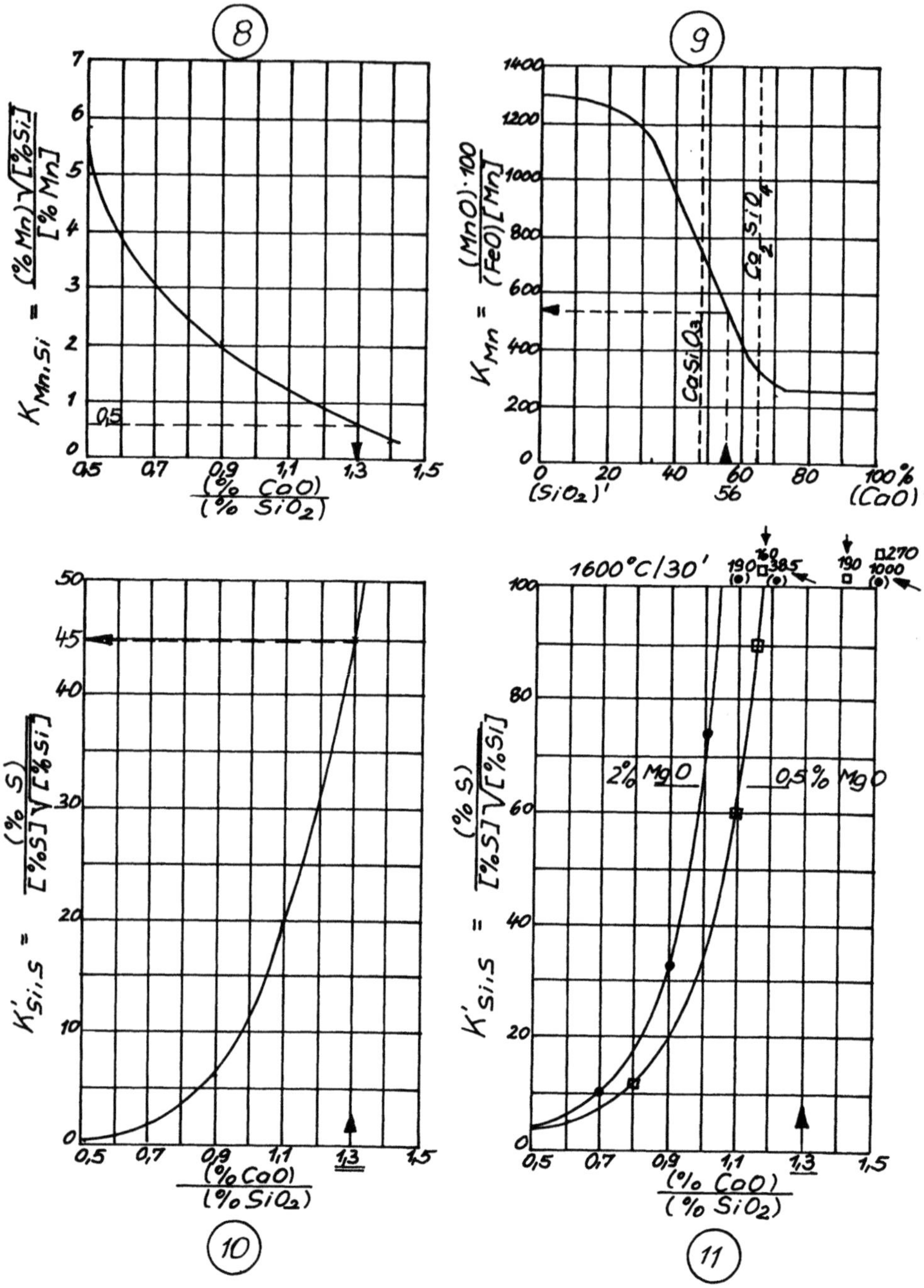

Diagrammwerte der Aufgabe 26*

$$k'_{SiS} \cdot 0{,}2 = 9 = \frac{(\%S)}{[\%S]}$$

$$(\%S) = 9\,[\%S] \Rightarrow$$

$$[\%S] = 0{,}04$$

$$(\%S) = 0{,}36$$

$$\Sigma\%S = 0{,}40\,\%$$

26.4. Durch 0,5 % MgO-Zusatz wird k'_{SiS} auf ca. 160 bis 190 erhöht, im Mittel 175, und damit Diagramm 11 :

$$175 \cdot 0{,}2 = 35 = \frac{(\%S)}{[\%S]} \Longrightarrow (\%S) = 35\,[\%S]$$

$$36\,[\%S] = 0{,}4$$ 8

$$\underline{\underline{[\%S] = 0{,}01}}$$

Der Wert für den Anteil an [S] im Eisen ist um das vierfache kleiner als ohne MgO : bei 2 % MgO liegt die Entschwefelung noch günstiger, da k'_{SiS} zwischen 385 und 1000 liegt!

27.(15') Stahlreaktionen : 25 Pkte

- nach Diagramm 12 : mit steigendem MnO-Anteil steigt die Aufkohlung, aber auch der Verschlackungsgrad des Mangans 5
- nach Diagramm 13 : dreidimensionales Raumbild 5
  bei einer 2 $MnO \cdot SiO_2$-Schlacke : 31 % CO_2
  bei einer $MnO \cdot SiO_2$-Schlacke : 14 % CO_2
- Diagramm 15 : Mit höherer Basizität der Schlacke, sei es durch Vergrößerung des CaO-Anteils, bzw. Verringerung des SiO_2-Anteils sinkt die Verschlackung des Mangans 5
- Diagramm 14 : Mit steigender Verschlackung des Mangans, steigt der K'_{SiS}, verbessert sich also die Entschwefelung 5
- MnO-SiO_2-Schlacke hat bei 31 % CO_2 (nach Diagramm 4) einen entsprechenden Gesamtgasdruck von 10 bar! 5

28* (30') Stahlreaktionen : 50 Pkte

150 "t" Roheisen bei 1597 °C

	Mn(%)	Si(%)	S(%)	C(%)
Roheisen	2,7	1,5	0,4	3,5
Stahl	0,5	0,05	0,05!	1,0
Schlacke	2,2	1,45	0,35	Gas

Herkunft der Tabellenwerte s. nächste Seite !

6 - Aussagen 28.1./.2./.3./.4. : nach Diagramm 17 bestimmt C i.a. die Reaktion (Ausnahme bei Schlackenführungswechsel): 11 min; der Schwefelanteil beträgt nach 11 min noch 1%: eine nachträgliche Entschwefelung ist daher erforderlich!

10 - Aussage 28.5. $K_{MnSi} = \frac{(\%Mn)\sqrt{[\%Si]}}{[\%Mn]} = \frac{2{,}2\cdot\sqrt{0{,}05}}{0{,}5} = 0{,}9838$

$\Rightarrow$ Diagramm 8 $\Rightarrow \frac{(\%CaO)}{(\%SiO_2)} = 1{,}16 \approx 1{,}2$

$\Rightarrow$

28.5. ist richtig!

10 - Aussage 28.6. $\frac{(\%CaO)+(\%Mn)}{(\%SiO_2)} \overset{!}{=} 1{,}2 \Rightarrow$ Diagramm 15 $\Rightarrow$

$K_{MnSi} = 0{,}9838 \Rightarrow \frac{(\%CaO)+(\%Mn)}{(\%SiO_2)} = 1{,}24 \Rightarrow$

der Hauptanteil der Schlacke wird von $\frac{(\%CaO)}{(\%SiO_2)}$ gestellt $\Rightarrow$

28.6. ist richtig!

10 - Aussage 28.7. $\frac{(\%CaO)}{(\%SiO_2)} = 1{,}2 \wedge (\%CaO)+(\%SiO_2) = 100\,\% \Rightarrow$

$(\%CaO) = 54{,}5 \Rightarrow$ Diagramm 9 $\Rightarrow$

$K_{Mn} = 550 = \frac{(\%MnO)\cdot 100}{(\%FeO)\cdot[\%Mn]}$

$(\%FeO) = 0{,}8 \Rightarrow$ 150 000 kg Einsatz $\Rightarrow$

Abbrand = 1200 kg $\Rightarrow$

28.7. ist richtig!

14 - Aussage 28.8. $\frac{(\%CaO)}{(\%SiO_2)} = 1{,}2 \Rightarrow$ Diagramm 10 $\Rightarrow$

$\Rightarrow K'_{SiS} = 30 = \frac{(\%S)}{[\%S]\sqrt{[\%Si]}} = \frac{(\%S)}{[\%S]\sqrt{0{,}05}}$

$\Rightarrow \frac{(\%S)}{[\%S]} = 6{,}7$

$\Rightarrow [\%S] = 0{,}05$

$\Rightarrow$ Aussage 28.8. nach Diagramm 10 ist falsch!

$\Rightarrow$ Diagramm 14 $\Rightarrow \frac{(\%CaO)+(\%Mn)}{(\%SiO_2)} = 1{,}24$

$$\Rightarrow \quad k'_{S/S} = 38 = \frac{(\%S)}{[\%S]\sqrt{0{,}05}} \rightarrow$$

$$\frac{(\%S)}{[\%S]} = 8{,}5 \rightarrow (\%S) = 8{,}5[\%S]$$

$$(\%S) + [\%S] = 0{,}4$$

$$\Rightarrow \underline{\underline{[\%S] = 0{,}04}}$$

$$\Rightarrow$$

Aussage 28.8. ist bei Mn-Berücksichtigung falsch!
Auf dem Auswertungsbogen sind als falsch zu kennzeichnen : 50
28.1./28.3./28.4./28.6./28.8.!

29. (5') Austrag von Hochöfen : 5 Pkte

29.1. Roheisen weiß 29.2. Roheisen grau
29.3. Gichtgas für Winderhitzer 29.4. Gichtgas für Weiterverarb. 5
29.5. Schlacke als Schotter 29.6. Schlacke weiterverarb. zu Zement

30.* (9') Verhüttung außerhalb von Hochöfen : 10 Pkte
- Voraussetzungen : gleichmäßige, kleine Körnung unter 0,5 mm 4
- Reduktionsgase : CO/CO_2- H_2/H_2O - Gasgemische; Arbeitstemperaturen über 600°C 3
- Qualität des Endproduktes : (60 bis 80)% - Eisenschwamm 3

31. (5') Roheisen : 5 Pkte
Mangan : über 4 %; Silizium : unter 0,5 %; Schwefel : (0,05bis 0,8)%
Kohlenstoff :(2,5 bis 4)%; Phosphor : (0 bis 2)% 5

32. (5') Roheisen : 7 Pkte
- rasche, gezielte Erstarrung: Stahlkokille
- Mn-Gehalt möglichst hoch 7
- Si-Gehalt gering
- Fe_3C - Ausscheidung im metastabilen System

Lösungen zur Hüttentechnik

33. (5´) Thomas-Verfahren : 7 Pkte

4 – P-reiches, aber S-armes Roheisen kann in basischer Ausmauerung verblasen werden: Der Abbrand der Ausmauerung wird durch Kalkzusatz in Grenzen gehalten und der Vorgang wird beschleunigt.

3 – Varianten des Thomas-Verfahren sind das DSN-Verfahren (Dampf-Sauerstoff-Neunkirchen), ein Verfahren,das mit 35 % Sauerstoff und Wasserdampf (über Mantelrohr) die Birne von unten beschickt und das OBM-Verfahren (Oxygen-Bodenblas-Maxhütte), das mit einem Gemisch aus Sauerstoff und Propan, bzw. Butan arbeitet (zusätzliches Einblasen von Kalkstaub erhöht die Reaktionen)!

34. (9´) Thomas - Verfahren : 15 Pkte

5 – Gleichgewicht herrscht, wenn : $p \cdot A = F = A \cdot h \cdot \gamma$

$$\Rightarrow p = h \cdot \gamma$$

$$h = \frac{p}{\gamma} = \frac{6 \cdot 10^5 \, \frac{N}{100\,dm^2}}{78 \, N/dm^3}$$

$$\underline{h = 77\,dm = 7{,}7\,m}$$

10 – Widersprüche zur Praxis : durch den überhöhten Druck erfolgt eine gute Gasdurchflutung der Schmelze und damit eine Verkürzung der Blaszeit!

35. (5´) LDAC - Verfahren : 6 Pkte

1,5 – kürzere Blaszeiten

1,5 – Frischen von S-Roheisen möglich, falls $\{(\%SiO_2) + (\%P_2O_5)\}$ über 2

1,5 – durch Schlackenwechsel während des Blasens : Beeinflussung der Abbrandfolge möglich

1,5 – durch Sauerstoff : geringerer Energiebedarf

36. (5´) Roheisenmischer : 6 Pkte

1,5 – Puffer zwischen Hochofen und Stahlwerk

1,5 – konstante Roheisenqualität pro Charge

1,5 – Beruhigung

1,5 – Temperaturhaltung : Energiefrage

37. (7´) SM - Verfahren : 8 Pkte

8 – Regenerativ-Feuerung: wechselseitige Steuerung von Windkammern zur Energie-Einsparung: wichtig für die langen Abbrandzeiten des SM-Verfahrens gegenüber LDAC!

Lösungen zur Hüttentechnik

38. (7') Stahlveredelung : 8 Pkte

- Aufnahme von C bis 6 % möglich — 2
- Mn-Stähle — 2
- Desoxydation — 2
- Rückkohlung — 2

39. (7') Stahleintgasung : 8 Pkte

- Alle Stahlentgasungsverfahren sind Unterdruck - Verfahren: mit sinkendem Partialdruck sinkt der Gasanteil! — 2
- Gießstrahlentgasung
- Teilmengenentgasung — 4
- Umlaufentgasung
- Pfannenentgasung
- Blockentgasung
- Wasserstoff- und stickstoffarme Stähle sind alterungsbeständig! — 2

Lösungen zur Gießereitechnik

III.2. Gießereitechnik :

40. (12') Grundlagen : 20 Pkte

4 – Temperatur : Je höher die Temperatur, desto besseres Formfüllungsvermögen; aber desto gröber das Erstarrungsgefüge!

4 – Gießgeschwindigkeit : Laminare Strömung erwünscht (Gesetz von Hagen-Poiseuille)

4 – Umlenkung des Gießstrahles : Totraumbildung und Turbulenzen

4 – Querschnittsänderungen, Öffnungsform : Einfluß auf Reynoldszahl und Totraumbildung (Unterdruckgebiete)

4 – Kokillenwerkstoff : Reibungseinfluß; Energieströmung beeinflußt die Kornausbildung und das System (z.B. Fe - C oder Fe_3C - Fe)

41. (7') Werkstoffnormung und Zusammensetzung : 8 Pkte

Pkte		% C	% Si	% Mn	% P	% S	% Ni
2	GGL - Ni35	2,4	1-2	0,4-0,8	–	–	34-36
2	GG - 20	3,3-3,5	1,8-2,0	0,6-0,8	< 0,5	–	–
2	GG - 30	2,6-3,0	1,2-1,8	0,8-1,2	< 0,2	–	–
2	GGG - 45	3,45-3,8	2,6-2,9	0,25-0,5	≈ 0,04	0,005 0,01	–

42. (12') Grundlagen : 20 Pkte

8 – 42.1. $p = h \cdot \gamma = 2{,}1\,dm \cdot 70\,N/dm^3$

$p = 0{,}0147\,N/mm^2$

$p = 0{,}147\,bar$

12 – 42.2. $F_D = A \cdot h \cdot \gamma = A \cdot p = \frac{\pi}{4}(d_1^2 - d_2^2) \cdot 0{,}0147 \frac{N}{mm^2}$

$F_D = 4738\,N$

$F_G = 1{,}5 \cdot F_D = 7107\,N$

$F_G = 7{,}1\,kN$

43. (20') Sandformguß : 30 Pkte

2 – 43.1. GGL - 30 = Austenitisches Gußeisen mit lamellarem C!

2 – 43.2. Sandformgießen

43.3. 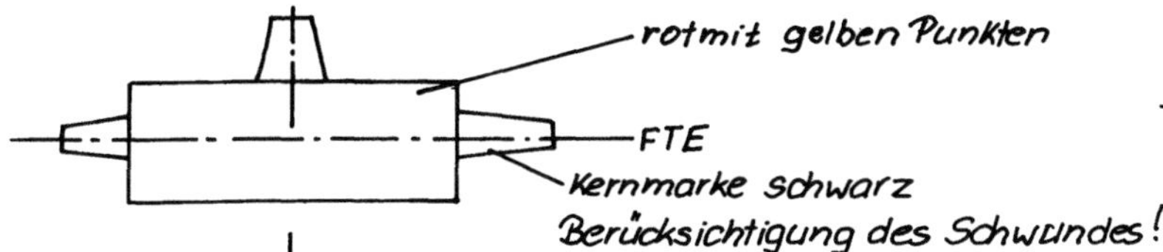

6

43.4. 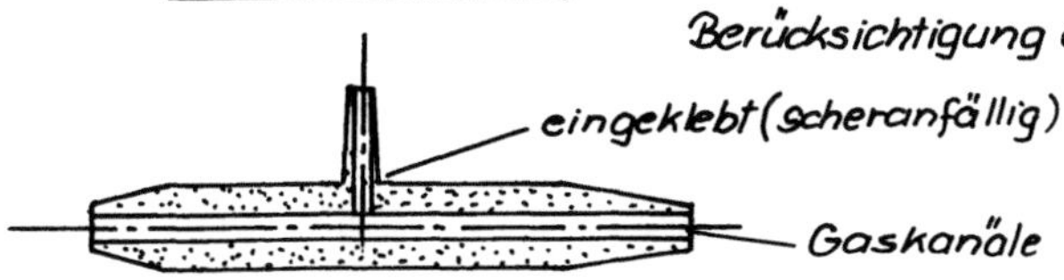

6

43.5. $Na_2SiO_3 + \{CO_2\} \xrightleftharpoons[1000-1200^\circ C]{} Na_2CO_3 + (SiO_2)_{aq}$ 4

43.6. Nach Bild 3 : Scherung, Schiebung, Auftrieb, Druck, Schrumpfspannung, Gase, Biegung 5

43.7. Lunker, Gasblasen, Schülpen, Rattenschwänze, Fadenlunker, Verzug, Versatz des Kernes 5

44. (30') Sandformguß : 40 Pkte

44.1. wichtige Voraussetzungen für Schmelzenverarbeitungen : 8

- Einhaltung bestimmter Mn-, Si-Anteile (Richtanalyse)
- Zugaben in der Gießpfanne : Ferromangan, Ferrosilizium : blasenfreier, gefügedichter Guß
- Schüttelvorgang der Gießpfanne : Verbrennung der Zusätze mit starker Wärmeentwicklung und guter Entgasung
- Überhitzung der Schmelze : Keime werden beseitigt; größere Unterkühlung möglich
- zu vergießende Querschnitte und Wanddicken beeinflussen die Ausbildung des Endgefüges und der mechanischen Kennwerte, z.B. für GG-25 :

Wanddicke	15 mm	60 mm
Zugfestigkeit	300 N/mm^2	150 N/mm^2

44.2. Herstellung der Schmelze für GG-25 : 8

- Ausgangsstoffe : Gattiertes Hütten- oder Koksroheisen
  Zuschläge: Gußbruch, Stahlschrott, Ferrosilizium, Ferromangan, Spiegeleisen
- Öfen : Kupolöfen (mit Koks- oder Ölfeuerung)
  Hochfrequenz-Elektroöfen
  Kleinkonverter
  Elektro-Lichtbogenöfen

44.3. Holzmodell mit Angabe von Maßen, Farben und Aufbau:

- Schwindung für Grauguß : ca. 1 % für alle Maße
- Bearbeitungszugabe : 2 bis 5 mm
- Holzmodell : - Holz, vor dem Verleimen gesperrt (vorher auf 6 bis 8 % Feuchtigkeit getrocknet)
  - Güteklasse III : Für 1 bis 5 Abgüsse ausreichend
  - scharfe Übergänge sind mit Kitt hohlkehlförmig zu runden
  - Farben : GG = rot; zu bearbeitende Oberflächen = gelb getupft; Kernmarken = schwarz
  - Aushebeschrägen an Rippen beachten!

8

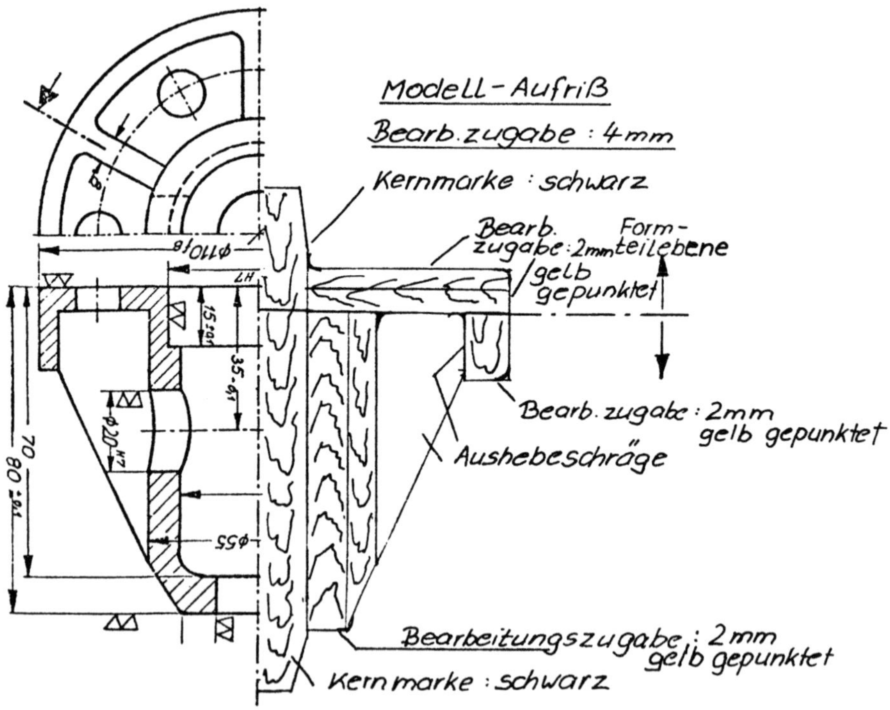

8 44.4. Lage des Holzmodells im Formkasten mit den "Vorrichtungen" zum Vergießen der Leerform:

- Kern - Steiger, Speiser - Schlackenfang - Luftkanäle -
- Formfüllraum mit Kern und Auftriebssicherung - Sicherung von Ober- und Unterkasten - Gewicht - s. n. Seite

Prinzipskizze :

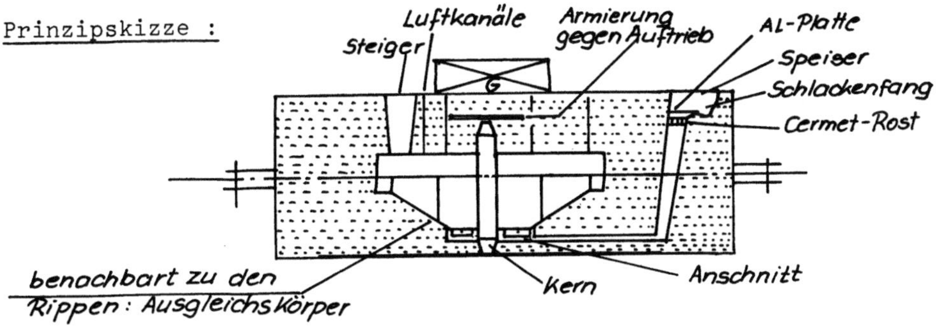

44.5. Beansprungstypen des Kernes : 8

- während des Gießvorganges : Gasdurchlässigkeit - Scher-und Biegebeanspruchung - Wärmebeständigkeit - Unbenetzbarkeit (Vererzungsgefahr)
- im Abkühlungsvorgang : Druckspannung - Gasaufnahme - Wärme-Abführung
- nach dem Abkühlen : zerfallsfreundlich

45* (90') Gattierung eines Kupolofens : 75 Pkte

45.1. nach G. $\longrightarrow S_C = 0{,}92$; nach F $\longrightarrow S_C = \dfrac{\%C}{a - 0{,}34[[\%Si]+[\%P]]}$ 10

$\longrightarrow a = 3{,}7$

$\longrightarrow \underline{[\%Si] = 1{,}58}$

45.2. 50 kg Fertigware $\longrightarrow$ Diagramm 6 $\longrightarrow \dfrac{30\,kg \text{ Gießabfälle}}{100\,kg \text{ Fertigware}}$ 10

x = Fester Einsatz : $(100 + 30 + 3{,}5 + 1{,}5)\,kg$ (Kreislauf) $= \dfrac{100-5-3}{100}\,x$

$x = 146{,}74\,kg$; gewählt $x = 147\,kg$

flüssiges Roheisen $= 0{,}97 \cdot x = 143\,kg$

45.3. $35\,kg$ (Kreislauf) + x (Kaufbruch) + y (RE + Stahl) = $147\,kg$ 10

Schwefelgleichung :

$$0{,}90\,[\underbrace{35\,kg \cdot 0{,}10}_{\text{Kreislauf}} + \underbrace{x \cdot 0{,}13}_{\text{Kaufbruch}} + \underbrace{(112-x)\cdot 0{,}038}_{\text{RE + Stahl}}] + \underbrace{0{,}16 \cdot 0{,}75 \cdot 0{,}25 \cdot 147\,kg}_{\text{Koksschwefel}} = \underbrace{143\,kg \cdot 0{,}09}_{\text{S im fl. RE}}$$

$\rightarrow x = 17{,}86\,kg \rightarrow$ Gewählt : x = 18

Vorläufige Gattierungs - Tabelle : 10

Sorten	in kg	in proz.	Massenteilen
Kreislaufanteil	35		24 %
Kaufbruch	18		12 %
Roheisen und Stahl	94		64 %
Einsatz	147		100 %

15 45.4. – GRE III = a% ⟶ Sonstige RE + Stahl = (64 − a) %

⟶ Phosphorgleichung:

$24\% \cdot 0{,}35 + 12\% \cdot 0{,}40 + a\% \cdot 0{,}88 + (64-a)\% \cdot 0{,}11 = 97\% \cdot 0{,}35$

Kreislauf, Kaufbruch, GRE III, Rest, Gußstück

⟶ a = 17,8 % ; Gewählt: a = 18 %

Sonstige Roheisen- und Stahlsorten = 46 %

15 45.5. – Hämatit = b % ⟶ Si-Abbrand nach Gl. E = 11 %

⟶ Siliziumgleichung:

$0{,}89\,[24\% \cdot 1{,}73 + 12\% \cdot 1{,}68 + 18\% \cdot 2{,}29 + b\% \cdot 2{,}45 + (46-b)\% \cdot 1{,}335] = 97\% \cdot 1{,}73$

Kreislauf, Kaufbruch, GRE III, Hämatit, Sonst. RE; Gußstück

⟶ b = 21 % ; sonstige RE + Stahl = 25 %

5 45.6.

	Kreislauf	Kaufbruch	Gießereiroheisen III	Hämatit	Siegerländer Spezialroheisen und Schrott
Massenanteil in %	24	12	18	21	25

46.* (120′) Gattierungsberechnung : 100 Pkte

5 46.1.
– Bei 15 mm Wanddicke ⟶ Diagramm 5 ⟶ $S_c = 0{,}94$

– $S_c = 0{,}94 = \dfrac{\%C}{4{,}25 - 0{,}34([\%Si] + [\%P])}$ ⟶ $[\%Si] = 1{,}78$

5 – Fester Einsatz = x:

Nach Diagramm 6 ⟶ $\dfrac{40\text{ kg Gießabfälle}}{100\text{ kg Fertigware}}$

$[100 + 40 + 3 + 1]\text{ kg} = \dfrac{100 - 5 - 2}{100}\,x$

x = 154,839 kg ; Gewählt: x = 155 kg

5 – Bei 2 % Ofenabbrand ⟶ 152 kg flüssiges Roheisen

5 – Einsatzgleichung:

44 kg (Kreislauf) + y kg (Kaufbruch) + z kg (RE + Stahl) = 155 kg (fester Einsatz)

y + z = 111 kg

– Schwefelgleichung : S-Werte aus Aufgabe 45* 15

$$0{,}75\left[44\,\text{kg}\cdot 0{,}10 + y\,\text{kg}\cdot 0{,}13 + (111-y)\,\text{kg}\cdot 0{,}04\,(\text{geschätzt})\right] +$$

(0,75: S aus Fe; 44 kg: Kreislauf; y kg: Kaufbruch; (111 − y) kg: (RE + Stahl))

$$+\,0{,}13\cdot 1{,}1\cdot 0{,}3\cdot 155\,\text{kg} = 152\,\text{kg}\cdot 0{,}1$$

(0,13: Koksverbr.; 1,1: S aus Koks; 0,3: S-Anteil; 152 kg: flüssiges Eisen)

$\Rightarrow$ $y = 28{,}45$ kg ; Gewählt : $y = 28$ kg

Vorläufige Gattierungs - Tabelle : 10

Sorten	in kg	in proz.	Massenteilen
Kreislaufanteil	44		28 %
Kaufbruch	28		18 %
Roheisen und Stahl	83		54 %
Einsatz	155		100 %

– Aufteilung von Roheisen und Stahl auf die vorhandenen Sorten : Rechnungen in % im flüssigen Roheisen !

– Bestimmung des Anteils Gießereiroheisen III = u über den maximalen Phosphorgehalt : 10

$$28\,\%\cdot 0{,}35 + 18\,\%\cdot 0{,}40 + u\,\%\cdot 0{,}88 + (54-u)\,\%\cdot 0{,}11\,(\text{geschätzt}) = 98\,\%\cdot 0{,}40$$

(28 %: Kreislauf; 18 %: Kaufbruch; u %: GRE III; (54 − u) %: Sonst. RE + Stahl; 98 %: Gußstück flüssig)

– $u = 21{,}1\,\%$; Gewählt : $u = 21\,\%$; → Sonst. = 33 %

– Bestimmung des Anteils Hämatit = v über den maximalen Silizium-Gehalt nach Aufgabe 45*.E : 10

$$[\%Si] = 0{,}1572\ (\%\,Si\text{-Abbrand})$$

$$(\%Si) = 11{,}32\,\% \ ; \ \text{Gewählt} : (\%Si) = 11\,\%$$

$$0{,}89\left[28\,\%\cdot 1{,}73 + 18\,\%\cdot 1{,}68 + 21\,\%\cdot 2{,}29 + v\,\%\cdot 2{,}45 + (33-v)\,\%\cdot 1{,}33\right] = 98\,\%\cdot 1{,}78$$

(0,89: Abbrandfaktor; 28 %: Kreislauf; 18 %: Kaufbruch; 21 %: GRE III; v %: Hämatit; (33 − v) %: (RE + Stahl); 1,33: geschätzt; 98 %: Gußstück flüssig)

– v = 22,6 % ; Gewählt : v = 23 % ⟶ Sonst. = 10 %

5 –– Bestimmung des Anteils Siegerländer Spezialroheisen = w über den maximalen Mangangehalt nach Aufgabe 45*. E :

– [% Mn] = (% Mn-Abbrand) · 0,0909 – 0,7727

[0,75] = (% Mn-Abbrand) · 0,0909 – 0,7727

(% Mn-Abbrand) = 16,75 ;

Gewählt : (% Mn) = 17

5 – – Mangangleichung :

$$0{,}83\,[\underset{\text{Kreislauf}}{28\,\%\cdot 0{,}80} + \underset{\text{Kaufbruch}}{18\,\%\cdot 0{,}85} + \underset{\text{GRE III}}{21\,\%\cdot 0{,}80} + \underset{\text{Hämatit}}{23\,\%\cdot 1{,}10} +$$

$$+ \underset{\text{Siegerländer Spezialroheisen}}{w\,\%\cdot 2{,}40} + \underset{\text{Stahlschrott}}{(10-w)\,\%\cdot 0{,}40}] = \underset{\text{Gußstück flüssig}}{98\,\%\cdot 0{,}75}$$

w = 2,37 %

Gewählt : w = 2 % ⟶ Stahlschrott = 8 %

20 – 46.2.

Anteile in %	Einsatzstoffe	C %	C kg	Si %	Si kg	Mn %	Mn kg	P %	P kg	S %	S kg $\cdot 10^{-2}$
23	Hämatit	3,50	0,805	2,45	0,5635	1,10	0,253	0,10	0,023	0,028	0,644
21	Gießerei-Roheisen III	3,60	0,756	2,29	0,4809	0,80	0,168	0,88	0,1848	0,030	0,63
2	Siegerländer Spezial - RE	3,00	0,06	2,20	0,044	2,40	0,048	0,20	0,004	0,028	0,056
8	Stahlschrott	2,60	0,208	0,45	0,036	0,40	0,032	0,03	0,0024	0,066	0,528
18	Kaufbruch	3,30	0,594	1,68	0,3024	0,85	0,153	0,40	0,072	0,13	2,34
28	Kreislauf	3,30	0,924	1,73	0,4844	0,80	0,224	0,35	0,098	0,10	2,8
100	Einsatz	3,	347	1,	9112	0,	878	0,	3842	0,	07
	Abbrand ./.	–	–	12 % ./. 0,	= 1429	18 % ./. 0,	158	–	–	–	–
	Zu-brand „+"	–	–	–	–	–	–	–		0,	043
98	flüssiges Eisen	3,	35	1,	768	0,	720	0,	39	0,	113

Randnotiz (S): + 0,13 · 1,1 · 0,3 = 0,0429

– 2,60 – % C für Stahlschrott: 5
Stahlschrott kohlt von 0,42 % C auf 2,60 % C auf!
(max. 2,7 ÷ 3,0 % C)

– 5

Der etwas hohe Schwefelanteil des flüssigen Eisens läßt sich über den 28%-Anteil des Kreislaufs regulieren: statt 28 % verwende man 27 % Kreislauf - Anteil: dann ist jedoch die gesamte Gattierungsberechnung neu mit 27 % Kreislauf-Anteil durchzuführen!

47.(30') Druckgußberechnung : 25 Pkte

47.1. die Spritzgeschwindigkeit an der Gießformöffnung : 10

$$- e = \frac{v^2}{2g} + \frac{p}{\gamma} + h \equiv \text{reduzierte Energie-Gleichung}$$

$$v_2 \gg v_1 \wedge h_1 = h_2 \qquad \begin{cases} v_2 = \text{Geschw. am Gießmund} \\ v_1 = \text{Geschw. des Arbeitsstempels} \end{cases}$$

$$\frac{v_1^2}{2g} + \frac{p_1}{\gamma} = \frac{v_2^2}{2g} + \frac{p_2}{\gamma}$$

$$v_2 = \sqrt{\frac{2g(p_1 - p_2)}{\gamma}} = \sqrt{\frac{2 \cdot 9{,}81 \cdot 80 \cdot 100}{33}} \; \frac{m}{s}$$

$$v_2 = 65{,}36 \text{ m/s}$$

47.2. das effektive Durchsatzvolumen: 5

$$Q_{ideal} = A_2 \cdot v_2 = 0{,}1 \text{cm}^2 \cdot 6536 \text{ cm/s} = 653{,}6 \text{ cm}^3\text{/s}$$

$$Q_{ideal} = 653{,}6 \; \frac{\text{cm}^3}{\text{s}}$$

$$Q_{real} = \alpha \cdot Q_{ideal} = 0{,}8 \cdot 653{,}6 \; \frac{\text{cm}^3}{\text{s}}$$

$$Q_{real} = 522{,}9 \text{ cm}^3\text{/s}$$

$$Q_{eff} = \eta \cdot Q_{real} = 0{,}75 \cdot 522{,}9 \text{ cm}^3\text{/s}$$

$$Q_{eff} = 392{,}2 \text{ cm}^3\text{/s}$$

5 47.3. die Geschwindigkeit des Arbeitsstempels :

$$Q_{eff} = A_1 \cdot v_1 \longrightarrow v_1 = Q_{eff}/A_1 = 392{,}2\,cm^3/s : 60\,cm^2$$

$$v_1 = 6{,}54\ cm/s$$

5 47.4. die Niederhaltekraft der Gießform :

$$F_D = A_d \cdot \Delta p = 50\,cm^2 \cdot 80\,bar$$

$$F_D = 40\,kN$$

48.* (120´) Schleuderformguß : 100 Pkte

15 48.1. Energieabfuhr über Luft und Kokille :

$$m = \varrho_{flüssig} \cdot V = \varrho_{fl} \cdot d_m \cdot \pi \cdot a_R \cdot h$$

$d_m = 109{,}6\,mm$; $a_R = 8{,}0\,mm$; $h = 600\,cm$; $\varrho_{fl} = 7{,}5\,g/cm^3$ $\Big\}$ $m = 123{,}954\,kg$

$\Delta T = 400\,K$

$$Q = m \cdot c_{St} \cdot \Delta T$$

$$Q = 22\,834{,}805\ kJ$$

40 48.2. Erstarrungszeit des Rohres :

– Wärmedurchgang durch zweischichtige Wand: zylinderförmig

$$\frac{Q}{t} = L \cdot k\,(\vartheta_1 - \vartheta_2) \quad mit\ k = \frac{\pi}{\frac{1}{\alpha_1 d_i} + \frac{1}{2\lambda_1}\ln\frac{d}{d_i} + \frac{1}{2\lambda_2}\ln\frac{d_a}{d} + \frac{1}{\alpha_2 d_a}}$$

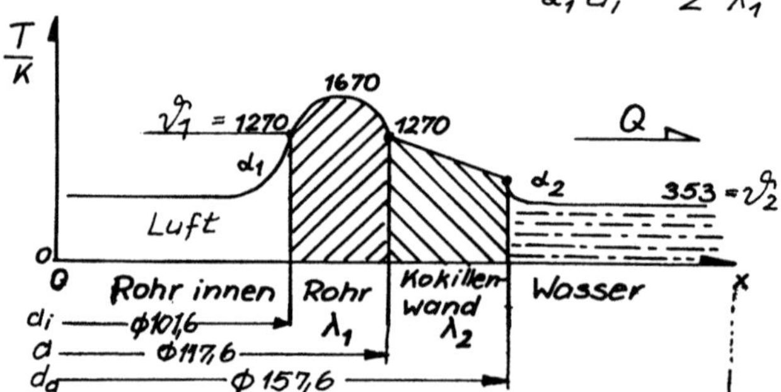

$\alpha_1 = 180\,000\ \frac{J}{h\,m^2 K}$ (wegen Sogwirkung)

$\Rightarrow k = 53727\ \frac{J}{h \cdot m \cdot K}$

$\lambda_1 = \lambda_{Gußeisen}$; $\lambda_2 = \lambda_{V2A}$; $\alpha_2 = \alpha_{H_2O}$

$$t \approx 278\,s$$

15 48.3. Durchlaufgeschwindigkeit des Kühlwassers :

$$Q = m_{H_2O} \cdot c_{H_2O} \cdot \Delta T_{H_2O} = \varrho_{H_2O} \cdot A \cdot L \cdot \Delta T_{H_2O} \ ; \quad A = 10{,}6\ldots dm^2, \ \Delta T_{H_2O} = 60\,K$$

$$m_{H_2O} = Q : (c_{H_2O}\,\Delta T_{H_2O})$$

$$m_{H_2O} = 91{,}29\,kg \Rightarrow V_{H_2O} = 91{,}29\,dm^3$$

$$V/t = A \cdot v \Rightarrow v = 11{,}13\ m/h$$

48.4. Mindestdrehzahl für konstante Rohrdicke : 15

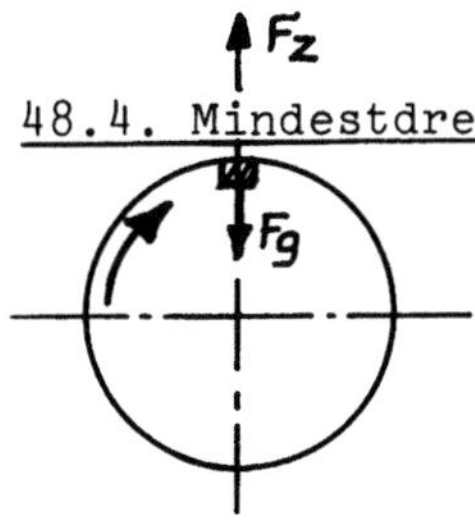

$$F_z = m\frac{v^2}{r} = m\omega^2 r = mg = F_g \quad \rightarrow \quad \omega = \sqrt{\frac{g}{r}}$$

$$\rightarrow n = \frac{1}{2\pi}\sqrt{\frac{g}{d_{min}/2}} = 132{,}7\ 1/min$$

$$n_{Norm} = 140\ 1/min \text{ nach DIN 804}$$

Drehzahlen der Praxis liegen bei n = 600 1/min und bewirken :

- eine Gefügeverdichtung
- Schlacken wandern zur Rohrinnenwand
- Turbulenzen im Rohr führen zu einer Saugwirkung der Luft im Rohr, bewirken damit eine schnellere Abkühlung
- durch den Einfluß der Reibung an der Wand eilt der reale Massenschwerpunkt dem idealen Massenschwerpunkt um einen Winkel von $1{,}15^{\circ}$ nach! (Aus $\mu = 0{,}02 = \tan\alpha$!)

48.5. erforderlicher Winkel gegen die Waagerechte : 5

$$m_{Schmelze} / t_G = m_{Fest} / t_{Erst}$$

$$\frac{m_S}{t_G} = \frac{m_F}{t_E} = \rho_f \cdot A \cdot v_K = \rho_f \cdot A \cdot \frac{x}{t_r}$$

$A_{Rohr} = 2754{,}55\ mm^2$
$m_{Schmelze} = 123{,}95\ kg$
t_G = Gießzeit
t_{Erst} = Erstarrungszeit
v_K = Geschw. der Kokille
$x = L \cdot \cos[\arctan 0{,}02]$

$$\Rightarrow t_r = 10{,}47\ s$$

48.6. theoretische Herstellzeit des Rohres: 10

- Zeit des Wärmetransportes	T_Q =	278 s	→ 278 s
- Füllzeit - t_G	t_G =	10 s	
- Vorlaufzeit ca. t_G	≈	10 s	
- Rücklaufzeit t_r	t_r =	10,47 s	
- Einlegezeit des Kernes	t_e =	5 s	→ 5 s
Herstellzeit - T_H			T_H = 283 s

Der Wert liegt ca. mit Faktor 4 über der gestoppten Zeit unter Praxisbedingungen!

49. (60´) Schleuderformguß : 50 Pkte

10 Aussagen Nr. 49.1./.2./.3./:

$$Q = m \cdot c \cdot \Delta\vartheta$$

$$m = 1256{,}6\,g$$
$$\Delta\vartheta = 250\,K$$
$$c = 913\ \frac{J}{kg \cdot K}$$

$$Q = 286{,}819\ kJ$$

25 Aussagen Nr. 49.4./.5./.6./.9./:

– Wärmeabführung über die ebene Fläche mit $\Phi 200$

– Q wird nach oben und unten gleichmäßig abgeführt!

– $\frac{Q}{t} = A \cdot k(\vartheta_1 - \vartheta_2)$ mit $k = \frac{1}{\frac{s_2}{\lambda_2} + \frac{1}{\alpha_2}}$

$$k = \frac{1}{\frac{0{,}03\,m^2hK}{54\,400\,J} + \frac{m^2hK}{376800\,J}}$$

$$\Leftarrow\ k = 311974\ \frac{J}{hm^2K}$$

$$t = \frac{Q}{k \cdot (\vartheta_1 - \vartheta_2) \cdot A}$$

$$t = \frac{143\,409\,J\,hm^2K}{311974\,J \cdot 250K \cdot 0{,}2^2 m^2 \pi/4}$$

$$t = 211\,s$$

– Annahme: die Wärme wird nur über radiale Richtung abgeführt: einwandiges Rohr

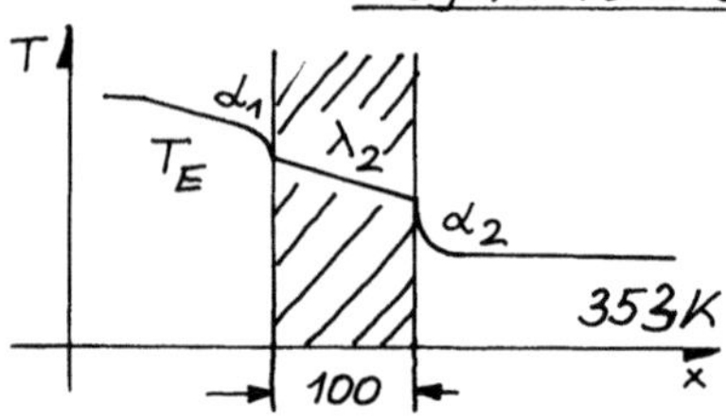

$$\frac{Q}{t} = L \cdot k\,(T_E - 353K)$$

$$k = \frac{\pi}{\frac{1}{2\lambda_2} \ln\frac{D}{d} + \frac{1}{\alpha_a D}}$$

$$K = \frac{\pi}{\frac{hmK}{2 \cdot 753\,600\,J} \ln\frac{400}{200} + \frac{hm^2K}{376800\,J \cdot 0{,}4m}}$$

$$K = 6\,734\,022\ \frac{J}{h \cdot m \cdot K}$$

$$t = \frac{Q}{L \cdot K\,(\vartheta_E - 353K)}$$

$$t = \frac{286\,819\ J \cdot h \cdot m \cdot K}{0{,}02m \cdot 6734022\ J\,[(450+273)K - 353K]}$$

$$\underline{\underline{t = 20s}}$$

$\Rightarrow$

Der Vergleich mit der Abstrahlung über die ebene Fläche zeigt:
Abstrahlung über den Rand wird mit 9 % berücksichtigt:

$211s = 100\% \longrightarrow 20s \approx 9\%$

Die Strahlfläche eben hat jedoch Ø 400, so daß weiter nach unten abgeschätzt werden kann :

t = 163 s

T = 173 s

Aussage 49.8./.7./.14./: 15

Durch die vertigkale Anordnung hat $\omega_{min} = \sqrt{\frac{g}{d_{min}/2}}$ nur einen Einfluß auf die Gefügeverdichtungskraft; die Schlacken sammeln sich im verlorenen Kopf bei der technischen Drehzahl von 400 1/min!

- die Höchstdrehzahl ist begrenzt durch das Geschwindigkeitsparaboloid im verlorenen Kopf (Gefahr des Aufreißens der Aussenhaut und der Lufteinströmung; Vernetzungsprobleme!)

$\longrightarrow$

Richtige Aussagen und auf dem Auswertungsbogen zu kennzeichnen sind : 49.2. - 49.6. - 49.7. - 49.13. - 49.14. -

50. (12') Gußfehler : 30 Pkte

50.1. Exogene Erstarrung : 5

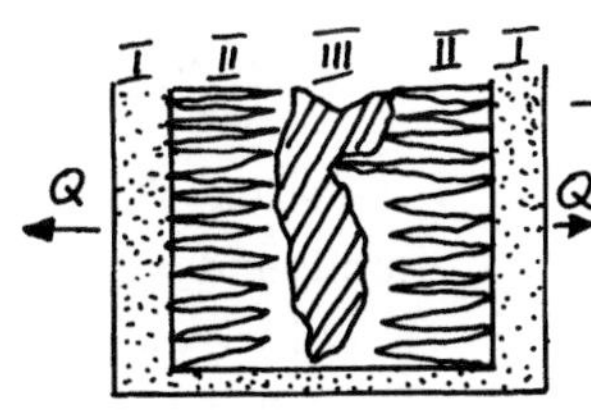

Durch gerichtete Wärmeabfuhr erfolgt der Beginn der Kristallisation an der Wand. Unebenheiten der Wand wirken als Fremdkeime : feinkristalline Schicht (I).

II: Gerichtete Erstarrung durch Säulenkristalle, die dieser Wärmeabführung entgegenwachsen und die Verunreinigungen vor sich her schieben.

III: Mit Verunreinigungen angereicherte Schmelze erstarrt zuletzt: führt zu Einfallslunkern; je langsamer die Abkühlung, desto feinkristalliner der Festkörper!

5 50.2. Dendriten - Bildung

Dendriten wachsen an bestimmten Stellen zusammen und bilden ein Gerüst im Innern der Schmelze. Während sich bei Säulenkristallen die Restschmelze herausgießen läßt, bleibt die Restschmelze bei Dendriten in den Hohlräumen.

5 50.3. Seigerungen

50.3.1. Direkte Seigerung = Blockseigerung

Bei T_1 ist die Schmelze B-reicher als die erstarrenden Kristalle: Bei der Erstarrung wird die erstarrte Schmelze immer B-reicher nach innen : Schichtenbildungen!

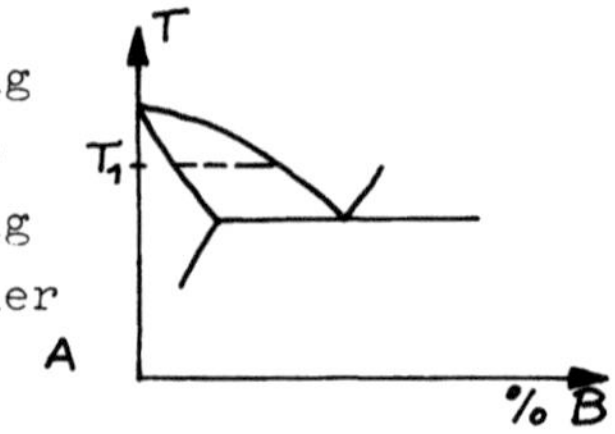

50.3.2. Indirekte Seigerung

Äußere Schichten sind B-reicher als die inneren : Durch die Erstarrung erfolgt eine Volumenabnahme; es entsteht Unterdruck; die B-reiche Schmelze wird in Richtung der Säulenkristalle eingesaugt.

50.3.3. Schwereseigerung

Tritt auf bei großen Unterschieden der spezifischen Gewichtswerte der Komponenten des Systems bei langsamer Abkühlung : z.B. Pb - Sn oder Fe - C!

5 50.4. Endogene Erstarrung

Beispiel : Legierung mit 10 % B besitzt bei T_1 eine Kristallkonzentration K_1, eine Schmelzkonzentration S_1: Diffusionsprozeß nach den Fick´schen Gesetzen :

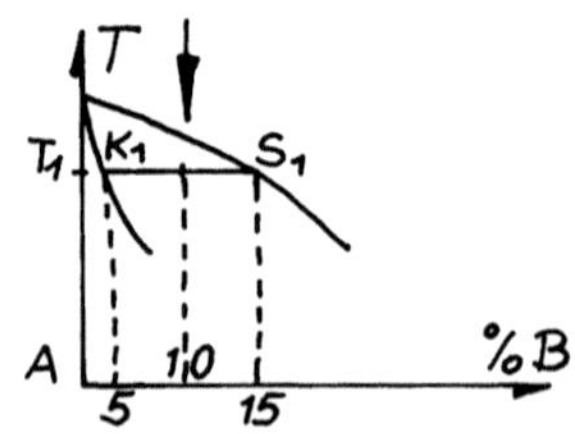

$$\frac{dm}{dt} = -D\frac{\delta c}{\delta x} \wedge \frac{\delta c}{\delta t} = D\frac{\delta^2 c}{\delta x^2}$$

→ Die Gleichgewichtslinien verschieben sich:

Bei genügend großer Unterkühlung kristallisiert die Schmelze mit 11 % B früher als die mit 15 %B: endogene Erstarrung.

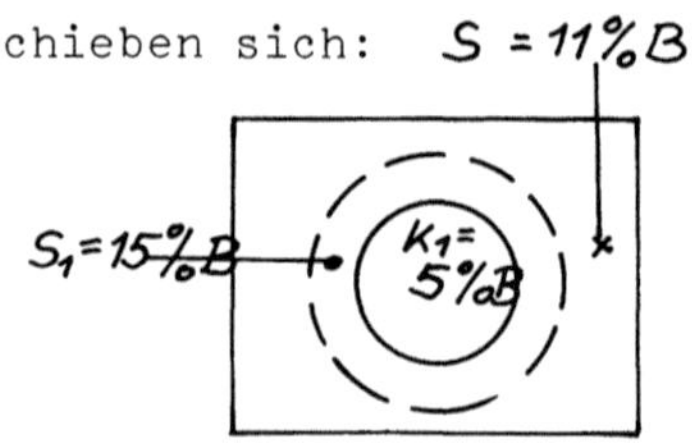

- Betrachtet man den Konzentrations- und Temperaturverlauf über dem Abstand von der Kristallisationsfront, so zeigt sich :

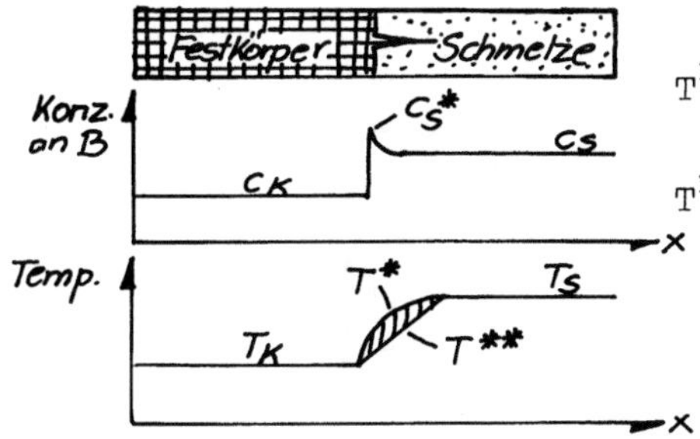

T^* = f(c(x)) = theoretischer Kurvenverlauf

T^{**}= f(x) = effektiver Temperaturverlauf

▥ = Bereich der konstitutionellen Unterkühlung

- Die konstitutionelle Unterkühlung ist abhängig von :
  - der Abkühlungsgeschwindigkeit,
  - der Turbulenz der Schmelze und
  - den Diffusionsvorgängen!

<u>50.5. Abhilfe der Gußfehler (Beseitigung, Vermeidung):</u> 5

- Impfen der Schmelze durch Fremdkeime, z.B. das System Al-Si durch Zugabe von Na - Keimen
- Steiger und Speiser
- Exotherme Manschetten zur Richtung der Wärmeabführung
- Kühlkokillen
- Beruhigung der Schmelze in der Gießpfanne

<u>50.6. Nachteile von Seigerungen :</u> 5

- Zeiligkeit des Blockes beim Walzen
- Porosität des Gefüges durch Gase

25

51. (12´) Gießverfahren : 25 Pkte

Sandformguß (Herdguß)	Präzisionsguß	Kokillenguß	Druckguß
Form aus Sand + Bindemittel; Kasten aus Gußeisen; Holz- oder Kunststoffmodelle; Grüner Guß: nasse Form Trockener Guß: Form getrocknet Formsand: Quarzsand mit tonigen Bindemitteln Bindemittel: organisch: Kohlehydrate Öle Sulfidlauge Kunstharze anorganisch: Bentonite + H_2O Zement Wasserglas Herdguß: Grube im Boden; Toleranz bis 5mm; $G_{min} = 50g$ $G_{max} \approx 100$ kN Kleine Stückzahlen „verlorene Form" Maschinenguß	Form aus feinkörnigem Sand; Toleranz: ≈ 0,1 mm Modellgewinnung oft über Wachsmodell und Tauchverfahren; übliche Herstellgewichte: ca. 10 N	Form aus Metall: GG (oder Cu: seltener) feinkörniges Gefüge; Toleranz: 0,2 – 0,5 mm Herstellung der Form: teuer; Gewicht bis 500 N; Durch wechselnde Temp. ⇒ Brandrißgefahr der Kokille; für Grauguß: optimale Zusammensetzung bei: 0,5 % Si P, S unter 0,1 % 0,5 % Mn 3 % C;	Formfüllraum aus Metall; Herstellung der Form und apparativer Aufwand: teuer Meist für – Al- – Mg- – Sn- – Zn- – Pb-Legierungen Metallschmelze wird unter Druck durch den Gießmund gedrückt; Feinkörnige Erstarrung unter Druck; Toleranz: 0,1 bis 0,2 mm; Kurze Herstellzeiten; G ≈ 10 N;

52. (9') Strangguß-Verfahren : 15 Pkte

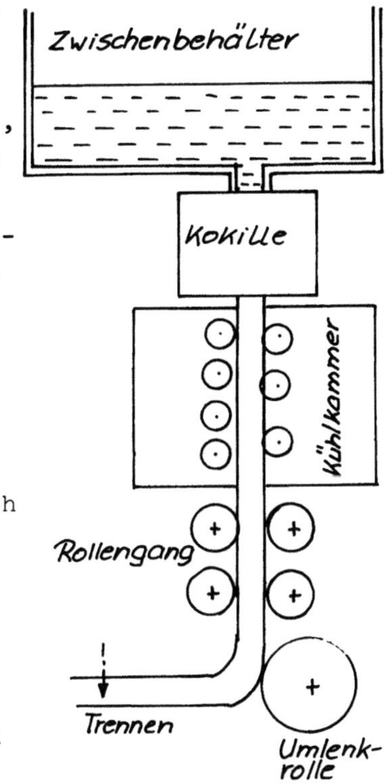

Flüssiger Stahl fließt von der Gieß-
pfanne in Zwischenbehälter (Reservoir),
dann durch eigene Schwere in die form-
gebende Kokille;
der Durchlauf in der Kokille ist so ge-
steuert, daß ca. 20 mm Randschicht er-
starren; 10
Stahlstrang durchläuft Kühlkammer und
erstarrt völlig unter Führung durch
Stützrollen;
der Rollengang unter der Kühlkammer
regelt die Stranggeschwindigkeit; durch
Umlenkrollen wird der Strang in die
waagerechte Lage gebracht;
Ablängen mit Trennvorrichtung (z.B.
Brennschneiden);
Stranggrößen : 1 m breit, 0,4 m dick;

- Vorteile gegenüber dem Blockgießen : 5

- geringer Energieaufwand
- Abkühlungsgeschwindigkeit steuerbar
- Kokillenverschleiß billiger als Blockwalzenverschleiß
- größerer Werkstoffdurchsatz

III.3. Zerspantechnik :

53. (9´) Grundlagen : 10 Pkte

5 Durch Kräftezerlegung (ohne Reibung) : $F_T = \frac{F}{2} \cdot \cot \beta/2$

- $F_T = 866 N$

5 – mit Reibung : $F_T = \frac{F}{2 \tan(\beta/2 + \varrho)}$; ϱ (geschätzt) = arctan 0,1 = 5,7° ⇒ $F_{TR} = 695 N$

Richtige Antworten sind: 53.3. und 53.5.!

54. (45´) Grundlagen : 50 Pkte

- ohne Reibung erhält man durch Kräftezerlegung über die Keilebenen :

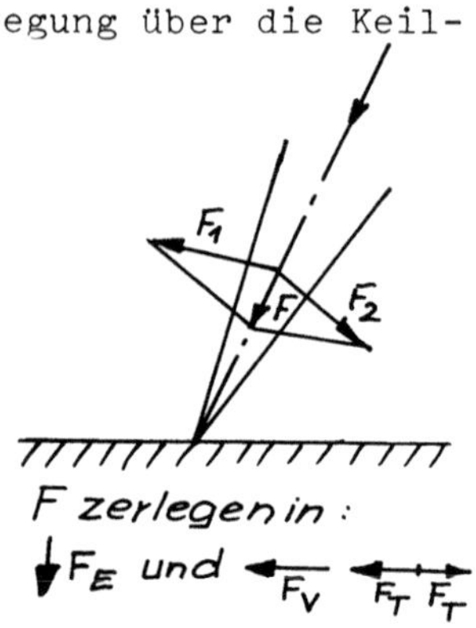

- $F_E = |F_{1y}| - |F_{2y}| = - F \sin \psi$

15 – $F_V = |F_{2x}| - |F_{1x}| = - F \cos \psi$

- $F_T = |F_{1x}| = \frac{F \sin(\psi + \beta/2)}{2 \sin \beta/2}$

Lösungshinweis : $F_{1y} = F_1 \cdot \sin \gamma$

$F_{2y} = -F_2 \cos \alpha$

$F_{1x} = -F_1 \cos \gamma$

$F_{2x} = F_2 \sin \alpha$

$|F_1| = |F_2| = \frac{F}{2 \sin \beta/2}$

15 – $\beta = 30°$

ψ/°	15	30	40	50	60	70	80	90
$-F_E$/N	25,9	50	64,3	76,6	86,6	94	98,5	100
$-F_V$/N	96,6	86,6	76,6	64,3	50	34,2	17,4	0
F_T/N	96,6	136,6	158,2	175,1	186,6	192,5	192,5	186,6

– $\beta = 60°$

ψ/°	–	30	40	50	60	70	80	90
$-F_E$/N	–	50	64,3	76,6	86,6	94	98,5	100
$-F_V$/N	–	86,6	76,6	64,3	50	34,2	17,4	0
F_T/N	–	86,6	94	98,5	100	98,5	94	86,6

– $\beta = 90°$

ψ/°	–	–	45	50	60	70	80	90
$-F_E$/N	–	–	70,7	76,6	86,6	94	98,5	100
$-F_V$/N	–	–	70,7	64,3	50	34,2	17,4	0
F_T/N	–	–	70,7	70,4	68,3	64,1	57,9	50

- $\beta = 120°$:

$\psi/°$	–	–	–	–	60	70	80	90
$-F_E/N$	–	–	–	–	86,6	94,0	98,5	100
$-F_V/N$	–	–	–	–	50	34,2	17,4	0
F_T/N	–	–	–	–	50	44,2	37,1	28,9

– Für β = const. → mit steigendem Anstellwinkel steigt die Eindringkraft F_E, sinkt die Vorschubkraft F_V: fast Linear

– Trennkraft F_T (ohne Reibung):

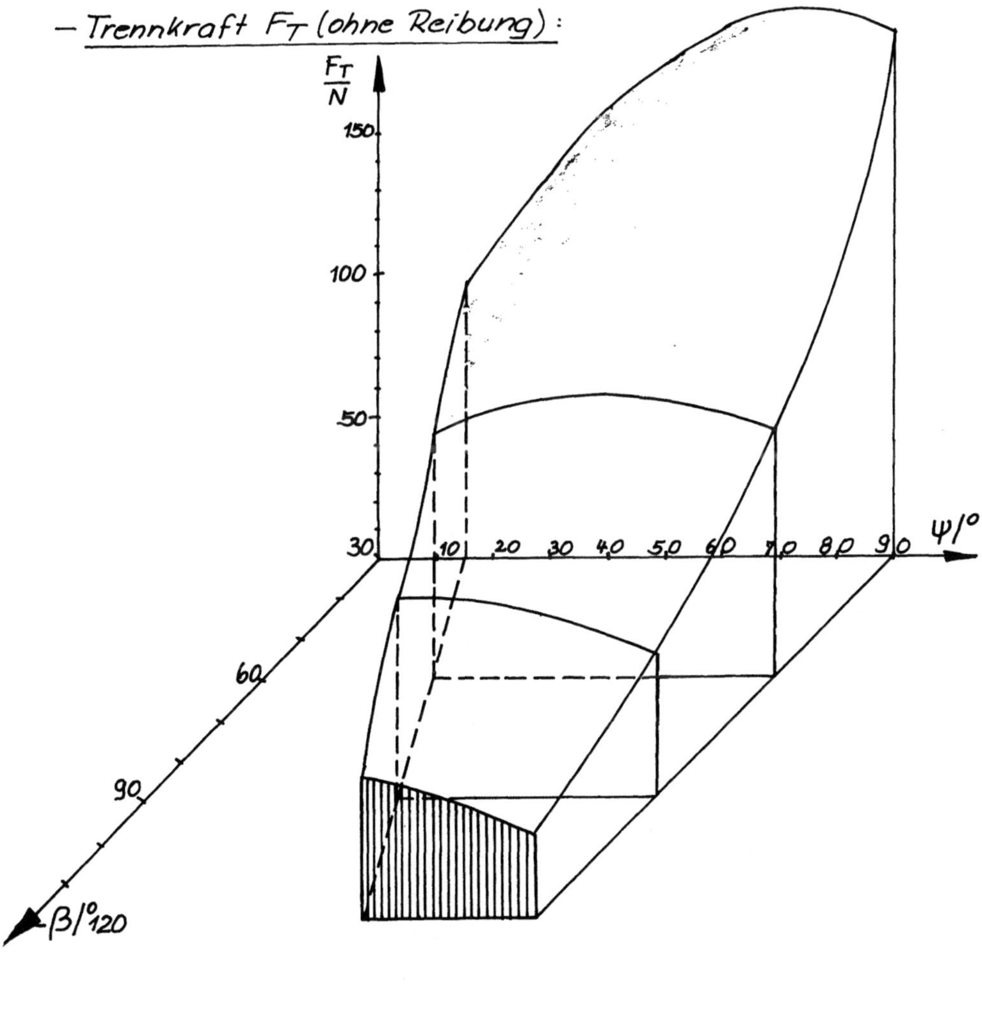

- mit Reibung : $\mu = \tan\varrho$ →

$$-F_{ER} = \frac{-F \sin\psi \cdot \sin(\beta/2 - \varrho)}{\sin\beta/2 \cos\varrho}$$

20 $$-F_{VR} = \frac{-F \cos\psi \sin(\beta/2 - \varrho)}{\sin\beta/2 \cos\varrho}$$

$$-F_{TR} = \frac{F \sin(\psi + \beta/2 - \varrho)}{2 \sin\beta/2 \cdot \cos\varrho}$$

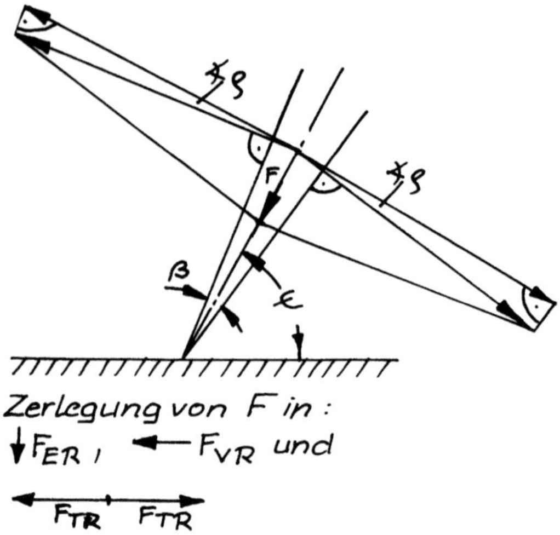

55. (5´) Grundlagen : 10 Pkte

5 55.1. $W = F \cdot s = 80N \cdot 320 \cdot 0{,}3m = 7680\ J$

5 55.2. $P = W/t = \frac{80N \cdot 2 \cdot 70 \cdot 0{,}3m}{60s} = 56\ W$

56. (15´) Grundlagen : 15 Pkte

Richtig sind folgende Angaben :

56.1. : Mit steigender Festigkeit (des Zerspanungswerkstoffes) steigt der Schnittdruck

2,5 56.2. : Mit steigender Schnittgeschwindigkeit sinkt der Schnittdruck in dem Bereich techn. Schnittgeschwindigkeitsbereiche

2,5 56.3. : Mit Vergrößerung des Spanwinkels sinkt die spezifische Schnittkraft (eigentlich der Schnittdruck)

2,5 56.4. : Bei konstantem Spanungsquerschnitt A = b·h steigt der Schnittdruck mit steigendem Schlankheitsgrad und damit die Hauptschnittkraft

2,5 56.5. : Bei konstantem Schlankheitsgrad sinkt der Schnittdruck mit zunehmender Spanungsfläche

2,5 56.6. : Mit steigender Spanungsdicke sinkt der Schnittdruck

2,5 56.7. : Mit steigender Schnittgeschwindigkeit sinkt die Standzeit des Werkzeuges

Auf dem Auswertungsbogen als richtig zu kennzeichnen sind die Angaben : 56.2./.3./.4./.5./.6./.7./

57. (7') Grundlagen : 5 Pkte

- Als Werkzeugwinkel bezeichnet man nach DIN 6581 die Winkel am Werkzeug, die in der Keilmeßebene gemessen werden : 3
- Wirkwinkel sind die Winkel beim Eingriff mit dem Werkstoff 2

58. (9') Grundlagen : 12 Pkte

Man unterscheidet nach DIN 6582 (Entwurf) :

- Reißspan : einzelne, angestauchte Spanelemente, die nicht zusammenhängen; der Werkzeugschneide eilt ein nach aussen gerichteter Riß voraus; es entsteht eine schlechte Oberflächengüte; die Schnitttiefe ist größer als die Zustellung (für Stahl gilt : Scherwinkel ca. 19° bei einem Spanwinkel von 0°) 4
- Scherspan : Es entsteht längs der Scherebene ein lose zusammenhängender, grob lamellierter Span mit geringer Stauchung; der vorauseilende Riß ist kleiner als bei Reißspanbildung; brauchbare Oberflächengüte und zufriedenstellende Maßhaltigkeit; kurze Spanlocken; (für Stahl gilt : Scherwinkel ca. 25° bei einem Spanwinkel von 15°) 4
- Fließspan : Es entsteht ein fest zusammenhängender, fein lamellierter Span; die Spanelemente fließen ohne Bruch längs der Scherebene ab; der vorauseilende Riß ist parallel zur Schnittgeschwindigkeits-Richtung; gute Oberflächenbeschaffenheit und Maßhaltigkeit; (für Stahl gilt : Scherwinkel ca. 32° bei einem Spanwinkel von 32°; der Span zeigt ein Rekristallisationsgefüge) 4

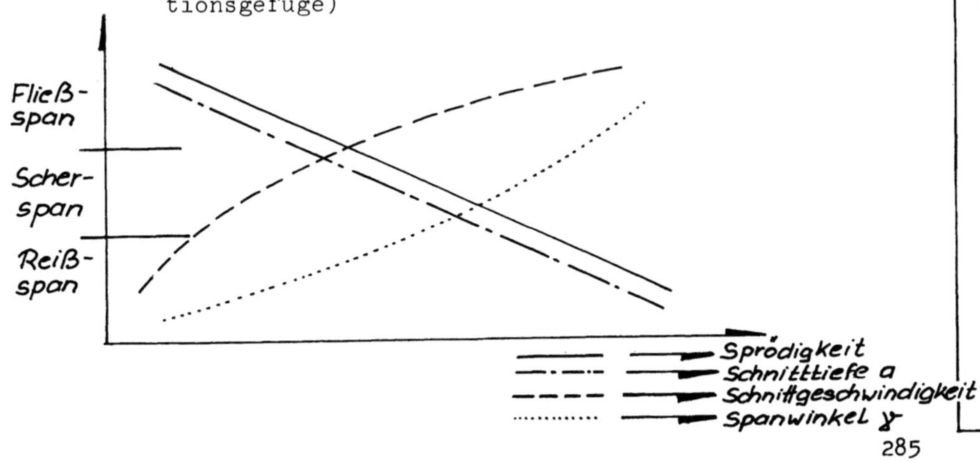

59. (7') Grundlagen : 8 Pkte

5 - Ein Orthogonalschnitt entsteht bei Einstecharbeiten oder beim Planen eines Rohres in Hauptachsenrichtung :

3 - $P = F_s \cdot v + F_v \cdot s \cdot n$; da $F_s : F_v = 5 : 2$ für $\varkappa = 45^\circ$ und $v : (s \cdot n) \approx (200 - 1000) : 1$ →

$P = F_s \cdot v$

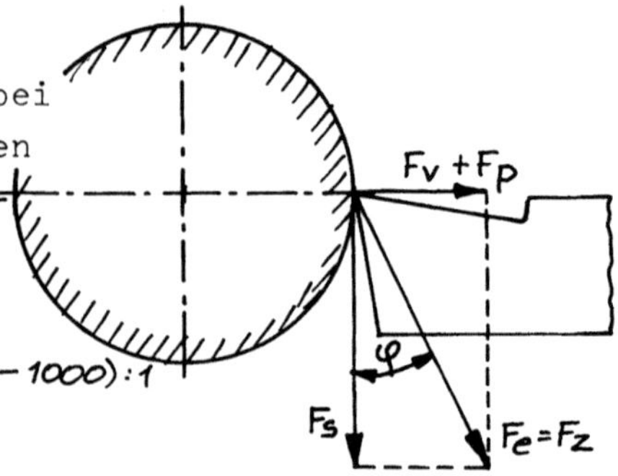

60. (12') Grundlagen : 15 Pkte

3 - F_s = f(Werkstoff) : Je höher die Festigkeit des Zerspanungswerkstoffes, desto größer ist die Hauptschnittkraft

3 - F_s = f(v) : Bei A = a·s = const. und d = const. sinkt die F_s mit steigendem v

3 - F_s = f(a) : mit steigendem a steigt F_s

3 - F_s = f(Anstellw.) : für den Anstellwinkel steigend von 45° nach 90° steigt F_s

3 - F_s = f(Spanwinkel): Für einen von 6° auf 12° ansteigenden Spanwinkel sinkt die F_s um 1% je Grad Spanwinkelveränderung

61. (7') Grundlagen : 8 Pkte

8 Ein Anstellwinkel von 45° beim Schruppen liefert die günstigste Verteilung der Hauptschnittkraft auf die Hauptschneide; wird der Anstellwinkel vergrößert, sinkt die Standzeit, da sich die Länge der Schneide verkleinert und dadurch der Wärmestau vergrößert wird!

62. (7') Grundlagen : 10 Pkte

1 - die Spangeschwindigkeit ist die Geschwindigkeit des Spanes parallel zur Spanfläche

1 - die Schnittgeschwindigkeit ist die theoretische Geschwindigkeit eines gedachten Punktes auf einer Kreisbahn : für Drehen (Tensor : Vektor mit konstantem Betrag, aber veränderlicher Richtung)

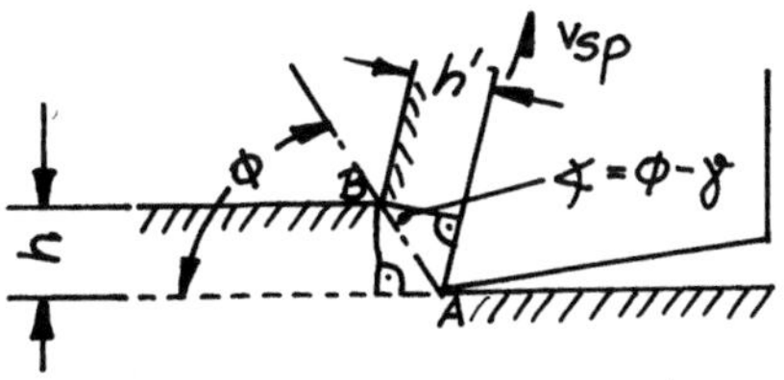

$$\overline{AB} = x$$

$$\sin\phi = \frac{h}{x} \rightarrow x = \frac{h}{\sin\phi}$$

$$\cos(\phi-\gamma) = \frac{h'}{x} = \frac{h' \cdot \sin\phi}{h}$$

$$\text{– Spandickenstauchung } \lambda_h = \frac{h'}{h} \rightarrow \cot\phi = \frac{\lambda_h - \sin\gamma}{\cos\gamma}$$ 4

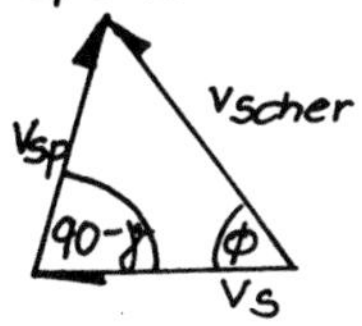

$$\frac{v_s}{v_{sp}} = \frac{\cos(\phi-\gamma)}{\sin\phi} = \lambda_h$$

$$\frac{v_s}{v_{scher}} = \frac{\cos(\phi-\gamma)}{\lambda_h \cdot \cos\gamma}$$

– λ_h über h'/h oder über Gewichte 4

– $\gamma \in [0, \phi]$

63. (9') Grundlagen : 10 Pkte

Maximum der Standzeit bei ca. 6 % Co für WC-Co-Hartmetalle; mit steigendem Kobaltgehalt sinkt die Standzeit : die vorher auftretenden WC-Co-Verbundgerüste werden von Kobaltseen unterbrochen, die als Gleitschichten wirken! 10

64. (9') Grundlagen : 8 Pkte

Vanadiumkarbid : erhöht die Zähigkeit und die Feinkörnigkeit des Gefüges 4

Titankarbid : die Warmstandfestigkeit steigt zwar, die Biegebruchfestigkeit sinkt jedoch; durch Zusatz von Tantalkarbid (ca. 1 bis 2 %) wird die Biegebruchfestigkeit verbessert : WC-Co-TiC-TaC- Verbundstoffe ; Vernetzungsprobleme treten bei TiC und TaC auf, die durch Ni und Cr als "Bindemittel" beseitigt werden :(Ford)! 4

65. (12') Schneidenwerkstoffe : 10 Pkte

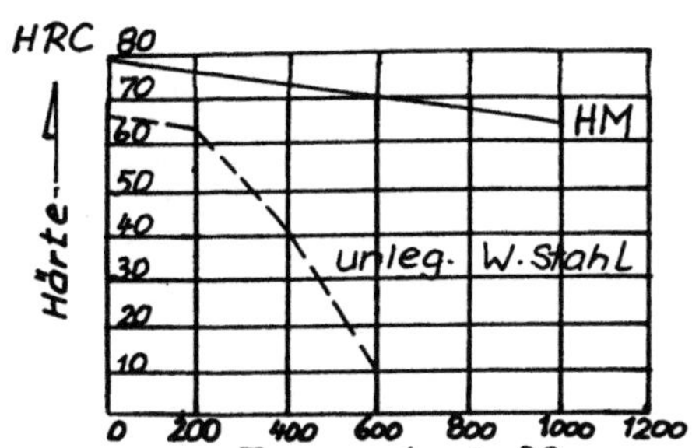

10

66. (7´) Schneidenwerkstoffe : 10 Pkte

2 - Wolfram - Chrom - Vanadin - Molybdän

4 z.B.

	% C	% Cr	% W	% Mo	% V	% Co
S 10-4-3-10	1,2	4	10	4	3,2	10
S 18-1-2-5	0,8	4	18	0,8	1,5	4,8
S 2-9-1	0,8	4	1,8	8,5	1,5	-

4 - Kurzbezeichnungen für Hochleistungsschnellschnittstähle sind genormt in ganzen Prozentzahlen in der Reihenfolge : 1. Wolfram, 2. Molybdän, 3. Vanadium, 4. Kobalt

67. (9´) Winkel und Flächen an Werkzeugschneiden : 8 Pkte

1 – DIN 6581

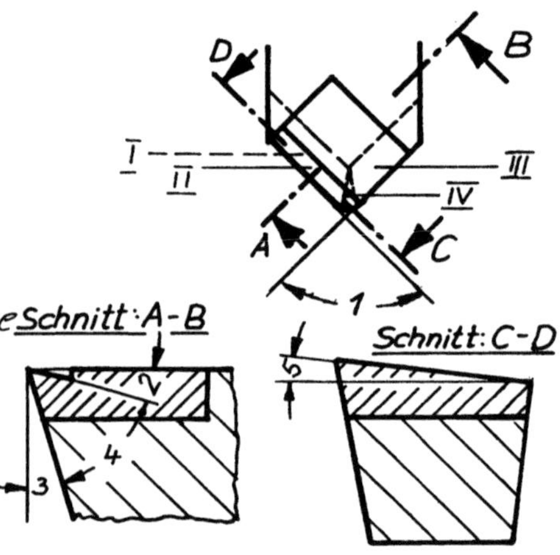

7

I : Freifläche

II : Spanfläche

III: Fortsetzung der Spanfläche

IV : Fase

1 : Eckenwinkel ε

2 : Spanwinkel γ „+"

3 : Freiwinkel α „+"

4 : Keilwinkel β

5 : Neigungswinkel λ „–"

68. (9´) Einflußgrößen auf die Zerspankraft : 12 Pkte

2

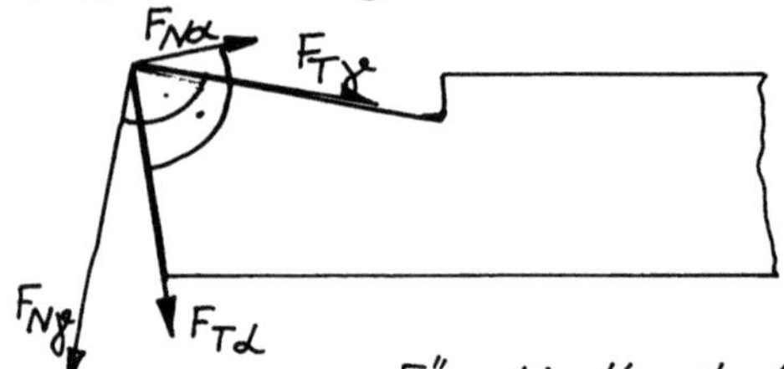

$F_{N\alpha}$ ⊥ Freifläche

$F_{T\alpha}$ ∥ "

$F_{N\gamma}$ ⊥ Spanfläche

$F_{T\gamma}$ ∥ "

Für die Konstruktion auf der nächsten Seite wird gewählt: $\gamma_1 = +10° \wedge \alpha = 5°$

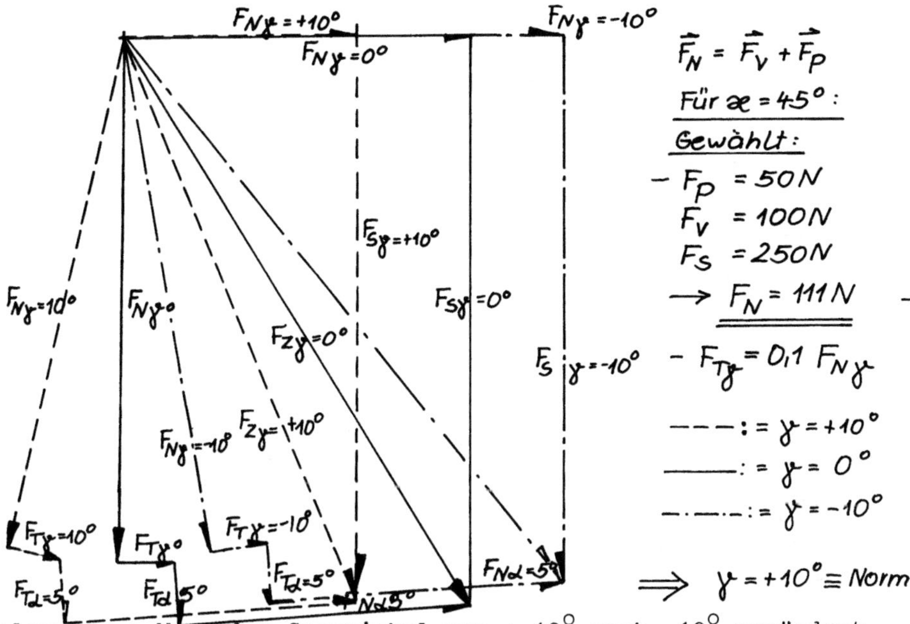

5

Folgerung : Wenn der Spanwinkel von + 10° nach -10° verändert wird, steigt die Größe F_N auf ca. 170 % an;
wenn der Spanwinkel von + 10° nach -10° verändert wird, fällt die Hauptschnittkraft auf ca. 94 %: Widerspruch zur Praxis, da auch F_s geringfügig steigt: der Fehler ist in der Modellvorstellung zu suchen! 5

- Durch Variation des Spanwinkels wird die Zerspankraft F_z vergrößert und in Richtung Keilmeßebene gedreht!

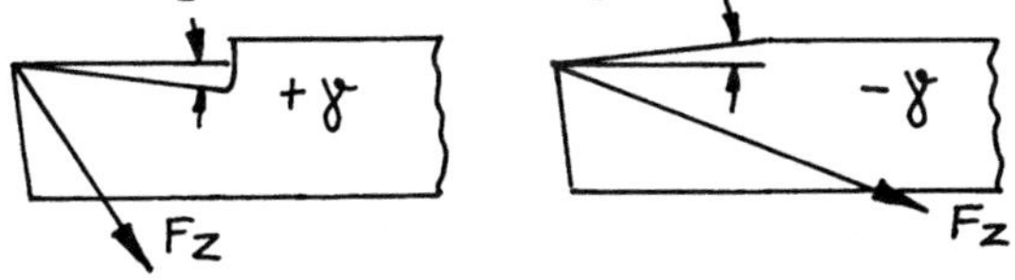

- Um die Größe F_z in Grenzen zu halten, wird häufiger nur der Spanwinkel der Fase negativ gewählt, der Winkel der Spanfläche jedoch positiv!

69. (7´) Wirkwinkel : 6 Pkte

- durch "Untermittestellen" des Drehmeißels wird der Wirkspanwinkel verkleinert (kann sogar stark negativ werden: verursacht dann ein Biegemoment auf das Werkstück); der Wirkfreiwinkel wird vergrößert: 1

5

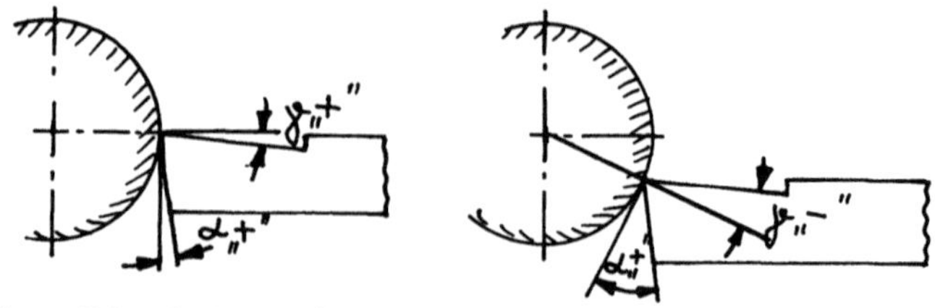

70. (9´) Kräftefeld beim Drehen : 12 Pkte

12

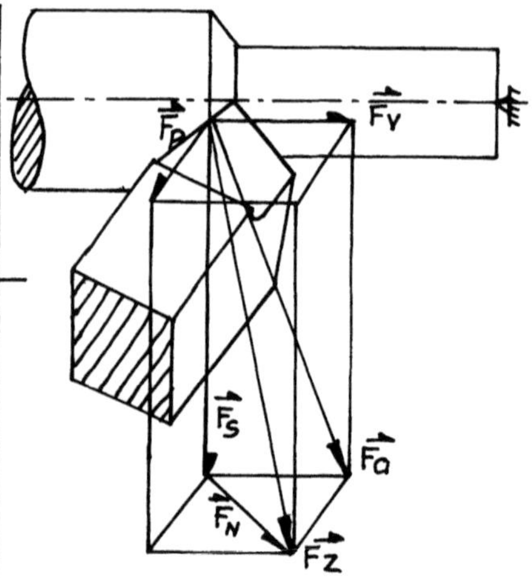

$\vec{F}_s = \vec{F}_H$ = Hauptschnittkraft

$\vec{F}_V$ = Vorschubkraft

$\vec{F}_R = \vec{F}_p$ = Passivkraft = Rückstellkraft

$\vec{F}_a = \vec{F}_s + \vec{F}_V$ = Aktivkraft

$\vec{F}_N = \vec{F}_s + \vec{F}_p$

für einen Anstellwinkel von 45° und Zerspanungswerkstoff Stahl gilt :

$|F_s| : |F_p| : |F_v| \approx 5 : 2 : 1$

71. (9´) Wärme und Zerspanung : 10 Pkte

10

1. Geringe Reibungswärme an d. Freifläche
2. Reibungswärme an der Spanfläche
3. Verformungswärme im kristallinen Bereich
4. Trennungsenergie zur Erzeugung der Spanlamellen

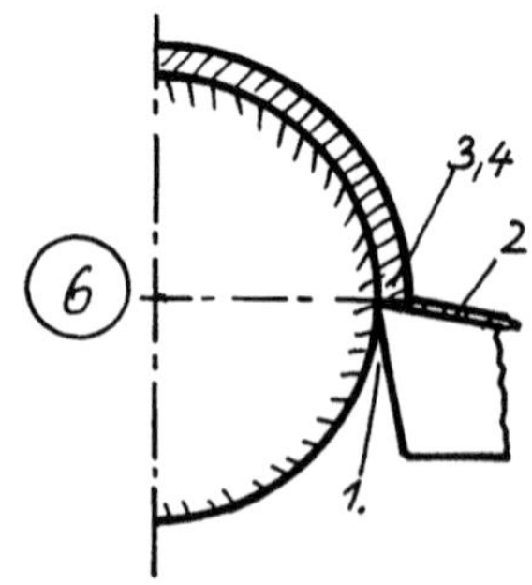

72. (12´) Scherzonenmodell : 15 Pkte

15

s. vor allem Aufgabe 62

$\lambda_h = \frac{h'}{h} = 1 \text{ bis } 2$

$\tan\Phi = \frac{\cos\gamma}{\lambda_h - \sin\gamma}$

$\frac{v_s}{v_{sp}} = \lambda_h \wedge \frac{v_s}{v_{scher}} = \frac{\cos(\Phi-\gamma)}{\lambda_h \cdot \cos\gamma}$

γ = Spanwinkel
Φ = Scherwinkel
v_s = Schnittgeschw.
v_{sp} = Spangeschw.
v_{scher} = Schergeschw.

Lösungen zur Zerspantechnik

73. (45´) Projekt : Zwölfkant-Welle : 35 Pkte

73.1. $n = \frac{v}{d \cdot \pi} = 79{,}5\ 1/min$; 5

$\underline{\underline{n_{Gew} = 75\ 1/min}}$

73.2. $V_t = a \cdot s \cdot v$ 5

$\underline{\underline{V_t = 565{,}5\ \frac{cm^3}{min}}}$

$h = s \cdot \sin \varkappa$

73.3. $\gamma = +6° \wedge k_s = k_{s1\cdot1} \cdot h^{-z} \longrightarrow \underline{k_s = 1926\ N/mm^2}$ 5

$\gamma = -6° \longrightarrow \underline{k_s = 2184\ N/mm^2}$ 5

$12° \Delta\gamma \mathrel{\hat{=}} 258\ N/mm^2 \rightarrow$

$\underline{\underline{k_{s\gamma=2°} = 2012\ N/mm^2}}$ 5

$P = a \cdot s \cdot k_{s\gamma=2°} \cdot v$

$\underline{\underline{P = 18{,}963\ kW}}$ 5

73.4. $P_{el} = P/\eta$ 5

$P_{el} = 23{,}12\ kW$

$\underline{\underline{Gew.: P_M = 25\ kW}}$

74. (5´) Schnittdruck - spezifische Schnittkraft : 8 Pkte

- der Schnittdruck ist die Hauptschnittkraft bezogen auf die wirksame Spanungsfläche A; der Schnittdruck ist u.a. abhängig von h, A, S, Spanwinkel, v und Kühlung! 3
- die spezifische Schnittkraft $k_{s1\cdot1}$ soll eine Werkstoffkonstante sein, die von a und s unabhängig ist! 3
  - die spezifische Schnittkraft ist eine theoretische Werkstoffkonstante; man versteht darunter die Hauptschnittkraft bei s = 1 mm und a/s = S = 1 und einer Schnittgeschwindigkeit von 1 m/min!
- der Zusammenhang zwischen k_s und dem $k_{s1\cdot1}$ lautet : 2

$$\boxed{k_s = k_{s1\cdot1}(v=1m/min) \cdot h^{-z} \cdot v^c}$$

mit $k_{s1\cdot1}$, z, c = Werkstoffkonstanten

75. (24') Schnittgeschwindigkeit - Standzeit : 30 Pkte

5 — $t_{H1} = 10' \longrightarrow \underline{T_1 = 200'}$

5 — $t_{H2} = t_{H1} \cdot \frac{v_1}{v_2} = 400''$

$\longrightarrow \underline{T_2 = 80'}$

- rechnerisch: $T = 6618080' \cdot v^{-2{,}2598}$

$T(v = 120\,\frac{m}{min}) = 132{,}5'$

$t_{H3} = t_{H1} \cdot \frac{v_1}{v_3} = 500''$

$132{,}5' = T_{120} = i\, t_{H3}$

$\longrightarrow \underline{\underline{i = 15{,}9 \approx 16}}$

10 — zeichnerisch: $\underline{T_{120} = 132{,}5'}$

10 — $\underline{\underline{i = 16}}$

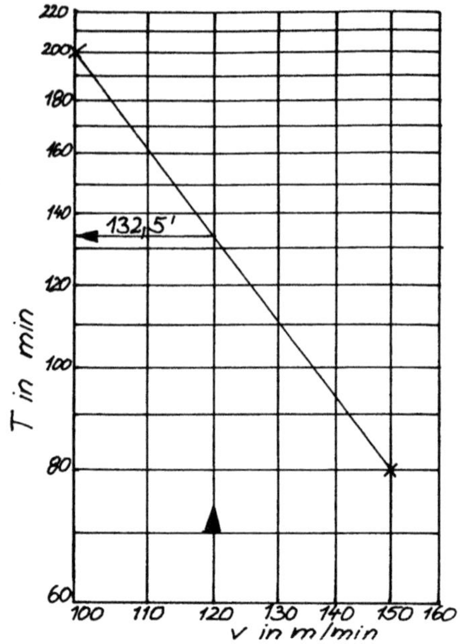

76.* (24') Schnittkraft - Auswertung - Versuch : 30 Pkte

- Gleichstrom: $P_M = UI \longrightarrow$ Zerspanleistung $= UI \cdot \eta = a \cdot s \cdot k_S \cdot v$

5 — $\longrightarrow k_S = \frac{0{,}8 \cdot 60}{52{,}78} \cdot UI\ \frac{N}{mm^2}$, falls $U \cdot I$ in W $\longrightarrow$

20

Vers. Nr.	s mm	a mm	A mm^2	Leerlaufleistung U/V	I/A	P_L/W	Leistung unter Last U/V	I/A	P/W	Zerspanleistung W
1	0,28	3,57	1	371	3,3	1224	360	12,4	4464	3240
2	0,56	1,78	1	358	3,75	1342	352	10,2	3590	2248
3	0,84	1,19	1	365	3,75	1368	352	9,4	3308	1940

Vers. Nr.	k_s N/mm^2	h** mm	z	h^z	$k_{s1 \cdot 1}$ N/mm^2
1	2947	0,198	0,4425	0,4884	1439
2	2044	0,396	0,4425	0,6637	1357
3	1764	0,594	0,4425	0,7941	1401

** $h = s \cdot \sin 45°$

$\underline{\underline{\overline{k_{S1 \cdot 1}} = 1400\,\frac{N}{mm^2}}}$

(z) aus Hilfsdiagramm s.n.S.

5 — oder aus: $k_S\,(h = 0{,}2) = 3000\,N/mm^2$, $k_S\,(h = 0{,}5) = 2000\,N/mm^2$ $\Big\}\ k_{S1 \cdot 1} = k_S \cdot h^z$

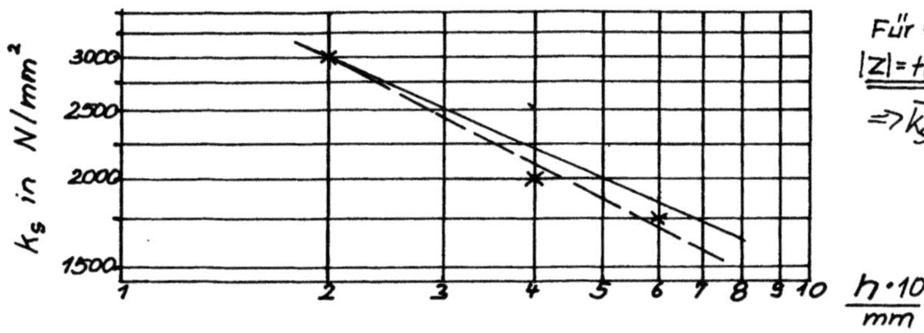

Für – – –: $|z| = +0{,}5129$

$\Rightarrow \overline{k_{s1\cdot1}} \approx 1300\ N/mm^2$

77. (20´) Spezifisches Zerspanvolumen : 25 Pkte

77.1. — $z = 0{,}30 \wedge k_{s1\cdot1} = 2260\ N/mm^2$ 15

$\longrightarrow k_{sP30}(h = 0{,}25) = 3426\ N/mm^2$

$k_{sSS} = 4111\ N/mm^2$

$k_{sSS\gamma = 12°} = 3864\ N/mm^2$

77.2. — $V_{ztP} = \frac{V_t}{P} = \frac{a \cdot s \cdot v \cdot \eta}{a \cdot s \cdot k_{sSS\gamma} \cdot v} = \frac{\eta}{k_{sSS\gamma}}$ 5

$V_{ztP} = 652\ cm^3/kWh$

77.3. $P_M = \frac{k_{sSS\gamma} \cdot a \cdot s \cdot v \cdot 1{,}3}{\eta}$ 5

$P_M = 2{,}093\,kW$; Gewählt: $P_M = 2{,}5\ kW$

78. (90´) Schnittdruck - Wärmeabführung : 80 Pkte

78.1. — $k_{s1\cdot1} = 1999\ N/mm^2$; $(z = -0{,}1921)$ 25

78.2. — $k_s(s = 0{,}40) = 2400\ N/mm^2$ 5

78.3. — $k_{sVB} = 2529\ N/mm^2 \longrightarrow V_{ztP} = 1210\ cm^3/kWh \longrightarrow$ 25

$V_{tPPreis} = 10083\ cm^3/DM$

78.4. — $k_s(0{,}125) = 3000\ N/mm^2 \longrightarrow k_{sVB} = 3600\ N/mm^2$ 5

$P_{sVB} = 2250\,W$

$P_{Ab} = 0{,}08\ P_{sVB} = 180\,W$

$- P_{Ab} = \lambda \cdot A_m \cdot \frac{\Delta T}{L}$ $\qquad A_m \approx 50 mm^2$

$\Delta T = 1728 K$

Scherzonen-temperatur = 1200 K → Wärmedurchgang durch ebene Wand: $\alpha = 20900\ J/(h m^2 K)$

20 — Lufttemperatur (geschätzt): 300 K →

$180\ W = 180 \frac{J}{s} = \alpha \cdot A[(1200 K) - \vartheta_m]$ →

→ Widerspruch, ebenso wie

$180\ W = \alpha \cdot A \cdot \Delta T$;

→

Widerspruch : Zusammenwirken von

- Wärmeleitung - Wärmekonvektion - Wärmedurchgang -
- Wärmestrahlung : dreidimensional

79. (60´) Zerspanzeit - Spantemperatur : 40 Pkte

5 — 79.1. $d = 500 mm$ → $n = 19\ 1/min$

$n_{Gew} = 18\ 1/min$

$t_{H\,Gesamt} = 3400\ s$

20 — 79.2. $V = 600 cm^3$

Späne: $80\%\ \frac{V}{t} k_s = \rho \frac{V}{t} c\, \Delta T$ →

$\Delta T = 543 K$

15 — Gesenkblock:

$P_{ideal} = \frac{V}{t} \cdot k_s = 441\ W$

Wärmeenergie = 1499 kJ

Strahlungsverlust (geschätzt) = 20%

$Q = 1200 kJ$

$10\%\ Q = m \cdot c \cdot \Delta T$

$\Delta T = 54 K$

80.* (120′) Projekt : Schnittdruck - Verschleiß - Standzeit - Kühlung : 80 Pkte

80.1. $a = 12{,}95\ mm$; 15

$v = d \cdot \pi \cdot n \longrightarrow n_{Gew} = 355\ 1/min$

$k_s = 1693\ N/mm^2$

80.2. $V_{zt} = 13{,}96\ dm^3/h$ 5

80.3. $n_1 = 355\ 1/min$: $t_{H1} = 3 min \longrightarrow T_1 = 240 min$ 15

$n_2 \neq n_1$: $v_2 \approx 60\ m/min \rightarrow n_{2Gew} = 180\ 1/min \rightarrow v_{2Gew} = 50{,}6\ \frac{m}{min}$

$t_{H2} = 5{,}91\overline{66} min \longrightarrow T_{H2} = 710 min$

80.4. Bei $T_{H3} = 480 min \rightarrow v_3 = 63\ m/min \longrightarrow n_3 = 224\ 1/min$ 15

$\rightarrow n_{3Gew} = 180\ 1/min$

$\rightarrow i = 81$ Wellen

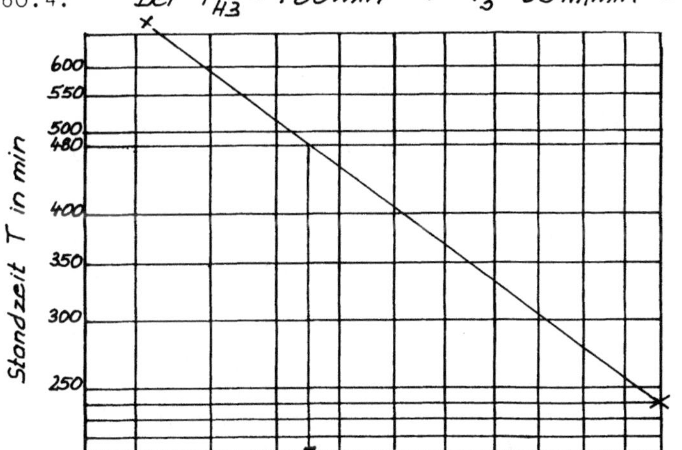

80.5. $P_{id} = 3743\ W$ 30

$P_{VB} = 4492\ W$

$P_{real} = 3683\ W = 13258{,}8\ kJ/h$

$P_{real} = \frac{m_K}{h} \cdot c_{kühl} \cdot (\Delta T$ für 1 Umlauf$)$

$\frac{V_K}{h} = 793\ dm^3/h \longrightarrow \frac{V_K}{h} = A \cdot v \longrightarrow v = 79{,}3\ m/h$

81.*(90´) Projekt : zweigängige Schnecke vorschneiden : 50 Pkte

20 — 81.1. Drehzeiten unter Beachtung der Arbeitsgangfolge:

AG Nr.	Arbeitsgang-Kennzeichnung	l_a mm	$l_ü$ mm	Drehlänge mm	Zustellung mm	Vorschub mm	∇ oder ∇∇	Durchmesser von ... mm	auf ... mm	æ °	Herstellzeit s
1	Rohling planen, i = 2	–		236	2× 2,0	0,25	∇	50	0	45	18,4
	Gewindeseite zentrieren	–		–	–	–	∇∇	–		–	25
2	Längsdrehen	2	–	180	1,5	0,25	∇	50	47	70	68,6
3	"	2	–	$114_{-0,5}$	1× 5 1× 5	0,25	∇	47 37	27	70	73,5
4	"	2	–	$84_{-0,5}$	3,0	0,25	∇	27	21	70	17,5
5	"	2	–	37	1,0	0,25	∇	21	19	70	6,2
6	"	2	–	16	1,25	0,25	∇	19	16,5	70	2,6
7	Umspannen	–		———	———	———	———	———		———	10
8	Planen, i = 1	–		234	2,0	0,25	∇			45	9,4
	Zentrieren	–		–	–	–	∇∇	–		–	25
9	Längsdrehen	2	–	58	3{ 5,0 5,0 2,5	0,25	∇	50 40 30	25	90	54,3
10	"	2	–	17	2,0	0,25	∇	25	21	90	3,6
11	"	2	2	58	0,5	0,1	∇∇	47	46	90	27,5
12	Schnecke 2-gängig vorschneiden	5	5	58	17×0,5 / Schnitt	6π	∇	46	29	70	56,2
	Rücklauf	5	5	58	33× —		—	—		—	89,3
13	Längsdrehen	2	–	58 ∇ 41	0,5	0,1	∇∇	25	24	90	10,1
14	"	2	–	17	0,5	0,1	∇∇	21	20_{k6}	90	3,8
15	Umspannen	–		———	———	———	———	———		———	10
16	Längsdrehen	2	–	17	0,3	0,1	∇∇	16,5	15,9	90	3
17	"	2	–	21	0,5	0,1	∇∇	19	18_{h6}	90	4,1
18	"	2	–	47	0,5	0,1	∇∇	21	20_{j6}	90	8,7
19	"	2	–	33	0,5	0,1	∇∇	27	25	90	8,9
20	Schnecke 2-gängig	5	5	58	0,1×6 / Schnitt	8π	∇∇	29	28,5	70	87,4
	Rücklauf	5	5		—		—	—		—	13,5

$n_{min} = 10\ min^{-1}$!

6 — 81.2. die maximal erforderliche Maschinenleistung entsteht beim

- Schruppen : Ø 47 auf Ø 37 oder 37 auf Ø 27 mit einem Anstellwinkel von 70°:

$k_s = 2374\ N/mm^2$; $A = 1{,}25\ mm^2$

$P_{max} = 5819\ W$

20

81.3. Näherungslösung zur Schnittdruck-Bestimmung :

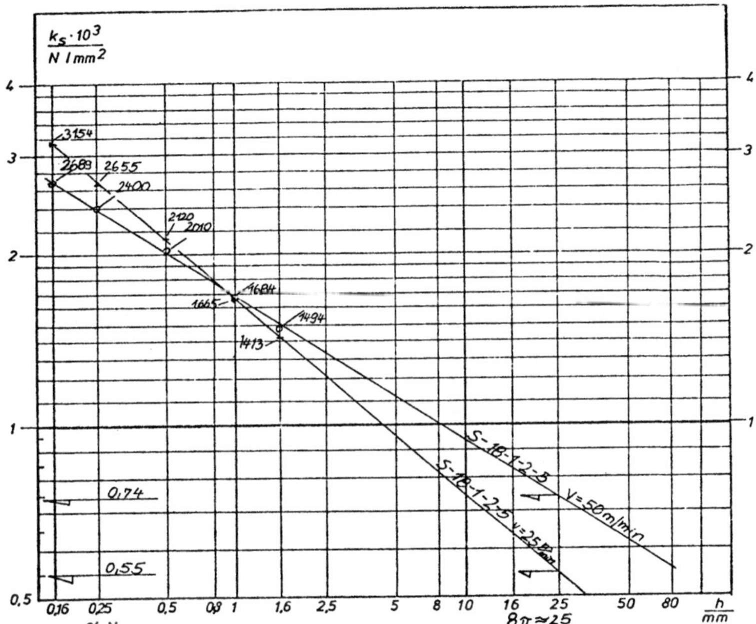

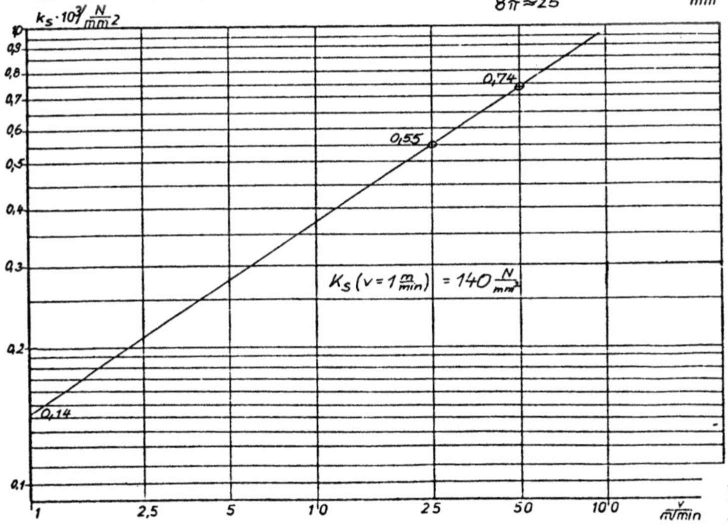

Rechnerisch:

$k_s = 202\ N/mm^2$

Punkte		
4		81.4. $V_{tP} = \eta / k_s = 15\,300\ cm^3/kWh$ $V_{tPreis} = 127{,}5\ \frac{dm^3}{DM}$

82. (60') Projekt : Zweigängige Schnecke vorfräsen : 40 Pkte

Punkte		
10		82.1. $\alpha \approx 11{,}89°$ $\longrightarrow$ $L_{Gesamt} = 348\,mm$ $t_H = 875\,s$
25		82.2. $A_{Fertig} = 53{,}78\,mm^2$ Vorschneiden: $b = 6{,}1\,mm$ $\Delta\varphi = 30{,}87°$ $\quad (\cos\varphi = 1 - 2e/D)$ $z_e = z \cdot \Delta\varphi / 360° = 1{,}54350...$ $h_m = 5{,}259 \cdot 10^{-3}\,mm$ $\quad \left(h_m = \frac{360°}{\pi \cdot \Delta\varphi°} \cdot \frac{e}{D} \cdot s_z \cdot \sin\varkappa\right)$ $k_{sm} = 11929\ N/mm^2$
5		82.3. $P_{sm} = \frac{z_e \cdot b \cdot h_m \cdot k_{sm} \cdot v}{\eta} = 352\,W$ $V_{ztPreis} = 1760\ cm^3/DM$

83.*(60') Spanndruck bei Fräsarbeiten : 40 Pkte

Punkte		
24		83.1. $\Delta\varphi = 70{,}528...°$ $z_e = 4{,}70....$ $h_m = 10{,}178...\,\mu m$ $k_{sDrehen} = 3876\ N/mm^2$ $k_{sFräsen} = 4651{,}8\ N/mm^2$ $F_{sm} = 13\,358\,N$

83.2. – F_{Sm} wird bei $\Delta\varphi°/2$ festgelegt: — 16

$F_{Hub} = F_{Sm} \cdot \sin \Delta\varphi/2 = 7456\,N$

$F_{Zug} = F_{Sm} \cdot \cos \Delta\varphi/2 = 10649\,N$

– Hub- und Zugkraft entsprechende Reibkräfte:

– $F_R = \mu F_N \longrightarrow F_{N\,Hub} = 24{,}853\,kN$

$F_{N\,Zug} = 35{,}4974\,kN$

– $A = 180 \cdot 30 \cdot 2\,mm^2 = 10800\,mm^2$

$p_{erf} = \frac{\Sigma F_N}{A}$

$\underline{\underline{p_{erf} = 559\,N/cm^2}}$

84.*(180') Projekt : Schnittdruck - Leistung - Wärmeabführung - Kühlung : 100 Pkte

84.1.1. X5NiCrTi2615 : 900°C 1 h/Wasser; 720°C - 16 h/Luft: — 5
Hoch legierte Stähle erfordern gebrochene Härtung und Dispersionshärtungsprozesse wegen Oxid- und Karbidphasen!

84.1.2. Für $v \approx 20\,m/min$: $z = -0{,}2592$ — 10
Für $v = 30\,m/min$: $z = -0{,}267$

84.1.3. $v \approx 20\,m/min$: $k_{s1\cdot1} = 1864\,N/mm^2$ — 5
$v = 30\,m/min$: $k_{s1\cdot1} = 1900\,N/mm^2$

84.1.4. $\left.\begin{array}{l} k_{s1\cdot1}(20\,m/min) = 1864\,N/mm^2 = k_{s1\cdot1} \cdot 20^{-m} \\ k_{s1\cdot1}(30\,m/min) = 1900\,N/mm^2 = k_{s1\cdot1} \cdot 30^{-m} \end{array}\right\} \underline{\underline{k_{s1\cdot1} = 1619\,\frac{N}{mm^2}}}$ — 15

84.2.1. $v \approx 30\,m/min \longrightarrow n = 149\,1/min \longrightarrow$ — 15

$n_{Gew} = 140\,1/min \longrightarrow v_{Vorh} = 28\,\frac{m}{min}$

$\underline{\underline{V_{Zt} = 14{,}9\,cm^3/min}}$

84.3.1. $P(v = 28\,m/min) = 906\,W$ — 5

10% über den Meißel: $P_{Meißel} = 90{,}6\,W$

$P = \lambda \cdot \frac{A}{L}(T_1 - T_2) = \lambda \cdot \frac{A}{L}(1000k - T_2)$

$T_2 = 728\,K \mathrel{\hat{=}} 455\,°C \longrightarrow$ Widerspruch

$\longrightarrow$ Abstrahlung über 4 Seiten $\longrightarrow$

10 — 84.3.2. $81540\,J/h = \alpha \cdot A \cdot (T - T_m)$

$T = 660\,K$

$T - T_m = 1{,}18\,K \rightarrow$

Widerspruch zur Praxis

$\rightarrow$ Lufttemperatur $= 658\,K \mathrel{\hat{=}} 385\,°C$

10 — 84.4. $n_{vorh} = 140\,1/min \rightarrow v_{vor} = 28\,m/min$

$t_{H1} = 644\,s \rightarrow T_1 = 644\,min$

$T_2 = 2002\,min$

Aus $T = T_0 \cdot v^{-c} \rightarrow -c = -2{,}57$

$T_0 = 3373510\,min$

10 — $\rightarrow T_{40\,m/min} = 337\,min$

$\rightarrow i = 40$ Wellen

15 — 84.5. — $P = a \cdot s \cdot k_s \cdot v \cdot 95{,}5\,\% \cdot 100\,\% \cdot 103\,\% \cdot 110\,\%$

$P = 2963\,W$

$P_{Ab} = 22\,\% \cdot P$

$P_{Ab} = 652\,W \Rightarrow P_{Kühl} = 60\,\%\,P_{Ab} = 391\,W$

$P_{Kühl} = \frac{m}{t} \cdot c \cdot \Delta T \Rightarrow$

$\dot{V} = 434\,dm^3/h$

85. (75') Projekt : Gleich- und Gegenlauffräsen : 70 Pkte

20 — 85.1. Anpresskraft für Gleich- und Gegenlauffräsen des 1. Fräsers:

$-\cos\Delta\varphi = 1 - 2e/D \rightarrow \Delta\varphi = 17{,}8242\,°$

$z_e = z \cdot \frac{\Delta\varphi°}{360°} \rightarrow z_e = 0{,}594$

$h_m = \frac{360°}{\pi \cdot \Delta\varphi°} \cdot \frac{e}{D} \cdot s_z \cdot \sin\varkappa \rightarrow h_m = 15\,\mu m$

$k_{sm} = k_{s1.1} \cdot h^{-z} \rightarrow k_{sm} = 10888\,N/mm^2$

$F_{sm} = z_e \cdot B \cdot h_m \cdot k_{sm} \rightarrow F_{sm} = 9701\,N$

Gegenlauf :

$u = 76\ mm/min$ 10

$F_V = F_{Sm} \cdot \cos \Delta\varphi/2$

$F_V = -9584\,N$

$F_H = F_{Sm} \cdot \sin \Delta\varphi/2$

$F_H = +1503\,N$

Durch Gleich- oder Gegenlauf-Fräsen ändern sich die Vorzeichen !

Gleichlauf :

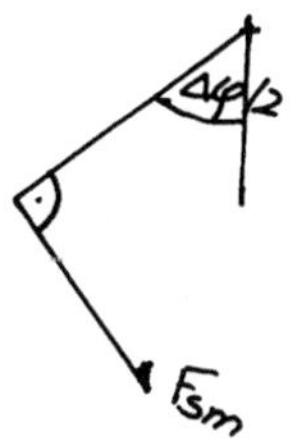

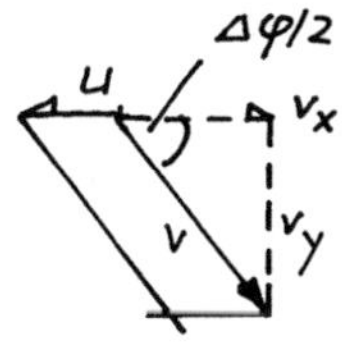

10

$v_x = v \cdot \cos \frac{\Delta\varphi}{2} - u$

$v_x = 24{,}622\ m/min$

$-v_y = v \cdot \sin \frac{\Delta\varphi}{2}$

$-v_y = 3{,}873\ m/min$

$\tan\alpha = \frac{v_y}{v_x} \Rightarrow \alpha = 8{,}92°$

$\rightarrow \alpha \approx \Delta\varphi/2 \rightarrow$

Rechnung kann für Stillstand durchgeführt werden !

$F_V = 9584\,N$

$F_H = F_D = -1503\,N$

85.3. $V_{zt} = h_m \cdot B \cdot v$ (Für $V_{zt} \approx e \cdot a \cdot u \rightarrow V_{zt} = 22{,}8\ \frac{cm^3}{min}$) 5

$V_{zt} = 37{,}5\ cm^3/min$

85.4. $\cot\lambda = \frac{B \cdot z}{D \cdot \pi} \longrightarrow$ 5

$\lambda = 18{,}12°$

85.5. $h_m = 0{,}0145\,mm \rightarrow$ 20

$k_{Sm} = 10975\ N/mm^2 \rightarrow$

$F_{Sm} = 9453\,N$

$F_{Schub} = F_{Sm} \cdot \sin\lambda$

$F_{Schub} = 3233\,N$

85.*S Zerspantechnik : Studienarbeit / Hausarbeit :1 Monat : 200 Pkte

85.S.1.

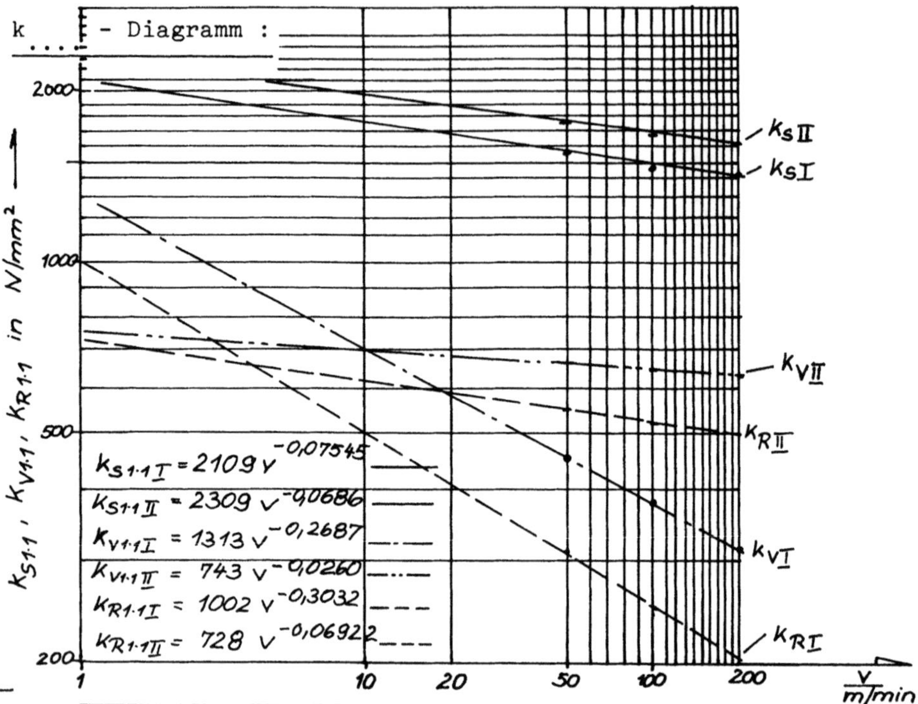

25

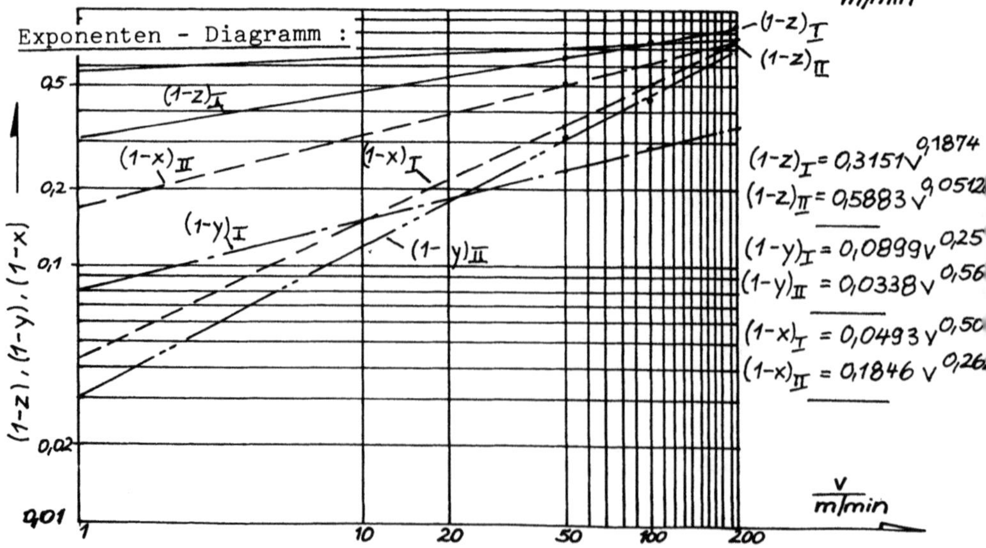

$85_S.2.$

Vorschub s in mm →		$k_{s1\cdot1}$ N/mm²	z	0,125	0,180	0,250	0,355	0,500	0,710	1,000	
Spanungsdicke h in mm →				0,1175	0,1691	0,2349	0,3336	0,4698	0,6672	0,9397	
Vers. Nr.	Schnittgeschw. v in m/min ↓			Schnittdrucke $k_s = f(h)$ in N/mm²							
I	50	1570	0,3440	3279	2893	2584	2285	2036	1804	1604	
	100	1490	0,2530	2561	2336	2150	1967	1804	1651	1514	
	200	1414	0,1494	1947	1844	1756	1664	1583	1502	1427	
II	50	1766	0,2811	3224	2910	2654	2404	2184	1979	1797	
	100	1684	0,2551	2908	2650	2437	2224	2042	1867	1711	
	200	1605	0,2281	2616	2407	2233	2062	1907	1760	1628	

$85_S.3.$

	z -	$k_{s1\cdot1}$ N/mm²	A mm²	b/h = S -	h mm	h^{-z} -	b mm	k_s N/mm²	Bemerkungen
I	0,2530	1490	1	5	0,4472	1,2258	2,2361	1826	$k_s = 1488 \cdot S^{*0,12698}$ mit $S^* = \frac{b}{h}$
			1	10	0,3162	1,3382	3,1626	1994	
			1	20	0,2236	1,4608	4,4723	2177	
II	0,2551	1684	1	5	0,4472	1,2279	2,2361	2068	$k_s = 1684 \cdot S^{*0,12745}$ mit $S^* = \frac{b}{h}$
			1	10	0,3162	1,3414	3,1626	2259	
			1	20	0,2236	1,4654	4,4723	2468	

25

25

Diagramm zur Ermittlung des Gesetzes $k_s = f(S)$ für $v = 100$ m/min :

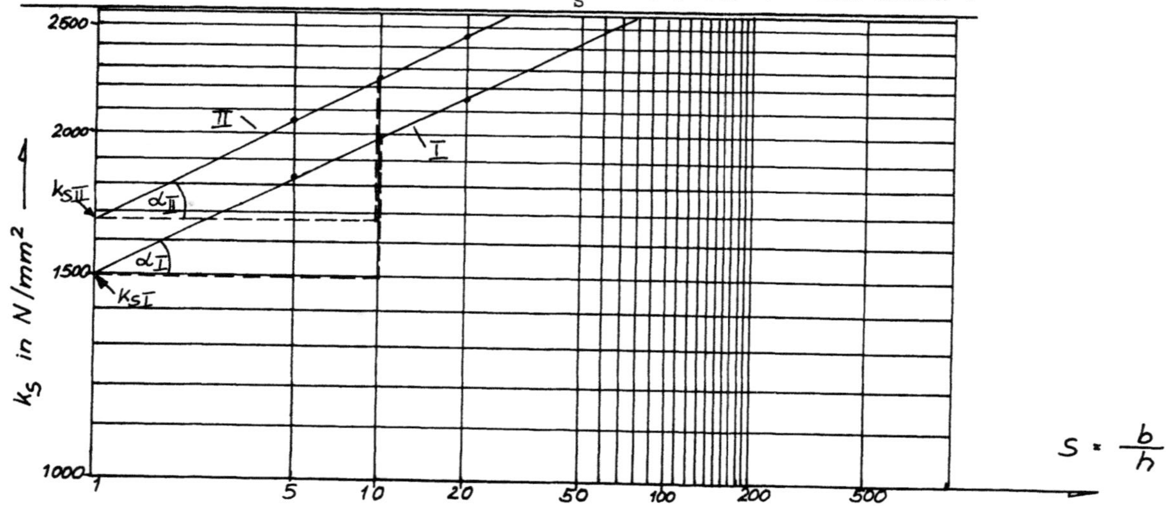

$85_S.4.$

Versuch Nr.	z -	$k_{s1 \cdot 1}$ N/mm²	h mm	h^{-z} -	b/h -	b mm	A = b·h mm²	k_s N/mm²	Bemerkungen
I	0,2530	1490	0,1	1,7906	10	1	0,1	2 668	$k_{sI} = 1996 \cdot A^{-0,12608}$ für $S = \frac{b}{h} = 10$
			0,5	1,1917	10	5	2,5	1778	
			1,0	1,0000	10	10	10	1490	
II	0,2551	1684	0,1	1,7993	10	1	0,1	3030	$k_{sII} = 2259 \cdot A^{-0,1268}$ für $S = \frac{b}{h} = 10$
			0,5	1,1934	10	5	2,5	2010	
			1,0	1,0000	10	10	10	1684	

Diagramm zur Ermittlung des Gesetzes $k_s = f(A)$ für v = 100 m/min :

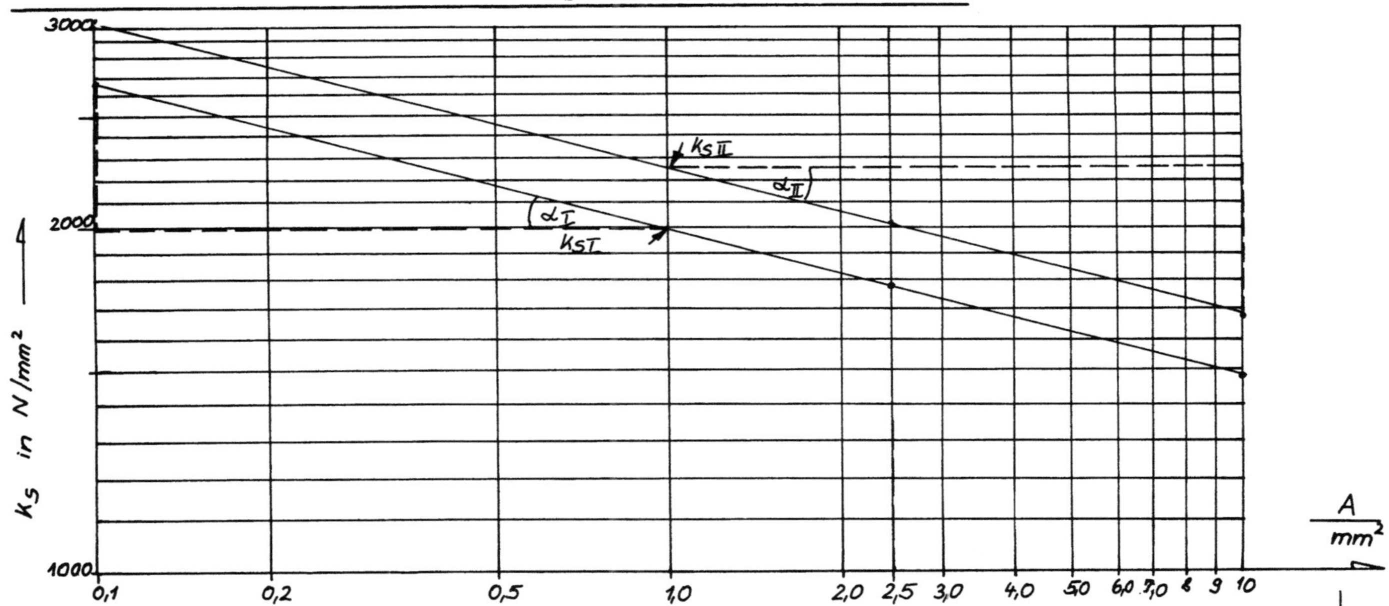

$85_S.5.$

Ein Vergleich der Kraftkomponenten ist nur sinnvoll für einen konstanten Vorschub:

Serie I:

$F_{SI} = 2706\,N$

$F_{VI} = 974\,N$

$F_{RI} = 544\,N$

$F_{zI} = 2927\,N$

$F_{SI} : F_{VI} : F_{RI} = 4{,}97 : 1{,}79 : 1$

Serie II:

$F_{SII} = 3063\,N$

$F_{VII} = 1480\,N$

$F_{RII} = 1058\,N$

$F_{zII} = 3563\,N$

$F_{SII} : F_{VII} : F_{RII} = 2{,}89 : 1{,}4 : 1$

Serie III:

$v = 141{,}4\,m/min$

$F_{SIII} = 2904\,N$

$F_{VIII} = 1379\,N$

$F_{RIII} = 547\,N$

$F_{zIII} = 3261\,N$

$F_{SIII} : F_{VIII} : F_{RIII} = 5 : 2{,}5 : 1$

25

$-\ F_{sI} : F_{sII} : F_{sIII} = 1 : 1{,}13 : 1{,}07$

$F_{VI} : F_{VII} : F_{VIII} = 1 : 1{,}52 : 1{,}42$

$F_{RI} : F_{RII} : F_{RIII} = 1 : 1{,}94 : 1{,}00$

$\Rightarrow$ Serie III ist optimal, selbst bei Einbeziehung von einer maximalen Verschleißmarkenbreite von 0,1 mm!

25 – 85_S.6..

Für $a = 3\,mm$, $s = 0{,}5\,mm$, $n = 900\,1/min$, $d = 50\,mm$, $\ell = 240\,mm$ $\longrightarrow$

$$t_{III} = 32\,s$$

Für $v = 100\,m/min$, $s = 0{,}71\,mm$

$$\longrightarrow t_{II} = 31{,}858\,s$$
$$T_{II} = 3027\,s$$

Für $v = 200\,m/min$, $s = 0{,}25\,mm$

$$\longrightarrow t_{I} = 45{,}24\,s$$
$$T_{I} = 679\,s$$

Aus Ansatz: $T = T_0 \cdot v^{-c}$

$$\rightarrow c = 2{,}1564$$
$$T_0 = 62\,202\,932\,s$$

$$\longrightarrow T_{III} = 1434{,}7\,s \longrightarrow$$
$$i_{III} = 44{,}8$$
$$i = 45$$

50 – 85_S.7.

85_S.7.1. kostengünstigste Schnittgeschwindigkeit:

$$\frac{\text{Werkzeugkosten}}{\text{Standzeit}} = W_T = \frac{W_a - W_u + n_S \cdot W_S}{n_S + 1}$$

$$W_T = 3\,DM$$

kostengünstigste Standzeit $T_{KO} = (-c-1)\left[t_W + \dfrac{W_T}{L(1+r)}\right]$

$$T_{KO} = (2{,}1564-1)\left[10' + \frac{3\,DM}{8{,}40\,DM/60'(1+1{,}5)}\right]$$

c aus T-v-Gerade

$$T_{KO} = 1289\,s$$

$\longrightarrow$ Aus T-v-Gleichung

$\longrightarrow$ $v_{KO} = 148{,}5\,m/min$

85_S.7.2. zeitgünstigste Schnittgeschwindigkeit :

für die zeitgünstigste Standzeit gilt : $T_{to} = (-c-1)\, t_W$

$T_{to} = 694\,s$

– Aus T-v-Gerade →

$v_{to} = 198\, m/min$

85_S.7.3. Kosten- und zeitgünstigste Kosten je Dreheinheit :

Nach 85_S.6 gilt für $s = 0{,}5\,mm$, $n = 900\; 1/min$

$\rightarrow t_{III} = 32\,s$

$\rightarrow t_{Ko} = t_{III}\, \frac{141{,}4\, m/min}{148{,}5\, m/min}$

$t_{Ko} = 30{,}47\,s$

$K_{Ko} = (t_n + t_h)\, L(1+r) + K_M + \frac{t_h}{T}\left(W_T + t_W \cdot L(1+r)\right)$

$K_{Ko} = 1{,}88$ DM/Einheit

Für $v_{to} = 198\, m/min$

$\longrightarrow t_h = 32\,s \cdot \frac{141{,}4\, m/min}{198\, m/min}$

$t_h = 22{,}85\,s$

$K_{vto} = K_M + (t_n + t_h) \cdot L(1+r) + \frac{t_h}{T}\left(L \cdot t_W(1+r) + W_T\right)$

$K_{vto} = 1{,}90$ DM/Einheit

III. 4. Werkzeugmaschinen :

86. (12´) Geometrische Stufung : 15 Pkte

5 — 86.1. $i_1 = \frac{n_A}{n_3} = \frac{180}{71} = 2{,}54 = \varphi^2 = 1{,}6^2$

$i_2 = \frac{n_A}{n_6} = \frac{180}{280} = \frac{1}{1{,}6} = \varphi^{-1} = 1{,}6^{-1}$

$i_3 = \frac{71}{28} = \varphi^2$

$i_4 = \frac{71}{45} = \varphi^1$

$i_5 = \frac{71}{71} = \varphi^0$

10 — 86.2.

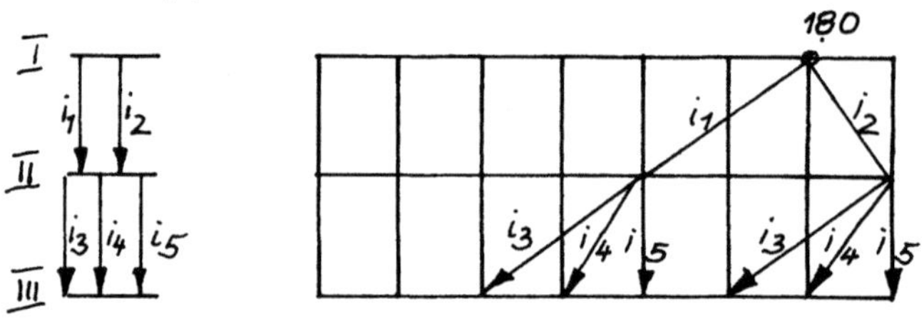

87. (30´) Geometrische Stufung : Drehzahlverdopplung : 25 Pkte

4 — 87.1. **Getriebeplan :** **Übersetzungsplan:**

I — 3-Gruppe: verschiebbar —

II — 3-Gruppe: starr —

III — 2-Gruppe: verschiebbar —

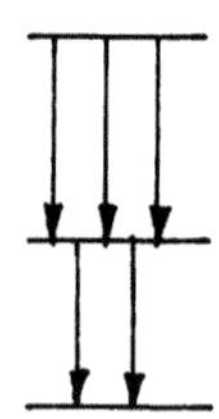

4 — 87.2. $M_d = 9550 \frac{P \cdot \eta}{n_1}$; M_d in Nm, falls P in kW, n_1 in 1/min;

$n_1 = 450$ 1/min

$n_{I-2} : n_{I-1} = \varphi^6 \longrightarrow \varphi = 1{,}1224 \longrightarrow \varphi_N = 1{,}12 \leftrightarrow$ R20

4 — 87.3.

Ziffer i	1	2	3	4	5	6	7	8	9	10	11	12
Drehzahl n_i in 1/min	450	500	560	630	710	800	900	1000	1120	1250	1400	1600
	n_{I-1}						n_{I-2}					

87.4. 6

Getriebeplan nach Germar für die beiden Motorschaltungen :

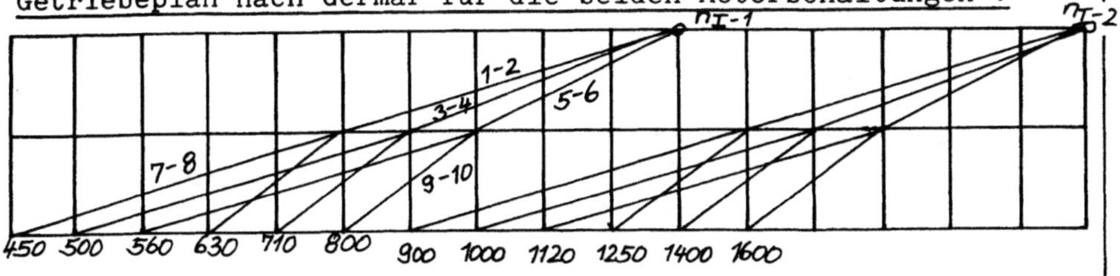

87.5. $i_{1-2} = \varphi^5 = 1{,}8$; $i_{3-4} = \varphi^4 = 1{,}6$ 3

$i_{5-6} = \varphi^3 = 1{,}4$; $i_{7-8} = \varphi^5 = 1{,}8$

$i_{9-10} = \varphi^2 = 1{,}25$

87.6. $z_1 = \dfrac{S}{1+i_{1-2}} = 42{,}85$ $\quad z_2 = S - z_1$ 4

$z_3 = \dfrac{S}{1+i_{3-4}} = 46{,}15$ $\quad z_4 = S - z_3$

$z_5 = \dfrac{S}{1+i_{5-6}} = 50{,}0$ $\quad z_6 = S - z_5$

$z_1 = z_7$ $\quad z_8 = z_2$

$z_9 = \dfrac{S}{1+i_{9-10}} = 53{,}33$ $\quad z_{10} = S - z_9$

Ziffer i	1	2	3	4	5	6	7	8	9	10	11	12
Zähnezahl z_i	(43) 44	(77) 76	(46) 47	(74) 73	50 ←	70	43 Korrektur	77	53 wegen	67 mech.	– Toleranz	–

88*. (30´) Geometrische Stufung - Vorgelege : 70 Pkte

88.1. 10

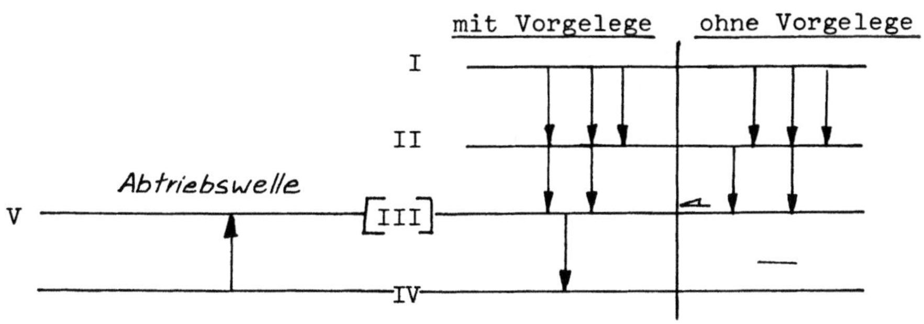

12 — 88.2. $P = 2\pi n \cdot M_d \rightarrow$

$\underline{\underline{n = 45\ min^{-1}}}$

12 — 88.3. $\varphi = \sqrt[11]{\frac{560}{45}} = 1{,}257 \longrightarrow \underline{\underline{\varphi_N = 1{,}25 \leftrightarrow R20/2}}$

	n_1	n_2	n_3	n_4	n_5	n_6	n_7	n_8	n_9	n_{10}	n_{11}	n_{12}
1/min	45	56	71	90	112	140	180	224	280	355	450	560

20 — 88.4.

Drehzahlbild nach Germar :

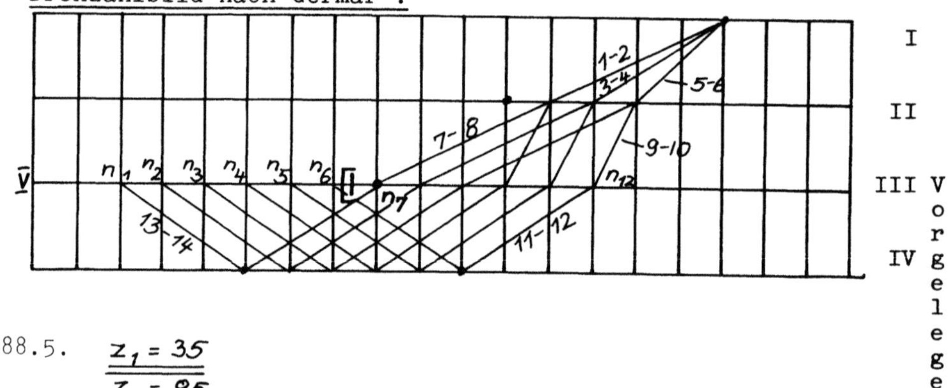

6 — 88.5. $\underline{\underline{z_1 = 35}}$

$\underline{\underline{z_2 = 85}}$

$\underline{\underline{z_{13} = 41}}$

10 — 88.6. $n_7 = n_A \cdot \frac{z_1 \cdot z_7}{z_2 \cdot z_8} = 1120\ min^{-1} \left(\frac{35}{85}\right)^2$

$\underline{\underline{n_7 = 189{,}8\ 1/min}}$

Neuwahl der Zähnezahlen :

$\underline{\underline{z_1 = z_7 = 34}}$

$\underline{\underline{z_2 = z_8 = 86}}$

$\longrightarrow$

$\underline{\underline{n_7 = 175{,}05\ min^{-1}}}$

89*. (45') Mehrstufengetriebe eines Bohrwerkantriebes : 40 Pkte

89.1. $\underline{\underline{z_4 = 40}}$ $\quad$ $z_8 = 30$, $\underline{\underline{z_{11} = 40}}$ $\quad$ $\underline{\underline{z_{14} = 56}}$ $\quad \left\{ \sum_{Block} z_i = const. \right.$ 5

89.2. und 89.3. 10

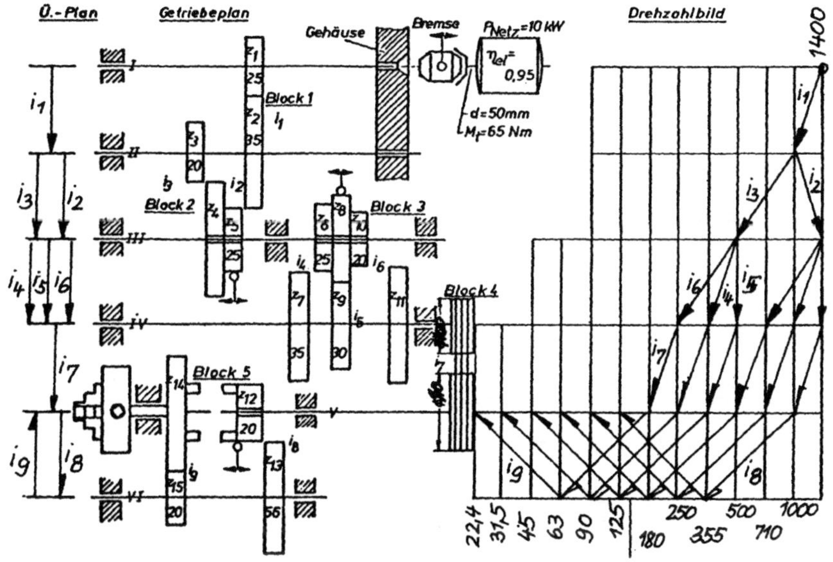

89.4. $P_{Netz} \cdot \eta = M_t \cdot 2\pi \cdot n_A$ 5

$\longrightarrow n_A = 1396 \; 1/min \longrightarrow \underline{\underline{n_{A\,Norm} = 1400 \; min^{-1}}}$

$i_1 = \frac{z_2}{z_1} = \varphi^1$

$i_2 = \frac{z_5}{z_2} = \varphi^{-1}$

$i_3 = \frac{z_4}{z_3} = \varphi^2$

$i_4 = \frac{z_7}{z_6} = \varphi^1$

$i_5 = \frac{z_9}{z_8} = \varphi^0$

$i_6 = \frac{z_{11}}{z_{10}} = \varphi^2$

$i_7 = \frac{d_2}{d_1} = \varphi^1$

$i_8 = \frac{z_{13}}{z_{12}} = \varphi^3$

$i_9 = \frac{z_{14}}{z_{15}} = \varphi^3$

i	1	2	3	4	5	6	7	8	9	10	11	12
n_i / min^{-1}	22,4	31,5	45	63	90	125	180	250	355	500	710	1000

5

10 89.5. $P_{Netz} \cdot \eta_{el} \cdot \eta_{mech} = M_t \cdot 2\pi n_A \cdot \eta_{mech}$

$\longrightarrow \underline{\underline{M_t = 3250\,Nm}}$

$M_t = F \cdot \frac{d_{014}}{2}$ $\qquad \underline{d_{014} = 196\,mm}$

$\longrightarrow \underline{\underline{F = 33{,}163\,kN}}$

5 89.6. - Übersetzung ins Schnelle vermeidbar!

90. (30´) Auswahl von Aufbaunetzen : 30 Pkte

4 90.1. $i_{G\,max} = n_a : n_1 \longrightarrow n_1 = \frac{2800}{45} \longrightarrow \underline{\underline{n_1 = 62{,}2\ min^{-1}}}$

$n_8 = \frac{2800}{4} \longrightarrow \underline{\underline{n_8 = 700\ min^{-1}}}$

4 90.2. $\varphi = \sqrt[z]{\frac{n_z}{n_1}} = \sqrt[7]{\frac{700}{62{,}2}} = 1{,}41 \longrightarrow \underline{\underline{\varphi_N = 1{,}4}} \longleftrightarrow \underline{\underline{R\,20/3}}$

$\underline{\underline{n_1 = 63\ min^{-1}}} \wedge \underline{\underline{n_8 = 710\ min^{-1}}}$

14 90.3. Gewählt: II-4 und II-2-Getriebe ≡ III-8-Getriebe

$\longrightarrow$ Anzahl der Getriebegruppen:

$\sqrt[2]{\frac{2800}{63}} = \sqrt{44{,}44} > 4:1$
$\sqrt[3]{44{,}44} < 4:1$
} Es ist eine dritte Getriebegruppe erforderlich

$\longrightarrow$ $\underline{\underline{\text{IV - 8 - Getriebe}}}$

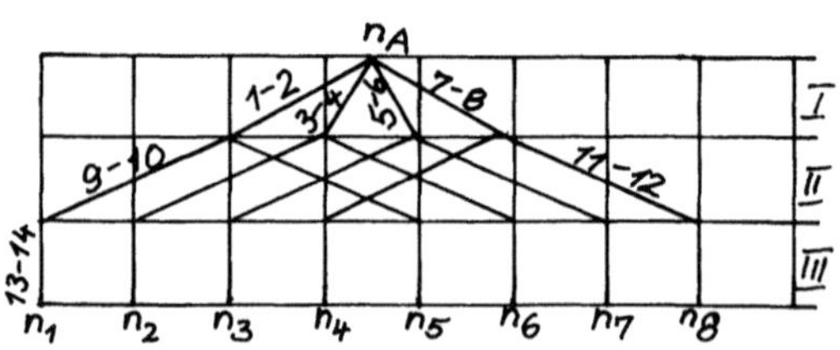

8 90.4. $i_{n_a - n_z} = \frac{2800}{710} = 3{,}94 = \varphi^4$

$\longrightarrow \underline{\underline{\varphi^7 + \varphi^4 = \varphi^{11}}} \longrightarrow$ Gruppe I : φ^3
Gruppe II : φ^4
Gruppe III : φ^4

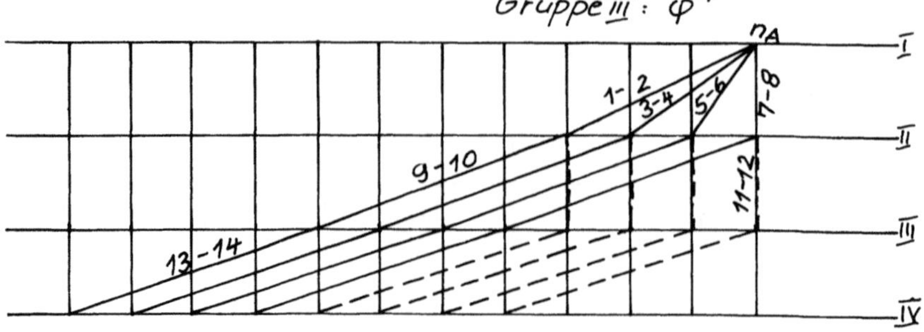

91*. (36') Zahnflankenkräfte : 20 Pkte

91.1. $\underline{\underline{z_4 = 42}}\,;\ \underline{\underline{z_5 = 36}}\,;\ \underline{\underline{z_9 = 84}}$ 3

91.2. und 91.3. 7

- Es muß erkannt werden, daß II = Abtriebswelle und daß der Getriebeplan für die ersten drei Drehzahlen gezeichnet ist, d.h. Welle II ist unterbrochen (Kupplung ausgerückt!)

$-i_0 = \frac{d_{02}}{d_{01}}$

$\rightarrow n_I = \frac{2000}{min}$

$i_1 = \varphi^1 = \frac{z_4}{z_1}$

$i_2 = \varphi^0 = \frac{z_5}{z_2}$

$i_3 = \varphi^2 = \frac{z_6}{z_3}$

$i_4 = \varphi^2 = \frac{z_8}{z_7}$

$i_5 = \varphi^1 = \frac{z_9}{z_{10}}$

Getriebeplan :

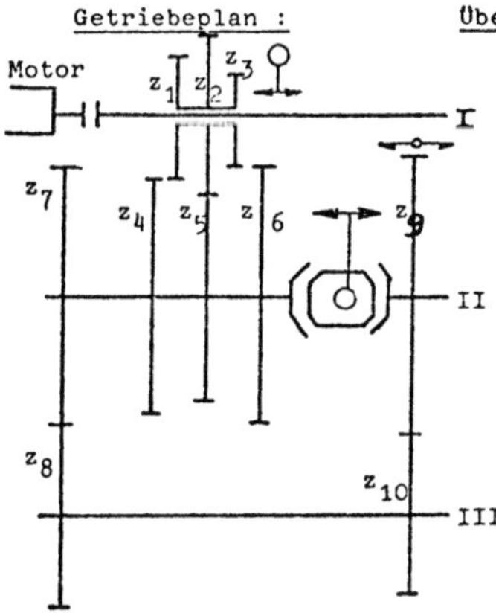

Übersetzungsplan :

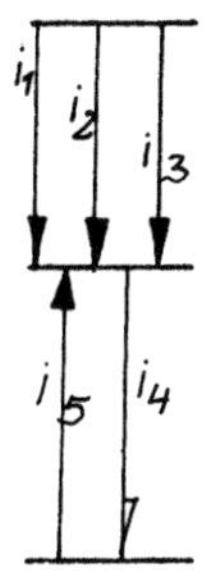

Drehzahlbild nach Germar :

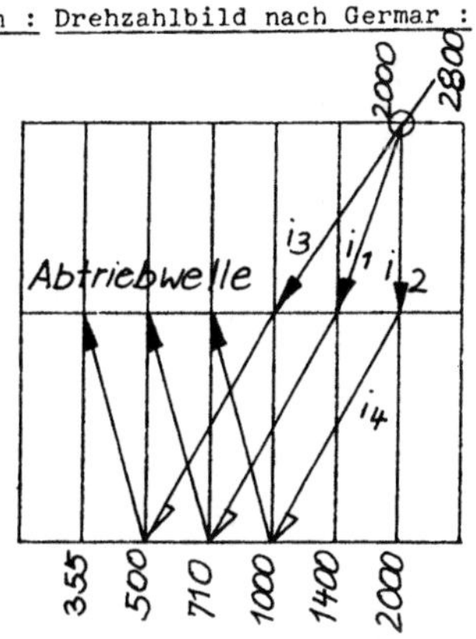

91.4. 5

$$n_1 = n_A \cdot \frac{d_{01} \cdot z_3 \cdot z_7 \cdot z_{10}}{d_{02} \cdot z_6 \cdot z_8 \cdot z_9} = 357\ 1/min \quad \text{erfüllt}$$

$$n_2 = n_A \cdot \frac{d_{01} \cdot z_1 \cdot z_7 \cdot z_{10}}{d_{02} \cdot z_4 \cdot z_8 \cdot z_9} = 510\ 1/min \quad \text{"}$$

$$n_3 = n_A \cdot \frac{d_{01} \cdot z_2 \cdot z_7 \cdot z_{10}}{d_{02} \cdot z_5 \cdot z_8 \cdot z_9} = 714\ 1/min \quad \text{"}$$

$$n_4 = n_A \cdot \frac{d_{01} \cdot z_3}{d_{02} \cdot z_6} = 1000\ 1/min \quad \text{"}$$

$$n_5 = n_A \cdot \frac{d_{01} \cdot z_1}{d_{02} \cdot z_4} = 1429\ 1/min \quad \text{"}$$

$$n_6 = n_A \cdot \frac{d_{01} \cdot z_2}{d_{02} \cdot z_5} = 2000\ 1/min \quad \text{"}$$

91.5. 5

$$\eta P = M \cdot 2\pi \cdot \frac{n_A}{i_{Ges}} \quad \text{mit} \quad \underline{i_{Ges} = 7{,}84 : 1}$$

$$\underline{d_{09} = z_9 \cdot m = 294\,mm}$$

$$M = F \cdot \frac{d_{09}}{2}$$

$$\rightarrow \underline{\underline{F = 1164\ N}}$$

92*. (60') Stufenloses Getriebe : 60 Pkte

6 — 92.1.

$$n_{Imin} = n_A / \sqrt{B} = \frac{965}{\sqrt{5}} min^{-1} \longrightarrow \underline{\underline{n_{Imin} = 431 \, min^{-1}}}$$

$$n_{Imax} = n_A \cdot B = 965 min^{-1} \cdot 5 \longrightarrow \underline{\underline{n_{Imax} = 2155 \, min^{-1}}}$$

6 — 92.2.

$$i_{Ges} = \frac{431}{18} = 23{,}94 \approx 24 = \frac{2}{1} \cdot \frac{4}{1} \cdot \frac{3}{1} = \frac{431}{215{,}5} \cdot \frac{215{,}5}{54} \cdot \frac{54}{18}$$

$\longrightarrow$ Für $i_{Ges} = 24:1$ sind 3 Getriebegruppen erforderlich!

6 — 92.3.

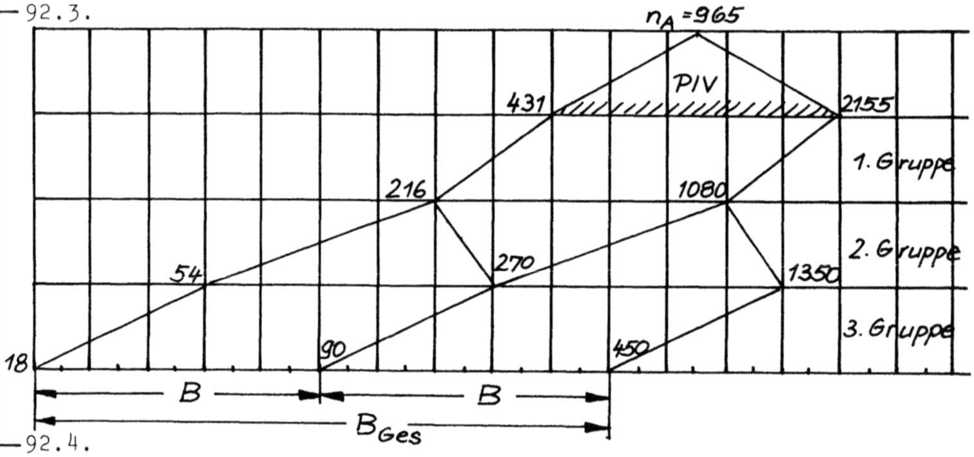

8 — 92.4.

$$\frac{z_1}{z_2} = \frac{216}{431} \approx \frac{1}{2} = \frac{30}{60}$$

$$z_3 + z_4 = z_5 + z_6$$

$$\frac{z_3}{z_4} = \frac{54}{216} = \frac{1}{4} = \frac{18}{72}$$

$$\frac{z_5}{z_6} = \frac{270}{216} = \frac{1{,}25}{1} = \frac{50}{40}$$

$$z_7/z_8 = 18/54 = 1/3 = 20:60$$

$z_1 = 30$, $z_2 = 60$, $z_3 = 18$, $z_4 = 72$

$z_5 = 50$, $z_6 = 40$, $z_7 = 20$, $z_8 = 60$

4 — 92.5.

$$B^3 = 5^3 = 125$$

$$\vec{Ü} = \sqrt{\frac{B^3}{B_{Ges}}} = \sqrt{\frac{125}{50}}$$

$$\underline{\underline{Ü = 1{,}58}}$$

Drehzahlbild :

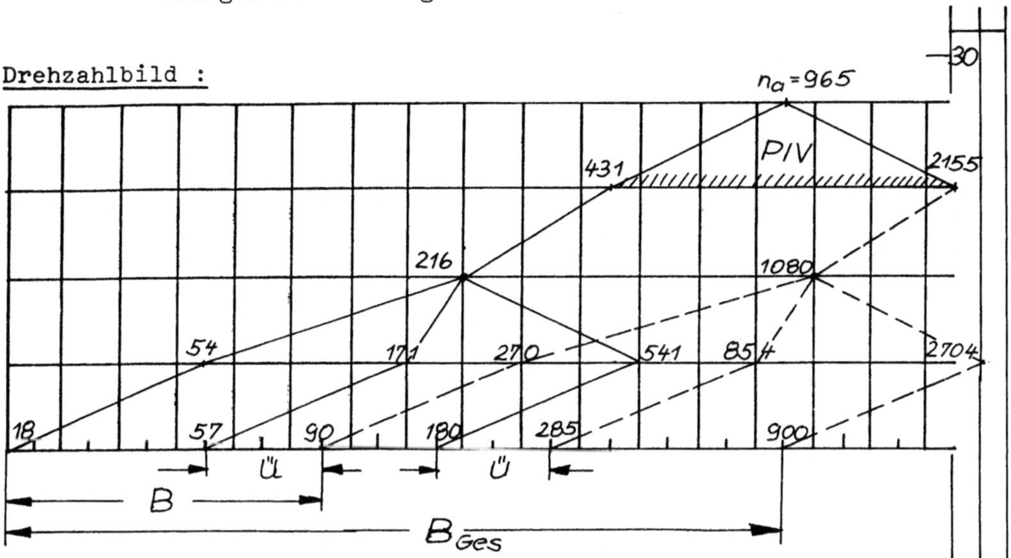

$$\frac{z_1}{z_2} = \frac{216}{431} = \frac{1}{2} = \frac{30}{60}$$

$$z_3 + z_4 = z_5 + z_6 = z_7 + z_8$$

$$\frac{z_3}{z_4} = \frac{54}{216} = \frac{1}{4} = \frac{18}{72}$$

$$\frac{z_5}{z_6} = \frac{171}{216} = \frac{1}{1{,}26} = \frac{40}{50}$$

$$\frac{z_7}{z_8} = \frac{541}{216} = \frac{2{,}5}{1} = \frac{64}{26}$$

$$\frac{z_9}{z_{10}} = \frac{18}{54} = \frac{1}{3} = \frac{20}{60}$$

$z_1 = 30$

$z_2 = 60$

$z_3 = 18$

$z_4 = 72$

$z_5 = 40$

$z_6 = 50$

$z_7 = 64$

$z_8 = 26$

(z_3 bis z_8:) $S = 90$

$z_9 = 20$

$z_{10} = 60$

(z_9, z_{10}:) $S = 80$

III.5. Umformtechnik :

93. (15´) Grundlagen : 25 Pkte

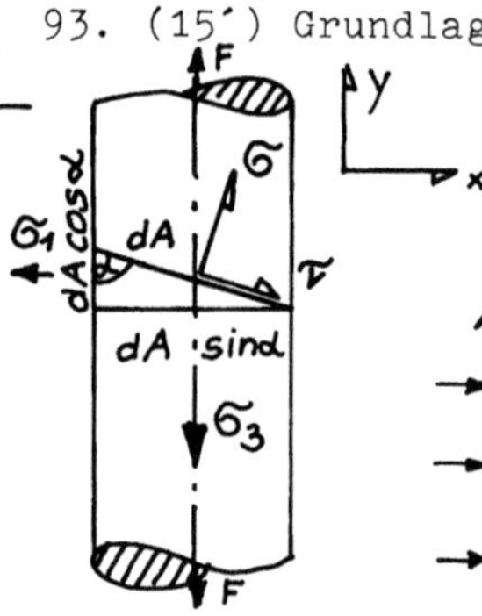

6 — 1. $\sum F_x = 0 = (\sigma\cos\alpha)\cdot dA - \sigma_1(dA\cos\alpha) + (\tau\sin\alpha)dA = 0$

2. $\sum F_y = 0 = (\sigma\sin\alpha)\cdot dA - (\tau\cos\alpha)dA - \sigma_3(dA\sin\alpha) = 0$

3. σ_1, σ_3 := Hauptspannungen

4. dA, dA := Teil einer Gleitebene

Aus 1. und 2. →

→ $\sigma = \frac{\sigma_1 + \sigma_3}{2} + \frac{\sigma_1 - \sigma_3}{2}\cos 2\alpha$

→ $\tau = \frac{\sigma_1 - \sigma_3}{2}\sin 2\alpha$

→ (σ-τ) - Graph = Mohr'scher Spannungskreis

15 — → $\tau_{max} = \tau(\alpha = 45°) = \frac{\sigma_1 - \sigma_3}{2}$

→ $\sigma_{max} = \sigma(\alpha = 45°) = \frac{\sigma_1 + \sigma_3}{2}$

→ Gleiten beginnt, wenn τ_{max} des Werkstoffes erreicht ist !

4 — → $\sigma_1 - \sigma_3 = 2\,\tau_{max} = k_f$ = Formänderungsfestigkeit

94. (12´) Grundlagen : 15 Pkte

7,5 — Kaltformgebung:

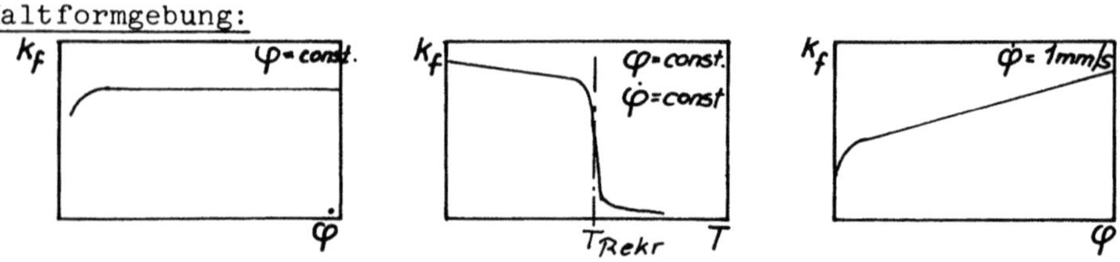

7,5 — Warmformgebung:

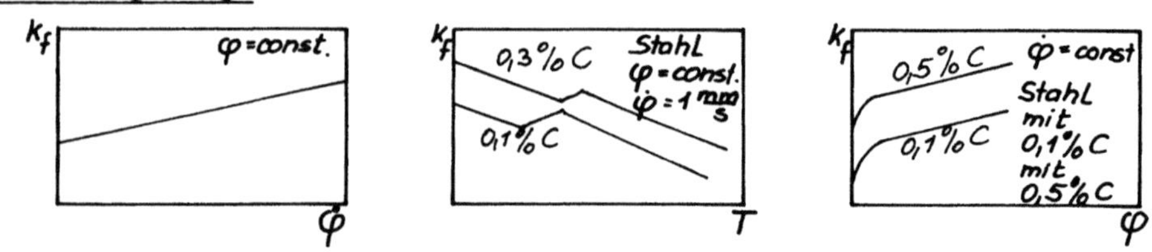

95. (9´) Grundlagen : 10 Pkte

— $\varphi_h = \ln\frac{h}{h_0}$; $\varphi_a = \ln\frac{a}{a_0}$; $\varphi_b = \ln\frac{b}{b_0}$ → $\varphi_h + \varphi_a + \varphi_b = 0$

10 — $\dot{\varphi} = \frac{d\varphi}{dt} = \frac{dh/h_0}{dt} = \frac{1}{h_0}\cdot\frac{dh}{dt} = \frac{V_h}{h_0}$

$\dot{\varphi}_h = V_h / h_0$

— Ein Umformpunkt des Werkstoffes ist im Gleichgewicht, wenn die Summe der Umformgeschwindigkeiten Null ist !

→ $\dot{\varphi}_h + \dot{\varphi}_a + \dot{\varphi}_b = 0$ → Bei gleichmäßiger Breitung gilt : $|\dot{\varphi}_a| = |\dot{\varphi}_b|$ → $|\dot{\varphi}_a| = |\frac{\dot{\varphi}_h}{2}|$

96. (7´) Grundlagen : 10 Pkte

— *Ideal-elastisch:* — 5

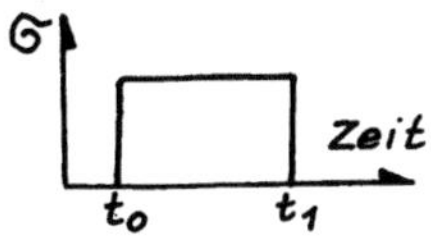

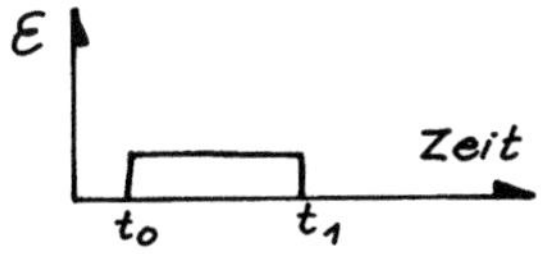

$$\rightarrow \begin{pmatrix} \varepsilon_x \\ \varepsilon_y \\ \varepsilon_z \\ \gamma_{yz} \\ \gamma_{zx} \\ \gamma_{xy} \end{pmatrix} = \begin{pmatrix} s_{11} & s_{12} & s_{12} & 0 & 0 & 0 \\ s_{12} & s_{11} & s_{12} & 0 & 0 & 0 \\ s_{12} & s_{12} & s_{11} & 0 & 0 & 0 \\ 0 & 0 & 0 & s_{44} & 0 & 0 \\ 0 & 0 & 0 & 0 & s_{44} & 0 \\ 0 & 0 & 0 & 0 & 0 & s_{44} \end{pmatrix} \cdot \begin{pmatrix} \sigma_x \\ \sigma_y \\ \sigma_z \\ \tau_{yz} \\ \tau_{zx} \\ \tau_{xy} \end{pmatrix}$$

→ Im einachsigen Spannungszustand erhält man:

$$\left.\begin{array}{l} s_{11} = 1/E \\ s_{12} = -\mu/E \\ s_{44} = 1/G \end{array}\right\} s_{44} = 2(s_{11} - s_{12}) \rightarrow \underline{\underline{E = 2G(1+\mu)}}$$

— Im real-elastischen Fall sind stets: — Diffusionsvorgänge, — 5
— innere Reibung (Korngrenzen, Gitterfehler, Versetzungen)
vorhanden!

$$\rightarrow \underline{\underline{\sigma = \sigma_0 e^{-t/T} \longleftrightarrow \text{Relaxationen:}}}$$

— Temperaturrelaxation ($p \rightarrow \Delta T$)
— Strukturrelaxation (verzögerte Umord.)
— Druckrelaxation (raumspar. Konstellation)
— Entropierelaxation (Δ Ordnungsgrad)

→

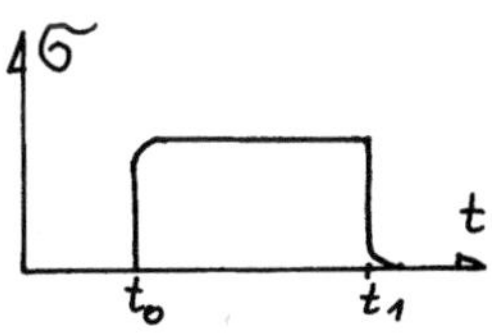

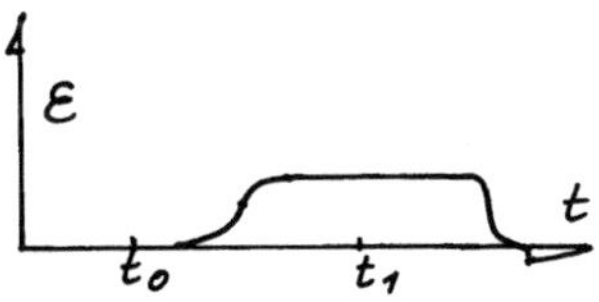

— Der Elastizitätsbereich ist abhängig von der Temperatur und der Umformgeschwindigkeit!

97. (30') Gesenkschmieden : 25 Pkte

4 97.1. $\varphi = -0{,}63 = \ln \frac{h}{h_0} \longrightarrow \underline{\underline{h = 66{,}57\,mm}}$

$h = h_0 e^{-0{,}63}$

4 97.2. $W_0 = v/h_0$

$\underline{\underline{W_0 = 44{,}8\ s^{-1}}}$

4 97.3. W_m für Hämmer : $W_m = (0{,}85 \text{ bis } 0{,}9)\,W_0 \longrightarrow$

Gewählt : $W_m = 0{,}9\,W_0$

$\underline{\underline{W_m = 40{,}3\ s^{-1}}}$

4 97.4. k_{Wm} für $W_m = 40{,}3\ 1/s \longrightarrow$ Diagramme 2a und 3 $\longrightarrow$

$\underline{k_{Wa} = 100\ N/mm^2} \longrightarrow \underline{\underline{k_{Wm} = 315\ N/mm^2}}$

4 97.5. $\longrightarrow$ Diagramme 2a, 2b, 2c $\longrightarrow$

$\underline{k_{We} = 1200\ N/mm^2} \longrightarrow \underline{\underline{F_{max} \approx 25000\ kN}}$

5 97.6. $\longrightarrow$ Diagramm 3 $\longrightarrow$

$\underline{\underline{W_{max} \approx 17\,kJ}}$

98*.(60') Stauchvorgänge komplizierter Schmiedeteile : 100 Pkte

5 98.1. Kopfvolumen fertig $V_K = 41{,}233\,dm^3$

Korrespondierender Zylinderkopf-Durchmesser : $\underline{\underline{d_Z = 458\,mm}}$

– Aus : $V_K = \frac{h}{6}\,(A_G + 4A_m + A_K)$

und

$V_K = \frac{d_Z^2 \pi}{4} \cdot h$

5 98.2. Anfangsvolumen $V_A = 1{,}02\,V_K$

$V_A = 42{,}058\,dm^3$

Anfangslänge $\ell_A = \frac{4\,V_A}{\pi\,d_0^2}$

$\underline{\underline{\ell_A = 595\,mm}}$

5 98.3. $\frac{\ell_A}{d_0} = \frac{595}{300}$

$1{,}98 < 2{,}3 \longrightarrow \underline{\underline{n = 1}}$

5 98.4. Stauchung $\varepsilon_G = \frac{\ell - h}{\ell} = \frac{595 - 250}{595} = 57{,}98\% \approx 60\%$

$\underline{\underline{\varepsilon_G \approx 60\%}}$

Kennzahlen K_1 und K_2 nach Billigmann

K_1: $\varepsilon = 55\,\% \longrightarrow K_1 = 1{,}35 - 1{,}50$
$\varepsilon = 60\,\% \longrightarrow K_1 = 1{,}4 - 1{,}55$ } Gewählt: $K_1 = 1{,}50$

K_2: $\varepsilon = 55\,\% \longrightarrow K_2 = 1{,}05 - 1{,}10$
$\varepsilon = 60\,\% \longrightarrow K_2 = 1{,}05 - 1{,}15$ } Gewählt: $K_2 = 1{,}10$

98.5. $\varphi = \ln \frac{h_1}{h_0} = \ln \frac{595}{250} = 0{,}8671 \longrightarrow$ Diagramm 4 $\longrightarrow$ 10

$k_f = 890\ N/mm^2$

Gewicht des Umformvolumens $= 3{,}365\ kN \longrightarrow C_G = 0{,}8$ — 10

Geschwindigkeitsverhältnisse: $\dot\varphi_2 : \dot\varphi_1$ (mit $\dot\varphi_1 = 0{,}1\ 1/s$)

$\dot\varphi_2 = v/h_0 = 9{,}24369\ 1/s$

$\dot\varphi_2 : \dot\varphi_1 \approx 100$

Temperaturverhältnisse: $T : T_S \approx 0{,}7$

$\longrightarrow$ nach Gubkin $\longrightarrow C_V = 1{,}7$

$k_W(\text{Raumtemp}) = k_f \cdot C_G \cdot C_V = 1210\ N/mm^2$ 10

$\frac{\lg k_W(RT) - \lg k_W(T)}{\lg RT - \lg T} = -C_T \longrightarrow k_{W\ 1342K} = 36\ N/mm^2$

98.6. $\psi = \frac{|\ln 2\mu|}{2\mu} = 1{,}39 \wedge \mu = 0{,}25 \wedge 2(1+\psi) = 4{,}77 \longrightarrow$ 15

nach Unskov $\longrightarrow \bar p = 2k_W \frac{h^2}{\mu^2 d^2}\left(\exp(\mu d/h) - \mu d/h - 1\right)$

$\longrightarrow \bar p = 42{,}18\ N/mm^2$

Kopfkorrektur: $p_K = K_1 \cdot \bar p = 63\ N/mm^2$

Stauchkraft: $F_{max} = p_K \cdot A_Z$

$F_{max} = 10379\ kN$

98.7. Schlagenergie des letzten Schlages: $W_n = V \cdot p_K \cdot \varepsilon$ 10

$W_n = 105{,}986\ldots\ kJ$

Erforderliche Schlagenergie des Bären: $W_B = W_n / \eta_S$

$W_B = 151{,}4\ kJ$

Schlaggewicht des Bären: $W_B = G \cdot v^2/2g$

$G = 98{,}197\ kN$

98.8. Erforderliche Schlaghöhe: $h = v^2/2g$ 5

$h = 1{,}54\ m$

10 – 98.9. $W_{Ges} = K_2 \cdot p_K \cdot V \left\{ \ln \frac{h_o}{h} + \frac{1}{9}\left(\frac{d}{h} - \frac{d_o}{h_o} \right) \right\}$

$\underline{\underline{W_{Ges} = 2957{,}27\,kJ}}$

$n = \frac{W_{Ges}}{W_n} = \frac{W_{Ges}}{\eta_S \cdot W_B}$

$\underline{\underline{n = 28 \text{ Schläge}}}$

10 – 98.10. $\dot{\varphi}_{h\,Ges} = v/h_o = \frac{5500}{595} \frac{1}{s}$

$\dot{\varphi}_h / \text{Schlag} = \dot{\varphi}_{h\,Ges}/n$

$\underline{\dot{\varphi}_h / \text{Schlag} = 0{,}3301/s}$

Aus $\dot{\varphi}_h + 2\dot{\varphi}_r = 0 \rightarrow$ $\underline{\underline{\dot{\varphi}_r \approx 0{,}165\ 1/s = 9{,}9\ 1/min}}$

99. (45´) Gesenkgravuren : 60 Pkte

20 – 99.1. Kopfvolumen fertig $V_K = 519{,}6\ mm^3$

Erforderliches Stauchvolumen $V_S = V_A = 540{,}4\ mm^3$

Ausgangslänge $l_o = 19{,}1\,mm$

Zahl der Stauchprozesse : $l_o/d_o = 3{,}19 \gg 2{,}3 \rightarrow$ Zwischenglühungen erf.

Zahl der Kegelgravuren : $l_o/2d_o = 1{,}59 \rightarrow$

$\underline{\underline{\text{1 Kegelgravur}}}$

$\underline{\underline{\text{1 Fertiggravur}}}$

20 – 99.2. 1 Kegelgravur $\rightarrow$ Kegelneigung 1:10

$\rightarrow l_1 = l_o - 2d_o = 7{,}1\,mm$

$d_{m1} = \sqrt{\frac{4\,V_A}{\pi\,l_1}} = 9{,}8\,mm$

$\rightarrow$ Überprüfung der letzten Stufe :

– $\frac{l_{n-1}}{d_{mn-1}} = s_{n-1} = s_1 = \frac{7{,}1}{9{,}8} < 2{,}3$ erf.

– $l_{n-1} \geq \frac{l_{n-2}}{2} + 0{,}5\,d_o$.

$7{,}1\,mm \geq 12{,}55\,mm$ nicht erfüllt $\longrightarrow$

Neuwahl: $\underline{\underline{l_1 = l_o - d_o = 13{,}1\,mm}}$

$\underline{\underline{d_{m1} = 7{,}2\,mm}}$

– Überprüfung: $s_1 = 1{,}8 < 2{,}3$ erfüllt
$l_1 = 13{,}1\,mm \geq 12{,}55\,mm$ erfüllt

– Exakt wäre:
$l_1 = l_0 - 1{,}06\,d_0 = 12{,}7\,mm$

$\rightarrow d_{m1} = 7{,}4\,mm$

$\rightarrow$ 1. $s_1 = 1{,}7 < 2{,}3$ erfüllt
2. $l_1 = 12{,}7\,mm \geq 12{,}55\,mm$ erfüllt
3. $d_K = 6{,}1\,mm > 6{,}0\,mm$ erfüllt

$\rightarrow d_K = 6{,}1\,mm$
$d_G = 8{,}5\,mm$

20

99.3. – $\dot{\varphi}_1 = v/h_0 = \frac{200\,mm/s}{19{,}1\,mm} = 10{,}5\,\frac{1}{s}$
$\dot{\varphi}_2 = 0{,}1\,\frac{1}{s}$
$\Big\}\ \dot{\varphi}_1 : \dot{\varphi}_2 \approx 100 : 1$

– $T/T_S = 0{,}7$

$\longrightarrow$ Tabellenwert nach Gubkin $\longrightarrow c_v = 1{,}7$

– $k_f = k_f(\varphi, T)$
$\varphi = \ln \frac{h_1}{h_0} = \ln \frac{19{,}1}{6} = 116\,\%$ $\longrightarrow$ Diagramm 5 $\rightarrow$
$k_{fRT} = 650\,N/mm^2$

– $\frac{\lg 650 - \lg k_T}{\lg 293 - \lg 1020} = -3 = c_T \longrightarrow$

$k_T = 15{,}4\,N/mm^2$

– Korrespondierender Φ:
$d_{K0} = 10{,}5\,mm$

– $d_{K0}/h = 1{,}75 < 2 \wedge \mu = 0{,}5 > 0 \longrightarrow$
$\bar{p} = k_f\,(1 + \mu d_{K0}/(4h_0))$
$\bar{p} = 18{,}8\,N/mm^2$
$p_{vor} = c_v \cdot c_{Kopf} \cdot \bar{p} = 43\,N/mm^2$
$F = p_{vor} \cdot A_K = 3723\,N$

100. (30') Kegelgravuren beim Gesenkschmieden : 25 Pkte

5 — 100.1. Volumen des angestauchten Kopfes $V_0 = 23635\ mm^3$

Einsatzvolumen $V_E = 1{,}03\ V_0 = 24344\ mm^3$

Erforderliche Stauchlänge $l_0 = 96\ mm$

Knickungsüberprüfung : $l_0/d_0 = 5{,}33 > 2{,}3 \rightarrow$ Kegelgr.

Stauchstufenzahl $n = l_0/2d_0 = 2{,}66 \rightarrow$

$\underline{\underline{n = 3}}$ (einschließlich Fertigstauchen)

10 — 100.2. $l_1 = l_0 - 2d_0 = 60\ mm$, $l_2 = l_0 - 4d_0 = 24\ mm$ } Widerspruch zu $l_2 \geq l_1/2 + d_0/2$

$\rightarrow$ l_2 muß neu gewählt werden! $\rightarrow$

$l_2 = l_0 - 3d_0 = 42\ mm$

$d_{m1} = \sqrt{\frac{4 V_E}{\pi l_1}} = 22{,}7\ mm$

$d_{m2} = \sqrt{\frac{4 V_E}{\pi l_2}} = 27{,}2\ mm$

} $l_2 \geq \frac{l_1 + d_0}{2}$ erfüllt! $s_2 = \frac{l_2}{d_{m2}} < 2{,}3$ erfüllt!

5 — 100.3. $d_{K2} = d_{m2} - 0{,}5\, l_2 \cdot 0{,}2 = 23{,}0\ mm$

$d_{G2} = d_{m2} + (0{,}5\, l_2 - a) \cdot 0{,}2 = 31{,}2\ mm$

$d_{K1} = d_{m1} - 0{,}5\, l_1 \cdot 0{,}1 = 19{,}7\ mm$

$d_{G1} = d_{m1} + (0{,}5\, l_1 - a) \cdot 0{,}1 = 25{,}6\ mm$

$d_{K1} = 19{,}7\ mm > d_0 = 18\ mm$

Stauchstufe i	Kegellänge l_i in mm	mittl. Durchmesser d_{m_i} in mm	Kleinster Ø d_{k_i} in mm	Größter Ø d_{g_i} in mm
0	96	18 (38,8)	18 (38,8)	18 (38,8)
1	60	22,7	19,7	25,6
2	42	27,2	23	31,2
3	—— Fertigstauchen ——			
4				
5				

5 — 100.4. $A_d = 1963\ mm^2 \rightarrow$ Diagramm 7 Skala II $\rightarrow$

$\underline{\underline{F = 950\ kN}}$

102*. (75´) Strangpressen : 60 Pkte

10 — 102.1. Fugendurchmesser d_{F1} und d_{F2} :

— $x_{IM} = \frac{\sigma_{SI}}{\sigma_{SM}} = 1{,}0649$, $x_{IA} = \frac{\sigma_{SI}}{\sigma_{SA}} = 1{,}1714$

— <u>Aufteilung der Ringdicken :</u>

$Q = \frac{D_{Ii}}{D_{Aa}} = \frac{80mm}{550mm} = 0{,}14544$

— $Q_I = \frac{D_{Ii}}{D_{F1}} = \sqrt[6]{\frac{Q^2}{x_{IM} \cdot \alpha \cdot x_{IA}}} = 0{,}4917\ldots$

— $Q_M = \sqrt{x_{IM} \cdot \alpha}\; Q_I = 0{,}556$

— $Q_A = \sqrt{x_{IA}}\; Q_I = 0{,}532$

} Günstigste Aufteilung nach Theorie

— <u>Kontrolle :</u> $Q = 0{,}14544 = Q_I \cdot Q_M \cdot Q_A = 0{,}4917 \cdot 0{,}556 \cdot 0{,}532$

— $D_{F1} = \frac{D_{Ii}}{Q_I} = \frac{80mm}{0{,}4917} = 162{,}7mm$

$D_{F1} \Rightarrow$ Gewählt $\Rightarrow$ 163 mm

— $D_{F2} = D_{Aa} \cdot Q_A = 550mm \cdot 0{,}532 = 292{,}7mm$

$D_{F2} \Rightarrow$ Gewählt $\Rightarrow$ 293 mm

5 — 102.2. Fugenpressung zwischen Innen- und Mittelbuchse :

$$\frac{p_{F1}}{\sigma_{SI}} = \frac{(1-Q_I^2)(1-Q_M^2)(1-x_{IM} \cdot \alpha\, Q_I^2)}{2(1-Q_I^2 Q_M^2)}$$

$p_{F1} = 160\ N/mm^2$

25 — 102.3. Haftmaß zwischen Mittel- und Außenbuchse :

für $Q_I = 0{,}4917$
für $Q_M = Q_A' = 0{,}5558$
} → Diagramm 10

→ $K_I = 6{,}8 \cdot 10^{-6}\ mm^2/N$

$K_M = 10{,}8 \cdot 10^{-6}\ mm^2/N$

— <u>Haftmaß für K_I, K_M :</u>

$Z_1 = (K_I + K_M) \cdot D_{F1} \cdot p_{F1} = 459\ \mu m$ (506 s. später)

— <u>Verstärkung Innen- und Mittelbuchse :</u>

$p_{rIM} = \sigma_{SI} \frac{1-Q_I^2}{2} + \sigma_{SM} \frac{1-Q_M^2}{2} = 577 \frac{N}{mm^2}$ (2 Teile)

$p_{rV1} = \sigma_{SI} \frac{1-Q_I^2 Q_M^2}{2} = 379\ N/mm^2 \longrightarrow V_1 = \frac{p_{rIM}}{p_{rV1}} = 1{,}52$

101. (15´) Voll-Vorwärts-Fließpressen : 15 Pkte

15

Arbeitsdiagramm zu Aufgabe 107
und Aufgabe 101

(13)

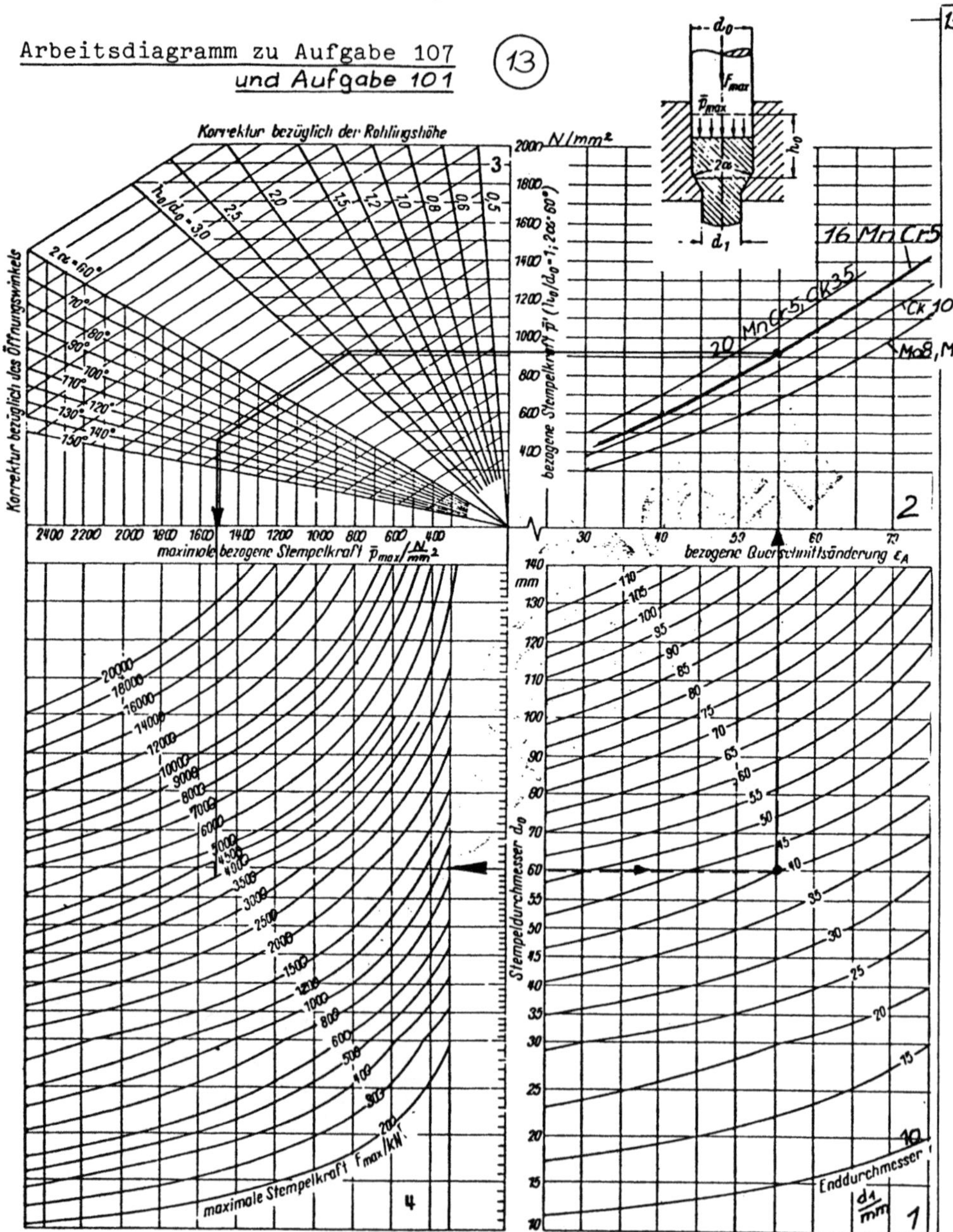

Feld 1 : $\varepsilon_A = 55\,\%$

Feld 2 : $\bar{p}(h_0/d_0 = 1 \wedge 2\alpha = 60°) = 920\ N/mm^2$

Feld 3 : $h_0/d_0 = 2{,}5 \wedge 2\alpha = 120° \longrightarrow \underline{\underline{\bar{p} = 1520\ N/mm^2}}$

Feld 4 : $\underline{\underline{F_{max} \approx 4300\ kN}}$

– Fugenpressung p_{F2} zwischen Mittel- und Außenbuchse:

$$p_{F2} = \sigma_{SI} \cdot V_1 \cdot \frac{(1-Q_I^2 Q_M^2)(1-Q_A^2)(1-x_{IA} \cdot V_1 \cdot Q_I^2 Q_M^2)}{2(1-Q^2)}$$

$$p_{F2} = 367 \ \frac{N}{mm^2}$$

– Für $Q_{IM} = Q_I \cdot Q_M = 0{,}2733$
– Für $Q_A = 0{,}5322$

$\longrightarrow$ Diagramm 10 $\longrightarrow$ $K_{IM} = 4{,}4 \cdot 10^{-6} \ \frac{mm^2}{N}$
$\longrightarrow$ $K_A = 10{,}4 \cdot 10^{-6} \ \frac{mm^2}{N}$

– Haftmaß $Z_2 = (K_{IM} + K_A) \cdot d_{F2} \cdot p_{F2} = 1591 \ \mu m$

102.4. Zulässiger Radialdruck des Blockaufnehmers : 20

– Haftmaßverlust für Innen-Mittelbuchse: ΔZ_1

U_1 = erford. Übermaß
ΔU_1 = Übermaßverlust

$$U_1 = Z_1 + \Delta U_1 = Z_1 + 2(G_{Ia} + G_{Mi})$$

$$U_1 = 487 \ \mu m$$

$$\Delta Z_1 = 4\% \ U_1 = 19 \ \mu m$$

– Tragfähigkeitseinbuße durch ΔZ_1:

$$\Delta p_{r1} = \frac{\Delta Z_1}{D_{F1}} \cdot E \cdot \frac{1-Q_M^2}{2}$$

$$\Delta p_{r1} = 8 \ N/mm^2$$

– Haftmaßverlust für Mittel-Außenbuchse: ΔZ_2

$$\Delta Z_2 = 4\% \ (Z_2 + 2[0{,}7 \ R_{mMa} + 0{,}7 \ R_{mAi}])$$

$$\Delta Z_2 = 65 \ \mu m$$

– Tragfähigkeitseinbuße Δp_{r2} (Mittel-Außenbuchse):

$$\Delta p_{r2} = \frac{\Delta Z_2}{D_{F2}} \cdot E \cdot \frac{1-Q_A^2}{2}$$

$$\Delta p_{r2} = 16 \ N/mm^2$$

– Radialdruck des gesamten Blockaufnehmers: p_r

$$p_r = p_{rIM} + \sigma_{SA} \ \frac{1-Q_A^2}{2} = 829 \ N/mm^2$$

– Zulässiger Radialdruck $p_{r zul}$:

$$p_{r zul} = p_r - \Delta p_{r1} - \Delta p_{r2} = 805 \ N/mm^2$$

– Gesamtverstärkung V_{Ges}:

$$p_{rV2} = \sigma_{SI} \ \frac{1-Q^2}{2} = 401 \ N/mm^2$$

$$V_{Ges} = p_{r zul} : p_{rV2} = 2:1$$

103. (54') Fließpressen : 40 Pkte

25 103.1. Zulässiger Radialdruck :

– $Q = \frac{D_{Ii}}{D_{Aa}} = 0{,}18$

– Für Hartmetallbuchsen gilt : $d_F = \frac{D_{Aa}}{\sqrt{1+\sqrt{1+Q^{-2}}}}$

$\rightarrow d_F = 116{,}38\,mm$

$\rightarrow$ Gewählt : $d_F = 116\,mm$

– $Q_I = \frac{D_{Ii}}{d_F} = 0{,}4655 \quad \wedge \quad Q_A = \frac{d_F}{D_{Aa}} = 0{,}3867$

– Kontrolle : $0{,}18 = Q = Q_I \cdot Q_A = 0{,}17996$

– Für HM-Buchsen gilt : $\frac{p_r}{\sigma_{SA}} = \frac{1}{1 + 2\,Q_I^2}$

$\rightarrow p_r = 335\,N/mm^2$

– Hilfsgrößen : $K_I = K_{HM}$ für $Q_I = 0{,}4655$; $K_A = K_{St}$ für $Q_A = 0{,}3867$ } Diagr. 11

$K_I = K_{HM} = 2{,}4 \cdot 10^{-6}\,mm^2/N$

$K_A = K_{St} = 8{,}4 \cdot 10^{-6}\,mm^2/N$

5 – Haftmaß Z :

$Z = (K_I + K_A) \cdot d_F \cdot p_F = 255\,\mu m$

– Übermaßverlust ΔU :

$\Delta U = 2\,(0{,}5 \cdot R_{mHM} + 0{,}8\,R_{mX...}) = 23\,\mu m$

– Erforderliches Übermaß U :

$U = Z + \Delta U = 278\,\mu m$

– Haftmaßverlust ΔZ durch Fertigung :

$\Delta Z = 3\,\%\,U = 8\,\mu m$

– Tragfähigkeitseinbuße Δp_r durch Stahlmantel :

$\Delta p_r = \frac{\Delta Z}{d_F} \cdot E_{St} \cdot \frac{1-Q_A^2}{2} = 6\,N/mm^2$

→ Zulässiger Radialdruck p_{rzul} :

$p_{rzul} = p_r - \Delta p_r$

$p_{rzul} = 329\,N/mm^2$

103.2. Fugenpreßkraft je mm Blockaufnehmerlänge : 5

$$p_F = \frac{F}{d_F \cdot l}$$

$$\frac{F}{l} = 23200\ \frac{N}{mm}$$

103.3. Schrumpftemperatur : für $U = 790\,\mu m$ 5

$$T = \frac{U + E}{\alpha \cdot d_F} + 293\,K = \frac{0{,}79\,mm + 0{,}1\,mm}{11 \cdot 10^{-6} K^{-1} \cdot 116\,mm} + 293\,K$$

$$T = 990\,K \mathrel{\hat{=}} 717\,°C$$

104. (45') Einsenken in Gesenke : 25 Pkte

104.1. — $t/d = 0{,}3 \rightarrow \varphi = (33\,t/d - 1)\,\% = 8{,}9\,\% \rightarrow$ Diagramm 10
(Grüning, Umformtechnik, S. 10, Vieweg V.)
$k_f = 380\ N/mm^2$

— $\bar{p} = 4{,}5 \cdot k_f = 1710\ N/mm^2$

— Ohne Temperatureinfluß, da unter Rekrist. temp. !

104.2. $p_{zul\ Einsenkstempel} = 0{,}9\ p_{X30WCrV53} = 2700\ N/mm^2$ 10

$\bar{p} < p_{zul\ Einsenkst.} \rightarrow$ keine Zwischenglühung erf.

- Dies trifft auch zu, falls der Temperaturabfall des X30WCrV53 prozentual berücksichtigt wird !
- Lösungshinweis nach VDI 3170 zu ähnlichen Aufgaben:
  X30WCrV53 hat HB = (2060 − 2450) $N/mm^2 \rightarrow$
  $\frac{t}{d} = 0{,}3 \longrightarrow \bar{p}_{St}$ zu groß für $t/d = 0{,}3 \longrightarrow$
  $\longrightarrow \frac{t}{d} = 0{,}1 \longrightarrow \bar{p}_{St} = 2708\ N/mm^2 \longrightarrow$
  $\longrightarrow$ Es sind Zwischensenkungen mit Glühungen erforderlich, falls $\bar{p} > \bar{p}_{St}$!

104.3. 5

$$\frac{\Delta d}{d} = \alpha \cdot \Delta T = 18 \cdot 10^{-6} K^{-1} (777 - 20)\,K$$

$$\Delta d = 0{,}545\ mm$$

105.(60´) Einsenken in Gesenke : 50 Pkte

15 – 105.1. Einsenkfläche: $A = 400\,mm^2$

korrespondier. ϕ: $d_{K_0} = \sqrt{\frac{4A}{\pi}} = 22{,}6\,mm$

$\varphi = (33\frac{t}{d} - 1)\% = (33 \cdot \frac{80}{22{,}6} - 1) = 116\%$

→ Durch Interpolation →

$k_f = 945\,N/mm^2$

→ $\bar{p} = 4{,}5\,k_f = 4253\,N/mm^2$

→ $\bar{p}$ ($c_k = 1{,}2$ ∧ 3% Temp.einfluß) $= 1{,}2 \cdot 4253\frac{N}{mm^2} \cdot 0{,}97$

$\bar{p}_{c_K T} = 4950\,N/mm^2$

20 – → Maschine:

$F = 100\,000\,N$

$A = 400\,mm^2$

$\bar{p}_m = 2500\,N/mm^2$

$\bar{p}_{mM} = \bar{p}_m : 1{,}2 : 0{,}97$

$\bar{p}_{mM} = 2148\,N/mm^2$

Stempel:

$p_{zul} = 2600\,N/mm^2$

$p_{zul} = \bar{p}_{St} \cdot c_K \cdot c_T$

$\bar{p}_{St} = 2234\,N/mm^2$

→ $\bar{p}_{mM} = 4{,}5\,k_f$

→ $\bar{k}_f = 477\,N/mm^2$

→ Durch Interpolation →

$\varphi = 3\%$

→ $3\% = (33\frac{t}{d} - 1)\%$

$t_{max} = 2{,}74\,mm$

→ $n = \frac{80\,mm}{2{,}74\,mm}$

$n = 30$

10 – 105.2. $\varphi = 0$ → $0 = 33\frac{t}{d} - 1$ → $t_{el} = 0{,}68\,mm$

$\frac{\Delta t}{t + t_{el}} = \alpha \cdot \Delta T$ → $\Delta t = 0{,}4499\,mm$

$\frac{t}{1{,}04} = t_0 + t_{el} + \Delta t$ → $t = 84{,}38\,mm$

$v = \frac{s}{t}$ → Zeit $= 1688\,s = 28\,min$

105.3. $\frac{\Delta a}{a} = \alpha \cdot \Delta T = 11 \cdot 10^{-6} K^{-1} \cdot 507 K \Rightarrow \underline{0{,}111\,mm = \Delta a}$ — 5

$A_T \approx A_0 + 2\Delta a \cdot a$

$\underline{\underline{A_T = 404{,}4\,mm^2}}$

106. (45') Einsenken von Gesenken : 25 Pkte

106.1. $t_{erf} = 22\,mm + 3\,mm + 1{,}03\,mm = 26{,}03\,mm$ — 10

$\varphi_{erf} = (33\ \frac{t_{erf}}{d} - 1)\,\% \approx 24\,\%$

$\rightarrow$ Diagramm 12 : weichgeglüht $\longrightarrow$

$\underline{k_f = 700\,N/mm^2}$

$\underline{\underline{\bar{p} = 4{,}5\,k_f = 3150\,N/mm^2}}$

$A = 908\,mm^2$

$\underline{\underline{\vec{F}_{max} = \bar{p} \cdot A = 2860\,kN}}$

106.2. $p_{zul} = 2940\,N/mm^2$ — 5

$p_{zul\,max} = 0{,}8 \cdot p_{zul} = 2352\,N/mm^2$

$\longrightarrow \bar{k}_{f\,max} = \frac{p_{zul\,max}}{4{,}5} = 523\,N/mm^2$

$\longrightarrow$ Diagramm 12 $\longrightarrow \bar{\varphi}_{max} = 3\,\%$

$\longrightarrow t_{max} = \frac{(3+1)\,34\,mm}{33} = 4{,}12\,mm$

$\longrightarrow \underline{\underline{t_{max} = 4{,}12\,mm}}$

106.3. $n = 26{,}03\,mm / 4{,}12\,mm \longrightarrow \underline{\underline{6{,}31 = n}} \longrightarrow$ — 3

$\underline{\underline{7 \text{ Zwischenglühungen}}}$

106.4. $\frac{\Delta d}{d} = \alpha \cdot \Delta T$ — 2

$\rightarrow \underline{\underline{d_T = 34{,}451\,mm}}$

106.5. $v = s/t \longrightarrow \text{Zeit} = \frac{(t_0 + t_F + t_{el})(1 + \alpha \Delta T)}{v}$ — 5

$\underline{\underline{\text{Zeit} = 528\,s}}$

107. (15´) Voll-Vorwärts-Fließpressen : 15 Pkte

10 — 107.1. nach Diagramm 13 ⟶ $\varepsilon_A = 55\%$ ⟶ $\bar{p}$ ($h_0/d_0 = 1 \wedge 2\alpha = 60°$)
$= 1050\ N/mm^2$ ⟶ $h_0/d_0 = 2$ ⟶
$\bar{p}_{max} = 1500\ N/mm^2 < 2100\ N/mm^2$

5 — 107.2. $F_{max} = 4300\ kN$

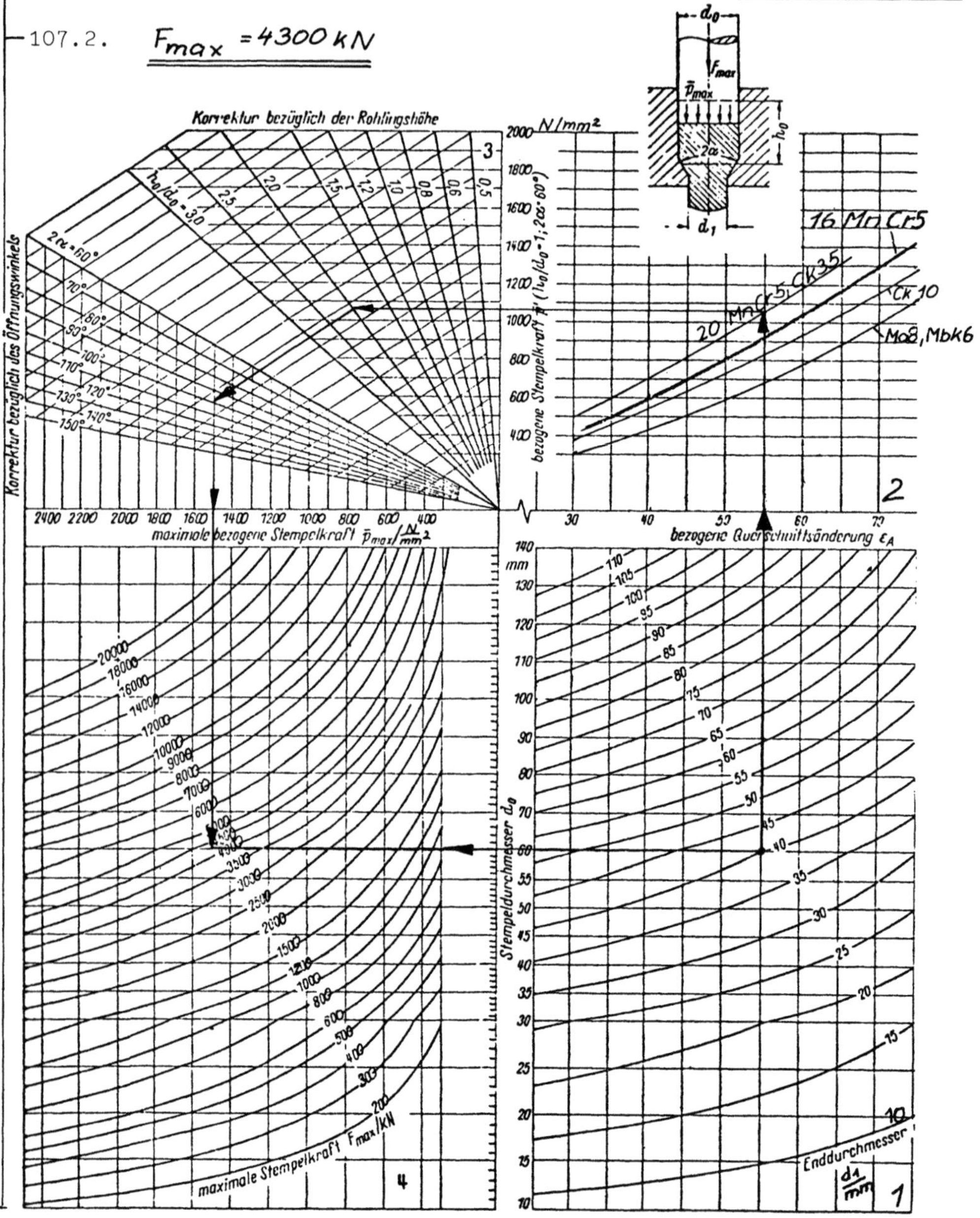

108. (20') Napf-Rückwärts-Fließpressen : 20 Pkte

108.1. Nach Diagramm 14 : Feld 1 : $\varepsilon_A \approx 70\%$ 15

Feld 2 : $h_0/d_0 = 0{,}5 \rightarrow k = 0{,}94 \wedge \bar{p} = 1900 \frac{N}{mm^2}$

Feld 3 : $\bar{p}_{max} = 1690\ N/mm^2$

Feld 4 : $F_{max} \approx 4600\ kN$

108.2. Nach Tabelle der Aufgabe 109 ist 55NiCr10 ausreichend; um die Standzeit des Stempels zu erhöhen wäre 75CrMoNiW67 günstiger! 5

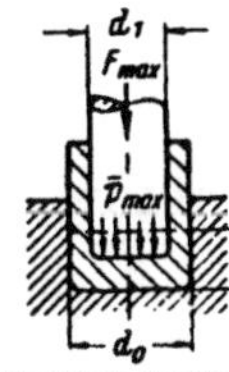

Arbeitsdiagramm zu Aufgabe 108 (14)

+ : = MoB, Mbk6
■ : = Ck15
o : = 20MnCr5, Ck35

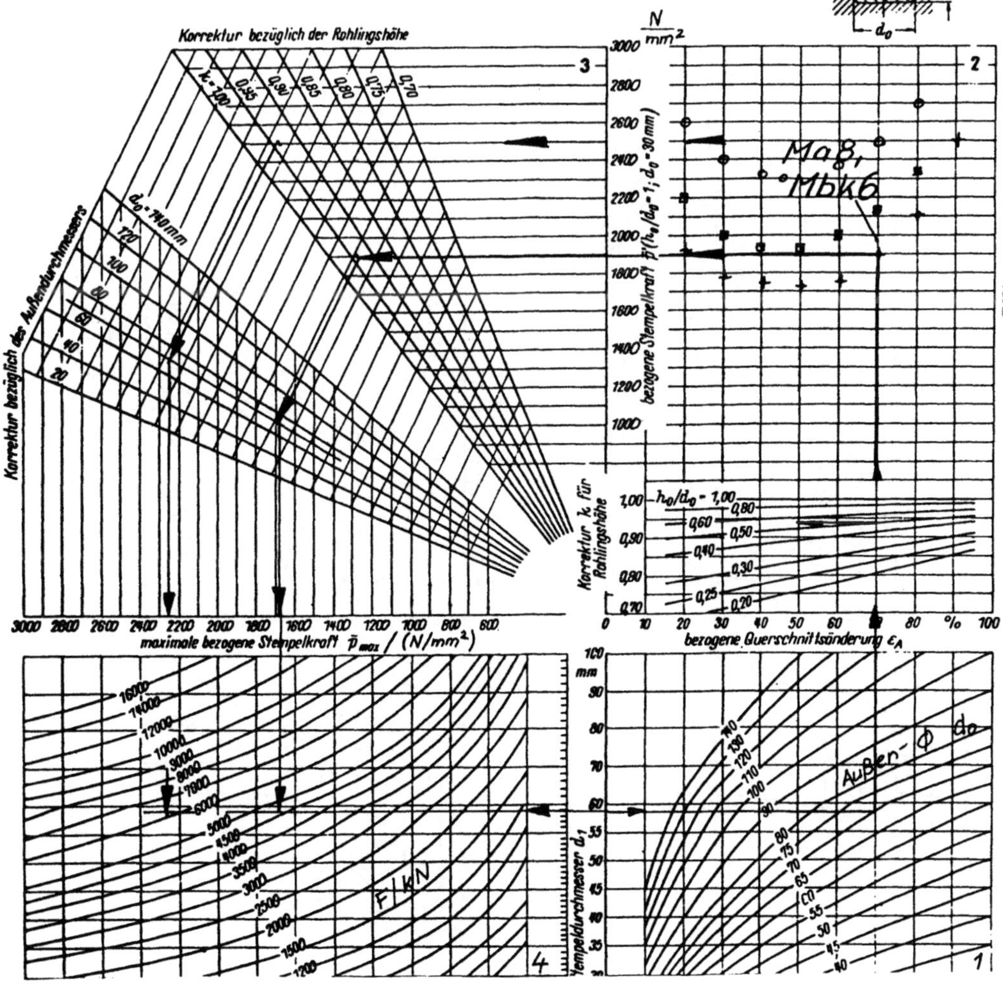

109. (20') Hohl-Vorwärts-Fließpressen : 20 Pkte

109.1. entfällt

15 109.2. $A_0 = \frac{\pi}{4}(d_0^2 - d_2^2) = 2062\ mm^2$

$A_1 = \pi/4(d_1^2 - d_2^2) = 648\ mm^2$

Feld 1 : $\varepsilon_A \approx 68\%$

Feld 2 : $\bar{p}(h_0/d_0 = 1 \wedge 2\alpha = 60°) = 1080\ N/mm^2$

Feld 3 : $h_0/d_0 = 0{,}53 \longrightarrow \bar{p} = 1320\ N/mm^2$

Feld 4 : $F_{max} \approx 2700\ kN$

5 109.3. $\bar{p}$ 55NiCr10 = 2150 N/mm² > $\bar{p}$ = 1080 N/mm² : Ausreichende Sicherheit vorhanden !

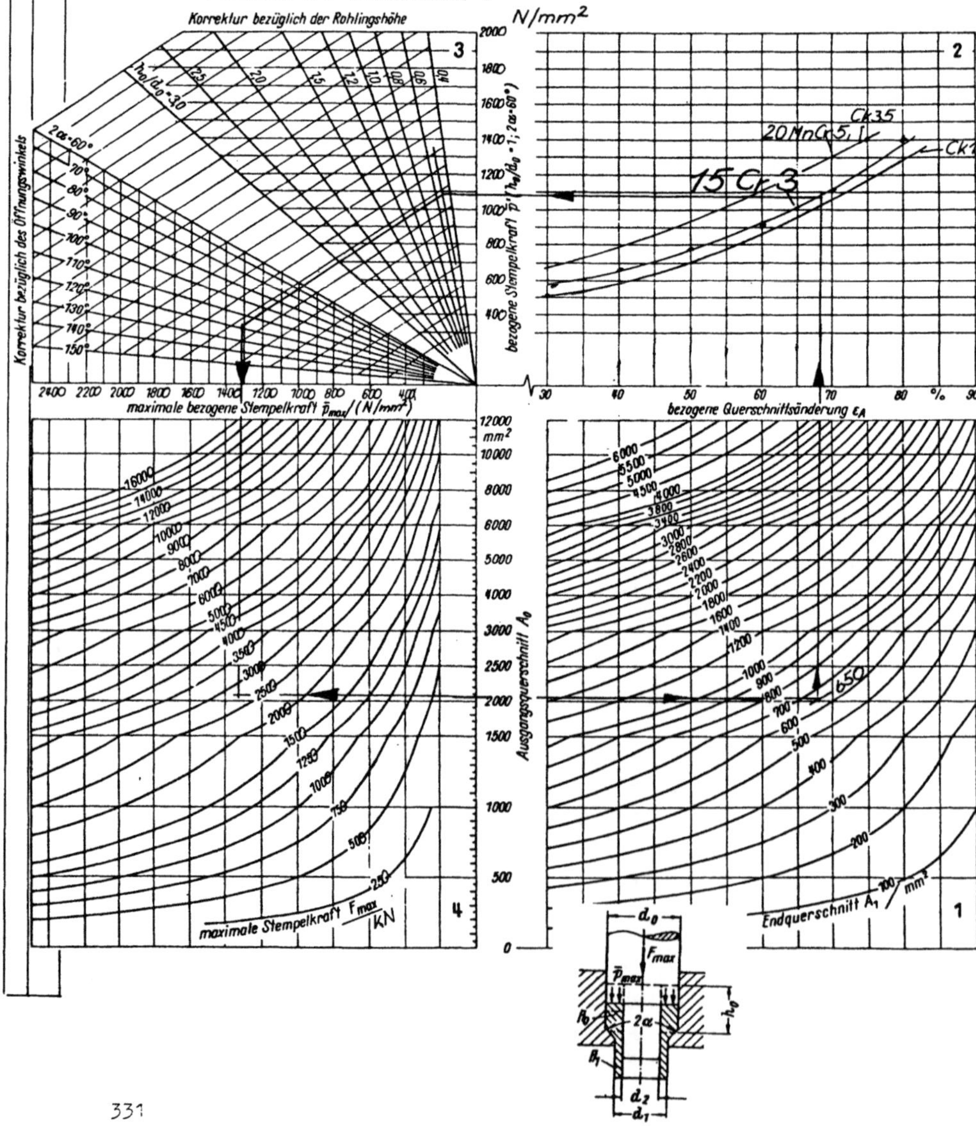

110. (15´) Arbeitsabläufe : 25 Pkte

110.1.1. Rohteil, geschert: Scherung: $\tau = \frac{F}{c \cdot A}$ mit c = Formfaktor, F = Scherkraft, A = Scherfläche; zeitsparend! — 18

110.1.2. 1.Stufe: Setzen: $\varphi = \ln \frac{h_1}{h_0} \rightarrow k_f = k_f(15\,Cr3) \rightarrow$ $F = k_f \cdot A/\eta_F$; Verfestigungen; Rekristallisation!

110.1.3. Weichglühen: Entfestigung des Gefüges über Rekristallisationstemperatur; $T_{Rekr} = f($Werkstoff, Korngröße, Verformung$)$

110.1.4. Beizen: Zunder entfernen mit sauren oder basischen Gemischen bei erhöhten Temperaturen;

110.1.5. Befetten: Verringerung der Reibkräfte über μ

110.1.6. Napf-Rückwärts-Fließpressen: Axiale Stauchung: $= f(A, p, k_{f1}, \mu, d_1, h_0)$
Radiale Stauchung $= f(A, p, k_{f2}, h_0, S, \mu, \varphi_2)$

110.2. → nach Diagramm 14 → — 7

$\underline{\underline{\varepsilon_A = 60\,\%}}$

mit $h_0/d_0 = 0{,}5 \rightarrow \underline{\underline{k = 0{,}94}}$

$\rightarrow \underline{\underline{\bar{p} = 1900\ N/mm^2}}$

→ In Feld 2 ist die 15 Cr 3 -Linie sicher über 1900 N/mm^2, bzw. über dem mittleren Druck eines Ck 15 anzusetzen → nicht zulässig

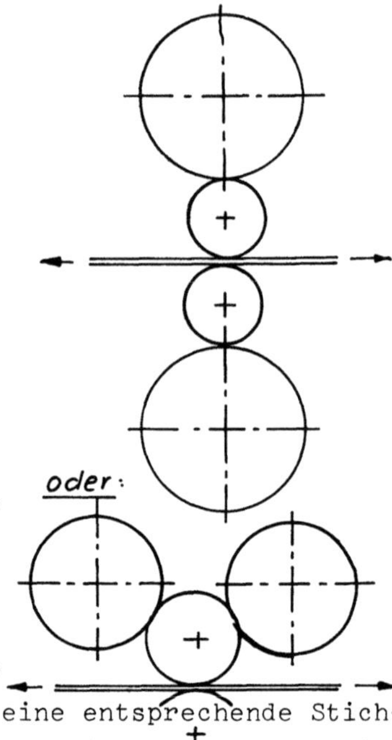

111. (9') Walzen : 30 Pkte

15 – 111.1. Quarto-Walzgerüst :

Für das Kaltwalzen ist dieser Typ der gebräuchlichste. Er dient zum Walzen von Bändern. Die Stichabnahme erfolgt durch zwei verhältnismäßig dünne Arbeitswalzen, deren Durchbiegung von zwei dicken Stützwalzen verhindert wird. Angetrieben werden nur die beiden Arbeitswalzen; die Stützwalzen laufen als Schleppwalzen mit. Die Gerüste werden als Einwegquarto (in einer Richtung walzbar) und als Reversierquarto ausgeführt. Man baut heute meistens 3 bis 5 Quartogerüste hintereinander. Das Band durchläuft nacheinander die einzelnen Gerüste, erhält in jedem eine entsprechende Stichabnahme, um nach Verlassen des letzten von einer Haspel zum Ring aufgedreht zu werden. Erzielte Walzgeschwindigkeit liegt heute zwischen 600 und 1000 m/min. Der Bandzug, der das Walzgut durch die Walzen durchzieht und zum Ring aufdreht, bringt auch Nachteile: Drehmoment auf die Arbeitswalzen in Arbeitsrichtung!

15 – 111.2. Mit vier symmetrisch angeordneten Stützwalzen ist das Kraftfeld günstiger!

— Im allgemeinen gilt:
Ersetzt man die Walzen durch 2 gekrümmte Stauchplatten $\longrightarrow$
Ausbildung einer Fließscheide im Walzspalt:
$\leftrightarrow$ Umformspannung (Stauchspannung) > Formänd.festigkeit des Werkstoffes in der Fließscheide.
$\div$ Ausbildung von Fließscheiden in Walzenachsen-Richtung!

— Walzbedingung: Aus $v_1 < v_t$ und $v_2 > v_t \rightarrow$
$$v_2 = (1{,}02 \div 1{,}05)\, v_t$$

— Greifen: $\alpha_0 \leq \mu = f$ (T des Walzgutes, Walzgeschw.

— Durchwalzen: $\alpha_0 \leq 2\varrho = \arctan \mu$

— max. Stich: $\Delta h = 2d \sin^2 \alpha_0/2$

— Umformkraft: $F_t = \dfrac{k_{fm} \cdot A_1 \cdot \ln h_1/h_0}{2\eta_F}$

— Moment u. Leistung: $M = F_t \cdot d/2$; $P = 2M \cdot \omega \quad \dfrac{k_{fm} \cdot A_1 \ln \frac{h_1}{h_0}}{\eta_F} \cdot V$

112. (45´) Walzen : 45 Pkte

112.1. $\mu = 1{,}05 - 0{,}0005\,(1273-273) - 0{,}056 \cdot 3 = 0{,}382$ für rauhe G.W.

für geschliffene Gußeisenwalzen $\rightarrow \underline{\underline{\mu = 0{,}182}}$ 5

$\tan \varrho = 0{,}182 \rightarrow \underline{\underline{\varrho = 10{,}315^\circ}}$

$\Delta h_{max\,Greifen} = 2d \sin^2 \alpha_0/2 = 6{,}46\,mm$

112.2. $v_t = d \cdot \pi \cdot n = 3\,m/s = 180\,m/min$ 5

$n = \frac{v_t}{d\pi} = 143\ 1/min \rightarrow \underline{\underline{n_{Norm\,804} = 180\ 1/min}}$

112.3. Für Durchwalzen gilt: $\alpha_0 \leq 2\varrho = 20{,}63^\circ$ 5

Für 1 Stich: $\Delta h = h_0 - h_1 \approx 2\,mm$

$\Delta h = 2d \sin^2 \alpha_0'/2$

$\rightarrow \underline{\underline{\alpha_0' = 16{,}075^\circ}}$

$\rightarrow$ Querschnittsänderung von $400\,cm^2$ auf $384{,}5\,cm^2$ ist in einer Stichabnahme möglich, da $\alpha' = 16{,}075^\circ < \alpha_0 = 20{,}63^\circ$ 10

$\rightarrow \Delta h_{max\,W} = 2d \sin^2 \alpha_0/2 = 800\,mm \cdot \sin^2 10{,}35^\circ$

$\rightarrow \underline{\underline{\Delta h_{max\,W} = 25{,}65\,mm}}$

112.4. $v_W = (1{,}03 \div 1{,}05)\, v_t$; gewählt: 1,04 5

$\underline{\underline{v_W = 1{,}04 \cdot 180\,m/min = 187{,}2\,m/min}}$

112.5. Je Walze: $F_t = \frac{k_{fm} \cdot A_1 \cdot \ln \frac{h_1}{h_0}}{2\eta_F}$ $h_0 = 200\,mm$, $h_1 = 196\,mm$ 10

$\underline{\underline{F_t = 41827\,N}}$

$M = \frac{F_t \cdot d}{2}$

$\underline{\underline{M = 8365\,Nm}}$

112.6. Leistung für eine Stichabnahme: 5

$P = 2\,F_t \cdot v$

$\underline{\underline{P = 251\,kW}}$

III.6. Verbindungstechnik :

113. (15') Weich- und Hartlöten : 15 Pkte

15

	Weichlote	Hartlote
	Eutektische Systeme	
Arbeitstemperaturen	unter 450°C(500)	über 450°C (500)
Zusammensetzung	Blei - Zinn z.B. L Sn40 (40%Sn,2%Sb,58%Pb)	Legierung auf Cu-Basis: L CuZn60 (mit 0,2 bis 0,4% Si als Desox.mittel) Legierung auf Ag-Basis: (Ag-Cu-Zn) : z.B. L Ag 25
Festigkeiten	gering	hoch
Anwendungen	Blech- und Draht-industrie, z.B. Bau- und Klempner-Arbeiten, Elektro-industrie	Kühler, Maschinenteile, Drehmeißel

114. (9') Lötspaltbreite : 10 Pkte

5 - Der Lötspalt soll möglichst eng sein (0,05 bis 0,25 mm): Kapillarfülldruck steigt mit kleiner werdendem Spalt!

5 - Bei einem engen Spalt wird die Legierungsbildung (Mischkristalle) des gesamten Lotes (insbesondere der Hartlote) erleichtert! Die Festigkeit der Lötverbindung ist dann höher als die des reinen Lotes!

115. (9') Benetzung : 20 Pkte

5 - Oberflächenspannung und freie Oberflächenenergie :
Die Oberflächenspannung σ ist die durch eine virtuelle Kraft an einer Oberfläche gespeicherte Energie pro Flächeneinheit: (Membranmodell) : Einheit : J/mm^2!

- Die Oberflächenspannung ist eine "Werkstoffkonstante" = f(p,T)
- Die freie Oberflächenenergie ist zahlenmäßig gleich der Oberflächenspannung: sie ist die Arbeit, die zur Erzeugung einer Oberfläche A benötigt wird!

- Die Oberflächenspannung kann gemessen werden durch die Laplace-Gleichung: $\Delta p = \sigma \left(\frac{1}{R_1} + \frac{1}{R_2} \right) = z \cdot g \cdot \Delta \rho$ mit z = Höhe des Tropfens, R_1, R_2 = Krümmungsradien 10

  oder: $p_K = p_0 + p \cdot \frac{\rho_d}{\rho_{fl}}$ mit p_0 = Dampfdruck ebene Fläche, p_K = Dampfdruck gewölbte Fläche, p = Krümmungsdruck

- Die Oberflächenspannung ist temperaturabhängig: $\sigma = a\,(T_{Kr} - T - T_x)$

  van der Waals: $\sigma = A\,(1 - T/T_K)^n$ mit $n = 1{,}23$ bis $1{,}25$, $A = f(\text{Substanz})$

  Eötvös: $\sigma_M \left[M(\rho_{fl} - \rho_{Gas}) \right]^{2/3} = k\,(T_K - T - T_x)$

  σ_M = molare Oberflächenspannung

  Katayama: $\sigma \left(\frac{M}{\rho_{fl} - \rho_{Gas}} \right)^{2/3} = k\,(T_K - T)$

  Gibbs-Helmholtz: $(M \cdot v)^{2/3} \left(\sigma - T \frac{\partial \sigma}{\partial T} \right) = k T_K - \sigma T \frac{\partial (Mv)^{2/3}}{\partial T}$

  Nach Bennett-Mitchell: Näherung $\longrightarrow$

  $(M \cdot v)^{2/3} \left(\sigma - T \frac{\partial \sigma}{\partial T} \right)$ = Gesamte molare Oberflächenenergie

  Stephan: $2 \left(\frac{M \cdot v}{N} \right)^{2/3} \left(\sigma - T \frac{\partial \sigma}{\partial T} \right) = \frac{M \cdot L}{N}$ mit N = Loschmidt'zahl, L = Verdampf.wärme, M = Molekulargew., v = spezifisches Volumen

- Der Einfluß der chemischen Zusammensetzung auf die Oberflächenspannung:

  Nach Bennett und Mitchell werden den verschiedenen Atomsorten "Äquivalente" zugeordnet, die einen Beitrag zur Oberflächenenergie liefern:

  z.B.

Atomsorte	Atomäquivalent / gesamte mol. O.energie
C	- 537
H	310
N	0
O in Äthern	160

z.B. für Diäthyläther : $C_4H_{10}O$ erhält man (durch Summation der Äquivalente : 1112 Erg = $1112 \cdot 10^{-7}$J; gemessener Wert = 1100 Erg!

5 Grenzfläche : Festkörper - Flüssigkeit (Lote) :

- Nach Young gilt : $\cos\Theta = \frac{\sigma_{fest,gas} - \sigma_{flüssig,fest}}{\sigma_{flüssig,gas}}$

- Einfluß auf den Benetzungswinkel haben : Tropfengröße-
  - kristallographische Ebene - Kristallitgröße - Reinheit -
  - Oberflächenrauhigkeit !

116. (12´) Unfallgefahren beim Schweißen : 25 Pkte

25 Nach den Unfallverhütungsvorschriften der Süddeutschen Eisen- und Stahl - Berufsgenossenschaft, Abschnitt 26.0. gelten :

- Arbeiten dürfen nur von zuverlässigen, über 18 Jahre alten Personen ausgeführt werden;
- Schutzmittel - Vorschriften (Kleidungs- und Augenschutz);
- Lüftung, Absaugung
- Enge Räume, Belüftung mit Sauerstoff ist verboten;
- Azetylenentwickler dürfen in engen Räumen nicht aufgestellt werden;
- Gefährliche Arbeiten in oder an Behältern;
- Azetylenentwickler und Gasflaschen sind so aufzustellen, daß sie durch Funkenflug nicht gefährdet werden;
- Gasflaschen sind farbig gekennzeichnet: DIN 8546; Austauschteile an Brennern sind für das entsprechende Brenngas gekennzeichnet, z.B. A = Azetylen, W = Wasserstoff;
- Lagern und Befördern von Gasflaschen : Sicherung gegen Umfallen; Flaschen für verschiedene Gase sind getrennt zu lagern; gefüllte Gasflaschen sind vor Erwärmung (Sonne und Kälte) zu schützen; Flaschen dürfen nicht durch Magnetkräne befördert werden;
- Gasflaschen im Gebrauch : Arbeitsdruck unter 2 bar; Arbeitstemperatur unter 248°C; stündliche Gasentnahme begrenzt : 1ooo L/h;
- Azetylenarmaturen,-leitungen und -dichtungen : Kupferleitungen dürfen nicht verwendet werden (oder Legierungen mit höchstens 70 % Kupfer);
- Bauarten der Druckminderer beachten;

- Prüfung von Druckminderern;
- Betätigung der Ventile und Brenner;
- Untersuchung und Pflege der Geräte;
- Wasservorlagen bei Entwicklern;
- Störungen am Brenner;
- Fehlerhafte Flaschen;
- Flaschenzerknalle, Gasexplosionen und Brände;
- Vorbeugende Maßnahmen;
- Merkmale einer Azetylenzersetzung :
  Die Azetylenzersetzung hat begonnen, wenn nach einem Flammenrückschlag die Temperatur der Flaschenwand ansteigt (am Flaschenkopf beginnend) oder das aus dem geöffneten Flaschenventil austretende Gas Ruß oder Qualm mitführt oder einen abnormalen Geruch aufweist!
- Verhalten bei Bränden!

117. (12') Schweißflammeneinstellung : 15 Pkte

- Für Chrom-, Vanadiumstähle, Grauguß und Aluminium und Al-Leg. wählt man: <u>aufkohlende Flamme</u>, erkenntlich am zackigen Flammenkern ohne scharfe Abgrenzung; — 5
- Stahl, Weißer Temperguß, Stahlguß, Nickel-, Zink-, Blei - Leg. werden mit : <u>neutraler Flamme</u> geschweißt ($O_2 : C_2H_2 = 1 : 1{,}1$); Flammenkern oval, scharf abgegrenzt; — 5
- CuZn-Verbindungen (Messinge) werden mit : <u>entkohlender Flamme</u> geschweißt; Flammenkern hellblau leuchtend, in eine Spitze auslaufend! — 5

118. (15') Schutzgasschweißen : 15 Pkte

- <u>Arcatom :</u> Lichtbogen zwischen zwei W-Elektroden; Zusatzwerkstoff gesondert; Wasserstoff als Schutzgas; — 15
- <u>Argonarc :</u> Lichtbogen zwischen W-Elektrode und Werkstoff; Zusatzwerkstoff gesondert; Schutzgas Argon; in der Regel für Wechselstrom; <u>(WIG)</u>;
- <u>Sigma : (MIG);</u> Lichtbogen zwischen Zusatzdraht und Werkstück; Schutzgas Argon;
- <u>Heliarc :</u> Lichtbogen zwischen zwei W-Elektroden; Zusatzwerkstoff gesondert; He als Schutzgas;

- Cosarc : Lichtbogen zwischen Zusatzdraht und Werkstoff; Schutzgas : Kohlendioxid mit hohem Reinheitsgrad!

119. (15´) Elektroschweißen : 25 Pkte

9 - Anforderungen an die Schweißgeräte :
Anpassung an Leerlauf, Zünden, Kurzschluß, Tropfenübergang;
geringer Leerlaufverlust : ED = ca. 30 bis 40 %;
geringe Leerlaufspannung zur Vermeidung der Unfallgefahr:
U_{Leer} unter 42 V in Kesseln und engen Räumen, sonst
U_{Leer} unter 70 V für Wechselstrom, U_{Leer} unter 90 V für Gleichstrom;
geringe Erwärmung der Wicklung beim Zünden der Elektrode;
Regelbereich!

4 - Mit Gleichstrom arbeiten Umformer (Generatoren) und Gleichrichter; mit Wechselstrom arbeiten Umspanner (Transformatoren)!

4 - Durch hohe Stromdichten (I = 35 bis 60 A) entsteht im Luftspalt zwischen Elektrode und Werkstück ionisiertes Gas (Stoßionisation beim Aufsetzen der Elektrode);die unterschiedliche Ladungsverteilung der Gasionen und Elektronen führt zu Aufschmelzvorgängen an Elektrode und Werkstück. Die Gase der Umhüllungsmasse der Elektrode stabilisieren den Lichtbogen.

4 - Gleichstrom : Elektroden am "-"-Pol, Werkstück am "+"-Pol } Tiefer Einbrand
- Elektrode am "+"-Pol, Werkstück am "-"-Pol } Hohe Abschmelzleistung (vor allem für NE-Metalle und legierte Stähle)
- Blaswirkung bei Gleichstrom: Aufbau von Magnetfeldern

4 - Wechselstrom: Wechsel zwischen "-"- und "+"-Pol an Werkstück und Elektrode : höhere Abschmelzleistungen, aber teurere Elektroden erforderlich.

120. (30´) Test aus der Verbindungstechnik : 20 Pkte

6 120.1. Entstehung eines Lichtbogens :
- Werkstück an "+"-, Elektrode an "-"-Pol;
- durch die hohe Stromdichte i = 4000 A/Elektrodenquerschnitt A überwinden die Elektronen das äußere Potential (Austrittspot.) und dringen in die Werkstückoberfläche ein;
- Anheben der Elektrode :

Erhöhung des Widerstandes; Elektronen ionisieren die Gase des Luftspaltes : Sekundärelektronen; die ionisierten O- und N-Atome sind positiv geladen und wandern zum negativen Pol: örtliche Erwärmung der Elektrode : Schmelze;
- örtliche Erwärmung des Werkstückes;
- Stabilisierung des Lichtbogens durch Zusatzstoffe des Elektrodenmantels;
- Abbrandausgleich : die Entkohlung von Stählen in der Schweißnaht über C + 2 O = CO_2 wird durch Zusatzelemente verringert!

120.2. — 6
- Die Leerlaufspannung, die unter 70 V liegen muß, ist ein Kompromiß aus erforderlicher Leistung und der Unfallgefahr!
- Die Betriebsspannung, die unter der Leerlaufspannung liegen muß, ist bedingt dadurch, daß ein entstandener Lichtbogen geringere Spannung benötigt als beim Zünden : Herabsinken der Unfallgefahr!

120.3. — 8
- Arc = Hinweis auf Lichtbogen;
- atom = Hinweis auf Zustand des Gases = "aktiv";
- Wasserstoffgas = Wärmeträger des Schweißzustandes;
- Lichtbogen entsteht zwischen geringfügig abbrennenden Wolfram-Elektroden;
- Wasserstoff-Zufuhr über Ringdüsen;
- Schweißen mit Zusatzwerkstoff : Zuführung von Hand;
- Schweißen ohne Zusatzwerkstoff : örtliche Erhitzung durch H_2 = 2 H + Wärme
- Wasserstoff verhindert Luftzutritt;
- unberuhigte Stähle, niedrig und hoch legierte Stähle, Leichtmetalle (ohne Flußmittel) werden geschweißt!

121*. (15') Chemische Zusammensetzung - Martensitpunkt - Vorwärmtemperaturen zur Vermeidung von Schweißrissen : 25 Pkte
- Chemische Zusammensetzung von 42CrMo4G in % : — 3

C	Si	Mn	P	S	Co	Cr	Mo	Ni	V	W	Al	Cu	Nb	Ti
0,44	0,34	0,62	0,017	0,031	–	1,02	0,22	0,07	–	–	0,011	0,17	–	–

8 — $K \text{ in } \% = \%C + \frac{\%Mn}{6} + \frac{\%Ni}{15} + \frac{\%Mo}{4} + \frac{\%Cr}{5}$

$K = 0{,}807\,\%$

→ Vorwärmung lt. Tabelle: $(200 \text{ bis } 350)\,°C$

2 — Bei legierten Stählen soll die Vorwärmtemperatur nicht über dem M_S - Punkt liegen:

8 — → Zur Ermittlung der M_S-Temperatur:

$$T = 550°C - 350(\%C) - 40(\%Mn) - 35(\%V) - 20(\%Cr) - 17(\%Ni) - 10(\%Cu) - 10(\%Mo) - 5(\%W) - 15(\%Co) + 30(\%Al)$$

$T_{M_S} = 346°C$

4 — → Erwärmungstemperatur: gewählt 300 °C !

Lösungen zu K A P I T E L IV : Strömungs- und Kolbenmaschinen

1. (15´) Stationäre Strömung von Flüssigkeiten : 15 Pkte

$$Re = \frac{d \cdot w}{\nu} = \frac{\dot{V} d}{A \cdot \nu} = \frac{4\dot{V}}{\pi d \cdot \nu}$$

$$d = \frac{4\dot{V}}{\pi \cdot \nu \cdot Re}$$

$\nu(50°) = 0{,}566 \cdot 10^{-6}\, m^2/s$

$\nu(80°) = 0{,}366 \cdot 10^{-6}\, m^2/s$

$\nu(60°) \approx 0{,}5 \cdot 10^{-6}\, m^2/s$ — 5

$d = 141{,}47\,mm$

Gewählt : $d = 142\,mm$ — 5

(5)

2. (30´) Stationäre Strömung von Gasen : 50 Pkte

$$\frac{p_1^2 - p_2^2}{2p_1} = \lambda \cdot \frac{l}{d} \cdot \frac{w_1^2}{2v_1} \cdot \frac{T_m}{T_1} \qquad \text{mit } T_m = 297{,}5\,K$$ — 35

$$\frac{p_1^2 - p_2^2}{p_1} = \lambda \frac{l}{d} \frac{w_1^2}{v_1} \frac{T_m}{T_1} = \frac{(p_1 - p_2)(p_1 + p_2)}{p_1}$$

mit $p_1 - p_2 = \Delta p$ und $p_2 = p_1 + \Delta p \longrightarrow$

$$\frac{\Delta p(2p_1 - \Delta p)}{p_1} = \lambda \cdot \frac{l}{d} \frac{w_1^2}{v_1} \frac{T_m}{T_1}$$

$$\rightarrow 2\Delta p - \frac{(\Delta p)^2}{p_1} = \lambda \cdot \frac{l}{d} \cdot \frac{w_1^2}{v_1} \cdot \frac{T_m}{T_1} \longrightarrow$$

$$\Delta p = p_1 \overset{(+)}{-} \sqrt{p_1^2 - \lambda \cdot \frac{l}{d} \cdot \frac{p_1}{v_1} \cdot w_1^2 \frac{T_m}{T_1}} = p_1\left(1 - \sqrt{1 - \lambda \frac{l}{d v_1} \frac{w_1^2}{p_1} \frac{T_m}{T_1}}\right)$$

aus $p_1 \cdot v_1 = RT_1 \longrightarrow$

$$\Delta p = p_1\left(1 - \sqrt{1 - \lambda \frac{l}{d} \frac{w_1^2}{RT_1} \cdot \frac{T_m}{T_1}}\right)$$

$\nu = 3{,}15 \cdot 10^{-6}\, m^2/s$ für Luft bei 27°C und 5 bar — 5

$Re = \frac{w \cdot d}{\nu} = 0{,}317 \cdot 10^6$ ←

$\lambda = 0{,}02$ (aus λ-Re-Diagramm) ← $d/k = 100\,mm / 0{,}1\,mm = 1000$ — 5

$\longrightarrow$ $\Delta p = 2{,}22\,bar \longrightarrow p_2 = 2{,}78\,bar$ — 5

$\longrightarrow$ λ-Kontrolle nach Colebrook : $\lambda = \dfrac{1}{\left[-2 \lg\left(\frac{2{,}51}{Re\sqrt{\lambda}} + \frac{k}{3{,}71 d}\right)\right]^2}$

$\lambda = 0{,}0205$ (Vergleich mit oben!)

3. (30´) Heißluftaustritt : 50 Pkte

3.1. Austrittsgeschwindigkeit — 10

$$\beta = \left(\frac{2}{\varkappa + 1}\right)^{\varkappa/(\varkappa - 1)} \text{ mit } \varkappa = 1{,}4 \rightarrow \beta = 0{,}528$$

Lavaldruck : $p_{Kr} = \beta p_1 = 9{,}504\,bar$

$$v_1 = \frac{R \cdot T_1}{p_1} = 0{,}1\,m^3/kg$$

10 – $w_{Kr} = \varphi_M \sqrt{2\,\frac{\varkappa}{\varkappa-1}\cdot p_1\cdot v_1\left(1-\beta^{\frac{\varkappa-1}{\varkappa}}\right)}$

$w_{Kr} = 440\,m/s$

10 – 3.2. Mengenstrom $\dot{m}$:

$\dot{m} = \alpha\cdot\varphi_M\cdot A_m\cdot K_2\sqrt{\frac{p_1}{v_1}}$ mit $\alpha = 1$

$K_2 = \sqrt{2\,\frac{\varkappa}{\varkappa-1}\left[\left(\frac{2}{\varkappa+1}\right)^{\frac{2}{\varkappa-1}}-\left(\frac{2}{\varkappa+1}\right)^{\frac{\varkappa+1}{\varkappa-1}}\right]}$

$K_2 = 0{,}685$

$\dot{m} = 1\cdot 0{,}96\cdot 2{,}5\,cm^2\cdot 0{,}685\cdot\sqrt{\frac{18\cdot 10^5\,N\cdot kg}{m^2\cdot 0{,}1\,m^3}}$

$\dot{m} = 0{,}697\,kg/s$

10 – kritisches spezifisches Volumen :

$v_K = \frac{A_M\cdot w_{Kr}\cdot\alpha}{\dot{m}}$

$v_K = \frac{2{,}5\,cm^2\cdot 440\,m/s\cdot 1\cdot s}{0{,}697\,kg}$

$v_K = 0{,}158\,m^3/kg$

10 – 3.3. Temperaturabfall der Heißluft beim Austritt aus der Düse:

$T_K = \frac{p_K\cdot v_K}{R} = 523\,K$

$\Delta T = T_1 - T_K = 630\,K - 523\,K$

$\Delta T = 107\,K$

4. (90') Dampfturbine : 100 Pkte

40 – 4.1. Zahl der Dichtspalten, falls in keiner Dichtstelle überkritische Entspannung auftritt :

$\beta = \left(\frac{2}{\varkappa+1}\right)^{\varkappa/(\varkappa-1)} = 0{,}545$ für Heißdampf

$\varphi = 2\,\frac{\varkappa}{\varkappa-1}\left[\left(\frac{2}{\varkappa+1}\right)^{2/(\varkappa-1)}-\left(\frac{2}{\varkappa+1}\right)^{(\varkappa+1)/(\varkappa-1)}\right] = 0{,}445$

$p_2 = 2\,bar \geqslant p_{krit} = \frac{\beta\,p_1}{\sqrt{1+\varphi(z-1)}}$ → Bedingung für keine überkritische Entspannung in einer Dichtspalte

$z = \frac{\beta^2}{\varphi}\left(\frac{p_1}{p_2}\right)^2 - \frac{1-\varphi}{\varphi}$ → $z = 682$

$\rightarrow\; z = \frac{0{,}545^2}{0{,}445}\left(\frac{64\,bar}{2\,bar}\right)^2 - \frac{1-0{,}445}{0{,}445}$

$\rightarrow\; \underline{\underline{z = 682}}$

$\rightarrow\; \underline{\underline{z_{Ges} = 690 > z_{zul} = 200}} \;\rightarrow$

4.2. Mögliche Dampfabnahme für 60 Dichtstellen:

$z = 60$ zwischen p_1 und p_2

$- \quad \underline{\underline{p_{kr} = \frac{\beta \cdot p_1}{\sqrt{1+\zeta(z-1)}} = 6{,}68\,bar > p_2 = 2\,bar}}$

$\rightarrow$ Überkritische Entspannung im letzten Dichtspalt

$\rightarrow$ Stromleistung:

$$\dot m_S = \mu \cdot A_S \sqrt{\frac{p_1}{v_1(z_1-1)}\left(1-\frac{1}{1+\zeta(z-1)}\right)}$$

$A_S = d_S \cdot \pi \cdot s$

$\underline{\underline{A_S = 2{,}75 \cdot 10^{-4}\,m^2}}$

$- \quad \underline{v_1 = 0{,}046\,m^3/kg}$

Aus Mollier-i-s-Diagramm

$\underline{i = 3224\,kJ/kg}$

$$\dot m_S = 0{,}75 \cdot 2{,}75 \cdot 10^{-4}\,m^2 \sqrt{\frac{64 \cdot 10^5\,N\,kg}{m^2 \cdot 0{,}046\,m^3 \cdot 59}\left(1-\frac{1}{1+0{,}445 \cdot 59}\right)}$$

$\underline{\underline{\dot m_S = 0{,}311\,kg/s = 1120\,kg/h}}$

$\rightarrow$ Verlustströmung der letzten 8 Dichtstellen:

$p_{kr} = \frac{\beta\, p_2}{\sqrt{1+\zeta(z-1)}} = 0{,}537\,bar < p_3 = 1\,bar \rightarrow$ unterkritische Entspannung

$-$ für $i = const. \rightarrow$

$$\dot m_V = \mu \cdot A_S \sqrt{\frac{p_2^2 - p_3^2}{z \cdot p_2 \cdot v_2}}$$

mit $v_2 = 1{,}68\,m^3/kg$ für Wasserdampf bei 2 bar und $i_2 = i_1$

$\underline{\underline{\dot m_V = 78{,}4\,kg/h}}$

$\rightarrow$ Entnahme:

$\dot m_E = \dot m_S - \dot m_V$

$\underline{\underline{\dot m_E = 1042\,kg/h}}$

5. (30') Wasserturbine : 50pkte

10 – Bei instationärer Strömung gilt: $g\cdot h + p/\varrho + w^2/2 + \int \frac{\partial w}{\partial t}\, dl = const.$

– Für zwei Durchmesser: $g\cdot h_1 + p_1/\varrho + w_1^2/2 = g\cdot h_2 + p_2/\varrho + w_2^2/2 + g h_v + \int_{l_1}^{l_2} \frac{\partial w}{\partial t}\, dl$

– A_1 = Schieber offen
A_2 = Schieber während des Prozesses
w = Zuströmgeschw. im Rohr während des Schließvorganges
w_2 = const. (nach Bernouilli)

$\rightarrow A_2 = A_1(1 - t/T) \rightarrow A_1 \cdot w = A_2 \cdot w_2 = A_1(1 - t/T)\cdot w_2 \rightarrow$
$\underline{\underline{w = w_2(1 - t/T)}}$

10 → Verzögerung der Rohrströmung: $a = \frac{dw}{dt} = -\frac{w_2}{T}$

10 – Kraftstoß: $-F = m\cdot a = A\cdot l\cdot \varrho \cdot a = \frac{d^2\pi}{4}\cdot l\cdot \varrho\cdot a$

10 – Massendruck: $p_m = F/A = -l\cdot\varrho\cdot a$

10 – Manometerdruck: $p_ü = p_1 + p_m$

$\rightarrow$

$w = \frac{d^2\pi}{4}\left(1 - \frac{t}{T}\right) =$

$\underline{\underline{-a = w_2/T = 0{,}2\, m/s^2}}$

$\underline{\underline{F = 6283\, N}}$

$\underline{\underline{p_m = 0{,}5\, bar}}$

$\underline{\underline{p_2 = p_ü = 8{,}5\, bar}}$

6. (30') Pelton - Rad : 50 Pkte

25 – 6.1. Leistung am Radumfang :

$P_u = F_u \cdot u = \dot V \varrho\, (w - u)(1 + \cos\beta)\cdot u \Rightarrow$

$\underline{\underline{P_u = \dot V \varrho\left(\frac{\dot V}{A} - d\cdot\pi\cdot n\right)(1 + \cos\beta)\cdot d\cdot\pi\cdot n = 242{,}3\, kW}}$

25 – 6.2. Wasserstrom - Messung durch Thomson - Überfall:

$\dot V = \mu \cdot \frac{8}{15} \tan\frac{\alpha}{2} \cdot h^2 \sqrt{2gh}$

$\underline{\underline{\dot V = 0{,}02\, m^3/s = 102\, m^3/h}}$

7. (15') Turbolader : 30 Pkte

20 – Für $\beta_2 = 90°$ und $\alpha_2 = 45°$ sind: $\underline{\underline{c_{2u} = c_{2m} = u = d\cdot\pi\cdot n = 267\, \frac{m}{s}}}$

– $Y_\infty = u_2 \cdot c_{2u} = u_2^2 = 71289\, m^2/s^2$
$\underline{\underline{Y_\infty = 71{,}289\, kJ/kg}}$

– $p = \frac{a}{z}\left(1 + \frac{\beta_2}{60°}\right)\frac{d_2^2}{d_2^2 - d_1^2} = \frac{1{,}5}{36}\left(1 + \frac{90°}{60°}\right)\frac{3^2}{3^2 - 1{,}8^2}$

$\underline{\underline{p = 0{,}1628}} \rightarrow \underline{\underline{K = 1/(1+p) = 0{,}8600}}$

$\rightarrow$ $\underline{\underline{Y = k \cdot Y_\infty = 61{,}3\,kJ/kg}}$ (s. auch Aufgabe 12*)

$- \quad \dot{V}_2 = \pi \cdot d_2 \cdot b_2 \cdot c_{2m} \cdot \tau_2$ — 10

mit

$$\tau_2 = 1 - \frac{s \cdot z}{\pi \cdot d_2 \cdot \sin\beta_2}$$

$$\tau_2 = 1 - \frac{3\,mm \cdot 36}{\pi \cdot 300\,mm \cdot 1}$$

$$\underline{\underline{\tau_2 = 0{,}8854}}$$

$$\underline{\underline{\dot{V}_2 = 3{,}34\,m^3/s = 12024\,m^3/h}}$$

8*. (120') Radiales Verdichterrad : 100 Pkte

8.1. Volumenstrom am Laufradeintritt : — 10

$$u_2 = \pi \cdot d_2 \cdot n = 226\,m/s$$

$$u_1 = \frac{d_1}{d_2} \cdot u_2 = 127{,}7\,m/s$$

$$c_1 = u_1 \cdot \tan\beta_1 = 73{,}7\,m/s$$

$$\underline{\underline{\dot{V}_1 = \pi \cdot d_1 \cdot b_1 \cdot c_1 = 7{,}06\,m^3/s}}$$

8.2. Spezifische Schaufelarbeit : für $v = const. \rightarrow \dot{V}_1' = \dot{V}_2'$ — 15

$$c_{2m} = \frac{d_1}{d_2} \cdot c_1 = 40{,}9\,m/s$$

$$c_{2u} = u_2 - w_{2u} = u_2 - c_{2m} \cdot \cot\beta_2 = 185{,}1\,m/s$$

$$c_{3u} = k \cdot c_{2u} = 157{,}3\,m/s$$

$$\underline{\underline{Y = u_2 c_{3u} = 35549\,m^2/s^2 = 35{,}549\,kJ/kg}}$$

8.3. Enthalpieerhöhung im Laufrad : — 30

$$h_1 + \frac{c_1^2}{2} + Y = h_3 + \frac{c_3^2}{2}$$

$$h_1 - h_3 = \frac{c_3^2 - c_1^2}{2} - Y \qquad \text{mit } Y = \frac{c_3^2 - c_1^2}{2} + \frac{u_2^2 - u_1^2}{2} + \frac{w_1^2 - w_3^2}{2}$$

$$h_1 - h_3 = -\left[\frac{u_2^2 - u_1^2}{2} + \frac{w_1^2 - w_3^2}{2}\right] \qquad \text{mit}$$

$$w_1^2 = u_1^2 + c_{1m}^2$$

$$w_3^2 = (u_2 - c_{3u})^2 + c_{3m}^2$$

$$\rightarrow \Delta h = h_3 - h_1 = \frac{c_{1m}^2 - c_{3m}^2 + 2u_2 c_{3u} - c_{3u}^2}{2}$$

$$\Delta h = \frac{c_{1m}^2 - c_{3m}^2 - c_{3u}^2}{2} + u_2 c_{3u} = \frac{c_{1m}^2 - c_{3m}^2 - c_{3u}^2}{2} + Y$$

da $c_{3m} = c_{2m}$

$c_{1m} = c_1$ ($\alpha_1 = 90°$!)

$$\Delta h = \left[\frac{(73{,}7^2 - 40{,}9 - 157{,}3^2)}{2} + 35549\right]\frac{m^2}{s^2} \rightarrow$$

$$\underline{\underline{\Delta h = 25057\,m^2/s^2}}$$

5 8.4. Temperatur am Laufradaustritt :

$$T_2 = T_1 + \Delta h / c_{pm} = 293\,K + \frac{25057\ m^2/s^2 \cdot K}{1000\ m^2/s^2}$$

$$\underline{\underline{T_2 = 318}}$$

10 8.5. Druck am Laufradaustritt :

$$Y_s = \Delta h - h_v = (25057 - 3000)\ m^2/s^2 = 22057\ m^2/s^2$$

$$Y_s = c_{pm} \cdot T_1 \left[\left(\frac{p_2}{p_1} \right)^{(\varkappa-1)/\varkappa} - 1 \right] \qquad \text{mit } \varkappa = 1{,}4$$

$$\rightarrow \underline{\underline{p_2 = 1{,}28\ bar}}$$

10 8.6. Dichte am Laufradaustritt :

$$\varrho_2 = \frac{p_2}{R \cdot T_2} \Rightarrow$$

$$\underline{\underline{\varrho_2 = 1{,}40\ kg/m^3 \wedge v_2 = 1/\varrho_2 = 0{,}71\ m^3/kg}}$$

20 8.7. Tatsächliche spezifische Schaufelarbeit :

$$\dot m' = \dot m / \eta_V = \frac{A_1 \cdot c_1}{v_1} = A_2 \frac{c_{2m}}{v_1} = A_2 \frac{c_{2m}^*}{v_2}$$

$$\text{mit } c_{2m}^* = c_{2m} \cdot \frac{v_2}{v_1} = c_{2m} \frac{p_1}{p_2} \frac{T_2}{T_1}$$

$$\underline{\underline{c_{2m}^* = 34{,}7\ m/s}}$$

$$\underline{\underline{c_{2u}^* = u_2 - c_{2m}^* \cot\beta_2 = 191{,}3\ m/s}}$$

$$\underline{\underline{Y^* = u_2 \cdot c_{3u}^* = 36\,748\ m^2/s^2}} \leftarrow \underline{\underline{c_{3u}^* = k \cdot c_{2u}^* = 162{,}6\ m/s}}$$

9. (120´) Gleichdruck - Dampfturbine : 100 Pkte

20 $\rightarrow Y_s = 75\ kJ/kg = 7{,}5 \cdot 10^4\ m^2/s^2$

– $c_1 = k_D \sqrt{2 Y_s} = 0{,}96 \sqrt{7{,}5 \cdot 10^4}\ m/s = 372\ m/s$

– in der folgenden tabellarischen Iteration erhält man mit :

$$u = \frac{u}{c_1} \cdot c_1$$

$$d_m = \frac{u}{\pi \cdot n}$$

$$c_{1m} = w_{1m} = c_1 \cdot \sin\alpha_1$$

$$w_{1u} = w_{1m} / \sin\beta_1$$

k_s aus Diagramm 1

$$w_2 = k_s \cdot w_1$$

$$w_{2u} = w_2 \cos\beta_2$$

$$Y = u(w_{1u} + w_{2u})$$

$$h_R = P_R / \dot m$$

$$Y_i = Y - h_r$$

$$\rightarrow \underline{\eta_i = Y_i / Y_s} \longrightarrow \underline{\underline{\eta_i = 78{,}96\,\%}} \rightarrow \begin{cases} \underline{\underline{d_{m\,max} = 1{,}149\ m}} \\ \underline{\underline{(u/c_1)_{max} = 0{,}485}} \end{cases}$$

80

									Einheiten
Schnellaufzahl u/c_1	0,42	0,43	0,44	0,45	0,46	0,47	0,48	0,49	–
Umfangsgeschwindigkeit u	156,2	160,0	163,7	167,4	171,1	174,8	178,6	182,3	m/s
Mittlerer Durchmesser d_m	0,994	1,016	1,042	1,066	1,089	1,113	1,137	1,161	m
Meridian-Austritts-geschwindigkeit c_{1m}	102,5	102,5	102,5	102,5	102,5	102,5	102,5	102,5	m/s
$c_1 \cos\alpha_1 - u = w_{1u}$	201,4	197,6	193,9	190,2	186,5	182,8	179,0	175,3	m/s
$\beta_1 = \beta_2 \leftarrow$; $\frac{w_{1m}}{w_{1u}} = \tan\beta_1 \rightarrow \beta_1$	27,0	27,4	27,9	28,3	28,8	29,3	29,8	30,3	°
$\frac{w_{1m}}{\sin\beta_1} = w_1$	225,8	222,7	219,0	216,2	212,8	209,4	206,2	203,2	m/s
Geschwindigkeits-zahl (Diagramm 1) k_s	0,866	0,868	0,869	0,870	0,871	0,872	0,874	0,876	–
$k_s w_1 = w_2$	195,5	193,3	190,3	188,1	185,3	182,6	180,2	178,0	m/s
$w_2 \cos\beta_2 = w_{2u}$	174,2	171,6	168,2	165,6	162,4	159,2	156,4	153,7	m/s
$w_{1u} + w_{2u}$	375,6	369,2	362,1	355,8	348,9	342,0	335,4	329,0	m/s
spezifische Schau-felarbeit $(w_{1u}+w_{2u})u = Y$	58669	59072	59276	59561	59697	59782	59902	59977	m^2/s^2
Radreibungsverlust nach Keller $P_R = 5{,}13 \cdot \varrho_m \cdot d_m^{4,6} \cdot n^{2,8} \cdot \nu^{0,2} \cdot 10^{-4}$ kW falls $\left\{\frac{[\varrho_m]}{kg/m^3}, \frac{[d_m]}{m}, \frac{[n]}{s^{-1}}, \frac{[\nu]}{m^2/s}\right.$	21,6	23,9	27,0	29,8	32,9	36,4	40,1	44,2	kW
Höhenverlust durch Radreibung $- h_R = \frac{P_R}{\dot{m}}$	400	442,6	500	551,9	609,3	674,1	742,6	818,5	m^2/s^2
Nutzbare Schaufel-arbeit $Y - h_r = Y_i$	58269	58629	58776	59009	59087	59108	59159	59159	m^2/s^2
Innerer Wirkungsgrad $\eta_i = Y_i / Y_s$	77,69	78,17	78,37	78,68	78,78	78,81	78,88	78,88	%

η_i wird für $u/c_1 \in [0{,}50 ; 1]$ wieder kleiner! ← ↑ $u/c_1 = 0{,}485$

10. (90') Kaplan - Überdruckturbine : 60 Pkte

20 - Bestimmung von β_2:

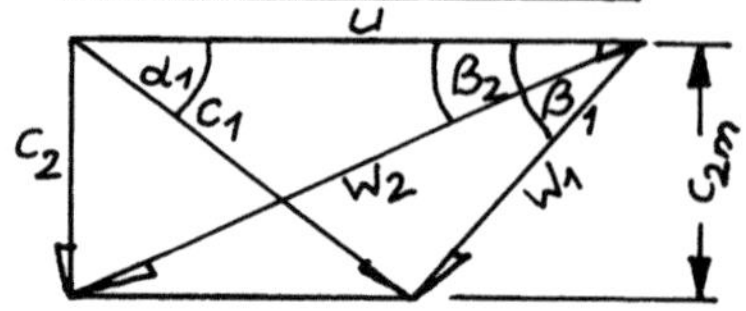

$$d_m = \frac{d_a + d_N}{2} = 1000\,mm$$

$$u = d_m \cdot \pi \cdot n = 9{,}42\,\frac{m}{s}$$

$$c_1 = k_D\sqrt{2g\,H_0(1-r)} = 5{,}33\,\frac{m}{s}$$

- Bei konstanter Schaufelbreite b ist c_m konstant:
- Für $\alpha_2 = 90°$ $\longrightarrow$ $c_2 = c_{2m} = c_{1m}$
- Aus $h_A = 0{,}03\,g \cdot H_0 = (1-\eta_s)\frac{c_2^2}{2} \longrightarrow$

$$c_2 = \sqrt{\frac{2 \cdot 0{,}03\,g \cdot H_0}{1-\eta_s}} = 3{,}29\,m/s$$

- $\tan\beta_2 = c_2/u = 0{,}349$

$\rightarrow$ $\beta_2 = 19{,}3°$

5 - Bestimmung von w_2:

$$w_2 = \frac{c_2}{\sin\beta_2} = 9{,}95\,\frac{m}{s}$$

10 - Bestimmung von β_1:

- $\sin\alpha_1 = c_{1m}/c_1 = c_2/c_1 = 0{,}617$

$\rightarrow$ $\alpha_1 = 38{,}1°$

- $c_{1u} = \frac{c_{1m}}{\tan\alpha_1} = 4{,}20\,\frac{m}{s}$
- $w_{1u} = u - c_{1u} = 5{,}22\,\frac{m}{s}$
- $\tan\beta_1 = \frac{w_{1m}}{w_{1u}} = \frac{c_2}{w_{1u}} = 0{,}63$

$\rightarrow$ $\beta_1 = 32{,}2°$

5 - Bestimmung von w_1

- $w_1 = \frac{w_{1u}}{\cos\beta_1} = 6{,}17\,\frac{m}{s}$

15 - Bestimmung von P_e:

$$b = \frac{d_a - d_N}{2} = 400\,mm$$

$$\eta_v \cdot \dot{V} = \pi \cdot d_m\, b \cdot c_m = 4{,}134\,\frac{m^3}{s}$$

$$\dot{V} = 4{,}218\,m^3/s$$

$$P_0 = \dot{V}\varrho \cdot g \cdot H_0 = 189{,}8\,kW$$

$$P_R = 0{,}01\,P_0 = 1{,}898\,kW$$

- $P_e = (\dot{V}\eta_v \cdot \varrho \cdot g \cdot H_0 \cdot \eta_u - P_R)\eta_m$

$P_e = (\dot{V} \cdot \eta_v \cdot \varrho\, u(c_{1u} - c_{2u}) - P_R)\eta_m$

$P_e = (\dot{V}\eta_v \cdot \varrho\, u c_{1u} - P_R)\eta_m$; $c_{2u} = 0$

$\rightarrow$ $P_e = 159{,}2\,kW$

5 - Bestimmung von η_e: $\eta_e = P_e / P_0 = 83{,}9\,\%$

11. (30´) Pelton - Turbine : 40 Pkte

11.1. Leistung, Normdrehzahl, Laufradabmessungen : 20

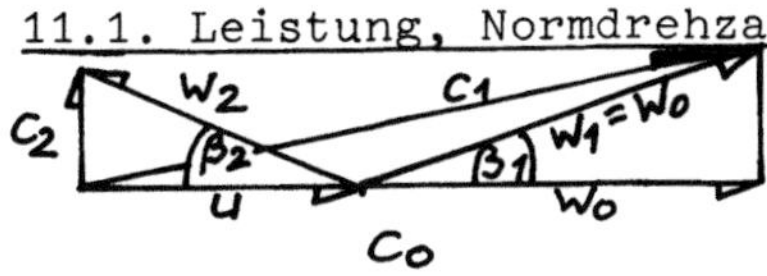

$\rho = 1000\ kg/m^3$

$P = \eta \cdot \rho \cdot \dot{V} \cdot g \cdot H_0$

$\underline{\underline{P = 55200\ kW}}$

$c_0 = \sqrt{2gH_0} = 109{,}5\ \frac{m}{s}$

für $\eta_u = 1 \rightarrow u = 0{,}5 c_0$

für $\eta_u = 0{,}9 \rightarrow u = 0{,}45 c_0$

damit durch Interpolation :

$\eta_u = 0{,}92 \rightarrow u = 0{,}46 c_0$

$\underline{\underline{u = 50{,}4\ m/s}}$

11.2. Zahl der erforderlichen Düsen : 20

- Für 1 Düse :

$d_S = \sqrt{\frac{\dot{V} \cdot 4}{\pi c_0}} = 0{,}341\ m$

Grenzfall : $d_m = 8 d_S = 2{,}728\ m$

$\underline{\underline{n = u/(\pi d_m) = 5{,}88\ 1/s}}$

Synchrondrehzahl des Drehstrom - generators für 10 Polpaare :

$\underline{\underline{n = 5\ 1/s}}$

$\rightarrow$ Korrektur des mittleren Durchmessers:

$\underline{\underline{d_{m\,korr.1} = \frac{u}{\pi \cdot n_{synch}} = 3{,}209\ m}}$

- Für 2 Düsen :

$d_S = \sqrt{\frac{\dot{V} \cdot 4}{2 \pi c_0}} = 0{,}241\ m \rightarrow$ zu große Becher

Grenzfall : $d_m = 8 d_S = 1{,}928\ m$

$\underline{\underline{n = \frac{u}{\pi d_m} = 8{,}32\ \frac{1}{s}}}$

$\underline{\underline{n_{Norm} = 7{,}13\ 1/s \mathrel{\hat{=}} 7\ \text{Polpaare}}}$

$\rightarrow$ Korrektur von d_m :

$\underline{\underline{d_{m\,korr.2} = 2{,}25\ m}}$

- Für 4 Düsen :

$d_S = \sqrt{\frac{\dot{V} \cdot 4}{4 \cdot \pi c_0}} = 0{,}170\ m$

Grenzfall : $d_m = 8 d_S = 1{,}36\ m$

$\underline{\underline{n = 11{,}8\ 1/s}}$

$\underline{\underline{n_{Norm} = 10\ \frac{1}{s} \mathrel{\hat{=}} 5\ \text{Polpaare}}}$

$\rightarrow$ Korrektur von d_m :

$\underline{\underline{d_{m\,korr.4} = 1{,}604\ m}}$

12*. (300') Mehrstufige Radialpumpen - Dimensionierung : Studienarbeit : 200 Pkte

10 – 12.1. Gesamtwirkungsgrad der Anlage :

$$\eta_e = P_e / P_a = \frac{\dot V \varrho w_F}{[(\dot V + \dot V_s)\varrho (w_F + h_v) + P_r] \cdot \frac{1}{\eta_m}} = \frac{\dot V \cdot \varrho \cdot w_F}{\left(\frac{P_e}{\eta_v \cdot \eta_h} + P_r\right)\frac{1}{\eta_m}}$$

$$\rightarrow \eta_e = \eta_v \cdot \eta_h (\eta_m - P_r/P_a)$$

$$\rightarrow \underline{\eta_e = 0{,}695}$$

30 – 12.2. Stufenzahl i :

- Spezifische Drehzahl der Anlage : n_{yM} –

$$n_y = \frac{\dot V^{0,5}}{w_F^{0,75}} \cdot s^{-1} \quad \text{für } \dot V \text{ in } m^3/s;\ w_F \text{ in } m^2/s^2;\ n \text{ in } 1/s$$

$$\underline{\underline{n_{yM} = 0{,}00808\, s^{-1}}}$$

- Radformzahl der Pumpe : σ_M –

$$\sigma_M = 2\sqrt{\pi} \cdot n \cdot \frac{\dot V^{0,5}}{(2 w_F)^{0,75}} \quad \text{für } n \text{ in } s^{-1};\ \dot V \text{ in } m^3/s;\ w_F \text{ in } m^2/s^2$$

$$\underline{\underline{\sigma_M = 0{,}017}}$$

Da $n_{yM} = 0{,}00808\ s^{-1} < 0{,}042\ s^{-1} = n_{y\ min}$ und

$\sigma_M = 0{,}017 < 0{,}09 = \sigma_{min}$ ist Stufung erforderlich!

Gewählt wird nach Tabelle : Hochdruckrad mit $n_{y,St} = 0{,}05\ s^{-1}$

bzw. $\sigma_{St} = 0{,}105$

für das Einzelrad

$$i = \frac{w_F}{w_{FSt}} = \left(\frac{n_{y,St}}{n_{yM}}\right)^{4/3} = \left(\frac{0{,}05\ s^{-1}}{0{,}00808\ s^{-1}}\right)^{4/3} = 11{,}36$$

Gewählt : i = 12

- Spezifische Förderarbeit einer Stufe : $w_{F,St}$ –

$$w_{F,St} = w_F / i = 15000\, m^2/s^2 : 12$$

$$\underline{\underline{w_{F,St} = 1250\, m^2/s^2}}$$

- Spezifische Drehzahl einer Stufe : $n_{y,St}$ –

$$n_{y,St} = n \cdot \frac{\dot V^{0,5}}{w_{F,St}^{0,75}} = 49 \cdot \frac{0{,}05^{0,5}}{1250^{0,75}}\, s^{-1}$$

$$\underline{\underline{n_{y,St} = 0{,}052\, s^{-1}}}$$

- Kennwerte aus dem Diagramm 4 für Kreiselpumpen für $n_{y,St} = 0{,}052\ s^{-1}$:

Lieferzahl φ = 0,025	c_{2m}/u_2 = 0,08	b_2/d_2 = 0,045
Druckzahl ψ = 1,12	$c_{2u}/u_2 = m = 0{,}86$	d_2/d_s = 2,3
Spezifischer Durchmesser δ = 9,1	$\beta_2 = 26^\circ$	z = 11

12.3. Wellendurchmesser d_W und Nabendurchmesser d_N : 10

$$P_a = M_t \cdot \omega = M_t \cdot 2\pi n$$

$$\rightarrow M_t = P_a/(2\pi n) = W_p \tau_{zul} = \frac{\pi}{16} d_{erf}^3 \cdot \tau_{zul}$$

$$d_{erf} = \sqrt{\frac{16 P_a}{2\pi^2 \cdot n \cdot \tau_{zul}}} \quad \longleftarrow \quad P_a = \frac{\dot{V} \rho w_F}{\eta_e} = 1079\,kW$$

Motorleistung mit 15% Schutz-Überlastung:

$$P_{am} = 1{,}15 P_a = 1241\,kW$$

$$\tau_{zul} = 12\,N/mm^2 \text{ (Tabelle)}$$

$$d_{erf} = 119{,}6\,mm$$

Welle: $d_W = 1{,}2 d_{erf} = 143{,}5 \approx 144\,mm$

Nabe: $d_N = 1{,}25 d_W = 180\,mm$

12.4. Saugmunddurchmesser d_s : 10

$$\frac{\dot{V}}{\eta_v} = \frac{\pi}{4}\left(d_s^2 - d_N^2\right) \cdot c_s$$

$$\rightarrow \quad d_s = \sqrt{\frac{4\dot{V}}{\pi \cdot \eta_v \cdot c_s} + d_N^2}$$

$d_s = 0{,}205$ m ; β_1 vorläufig ca. 16° bei vorgezogener Schaufeleintrittskante

12.5. Laufschaufeleintrittsbreite b_1 : 40

- Durchmesser der Mittelstromlinie d_M :

$$\frac{\dot{V}}{\eta_v \cdot 2 \cdot c_s} = \frac{\pi}{4}\left(d_M^2 - d_N^2\right) = \frac{\pi}{4}\left(d_s^2 - d_M^2\right)$$

$$\rightarrow d_m = \sqrt{\frac{d_s^2 + d_N^2}{2}} = 192{,}9\,mm$$

$$d_m = 193\,mm$$

- Aussagen über den Eintrittsdurchmesser d_1 :

$d_s = (1{,}05 \text{ bis } 1{,}2) \cdot d_1$

$d_1 = 195$ mm bis 171 mm :

Die vorgezogene Laufschaufelkante soll senkrecht zu den Kanalwänden stehen. Die Schaufeleintrittskante darf nur so weit vorgezogen werden, daß bei d_1 noch einfache Zylinderkrümmung vorliegt: Hierbei ist dann nur die Radialkomponente c_{1r} bei der Energieumsetzung wirksam!

Konstruktion zur Bestimmung von γ:

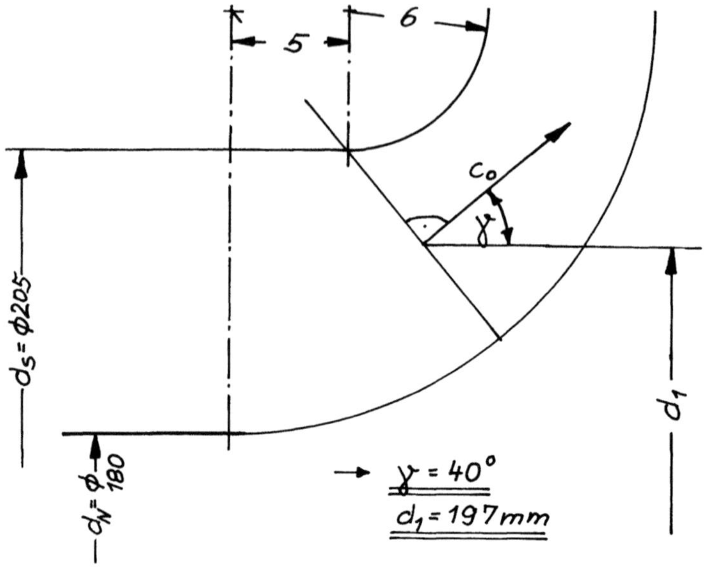

$\rightarrow \underline{\underline{\gamma = 40°}}$
$\underline{\underline{d_1 = 197\,mm}}$

- Eintrittsgeschwindigkeit in den Laufschaufelkanal : c_o

$c_o = 1{,}125\ c_s = 1{,}125 \cdot 7$ m/s : nach Tabelle

$\underline{\underline{c_o = 7{,}875 \text{ m/s}}}$

- Vorläufige Eintrittsbreite b_{1v} :

$$b_{1v} = \frac{\dot{V}}{\eta_v \cdot \pi \cdot d_1 \cdot c_0}$$

$\underline{\underline{b_{1v} = 10{,}9\,mm}}$

- Vorläufiger Verengungsfaktor am Eintritt τ_{1v} :

$$\tau_{1v} = 1 - \frac{s}{t \cdot \sin\beta_1} = 1 - \frac{z \cdot s}{\pi \cdot d_1 \cdot \sin\beta_1}$$

$$c_{1v} = c_0 / \tau_{1v}$$

$$c_{1rv} = c_{1v} \cdot \sin\gamma$$

Für drallfreien Eintritt gilt : $\tan\beta_1 = \frac{c_{1rv}}{u_1}$

$u_1 = \pi d_1 \cdot n$

$\underline{\underline{u_1 = 30{,}33\,m/s}}$

Schaufelzahl z :

$$z = a^* \frac{d_2+d_1}{d_2-d_1} \sin\frac{\beta_1+\beta_2}{2};\ a^*=6{,}5$$

12.6. Laufradaußendurchmesser d_2 :

d_2 - Bestimmung über den 10

spezifischen Durchmesser :

$$\delta = \frac{\sqrt{\pi}}{2} \cdot d_2 \frac{(2\, w_{F,St})^{0,25}}{\dot{V}}$$

← mit $\delta = 9{,}1$

$d_2 = 325$ mm (vorläufig)

12.7. Schaufelzahl z :

Gewählt werden vorläufig: 30

$d_{2v} = 325$ mm

$\beta_1 = 16^\circ$

damit in Gl. $z = f(a^*, \beta_1, \beta_2 \ldots)$

$$z = 6{,}5 \frac{325+197}{325-197} \sin\frac{16^\circ+26^\circ}{2}$$

$z = 9{,}49$

→ Nach Diagramm wurden abgelesen : z = 11; gewählt wird die ungerade Schaufelzahl z = 11

- Bestimmung des Schaufelwinkels β_1 : ($c_0 = 7{,}875$ m/s)

β_1 wird durch Iteration und durch die Gleichung

$$\tau_1 = 1 - \frac{z \cdot s}{\pi \cdot d_1 \cdot \sin\beta_1}$$

bestimmt :

τ_1-Schätzung	0,5	0,6	0,65	0,7	0,75	0,8	0,9		Einheit
$c_1 = \frac{c_0}{\tau_1}$	15,75	13,125	12,115	11,25	10,50	9,84	8,75		m/s
$c_{1r} = c_1 \cdot \sin\gamma$ $c_{1r} = c_1 \cdot \sin 40^\circ$	10,12	8,44	7,79	7,23	6,75	6,33	5,62		m/s
$\tan\beta_1 = \frac{c_{1r}}{u_1}$ → β_1 →	18,45	15,55	14,40	13,41	12,55	11,79	10,50		°
$\tau_1 = 1 - \frac{z \cdot s}{\pi d_1 \sin\beta_1}$	0,8315	0,8011	0,7856	0,7700	0,7546	0,7390	0,7074		—

- Gewählt wird :

$\beta_1 = 12{,}5^\circ$

Dadurch korrigieren sich folgende Daten :

$$\tau_1 = 1 - \frac{z \cdot s}{\pi d_1 \sin\beta_1} = 1 - \frac{11 \cdot 3\,mm}{\pi \cdot 197\,mm \cdot \sin 12{,}5^\circ} = 0{,}7536$$

$$c_{1r} = u_1 \cdot \tan\beta_1 = 30{,}33\ m/s \cdot \tan 12{,}5^\circ = 6{,}72\ m/s$$

$$c_1 = c_{1r} / \sin\gamma = 6{,}72\ m/s : \sin 40^\circ = 10{,}45\ m/s$$
$$c_0 = c_1 \cdot \tau_1 = 10{,}45\ m/s \cdot 0{,}7536 = 7{,}87512\ m/s$$

- Eine geringfügige Korrektur von b_{1v} ist erforderlich :

$$b_1 = \frac{\dot V}{\eta_v \cdot \pi \cdot d_1 \cdot c_0} = \frac{0{,}05\ m^3/s}{0{,}94 \cdot \pi \cdot 0{,}197m \cdot 7{,}87512\ m/s}$$

$$b_1 = 10{,}91\ mm$$

- Überprüfung der Schaufelzahl z :

$$z = a^* \frac{d_1 + d_2}{d_2 - d_1} \sin\frac{\beta_1 + \beta_2}{2} = 6{,}5\ \frac{325 + 197}{325 - 197} \sin\frac{12{,}5^\circ + 26^\circ}{2} = 8{,}73$$

→ z = 11 ist ausreichend!

- Bestimmung der Größen des Laufradaustrittes :
- $\beta_2 = 26^\circ$ (nach Diagramm)
- Ferner gilt für Flüssigkeitsförderung :

$$c_{2m} = 0{,}85\ c_o = 0{,}85 \cdot 7{,}875\ m/s = 6{,}69\ m/s$$

$$c_{om} = c_o = 7{,}875\ m/s \text{ für drallfreien Eintritt}$$

- Aus der Eulergleichung $Y_\infty = u_2 c_{2u} - u_1 c_{1u}$ erhält man für $\alpha_1 = 90^\circ$:

$$u_2 = \frac{c_{2m}}{2\tan\beta_2} + \sqrt{\left(\frac{c_{2m}}{2\tan\beta_2}\right)^2 + \frac{w_{F,St}}{k \cdot \eta_h}} \text{ mit :}$$

k = Arbeitsminderungsfaktor

k = 1/(1+p) mit

$$p = \frac{a}{z}\left(1 + \frac{\beta_2}{60^\circ}\right)\frac{d_2^2}{d_2^2 - d_1^2}$$

für einfach gekrümmte Schaufeln

$$p = \frac{1{,}2}{11}\left(1 + \frac{26^\circ}{60^\circ}\right)\frac{325^2}{325^2 - 197^2}$$

$p = 0{,}2472$

$k = 0{,}8018$

$$u_2 = \frac{6{,}69\ m/s}{2\tan 26^\circ} + \sqrt{\left(\frac{6{,}69\ m/s}{2\tan 26^\circ}\right)^2 + \frac{1250\ m^2/s^2}{0{,}8018 \cdot 0{,}85}}$$

$u_2 = 50{,}23\ m/s$

- Überprüfung des Außendurchmessers d_2 :

$$d_2 = u_2/(\pi n) = \frac{50{,}23\,m/s}{\pi \cdot 49\,s^{-1}} = 326\,mm$$

→ Wert stimmt gut mit d_2 = 325 mm überein!

12.8. Werkstoffauswahl : 10

Aus u_2 = 50,23 m/s liefert die Tabelle : Chromstahlguß

12.10. Kontrolle der Energieübertragung : 30

$$w_2 = w_{2m}/\sin\beta_2 = c_{2m}/\sin\beta_2 = 6{,}69\,m/s : \sin 26^\circ = 15{,}26\,\frac{m}{s}$$

$$w_{2u} = w_2 \cdot \cos\beta_2 = 15{,}26\,m/s \cdot \cos 26^\circ = 13{,}72\,\frac{m}{s}$$

$$c_{2u} = u_2 - w_{2u} = 50{,}23\,m/s - 13{,}72\,m/s = 36{,}51\,\frac{m}{s}$$

$$c_{3u} = k \cdot c_{2u} = 0{,}8018 \cdot 36{,}51\,m/s = 29{,}27\,\frac{m}{s}$$

$$\rightarrow \quad w_{F,St} = u_2 \cdot c_{3u} \cdot \eta_h = 50{,}23\,m/s \cdot 29{,}27\,m/s \cdot 0{,}85 = 1249{,}7\,\frac{m^2}{s^2}$$

$$w_{F,St} = 1249{,}7\,m^2/s^2 \approx 1250\,m^2/s^2$$

→ Die Energieübertragung jeder Stufe ist mit dem geschätzten Wirkungsgrad gewährleistet!

12.9. Laufschaufelaustrittsbreite b_2 : 10

$$\tau_2 = 1 - \frac{z \cdot s}{\pi \cdot d_2 \cdot \sin\beta_2} = 1 - \frac{11 \cdot 3\,mm}{\pi \cdot 325\,mm \cdot \sin 26^\circ}$$

$$\tau_2 = 0{,}9263$$

$$b_2 = \frac{\dot{V}}{\eta_v \cdot \pi \cdot d_2 \cdot c_{2m} \cdot \tau_2} = \frac{0{,}05\,m^3/s}{0{,}94 \cdot \pi \cdot 0{,}325\,m \cdot 6{,}69\,m/s \cdot 0{,}9263}$$

b_2 = 8,41 mm

Zusammenfassung :

- Eintritt :	- Austritt :
z = 11	
b_1 = 10,91 mm	b_2 = 8,41 mm
d_s = 205 mm	d_2 = 325 mm
β_1 = 12,5°	β_2 = 26°

10

12.11. Zeichnerische Bestimmung des Schaufelkrümmungsradius :

d_1 = 197 mm

d_2 = 325 mm

β_1 = 12,5°

β_2 = 26°

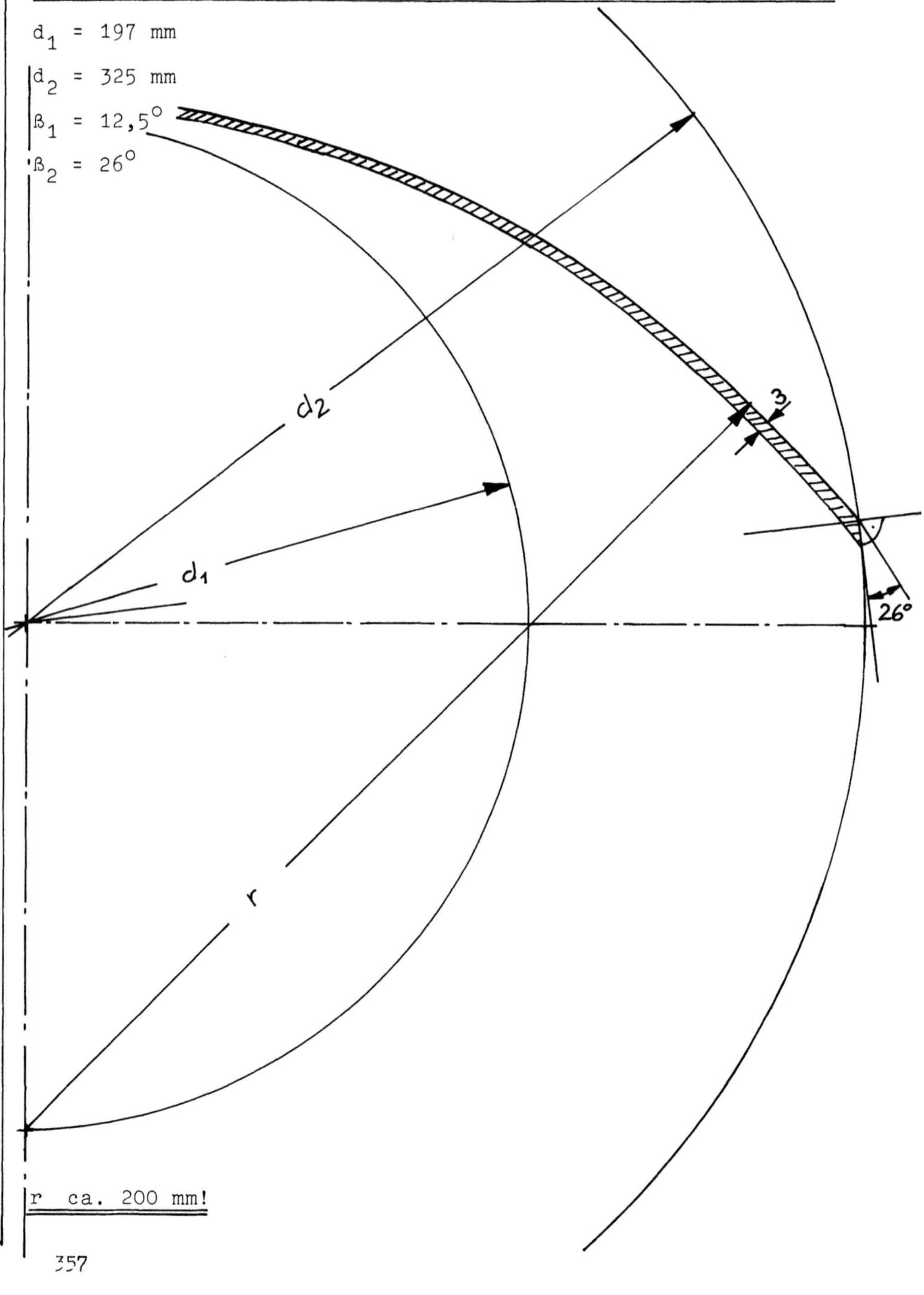

r ca. 200 mm!

Lösungen zu K A P I T E L V : Hebe- und Fördertechnik

1. (10') Grundlagen : 10 Pkte

1.1. Kleinhubige Hebemittel 1

- Zahnstangenwinden
- Schraubenwinden

1.2. Flaschenzüge 6

- von Hand bediente Flaschenzüge
- Faktorenrollenzug
- Differenzrollenzug
- Zwillingsrollenzug
- Schraubenflaschenzug
- Stirnradflaschenzug
- Elektroflaschenzug

1.3. Ortsfeste Winden 2

- Bockwinde
- Treibscheibenwinde
- Greiferwinde

1.4. Krane 1

2. (10') Grundlagen : 12 Pkte

Beispiel : Treibscheibenwinde 3

Bei Winden mit großer Treibfähigkeit werden zwei parallel zueinander liegende, mit Rillen versehene Seiltrommeln verwendet, die beide angetrieben sind. Durch vielfache Umschlingungen 3 der beiden Trommeln wird ein sehr großer (Seilreibungs-)Winkel erreicht. Diese Anordnung wird bei Winden mit sehr großer Seillänge verwendet. Das ablaufende Seil, das nur eine geringe 3 Spannung hat, wird auf einer Speichertrommel in mehreren Lagen aufgenommen. Die Speichertrommel wird über eine Rutschkupplung angetrieben. Ein Nachteil dieser Treibscheibenanordnung 3 besteht in den hohen Drücken auf die Trommelachse, die durch die vielfache Umschlingung hervorgerufen werden.

3. (10') Grundlagen : 30 Pkte

3.1. Lasthaken : 8

Lasthaken werden in Einfach- und Doppelhaken unterteilt.
Ein einfacher Lasthaken besteht aus dem Haken und dem Schaft.

Er wird normalerweise mit Gewinde, nur selten mit Zapfen ausgeführt. Dabei ist zu beachten, daß der Übergang zwischen Gewinde und Hakenschaft kerbfrei ausgeführt wird. Die Hakenmutter muß gegen unbeabsichtigtes Lösen gesichert werden.
Die Gewinde sind auf Zugfestigkeit und Flächenpressung zu berechnen. Der gefährdete Hakenquerschnitt ist trapezförmig mit gerundeten Kanten gestaltet.
Doppelhaken zeichnen sich gegenüber den Einfachhaken wegen der symmetrischen Belastung durch geringere Beanspruchungen aus. Sie werden für Lasten ab 50 kN bis ca. 3 000 kN verwendet.
Sicherheitshaken besitzen einen Bügel, der ein Herausrutschen des Seiles aus dem Hakenmaul verhindert.
Lamellenhaken sind aus einzelnen Blechplatten aufgebaut und gewähren demzufolge eine größere Sicherheit gegen plötzlichen Bruch. Sie werden dort eingesetzt, wo strahlende Hitze (Hütten- und Gießpfannenkrane) auftritt. Ihre Tragkraft beträgt 160 kN bis 2 000 kN.

8 3.2. Schäkel

Für Lasten über 1 000 kN werden anstelle der Haken oft Schäkel eingesetzt, da ihre geschlossene Form wesentlich günstigere Beanspruchungen liefert.
Man unterscheidet geschlossene und gelenkige Ausführung, wobei die gelenkigen Schäkel den geschlossenen vorzuziehen sind, da der Nachteil der statischen Unbestimmtheit beim gelenkigen Schäkel entfällt.
Schaft und Schenkel werden auf Zug berechnet. Bei der Traverse treten gleichzeitig Druck und Biegung auf.

8 3.3. Hakengeschirre und Hakenflaschen

Hakengeschirre werden nur für kleine Lasten verwendet, da sie nur einen tragenden Seilstrang haben. Es sind verdrehungsfreie Seile erforderlich. Hakengeschirre finden bei Hafen- und Baukränen Anwendung.
Die Hakenflasche wird am meisten verwendet, da sich die Last auf mehrere Seilstränge verteilt.
Man unterscheidet normale Hakenflaschen für kleinere Hubhöhen und kurze Hakenflaschen für große Hubhöhen.
Die Traversen werden auf Biegung berechnet.

3.4. Tragbalken und Pratzengehänge — 6

Tragbalken werden angewendet, wenn sperrige Lasten mehrfach gehalten werden müssen. Damit die Last sich nicht drehen kann, führt man die Aufhängung mindestens zweisträngig aus.
Die Berechnung erfolgt auf Zug und auf Biegung.
Pratzengehänge dienen der Aufnahme gleichartiger Stückgüter, wie beispielsweise Wellen, Bleche, Säcke usw.

4. (10') Grundlagen : 12 Pkte

Die Einteilung der Krane erfolgt nach folgenden Gesichtspunkten:

- der bezogenen Betriebsdauer: — 3
  Hierunter versteht man das Verhältnis der Betriebszeit ohne Pausen zur Betriebszeit einschließlich der Arbeitspausen;
- der bezogenen Belastung : — 3
  Unterschieden wird zwischen Kranen, deren Last bei jedem Arbeitsspiel ganz oder nahezu die Höchstlast erreicht und solchen, deren Last häufig erheblich kleiner ist;
- der Stärke der Stöße : — 3
  Unterschieden wird zwischen Kranen mit gewöhnlichen und mit starken Stößen, die beim Bewegen der Last und beim Fahren der Katze oder des Kranes entstehen.

Nach den oben genannten Gesichtspunkten werden die Krane und ihre Teile entsprechend der Schwere der Arbeitsbedingungen in vier Gruppen eingeteilt, z.B. — 3

Gruppe I : Kleine bezogene Betriebsdauer, kleine bezogene Belastung, gewöhnliche Stöße;

Gruppe IV: Große bezogene Betriebsdauer, große bezogene Belastung, starke Stöße.

5. (10') Grundlagen : 20 Pkte

5.1. Kranbauformen : — 5

-Brückenkrane, Portalkrane, Ausleger- und Drehkrane, Kabelkrane:

Brückenkrane werden als längs- und querbewegliche Ausleger- und Drehkrane ausgeführt.
Portalkrane werden unterteilt in Halb- und Vollportalkrane, daneben wiederum als längs- und querbewegliche Dreh- und Auslegerkrane konzipiert.
Weitere Ausführungen sind Portalkrane mit Schienenlaufkatze,

sowie Schrägbahn - Entlader.
Auslegerkran und Drehkran unterscheiden sich nur dadurch, daß bei dem letzteren der Ausleger drehbar angeordnet ist.
Kabelkrane sind Krane mit einer auf einem oder mehreren Drahtseilen - Tragseilen - fahrenden Seillaufkatze.

5 — 5.2. Krantragwerke :

Sie werden in Vollwand- oder Fachwerkbauweise ausgeführt.
Zu den Vollwandträgern zählen Normalprofil-, Stegblech- und Kastenträger.
Fachwerke werden üblicherweise statisch berechnet : statisch bestimmt und als ebene Fachwerke betrachtet.

2 — 5.3. Lasthub, Leerhub, Langhub und Kurzhub :

4 — 5.4. Bedienungsmöglichkeiten :

Die Bedienung der Krane kann von einem festen Führerhaus, einem beweglichen Führerhaus oder durch Flur- oder über Fernsteuerung erfolgen.

4 — 5.5. Antriebe :

Als Antriebe werden im Kran- und Hebezeugbau Elektromotoren (Gleichstrommotor, Drehstrommotor) oder Verbrennungsmotoren eingesetzt.

6. (10´) Grundlagen : 5 Pkte

5 - Seilzugkraft,
- Bremskraft,
- Lagerkräfte an Trommel- und Achsenlagern,
- Auflagerkräfte.

7. (10´) Grundlagen : 15 Pkte

5 - Hublast F_H,
- Hubgeschwindigkeit v,
- Wirkungsgrad η,
- Gesamtlast G_{ges},
- Einheitsfahrwiderstand w,
- Fahrgeschwindigkeit v_F,
- Anlaufzeit t_A,
- Beschleunigungs- bzw. Verzögerungsmoment M_B,

- Motordrehzahl n_{Mot},
- <u>Hubwerk :</u> $P = \frac{F \cdot v}{\eta}$, 2
- <u>Fahrwerk :</u> Vollastbeharrungsgleichung $P_V = \frac{F_{WGes} \cdot v_F}{\eta_{Ges}}$ 10

  Translationsbeschleunigung $P_{BI} = \frac{G_{Ges} \cdot v_F^2}{t_A \cdot \eta_{Ges}}$

  Rotationsbeschleunigung $P_{BII} = \frac{M_B \cdot n_{Mot}}{\eta_{Ges}}$

  Anlaufleistung $P_{Anl} = P_V + P_{BI} + P_{BII}$

8. (10') Grundlagen : 12 Pkte

Das Übersetzungsverhältnis des Getriebes hat die Aufgabe das Lastmoment an der Trommel zu reduzieren (zu wandeln).
Es bewirkt, daß an der Trommel ein relativ hohes Drehmoment und eine entsprechende niedrige Drehzahl vorliegen, während es sich auf der Motorseite umgekehrt verhält. Der Quotient aus Lastmoment und Kraftmoment,bzw. aus Trommelmoment und Motormoment ergibt das Übersetzungsverhältnis des Reduktionsgetriebes.

- <u>von Hand bediente Hubwerke :</u> $i_{erf} = \frac{M_L}{M_K \cdot \eta}$
- <u>motorisch angetriebene Hubwerke :</u> $i_{erf} = \frac{M_{Tr}}{M_{Mot}} = \frac{n_{Mot}}{n_{Tr}}$

9. (10') Grundlagen : 15 Pkte

Man unterscheidet drei Arten von Bremsen : 3

<u>1. Halte- und Stoppbremsen :</u>

Sie haben die Aufgabe, die Last nach Beendigung der Hub- oder Senkbewegung in der Schwebe zu halten.

<u>2. Fahrbremsen :</u> 3

Fahrbremsen nehmen die kinetische Energie des in Fahrt befindlichen Kranes, einer Laufkatze oder anderer Teile des Kranes auf und führen deren Bewegungen auf Null zurück.

<u>3. Senkbremsen :</u> 3

Sie nehmen die potentielle Energie einer absenkenden Last auf und regeln die Senkgeschwindigkeit.

- Nach der <u>konstruktiven Ausbildung</u> sind folgende Hauptgruppen zu unterscheiden: 6

- Backenbremsen,
- Bandbremsen,
- Scheiben- oder Kegelbremsen,
- Sonderbauarten : Sperrad-, Lastdruck-, Senksperr- und Fliehkraftbremsen,
- Gesperre.

10. (10´) Grundlagen : 10 Pkte

2,5 - Die Seile müssen fortlaufend überwacht werden. Dabei sind alle Veränderungen im Aussehen des Seiles sorgfältig zu beobachten und ihr Einfluß auf die Seilsicherheit abzuschätzen!

2,5 - Selbsttätige Bremsen müssen von selbst in Tätigkeit treten, wenn das Triebwerk eine bestimmte Grenzgeschwindigkeit überschritten hat!

2,5 - Der Lüftweg bei Doppelbackenbremsen muß regelmäßig überprüft werden!

2,5 - Hubwerke müssen in der obersten Hakenstellung durch einen Notendschalter begrenzt sein. Er muß nach dem Ansprechen das Senken noch zulassen!

11. (10´) Grundlagen : 20 Pkte

5 11.1. Die Unfallversicherungen werden von den jeweiligen Fach- und Berufsgenossenschaften erlassen : hier Unfallverhütungsvorschriften der gewerblichen Berufsgenossenschaft für Krane : VBG 8.

4 11.2. Aufgaben und Leistungen der Berufsgenossenschaften :
- Verhütung von Unfällen,
- Heilung und Behandlung der Unfallverletzten,
- Berufshilfen : Arbeits- und Berufsförderung,
- Entschädigung für Unfallfolgen durch Geldleistungen.

8 11.3.
- Jeder Unternehmer ist kraft Gesetzes Mitglied der für seinen Gewerbezweig errichteten Berufsgenossenschaft.
- Jeder auf Grund eines Arbeits-, Dienst- oder Ausbildungsverhältnisses Beschäftigte ist kraft Gesetzes gegen die Folgen von Arbeitsunfällen und Berufskrankheiten versichert.

3 11.4. - Versicherungsfälle sind Arbeitsunfälle und Berufskrankheiten.

12. (120') Projekt : Zwillingsrollenzug : 100 Pkte

12.1. Drahtseildurchmesser, nicht drehungsfreies Seil : d_S 15

$$i = \frac{v_{Seil}}{v_{Hub}} = z \qquad \text{mit } z := \text{Zahl der Unterflaschenrollen}$$

$$i = 3:1 = z$$

$$F_S = \frac{F}{2 \cdot z \cdot \eta} = \frac{300\,kN}{2 \cdot 3 \cdot 0{,}91}$$

$$F_S = 55\,kN$$

Bemessung der Kranseile nach DIN 15020:

mittlere Laufzeit je Tag : 4 bis 8 h

Lastkollektiv :nahezu ständig größte Lasten

gewählte Triebwerkgruppe : IV

Beiwert, nicht drehungsfreies Seil : q = 0,375

$$d_{min} = 10 \cdot q \cdot \sqrt{F_{Smax}}$$

$$d_{min} = 10 \cdot 0{,}375 \sqrt{55}\ mm$$

$$d_{min} = 27{,}8\ mm$$

d_{min}	q	F_{Smax}
mm	$\frac{mm}{(kN)^{1/2}}$	kN

gewählt : Drahtseil nach DIN 656

B 29 6x37

12.2. Bestimmung des Trommeldurchmessers d_T : 10

Beiwert h_1 nach DIN 15020 für Triebwerkgruppe IV und nicht drehungsfreies Seil : $h_{1T} = 22{,}4$

$$\left(\frac{D}{d}\right)_T = h_{1T}$$

$$D_T = 22{,}4 \cdot d = 22{,}4 \cdot 29\,mm$$

$$D_T = 649{,}6\,mm$$

D_T ca. 650 mm

12.3. Bestimmung des Seilrollendurchmessers D_S : 10

h_{1s} nach DIN 15020 : h_{1s} = 25

$$\left(\frac{D}{d}\right)_S = 25$$

$$D_S = 25 \cdot d = 25 \cdot 29\,mm$$

$$D_S = 725\,mm$$

10 — 12.4. Bestimmung der Trommeldrehzahl n_T :

$$v_{Seil} = i_S \cdot v_H = 3 \cdot 15 m/min$$

$$v_{Seil} = 45 m/min$$

$$v_{Seil} = D_T \cdot \pi \cdot n_T$$

$$n_T = \frac{v_{Seil}}{D_T \cdot \pi} = \frac{45 m/min}{0{,}65 m \cdot \pi}$$

$$n_T = 22 min^{-1}$$

15 — 12.5. Bestimmung der Trommellänge L_T :

— Aus der Hubhöhe h = 12 m ergibt sich eine Länge je Seilstrang von $L_S = 3 \cdot 12 m = 36 m$

— und damit eine Windungszahl von

$$n = \frac{L_S}{D_T \cdot \pi} + 2 = \frac{36 m}{0{,}65 m \cdot \pi} + 2$$

$$n \approx 20$$

— Als Rillenlänge je Strang folgt somit :

$$L = n \cdot s \; ; \; s = d_S + 3 mm = 29 mm + 3 mm$$

$$s = 32 mm$$

$$L = 20 \cdot 32 mm$$

$$L = 640 mm$$

— Die gesamte Trommellänge bestimmt sich zu :

$$L_T = 2 \cdot \ell + 2 \cdot L + 0{,}5 \cdot D_T$$

$$L_T = 2 \cdot 3 d_S + 2 L + 0{,}5 \cdot D_T$$

$$L_T = 2 \cdot 3 \cdot 29 mm + 2 \cdot 640 mm + 0{,}5 \cdot 650 mm$$

L_T ca. 1780 mm

15 — 12.6. Bestimmung der Lagerkräfte an Trommel- und Achsenlager :

— Moment an der Seiltrommel : $\sum M_{(M)} = 0 = 2 \cdot F_{Smax} \cdot \frac{D_T}{2} - M_T$

$$M_T = 35{,}75 kNm$$

— Da das Zahnradmoment gleich dem Trommelmoment ist, folgt:

$$M_Z = M_T = 35{,}75 kNm$$

$$d_{02} = 1{,}5 D_T = 1{,}5 \cdot 650 mm$$

$$d_{02} = 975 mm$$

Planfigur :

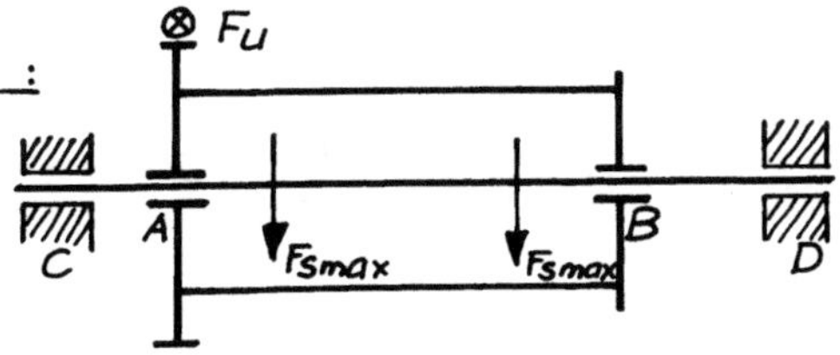

–Lagerkräfte an der Trommel :

$$F_u = \frac{M_T}{d_{o2}/2} = \frac{35{,}75\,kNm}{0{,}975/2\,m}$$

$$\underline{\underline{F_u = 73{,}3\,kN}}$$

$$\underline{\underline{F_{Ay} = F_{By} = F_{Smax} = 55\,kN}}$$

$$\underline{\underline{F_{Ax} = F_u = 73{,}3\,kN}}$$

$$\underline{\underline{|F_B| = F_{By} = 55\,kN}}$$

$$|F_A| = \sqrt{55^2 + 73{,}3^2}\,kN$$

$$\underline{\underline{|F_A| = 91{,}7\,kN}}$$

Lagerkräfte an der Achse :

Planfigur :

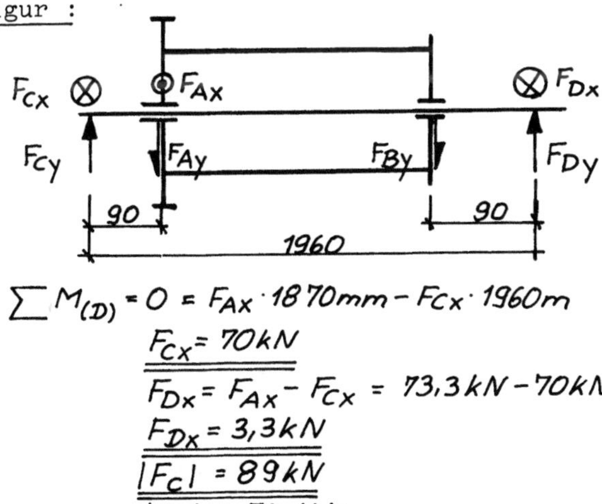

Für y-Ebene ergeben sich folgende Symmetrien :

$$F_{Cy} = F_{Ay} = F_{By} = F_{Dy}$$

$$\underline{\underline{F_{Cy} = F_{Dy} = 55\,kN}}$$

$$\sum M_{(D)} = 0 = F_{Ax} \cdot 1870\,mm - F_{Cx} \cdot 1960\,m$$

$$\underline{\underline{F_{Cx} = 70\,kN}}$$

$$F_{Dx} = F_{Ax} - F_{Cx} = 73{,}3\,kN - 70\,kN$$

$$\underline{\underline{F_{Dx} = 3{,}3\,kN}}$$

$$\underline{\underline{|F_C| = 89\,kN}}$$

$$\underline{\underline{|F_D| = 55{,}1\,kN}}$$

12.7. Bestimmung des Achsendurchmessers d_W :

$$\underline{\underline{|M_{bmax}| = |F_C| \cdot 0{,}09\,m = 8\,kNm}}$$

$$W_{erf} = \frac{8000 \cdot 10^2\,Ncm}{120 \cdot 10^2\,N/cm^2} = 66{,}7\,cm^3$$

$$d_W \approx \sqrt[3]{\frac{W_{erf}}{0{,}1}} \approx 8{,}75\,cm \rightarrow \underline{\underline{\text{Gewählt: } d_W = 90\,mm}}$$

13. (180') Projekt : Bockkran : 100 Pkte

10 — 13.1. Bestimmung der Anlaufzeit t_A des Hubwerkes :

$$\frac{P_{Anl}}{P_n} = 1{,}4 ; \quad P_n \approx P_V ; \quad \underline{P_{Anl} = 1{,}4\, P_n = 1{,}4 P_V}$$

P_V := Vollastbeharrungsleistung

P_{Anl} := Anlaufleistung

P_B := Beschleunigungsleistung

$$P_{Anl} = P_V + P_B \approx 1{,}4 P_V$$

$$\rightarrow \underline{P_B \approx 0{,}4 P_V}$$

$$P_B = \frac{M_B \cdot n}{9550 \cdot \eta_{Ges}}$$

P_B	M_B	n	η_{Ges}
kW	Nm	min^{-1}	1

$$P_V = \frac{F \cdot v_H}{\eta_{Ges}}$$

$$P_B = \frac{M_B \cdot n}{9550 \cdot \eta_{Ges}} = 0{,}4\, P_V = 0{,}4 \cdot \frac{F \cdot v_H}{1000 \cdot 60 \cdot \eta_{Ges}}$$

F	v_H
N	$m \cdot min^{-1}$

$$\rightarrow \underline{\underline{M_B = 65{,}6\ Nm}}$$

$$t_A = \frac{\sum GD^2 \cdot n}{38{,}2\ M_B} = \frac{5 \cdot 970}{38{,}2 \cdot 65{,}6}\, s$$

t	GD^2	n	M_B
s	kgm^2	min^{-1}	Nm

$$\underline{\underline{t_A = 1{,}94\, s}}$$

— 13.2. Bestimmung der Anlaufleistung des Kranfahrwerkes ohne Last und bei Vollast :

- Bei Fahrwerken werden bei kleinen Leistungen große Massen bewegt; daher müssen Beschleunigungs- bzw. Verzögerungsleistung und -Momente bei Fahrwerken immer nachgerechnet werden!
- In der Regel wird die Drehmassenbeschleunigung meist mit einem Zuschlag von (10 bis 20)% zur Translationsbeschleunigung berücksichtigt : $P_B \approx (1{,}1 \cdots 1{,}2) P_{BI}$

$$\underline{P_{Anl} = P_V + P_B = P_V + 1{,}15 \cdot P_{BI}}$$

- Gesamtfahrwiderstand : $F_{WGes} = G_{Ges} \cdot w_{Ges}$

15 — - Beharrungsleistung im stationären Zustand ohne Last :

$$G_0 = G_K + G_{Br} + 2 G_{Ko} + 2 G_S$$

$$G_0 = 8\,kN + 10\,kN + 6\,kN + 14\,kN$$

$$\underline{\underline{G_0 = 38\,kN}}$$

$$F_{Woges} = G_0 \cdot w_{Ges} = 38\,kN \cdot 35\,N/kN$$

$$F_{WoGes} = 1330\,N$$

$$P_V = \frac{F_{WoGes} \cdot v_F}{1000 \cdot 60 \cdot \eta_{Ges}} = \frac{1330 \cdot 40}{1000 \cdot 60 \cdot 0{,}78}\,kW$$

$$P_V = 1{,}14\,kW$$

Translationsbeschleunigung ohne Last :

$$P_B = 1{,}15 \cdot \frac{G_0 \cdot v_F^2}{t_A \cdot \eta_{Ges} \cdot g} = \frac{38\,N \cdot 10^3 \cdot 40^2\,m^2 \cdot s^2 \cdot 1{,}15}{4\,s \cdot 3600\,s^2 \cdot 10^3 \cdot 0{,}78 \cdot 10\,m}$$

$$P_B = 0{,}62\,kW$$

$$P_{Anl} = P_V + P_B = 1{,}14\,kW + 0{,}62\,kW$$

$$P_{Anl} = 1{,}76\,kW$$

Beharrungsleistung im stationären Bereich mit Last : 15

$$G_{Ges} = G_0 + F = 38\,kN + 80\,kN$$

$$G_{Ges} = 118\,kN$$

$$F_{WGes} = G_{Ges} \cdot w_{Ges} = 4130\,N$$

$$P_V = \frac{F_{WGes} \cdot v_F}{1000 \cdot 60 \cdot \eta_{Ges}} = \frac{4130 \cdot 40}{1000 \cdot 60 \cdot 0{,}78}\,kW$$

$$P_V = 3{,}53\,kW$$

Translationsbeschleunigung mit Last :

$$P_B = 1{,}15 \cdot \frac{G_{Ges} \cdot v_F^2}{t_A \cdot \eta_{Ges} \cdot g}$$

$$P_B = 1{,}93\,kW$$

$$P_{Anl} = P_V + P_B = 5{,}46\,kW$$

13.3. Motorleistung des Kranfahrwerkes P_n : 5

$$P_n = \frac{P_{Anl}}{1{,}5} = \frac{5{,}46\,kW}{1{,}5}$$

$$P_n = 3{,}64\,kW$$

13.4. Übersetzungsverhältnis zwischen Antrieb und Hubwerk : 15

$$\left.\begin{aligned} F_1 &= \eta_R \cdot F_2 \\ F_1 + F_2 &= G \end{aligned}\right\} \quad F_2 = \frac{G}{1+\eta_R}$$

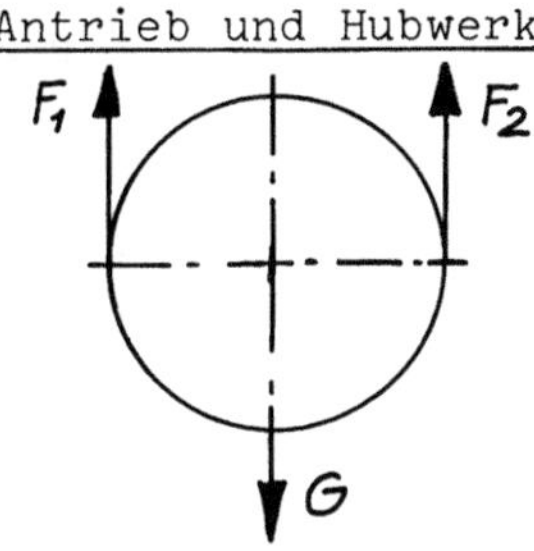

$$F_{Smax} = \frac{80\,kN}{2\,(1+\eta_R)} = \frac{80\,kN}{2 \cdot (1+0{,}96)}$$

$$F_{Smax} = 20{,}4\,kN$$

$$d = 10\,q\,\sqrt{F_{Smax}}$$

$$d = 10 \cdot 0{,}335 \cdot \sqrt{20{,}4}\,mm$$ {Es wird Triebwerksgruppe III angenommen, hierfür nach

$\rightarrow d = 15{,}13\,mm$

DIN 15020 gewählt : q = 0,335 (vgl. hierzu Aufgabe 12!)

Gewählt : d : B 16 6x37

$$D_T = \left(\frac{D}{d}\right)_T \cdot d = 20 \cdot 16\,mm$$

$$D_T = 320\,mm$$

$$v_{Seil} = v_H \cdot i_S = 12{,}5\,m/min \cdot 2$$

$$v_{Seil} = 25\,m/min$$

$$n_T = \frac{v_{Seil}}{D_T \cdot \pi} = \frac{25\,m/min}{0{,}32\,m \cdot \pi}$$

$$n_T = 24{,}9\,min^{-1}$$

$$i = \frac{n_{Mot}}{n_T} = \frac{970\,min^{-1}}{24{,}9\,min^{-1}}$$

i = 39 : 1

Bei i_{max} = 4 (je Gruppe) sind 3 Getriebegruppen erforderlich !

13.5. Bestimmung des Gesamtwirkungsgrades des Hubwerkes η_{ges} :

$$\eta_{RZ} = \frac{1-\eta_R^2}{z(1-\eta_R)} = \frac{(1-\eta_R)(1+\eta_R)}{z(1-\eta_R)} = \frac{1+\eta_R}{z} = \frac{1+0{,}96}{2}$$

$$\eta_{RZ} = 0{,}98$$

$$\eta_{Ges} = \eta_T \cdot \eta_{RZ} \cdot \eta_{Getr} = 0{,}97 \cdot 0{,}98 \cdot 0{,}91$$

$$\eta_{Ges} = 0{,}865$$

13.6. Bestimmung der erforderlichen Profile für Haupt- und Kopfträger :

- Kopfträger :

$$M_{bmax\,I} = \frac{F_{Br} \cdot l}{4 \cdot 2} = \frac{10\,kN \cdot 10\,m}{8}$$

$$M_{bmax\,I} = 12{,}5\,kNm$$

$$F_B = m \cdot a = \frac{F}{g} \cdot \frac{v}{t_A}$$

$$F_B = 876\,N$$

$$M_{bmax\,II} = \frac{(F + G_K + F_B) \cdot l}{4}$$

$$M_{bmax\,II} = \frac{(80 \cdot 10^3 + 8 \cdot 10^3 + 876) \cdot 10}{4}\,Nm$$

$$M_{bmax\,II} = 222\,190\,Nm$$

$$W_{erf} = \frac{M_{bmaxI} \cdot \varphi + M_{bmaxII}\, \psi}{\sigma_{bzul}}$$

$$\rightarrow \frac{W_{erf}}{cm^3} = \frac{12500 \cdot 1{,}1 + 222190 \cdot 1{,}4}{140} \quad \text{mit}$$

$$\underline{\underline{W_{erf} = 2320\, cm^3}}$$

φ:= Stoßzahl bei ständiger Last = 1,1

ψ:= Ausgleichszahl, Einfluß der häufigsten Belastungswiederholung = 1,4

Gewählt : IPB 360

- Hauptträger : 15

$$F = \frac{G_{Br}}{2} + F_1 \longrightarrow$$

Bei ungünstigster Katzenstellung!

$$\rightarrow F_1 = (F + G_K)\left(1 - \frac{\ell_1}{\ell}\right) = 88\,kN\left(1 - \frac{1{,}5}{10}\right)$$

$$\underline{F_1 = 74{,}8\,kN}$$

$$\rightarrow \underline{F \approx 80\,kN}$$

$$\rightarrow M_{bmaxI} = \frac{G_{Ko} \cdot \ell_2}{8} = \frac{3000\,N \cdot 2{,}5\,m}{8}$$

$$\underline{\underline{M_{bmaxI} = 940\,Nm}}$$

$$M_{bmaxII} = \frac{F \cdot \ell_2}{4} = \frac{80 \cdot 10^3 N \cdot 2{,}5\,m}{4}$$

$$\underline{\underline{M_{bmaxII} = 5000\,Nm}}$$

$$W_{erf} = \frac{\varphi M_I + \psi M_{II}}{\sigma_{bzul}}$$

$$\underline{\underline{W_{erf} = 507{,}4\,cm^3}}$$

Gewählt : IPB 200

14. (180') Projekt : Laufkran : 100 Pkte

14.1. Bestimmung der Abmessungen der erforderlichen Bremsscheibe 10

$$P = \frac{G \cdot v_H}{\eta_{Ges}} = \frac{100 \cdot 30}{60 \cdot 0{,}84}\,kW$$

$$P = 59{,}52\,kW$$

$$\underline{\underline{P \approx 60\,kW}} \longrightarrow$$

Drehzahl des Hubmotors und der Bremsscheibe n = 570 min^{-1}; Elektromotor wird aus den Listen der Lieferfirmen (z.B. Siemens, AEG, BBC, ...) ausgewählt !

- Wahl der Bremsscheibe :

Bei einer Motorleistung bis P = 83 kW, einem Wirkungsgrad von 84 %, einer Drehzahl n = 600 min^{-1}, einer Bremszeit t_o = 0,8 s und ED = 40 % wird nach DIN 15 434 eine Bremsscheibe gewählt :

D = 500 mm

10 14.2. Überprüfung der Bremsscheibe auf thermische Überbeanspruchung :

- Bremsmoment :

M	GD^2	n	t_o
Nm	kgm²	min⁻¹	s

$$M_B = 1{,}1\, M_n \cdot \eta^2 + \sum GD^2 \frac{n}{38{,}2 \cdot t_o}$$

$$M_B = 1{,}1 \cdot 9550 \cdot \frac{P}{n} \cdot \eta^2 + \sum GD^2 \cdot \frac{n}{38{,}2\, t_o}$$

$$M_B = \left(1{,}1 \cdot 9550 \cdot \frac{60}{570} \cdot 0{,}84^2 + 43 \cdot \frac{570}{38{,}2 \cdot 0{,}8}\right) Nm$$

$$M_B = 1582{,}3\, Nm$$

- Flächenpressung :

$$p = \frac{M_B}{D \cdot \mu \cdot A} \quad mit \; A = a \cdot b$$

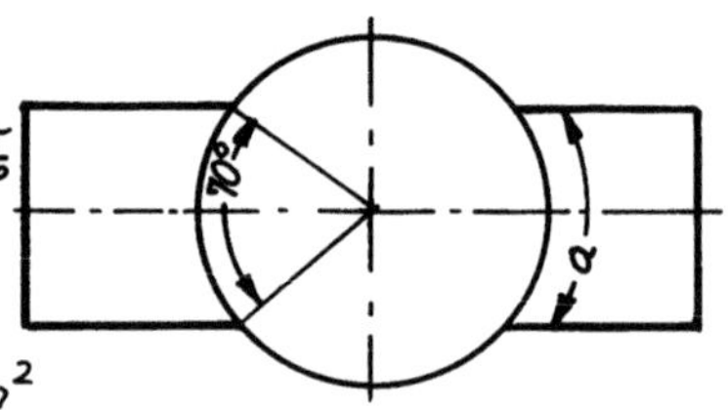

$$a = 50\, cm \cdot \frac{70° \pi}{360°}$$

$$a = 30{,}5\, cm$$

$$A = a \cdot b$$

$$A = 30{,}5 \cdot 18\, cm^2$$

$$A = 549\, cm^2$$

$$p = \frac{158230\, Ncm}{50\, cm \cdot 0{,}45 \cdot 549\, cm^2}$$

$$p = 12{,}81 \frac{N}{cm^2}$$

- Umfangsgeschwindigkeit :

$$v = D \cdot \pi \cdot n = \frac{0{,}5\, m \cdot \pi \cdot 570}{60\, s}$$

$$v = 14{,}9\, m/s$$

- Richtwerte für thermische Überbeanspruchung nach DIN 15 434 :

$$p \cdot v \cdot \mu < 110 \frac{Nm}{cm^2 \cdot s}$$

$$12{,}81 \frac{N}{cm^2} \cdot 14{,}9 \frac{m}{s} \cdot 0{,}45 = 85{,}9 \frac{Nm}{cm^2 \cdot s}$$

$$p_{vor} \cdot v \cdot \mu < 110 \frac{Nm}{cm^2 \cdot s}$$

20

14.3. Berechnung der Bremsarbeit Q :

- Nachprüfung der Erwärmung :
  - Bremsarbeit je Bremsung :

$$W = M_B \frac{\pi \cdot n}{30} \cdot t_b \cdot \frac{1}{2}$$

W	M_B	n	t_b
Nm; J	Nm	1/min	s

- Bremszeit für Heben :

$$t_{b1} = \frac{\Sigma GD^2 \cdot n}{38{,}2(M_B + M_L/\eta)}$$

t_{b1}	GD^2	n	M
s	kgm^2	1/min	Nm

$$M_L = 1{,}1 \cdot 9550 \frac{P}{n} \cdot \eta^2 + \frac{G_{Unt} \cdot D}{2}$$

M_L := Lastmoment = Gesamtseillast (mit Gewicht der Unterflasche, leerer Greifer, usw.)

$$M_L = \left[1{,}1 \cdot 9550 \frac{60}{570} \cdot 0{,}84^2 + 300 \cdot 0{,}25\right] Nm$$

$$\underline{M_L = 855\,Nm}$$

$$t_{b1} = \frac{43 \cdot 570}{38{,}2 \cdot (1582{,}3 + 1018)} s$$

$$\underline{\underline{t_{b1} = 0{,}247\,s}}$$

- Bremszeit für Senken :

$$t_{b2} = \frac{\Sigma GD^2 \cdot n}{38{,}2(M_B - M_L \cdot \eta)} = \frac{43 \cdot 570}{38{,}2(1582 - 718)} s$$

$$\underline{\underline{t_{b2} = 0{,}743\,s}}$$

- Hinzukommen im Mittel je Spiel noch 2 Bremsungen ohne Last :

$$t_{B3} = \frac{\Sigma GD^2 \cdot n}{38{,}2 \cdot M_B} = \frac{43 \cdot 570}{38{,}2 \cdot 1582} s$$

$$\underline{\underline{t_{B3} = 0{,}406\,s}}$$

$$W = M_B \frac{\pi \cdot n}{30} \cdot t_B \cdot \frac{1}{2} = 1582 \cdot \frac{\pi \cdot 570}{30 \cdot 2} (0{,}247 + 0{,}743 + 0{,}406) Nm$$

$$\underline{W = 85055\,Nm}$$

Bei 60 Spielen/h :

$$Q = W \cdot 60/h$$

$$Q = 85{,}1\,kNm \cdot 60/h$$

$$\underline{\underline{Q = 5106 \frac{kJ}{h}}}$$

14.4. Berechnung für übertragbare Wärmemenge für eine Stunde :

15 14.4.1. Wärmeabgabe durch Strahlung : $T_1 = (273+105)K = 378K$
$T_2 = (273+35)K = 308K$

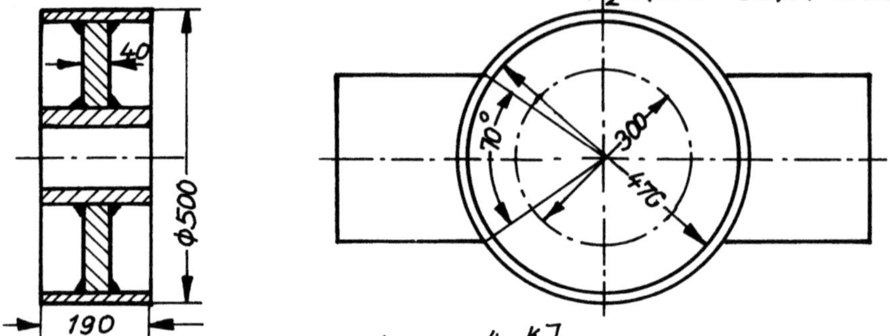

$$Q_1 = [c_1 A_1 + c_2 A_2] \cdot \left[\left(\frac{T_1}{100}\right)^4 - \left(\frac{T_2}{100}\right)^4\right] \frac{kJ}{h}$$

$A_1 = 0{,}5m \cdot \pi \cdot 0{,}19m = 0{,}182m^2$

$A_2 = \frac{(0{,}5m)^2\pi}{4} \cdot 2$

$A_2 = 0{,}393m^2$

$Q_1 = 920{,}13\ kJ/h$

$c_1 = 5{,}44 \frac{kJ}{m^2K \cdot h}$ (Strahlungskonstante für blank pol. Stahl)

$c_2 = 18{,}0 \frac{kJ}{m^2K \cdot h}$ (Str.konstante für matt oxydierten Stahl)

15 14.4.2. Wärmeabgabe durch freie Strömung :

- Wärmeabgabe durch freie Strömung im Stillstand :

$$Q_2 = \alpha_1 \cdot A_3 (T_1 - T_2)(1 - ED) \frac{kJ}{h}$$

$A_3 = A_1 + A_2 + 0{,}47m \cdot \pi \cdot 0{,}15m$

$A_3 = 0{,}796m^2$

$Q_2 = 21 \cdot 0{,}793(378-308)(1-0{,}4) \frac{kJ}{h}$

$Q_2 = 702\ kJ/h$

$\alpha_1 = 21{,}0 \frac{kJ}{m^2K \cdot h}$ (Wärmeübergangszahl freie Ström.)

20 14.4.3. Wärmeabgabe durch erzwungene Strömung :

$$Q_3 = ED(T_1 - T_2)\alpha_2 \left[A_4 v_0^{0,78} + 2A_I v_1^{0,78} + 2A_{II} v_2^{0,78}\right] \frac{kJ}{h}$$

$A_4 = \pi\,[0{,}5m \cdot 0{,}19m + 0{,}47m(0{,}19m - 0{,}04m)]$

$A_4 = 0{,}52m^2$

$A_I = \frac{\pi}{4}(0{,}5^2 - 0{,}3^2)\,m^2$

$A_I = 0{,}126m^2$

$$A_{II} = \frac{\pi}{4} \cdot 0{,}3^2 m^2$$

$$A_{II} = 0{,}071\,m^2$$

$$v_0 = \frac{\pi \cdot 0{,}5 \cdot 570}{60} \frac{m}{s}$$

$$v_0 = 14{,}9\,m/s$$

$$v_1 = \frac{\pi \cdot 0{,}4 \cdot 570}{60} \frac{m}{s}$$

$$v_1 = 11{,}9\,m/s$$

$$v_2 = \frac{\pi \cdot 0{,}3 \cdot 570}{60} \frac{m}{s}$$ (Bei mittlerer ϕ-Annahme: $v_2 = 4{,}5\,m/s$)

$$v_2 = 9{,}0\,m/s$$

$\alpha_2 = 25{,}7 \frac{kJ}{m^2 K \cdot h}$ (für erzw.Str.)

$$Q_3 = 0{,}4 \cdot 70 \cdot 25{,}7 \left[0{,}52 \cdot 14{,}9^{0{,}78} + 0{,}25 \cdot 11{,}9^{0{,}78} + 0{,}14 \cdot 9^{0{,}78}\right] \frac{kJ}{h}$$

$$Q_3 = 4878{,}1\,kJ/h \quad (\text{für } v_2 = 4{,}5\,m/s \Rightarrow Q_3 = 4648{,}6\,kJ/h)$$

$$Q_{Ges} = Q_1 + Q_2 + Q_3 = (920{,}13 + 702 + 4878{,}1)\,kJ/h$$

$$Q_{Ges} = 6500\,kJ/h > Q_{Vorh} = 5106\,kJ/h$$

$$(\text{bei } v_2 = 4{,}5\,m/s \Rightarrow Q_{Ges} = 6270{,}7\,kJ/h > Q_{vorh} = 5106\,kJ/h)$$

→ Die Höchsttemperatur der Bremse wird unter 105°C liegen!

14.5. Bestimmung des Bremslüfters : 10

- Lüftarbeit :

$$F = \frac{M_B}{D \cdot \mu} = \frac{1582\,Nm}{0{,}5m \cdot 0{,}45}$$

$$F = 7031\,N$$

Lüftweg : λ = 0,20 cm für Bremsscheibe Ø 500

$$W_L = 2{,}2 \frac{M_B}{D \cdot \mu} \cdot \lambda = 2{,}2 \frac{1582}{0{,}5 \cdot 0{,}45} \cdot 0{,}002\,Nm$$

$$W_L = 30{,}94\,Nm = 3094\,Ncm$$

Bei 25 % Reserve →

$$W_L = 3867{,}5\,Ncm \approx 4000\,Ncm$$

→

Entsprechend diesem Wert wird das Bremslüftgerät aus den Listen der Lieferfirmen ausgesucht!

Hier gewählt : Bremslüfter mit einem Hub von h = 5 cm

Zugkraft : $F = \frac{4000}{5} \frac{Ncm}{cm}$

→ F = 800 N

Lösungen zu K A P I T E L VI : Konstruieren und Berechnen - Technisches Zeichnen :

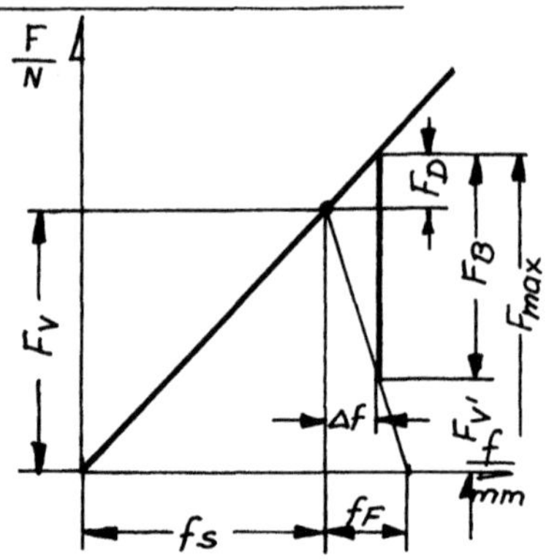

1. (8´) Grundlagen : 5 Pkte

2 - Die Betriebskraft F_B ruft eine zusätzliche Belastung der Schraube um dem Betrag F_D hervor : Differenzkraft.

1 - Die Schraube wird um das Maß Δ f zusätzlich gedehnt.

1 - Die Vorspannkraft der Flansche geht dabei auf den Betrag $F_{V'}$ zurück : Restvorspannkraft und ihre

1 elastische Stauchung vermindert sich um das Maß Δ f!

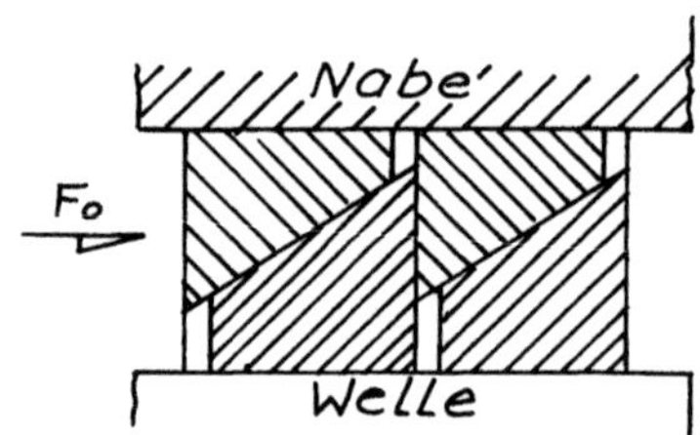

2. (8´) Grundlagen : 5 Pkte

1 - Ringfeder - Spannelemente ergeben eine kraftschlüssige Verbindung von Welle und Nabe.

4 - Durch die axiale Spannkraft F_o werden die Ringpaare so verformt, daß zunächst das Passungsspiel überwunden wird und dann eine Fugenpressung an Welle und Nabe den Reibungsschluß ergibt. Je nach Kegelwinkel und Reibungskoeffizient gibt der Innenring etwa die Hälfte der Axialkraft F_o an das nächste Ringpaar weiter. So wird das übertragbare Drehmoment durch ein zweites Ringpaar um etwa 50 %, durch ein drittes um weitere 25 % gesteigert.

3. (8´) Grundlagen : 5 Pkte

4
- c := Federkonstante,
- F := Kraft,
- f := Federweg,
- F_o:= innere Vorspannkraft,
- G := Gleitmodul!
- d := Drahtdurchmesser,
- D_m:= mittlerer Windungs - Ø,
- i_f:= Zahl der federnden Windungen,
- ΔF:= F - F_o

1 - Durch Umstellen der Gleichung ist die Berechnung der inneren Vorspannung möglich, bzw. wird die innere Verdrehspannung berechnet: $\tau_{io} \approx \frac{F_o \cdot D_m}{0{,}4 \cdot d^3} \leq \tau_{io\,zul}$ (Vgl. auch Aufgabe 27)!

4. (8´) Grundlagen : 5 Pkte

- Unter Übergangszahl = Übergangsdrehzahl versteht man die Drehzahl, bei der im Gleitlager die Mischreibung in Flüssigkeitsreibung übergeht, bzw. bei der sich ein tragender, ununterbrochener Schmierfilm bildet. 2
- Die Übergangsdrehzahl ist abhängig von der Flächenpressung, der Viskosität des Schmiermittels, den Werkstoffen und den Abmessungen des Lagers! 3

5. (8´) Grundlagen : 5 Pkte

- Korrektur des Achsenabstandes, 5
- Verminderung der Grenzzähnezahl,
- Vermeidung von Unterschnitt,
- Verstärkung des Zahnfußes!

6. (8´) Grundlagen : 6 Pkte

- Durchmesser d: $\tau_t = \frac{M_t}{0{,}2\,d^3}$ Gewählt: $\tau_{t\,zul} = 450\ N\,mm^{-2}$ 3

$$d = \sqrt[3]{\frac{M_t}{0{,}2\cdot\tau_{t\,zul}}} = \sqrt{\frac{16\cdot 10^3\ Nmm\cdot mm^2}{0{,}2\cdot 450\,N}} = 5{,}6\,mm$$

Gewählt: $d = 6\,mm$

- Länge L: $\alpha = 570\cdot\frac{M_t\cdot L}{d^4\cdot G}$ 3

$$L = \frac{\alpha\cdot d^4\cdot G}{570\cdot M_t} = \frac{105\cdot 6^4\cdot 8000}{570\cdot 1600}\,mm$$

Gewählt: $L = 1200\,mm$

7. (5´) Grundlagen : 3 Pkte

- $(z_1 + z_2)\cdot m = 2a$ $\quad z_1 + z_2 = 72$ 3

$z_2 = i\cdot z_1$ $\quad z_1(1+i) = 72$

$z_1 = \frac{72}{3{,}5} = 20{,}6$

Gewählt: $z_1 = 21$

$\rightarrow z_2 = 51$

$\rightarrow d_{01} = z_1\cdot m = 63\,mm$

$d_{02} = 153\,mm$

$i_{eff} = \frac{51}{21} = 2{,}43$

8. (5´) Grundlagen : 3 Pkte

3 $d \approx c_2 \sqrt[3]{\frac{P}{n}}$ mit $c_2 = 133$ für St60

$d = 133 \sqrt[3]{\frac{12}{140}}$ mm = 58,6 mm

Gewählt: $d = 60$ mm

9. (15´) Grundlagen : 10 Pkte

2 $P = F_r \cdot x \cdot c + F_a \cdot y \cdot c = 4000\,N \cdot 1{,}4 \cdot 1{,}5 + 800\,N \cdot 2 \cdot 1{,}5$

$P = 10\,800\,N$

5 $f_L = \frac{c}{P} \cdot f_n = \frac{50000\,N}{10800\,N} \cdot 0{,}38$ mit $f_n = 0{,}38$

$f_L = 1{,}76$

3 → $L \approx 2\,300\,h$

10. (10´) Grundlagen : 7 Pkte

5 $\tan \delta_{01} = \frac{\sin \delta_A}{i + \cos \delta_A} = \frac{\sin 78^\circ}{1{,}6 + \cos 78^\circ} = 0{,}542$

2 $\delta_{01} = 28{,}5^\circ$

11. (8´) Grundlagen : 5 Pkte

2 - Flankenkehlnähte können bei Winkelstählen beidseitig gleich dick und gleich lang sein, wenn die Kante des anderen Bauteiles, z.B. die des Knotenbleches, im Nahtbereich rechtwinklig zum Stab verläuft, sonst sind die Nähte möglichst spannungsgleich auszuführen!

3 - Für die Dicke der Nähte soll gelten:

1. - $s_2 \geqslant s_1$
   - $a_1 \approx 0{,}5\, s_1 \geqslant 3$ mm
   - $a_2 = a_1$ oder $a_2 \leqslant 0{,}7\, s_1$
2. - $s_2 > s_1$
   - $a_2 \leqslant 0{,}84\, s_1$

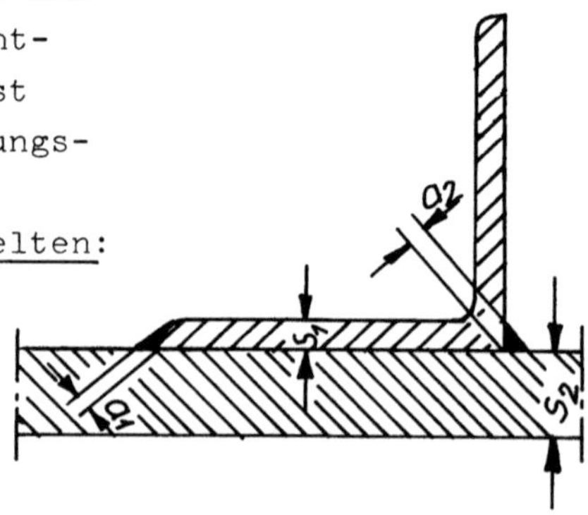

12. (8´) Grundlagen : 5 Pkte

- Keilwellenverbindung : für längsbewegliche Verbindungen, z.B. Schieberädergetriebe an Werkzeugmaschinen; — 1
- Kerbverzahnung : Drehstabfedern von Kraftfahrzeugen; — 1
- Stirnverzahnung : Bauteile, die aus verschiedenen Werkstoffen bestehen, z.B. Zahnräder aus hoch wertigen (hoch legierten) Stählen mit Wellenenden; — 1
- Paßfederverbindungen : gebräuchlichste Formschlußverbindung bei vorwiegend einseitigen Drehmomenten (Sicherung gegen axiales Verschieben erforderlich) : Kupplungen ; — 1
- Scheibenfedern : Übertragung kleiner Drehmomente : an kegeligen Wellenenden eingesetzt! — 1

13. (8´) Grundlagen : 5 Pkte

- Blattfedern : Biegung — 1
- Schenkelfedern : Biegung — 1
- Tellerfedern : Telleroberseite : Druck, Tellerunterseite : Zug — 1
- Schraubenfedern : Torsion (Verdrehung) — 1
- Drehstabfedern : Torsion; — 1
- Entsprechend den Hauptbeanspruchungsarten werden die Federn berechnet und aus Katalogen ausgewählt! — 0

14. (8´) Grundlagen : 5 Pkte

- <u>Die biegekritische Drehzahl :</u> — 2,5

  Bei umlaufenden Wellen (und Achsen) entstehen die schwingungserregenden Kräfte durch Unwuchten der umlaufenden Massen und die Durchbiegung der Welle, die damit eine Verlagerung des Schwerpunktes hervorruft: So wird eine zusätzliche Fliehkraft als schwingungserregende Kraft erzeugt.
  Läuft die Welle und damit die Fliehkraft mit einer der Eigenschwingungszahl übereinstimmenden Drehzahl, der kritischen Drehzahl, um, so tritt Resonanz auf.

- <u>Die verdrehkritische Drehzahl :</u> — 2,5

  Zu gefährlichen Drehschwingungen kann es bei Wellen kommen,

wenn sie durch Drehmomentstöße angeregt werden, die die gleiche Frequenz haben wie die Eigenschwingungszahl bei Drehschwingungen. Diese Gefahr besteht besonders bei Kurbelwellen und Kolbenmaschinen.

15. (8´) Grundlagen : 5 Pkte

2,5 – Größen :

- Wälzlagerbauform
- Abmessungen
- Lagerbeanspruchung
- Drehzahl
- Temperatur

2,5 – Bedingungen :

- Art der Maschine
- Betriebssicherheit
- Einsatz
- Wartung

16. (15´) Grundlagen : 10 Pkte

4 –
$$h = \frac{q_2 \cdot L^2 \cdot \sigma_{bzul}}{f \cdot E \cdot \nu} = \frac{2 \cdot 700^2\,mm^2 \cdot 0{,}7 \cdot 1300\,\frac{N}{mm^2}}{3 \cdot 22\,mm \cdot 210 \cdot 10^3\,N \cdot mm^{-2}} = 32{,}1\,mm$$

Gewählt: $h = 35\,mm$

4 –
$$b = \frac{F \cdot 6 \cdot L \cdot \nu}{h^2 \cdot \sigma_{bzul}} = \frac{60 \cdot 10^3\,N \cdot 6 \cdot 700\,mm \cdot 2}{35^2\,mm^2 \cdot 0{,}7 \cdot 1300\,N\,mm^{-2}} = 45{,}2\,mm$$

Gewählt: $b = 45\,mm$

2 –
$$\sigma_b = \frac{6 \cdot F \cdot \ell}{b \cdot h^2} \leq \sigma_{bzul}$$

$$\sigma_b = \frac{6 \cdot 60 \cdot 10^3\,N \cdot 700\,mm}{45\,mm \cdot 35^2\,mm^2} = 457\,\frac{N}{mm^2}$$

$$\sigma_b = 457\,\frac{N}{mm^2} < \sigma_{bzul} = 910\,\frac{N}{mm^2}$$

17. (15´) Grundlagen : 10 Pkte

3 – nach Tabelle A8.10 (Roloff-Matek): mit M10 – 6.9

$$F_V = 22\,100\,N$$

$$M_{a\,0,9} = 41\,Nm$$

5 –
$$M_R = F_r \cdot d = F_n \cdot \mu \cdot d = M_t = \frac{F_S \cdot \ell_2}{\ell_1} \cdot \mu \cdot d$$ ($\mu = 0{,}15$ nach A1.2)

$$M_t = \frac{F_S \cdot \ell_2 \cdot d \cdot \mu}{\ell_1} = \frac{2 \cdot 22100\,N \cdot 75\,mm \cdot 40\,mm \cdot 0{,}15}{30\,mm} = 663\,Nm$$

2 –
$$F = \frac{M_t}{L} = \frac{663000\,Nmm}{160\,mm}$$

$$F = 4\,144\,N$$

18. (15´) Grundlagen : 10 Pkte

- $\sum M_A = 0 \rightarrow \underline{\underline{F_B = 1500\,N}}$; $\underline{\underline{F_A = 3500\,N}}$ — 2
- $P = F_r$ $\rightarrow$ nach A 14-3 (Roloff-Matek) mit $n = 630 \frac{1}{min} \rightarrow f_n = 0{,}374$ — 3
  nach A 14-2 mit $L_h = 10^4 h$ $\rightarrow f_L = 2{,}72$
- $C = \frac{f_L \cdot P}{f_n} \rightarrow \underline{\underline{C = 25{,}5\,kN}}$ — 3
- nach A 14.1 (Roloff-Matek) $\rightarrow C_{zul} = 30{,}5\,kN$ — 2
  $\underline{\underline{C < C_{zul}}}$

19. (15´) Grundlagen : 10 Pkte

- $\sigma_{bzul} = \frac{\sigma_{bW} \cdot b_1 \cdot b_2}{\beta_K \cdot \nu} = \frac{280 \frac{N}{mm^2} \cdot 0{,}8 \cdot 1}{1 \cdot 2} = 112 \frac{N}{mm^2}$ — 2
- $d \approx \sqrt[3]{\frac{M_b}{0{,}1\,\sigma_{bzul}}}$ — 4

  $M_b = \frac{F}{2} \cdot \frac{L}{2} = 10 \cdot 10^3 N \cdot 0{,}15 m$ — 2

  $\underline{\underline{M_b = 1500\,Nm}}$

  $d \approx \sqrt[3]{\frac{1500 \cdot 10^3}{0{,}1 \cdot 112}}\,mm = 51{,}2\,mm$ — 2

$\underline{\underline{\text{Gewählt: } d = 55\,mm}}$

20. (15´) Grundlagen : 10 Pkte

- $d_{01} = m \cdot z_1 = 5mm \cdot 23 = 115 mm$; $d_{02} = m \cdot z_2 = 5mm \cdot 52 = 260 mm$ — 4
  $\underline{\underline{d_{01} = 115\,mm}}$ $\underline{\underline{d_{02} = 260\,mm}}$
- $d_{f1} = d_{01} - 2 h_f = d_{01} - 2 \cdot 1{,}2 \cdot m$ $d_{f2} = d_{02} - 2{,}4 m$ — 4
  $\underline{\underline{d_{f1} = 103\,mm}}$ $\underline{\underline{d_{f2} = 248\,mm}}$
- $a_0 = \frac{d_{01} + d_{02}}{2}$ — 2
  $\underline{\underline{a_0 = 187{,}5\,mm}}$

21. (60') Schraubenverbindung : 40 Pkte

— 21.1. Prüfung des erforderlichen Schraubendurchmessers :

20 — 21.2. entfällt hier;

1 — Vorwahl nach A 8.5. (Roloff-Matek) : z.B. Schrauben M24, Festigkeitsklasse 5.6

4 — Montagevorspannkraft $F_{VM} = k_A \cdot F_{Vmin} = k_A \cdot k_L \cdot F_B (1-\Phi)$

Anziehfaktor $k_A = 1{,}8$

Lockerungsfaktor $k_L = 1{,}2$

$F_B = 32\,kN$

Kräfteverhältnis $\Phi = q \cdot \Phi'$

$q = 0{,}75$

$$\frac{l_K}{d} = \frac{40mm}{24mm} = 1{,}66$$

$\rightarrow \Phi' = 0{,}55$

$\rightarrow \Phi = 0{,}41$

$$F_{VM} = 1{,}8 \cdot 1{,}2 \cdot 32kN \cdot (1-0{,}41)$$

$$F_{VM} = 40{,}8\,kN$$

— Nach A 8.10. (Roloff-Matek) : Vorgewählte Schrauben können beibehalten werden, da $F_{V0,9}$ für Schrauben M24, 5.6 $\rightarrow$

$F_{V0,9} = 76\,kN > F_{VM} = 40{,}8\,kN$

Es würden bereits Schrauben M20, 5.6., genügen!

2 — Daraus ergeben sich folgende Maße :

21.3. 1. Durchgangsloch nach DIN 69 : ⌀26

2. Sechskantmuttern A M24, DIN 439 : Höhe m=16mm

3 — 3. Sechskantschraube M24×90, DIN 931-5.6.

5 — 21.5.

$$M_A \approx 0{,}2 \cdot F_{VM} \cdot d_2 = 0{,}2 \cdot 40{,}8kN \cdot 0{,}022m$$

$$M_A \approx 179{,}5\,Nm$$

5 — 21.4. entfällt hier! (s.o.)

22. (45') Schraubenverbindung : 30 Pkte

– Anzahl der Spannelemente: 18

$$f_n = \frac{M_t}{M_{t(100)} \cdot f_p}$$

$M_{t(100)} = 102\ Nm$

$p \approx 0{,}6 \cdot \sigma_B = 0{,}6 \cdot 600 \frac{N}{mm^2}$

$p \approx 360 \frac{N}{mm^2}$

$f_p = \frac{p}{p_{(100)}} = \frac{360\ N/mm^2}{100\ N/mm^2}$

$f_n \approx 1{,}6 \leftarrow f_p = 3{,}6$

→ Anzahl der Ringfeder-Spannelemente: $n = 3$

32×36

– Erforderliche Axialspannkraft: 6

$F_a = F_0 + F_{(100)} \cdot f_p = 7{,}85\ kN + 28{,}8\ kN \cdot 1{,}6$

$F_a = 53{,}9\ kN$

– Spannkraft der Schraube:

$F_{a1} = F_a : 4 = 13{,}5\ kN$

– Vorspannkraft: $F_{VM} = k_A \cdot F_{KL} \mathrel{\hat{=}} 1{,}4 \cdot F_{a1} = 18{,}9\ kN$ 6

– Gewählt: Schrauben M8, Festigkeitsklasse 10.9

23. (45') Schweißverbindung : 30 Pkte

– Achsendurchmesser: 12

$$d \approx \sqrt[3]{\frac{M_b}{0{,}1 \cdot \sigma_{bzul}}}$$

$M_b = \frac{2 \cdot F_s}{2} \cdot \ell = 3 \cdot 10^3\ N \cdot 60\ mm$

$M_b = 180\ Nm$

$\sigma_{bzul} = \frac{\sigma_{bSch} \cdot b_1 \cdot b_2}{\beta_K \cdot \nu}$

$\sigma_{bzul} = 158\ N/mm^2$

$d \approx 23\ mm$

Gewählt: $d = 25\ mm$

– Nahtdicke: gewählt: 3 mm 4

– Prüfung: $\sigma_{Wb} = \frac{M_b}{W_w} \leq \sigma_{Wzul}$ 12

$W_w \approx \frac{D^4 - d^4}{10 \cdot D} = \frac{(31^4 - 25^4)\ mm^4}{10 \cdot 31\ mm}$

$W_w \approx 1719\ mm^3$

$\sigma_{Wzul} = \frac{\sigma_D \cdot b_1 \cdot b_2}{\nu}$

$\sigma_{Wzul} = \frac{420\ N/mm^2 \cdot 0{,}7 \cdot 0{,}8}{1{,}5}$

$\sigma_{Wb} = 105 \frac{N}{mm^2} < \sigma_{Wzul} = 157 \frac{N}{mm^2}$

24. (45´) Nietverbindung : 30 Pkte

3 24.1. Profil des Flachstabes:

$$\sigma_{z\,zul} = \frac{F}{A \cdot v} \qquad A = \frac{F}{\sigma_{zul} \cdot v} = \frac{500 \cdot 10^3\,N}{210\,N/mm^2 \cdot 0{,}7}$$

$$A = 3402\,mm^2$$

$$A = b \cdot s$$

$$b = A/s = \frac{3402\,mm^2}{20\,mm} = 170\,mm$$

Gewählt: Flachstab 180 × 20, DIN 174

2 24.2. Nietdurchmesser:

$$d \approx \sqrt{5 \cdot s} - 0{,}2 \quad \text{mit } s \text{ in cm; } d \text{ in cm}$$

$$d \approx (\sqrt{5 \cdot 2} - 0{,}2)\,cm = 2{,}9\,cm$$

Gewählt: Nietdurchmesser 27 mm

Lochdurchmesser $d_1 = 28\,mm$

9 24.3. Anzahl der Niete n_a und n_e:

$$n_a = \frac{F}{A \cdot \tau_{zul} \cdot m} = \frac{500 \cdot 10^3\,N \cdot cm^2}{6{,}16\,cm^2 \cdot 16800\,N \cdot 2}$$

$$n_a = 2{,}4$$

$$n_e = \frac{F}{d_1 \cdot s \cdot \sigma_{l\,zul}} = \frac{500 \cdot 10^3\,N \cdot cm^2}{2{,}8\,cm \cdot 2\,cm \cdot 42 \cdot 10^3\,N}$$

$$n_e = 2{,}1$$

Gewählt: n = 3 Niete für Doppellaschennietung

einfache Laschennietung:

$$m = 1 \longrightarrow n_a = 6{,}8$$

$$n_e = 2{,}1$$

Gewählt: n = 7 Niete für einfache Laschennietung

Überlappungsnietung:

$$n_a = 6{,}8\,; \quad n_e = 2{,}1$$

Gewählt: n = 7 Niete für Überlappungsnietung

10 24.4. Nachprüfung des Stabes: nach DIN 1050

→ zwei Niete können senkrecht zur Kraftrichtung eingesetzt werden:

$$A = A_1 - 2\,(d_1 \cdot s) = 180\,mm \cdot 20\,mm - 2 \cdot 28\,mm \cdot 20\,mm$$

$$A = 2480\,mm^2$$

$$\sigma_z = \frac{F}{A} = 201\,\frac{N}{mm^2} < \sigma_{z\,zul} = 210\,\frac{N}{mm^2}$$

6 24.5. siehe DIN 1050 !

25. (45') Kurbelwellenlager eines Dieselmotors : 30 Pkte

25.1. Gewählt : Guß - Zinn - Blei - Bronze, z.B. GZ - Cu Pb 15 Sn — 2

25.2. Gewähltes Bauverhältnis : b/d = 1 → $b = 80\,mm$ — 4

$$p_m = \frac{F}{d \cdot b} = 4{,}5\ \frac{N}{mm^2}$$

$$p_{max} \approx 6 \cdot p_m \leq \sigma_{dF}$$

$$p_{max} \approx 27\ \frac{N}{mm^2} \leq \sigma_{dF} = 110\ \frac{N}{mm^2}$$

25.3. $v = d \cdot \pi \cdot n = 8{,}8\ m/s$ — 4

nach A 14-4 (Roloff-Matek):

$\psi \approx 1{,}8 \cdot 10^{-3} \approx 0{,}0018$

nach A 14-5 (Roloff-Matek):

Gewählt: Passung H8/e8

25.4. Abmaße: — 10

$$80\ H8 = 80^{+54}_{0}$$

$$80\ e8 = 80^{-72}_{-126}$$

→ mittleres Spiel = $126\,\mu m = S$

Geringste Schmierfilmdicke:

$$h_o \leq S : 7 = 18\,\mu m$$

$$h_{min} = 0{,}8 \cdot h_o = 14\,\mu m$$

$$\sum R_t \leq h_{min} = 14\,\mu m$$

→

$$R_t \approx 7\,\mu m$$

Gewählt: feingedrehte Gleitflächen mit $R_t = 6{,}3\,\mu m$

Relative Schmierschichtdicke δ:

$$\delta = \frac{2 h_o}{S}$$

$$\delta = \frac{2 \cdot 0{,}018\,mm}{0{,}126\,mm}$$

$$\delta \approx 0{,}28$$

→ mit $\delta = 0{,}28$ und $b/d = 1$ folgt nach A 14-6 (Roloff-Matek): $S_o \approx 2{,}3$

$$\eta \approx 10^8 \cdot \frac{p_m \cdot \psi^2}{S_0 \cdot n} = 10^8 \cdot \frac{4{,}5 \cdot 0{,}0016^2}{2{,}3 \cdot 1500} \text{ in P}$$

$$\eta \approx 0{,}207 \text{ P}$$

Gewählt: $\eta \approx 0{,}21 \text{ P}$

3 25.5. $Q \approx 0{,}0003 \cdot d^2 \cdot b \cdot n \cdot \psi = 0{,}0003 \cdot 8^2 \cdot 8 \cdot 1500 \cdot 0{,}0016$ in l/min

$Q \approx 0{,}28$ l/min

5 25.6. $\Delta t = t_2 - t_1 = \frac{Q_R}{1{,}7 \cdot Q_K}$

$Q_R = 0{,}06 \cdot F \cdot \mu \cdot v$

$\mu = \frac{3\psi}{\sqrt{S_0}}$ für $S_0 > 1 \rightarrow$

$\mu = \frac{3 \cdot 0{,}0018}{\sqrt{2{,}3}} = 0{,}0036$

$\mu = 0{,}0036$

$Q_R = 0{,}06 \cdot 28500 \cdot 0{,}0036 \cdot 8{,}8 \frac{\text{kJ}}{\text{min}}$

$Q_R = 54{,}2$ kJ/min

$t_2 - t_1$ soll ca. (10 bis 15) K betragen!

$Q_K = \frac{Q_R}{1{,}7 (t_2 - t_1)}$

$Q_K = \frac{54{,}2}{1{,}7 \cdot 10} \frac{\text{l}}{\text{min}}$

$Q_K = 3{,}18$ l/min

2 25.7. Normalschmieröl : gewählt : N 36

26. (15´) Lagergrößenberechnung : 10 Pkte

$$C = P \cdot \frac{f_L}{f_n \cdot f_t}$$ 5

$$C = 2650\,N \cdot \frac{2{,}2}{0{,}13 \cdot 1}$$

$C = 44\,846\ N$

Gewählt : Rillenkugellager 6408 mit C = 50 kN!

(Anmerkung : Diese Berechnung ist nach den neusten Herstellervorschriften der Firmen SKF, FAG, Steyr und INA ausgeführt und stimmt mit den neuen Berechnungen in Roloff - Matek, Vieweg - Verlag, Braunschweig, überein!)

Für $D \geqslant 30$ mm 5

$$\rightarrow n_g \approx \frac{A}{D-10} \cdot k \text{ in } 1/\text{min} = \frac{625000}{90-10} \cdot 1\ \frac{1}{\text{min}}$$

$$n_g \approx 7\,812\ \frac{1}{\text{min}}$$

Konsequenz : Es muß ein Lager mit erhöhter Laufgenauigkeit ausgewählt werden nach Hersteller - Katalog: z.B. FAG - Kat. : Dort findet sich zu jedem Lager die Grenzdrehzahl!

27. (20´) Zugfederberechnung : 12 Pkte

27.1. die Vorspannkraft : 4

$$D_m = D_a - d = 8{,}6\,mm$$

$\tau_{io\,zul} = f(\text{Wickelverhältnis} = D_m/d)$; $w = \frac{D_m}{d} = \frac{8{,}6\,mm}{1{,}4\,mm} = 6{,}15$

nach DIN 17223 : $\tau_{io\,zul} = 0{,}25\,\tau_{i\,zul} = 0{,}25 \cdot 0{,}45\,\sigma_B$ (für Zugfedern)

$$\tau_{i\,zul} = 1\,125\ N/mm^2$$

$$\tau_{io\,zul} = 282\ N/mm^2$$

$$F_o = \frac{\pi}{8} \cdot \frac{d^3}{D_m} \cdot \tau_{io\,zul} = 35{,}3\,N \longrightarrow F_{o\,Gewählt} = 35\,N$$

27.2. die Anzahl der federnden Wicklungen : 4

$$i_f = \frac{G}{8} \cdot \frac{d^4 \cdot f}{D_m^3 (F - F_o)} \quad \text{mit } F - F_o = 85\,N$$

$$i_f = \frac{83000\ N}{8\ \ mm^2} \cdot \frac{1{,}4^4\,mm^4 \cdot 10\,mm}{8{,}6^3\,mm^3 \cdot 85\,N} = 7{,}37$$

Gewählt werden : $i_{f\,gew} = 8$: Dadurch muß die Vorspannkraft F_o

oder D_m geändert werden.
Man gleicht gewöhnlich durch die Vorspannkraft aus:

$$F - F_o = \frac{G}{8} \cdot \frac{d^4 \cdot f}{D_m^3\, i_{fGew}} = \frac{83000 \cdot 1{,}4^4 \cdot 10 \cdot N}{8 \cdot 8{,}6^3 \cdot 8} = 78{,}32\,N$$

$$\rightarrow \underline{\underline{F_o = 41{,}68\,N}}$$

4 27.3. die Federkonstante c :

$$c = \frac{F - F_o}{f} = \frac{78{,}32\,N}{10\,mm} = 7{,}832\,\frac{N}{mm}$$

$$\underline{\underline{c = 7{,}832\,\frac{N}{mm}}}$$

====================
====================

P R O J E K T A U F G A B E N

28. (360´) Projekt : Förderband : 200 Pkte

28.1. (240´) Konstruieren und Berechnen : 100 Pkte

2 28.1.1. Zähnezahlen z_1 und z_2 :

$$i = \frac{n_1}{n_2} = \frac{960\,min^{-1}}{40\,min^{-1}} = 24$$

Gewählt: nach Tab. 15.7 (Roloff-Matek): $\underline{\underline{z_1 = g = 2}}$

$$\underline{\underline{z_2 = i\,z_1 = 48}}$$

2 28.1.2. Werkstoffe für Schnecke und Schneckenrad :

Gewählt : Schnecke 42 Cr Mo 4
Schn.rad GZ - Cu Sn 12

4 28.1.3. Der zu erwartende Teilkreisdurchmesser d_{o2} :(vorläufig)

$$d_{o2} \approx 240\sqrt[3]{\frac{P_2 \cdot z_2}{k_o \cdot n_2}}$$

$$P_2 = P_1 \cdot \eta_g = 2{,}1\,kW \cdot 0{,}8$$

$$\underline{P_2 = 1{,}68\,kW}$$

$$d_{o2} \approx 240\sqrt{\frac{1{,}68 \cdot 48}{5 \cdot 40}}\ mm$$

$$\underline{d_{o2} \approx 177\,mm}$$

2 28.1.4. Stirnmodul m_s des Rades und Achsmodul m_a der Schnecke :

$$m_s = m_a = \frac{d_{o2}}{z_2} = \frac{177\,mm}{48} = 3{,}68\,mm$$

Gewählt : nach DIN 780 : $\underline{m = 4\ mm}$

damit $\underline{\underline{d_{o2} = m \cdot z_2 = 4\ mm \cdot 48 = 198\ mm}}$

28.1.5. Wellendurchmesser der Schnecke : d 4

$$d \approx c_2 \sqrt[3]{\frac{P}{n}} \qquad c_2 \text{ für St60} = 133$$

$$d \approx 133 \sqrt[3]{\frac{2{,}1}{960}}\ mm \approx 18\ mm$$

Gewählt : d = 25 mm

28.1.6. Mittenkreisdurchmesser d_{m1} der Schnecke : 4

$$d_{m1} \approx 1{,}4 \cdot d + 2{,}5 \cdot m_a = 1{,}4 \cdot 25mm + 2{,}5 \cdot 4mm$$

$$d_{m1} \approx 45mm$$

28.1.7. Steigungswinkel der Schnecke : γ_m 4

$$\tan \gamma_m = \frac{z_1 \cdot m_a}{d_{m1}} = \frac{2 \cdot 4mm}{45mm} = 0{,}1777$$

$$\gamma_m = 10{,}5^\circ$$

28.1.8. Schneckenlänge L : 4

$$L \approx 2{,}5 \cdot m \cdot \sqrt{z_2 + 2} = 2{,}5 \cdot 4mm \sqrt{48+2}$$

$$L \approx 70{,}7\ mm$$

Gewählt : L = 75 mm

28.1.9. Kopfkreisdurchmesser, Fußkreisdurchmesser und Außendurchmesser : 10

$$d_{02} = m \cdot z_2 = 192mm \ ; \quad d_{k2} = d_{02} + 2m = 200mm$$

$$d_{f2} = d_{02} - 2{,}4m = 182{,}4mm \ ; \quad d_{a2} = d_{02} + 3m \approx 204mm$$

$$d_{k1} = d_{m1} + 2m = 53mm \ ; \quad d_{f1} = d_{m1} - 2{,}4 \cdot m = 35{,}4mm$$

28.1.10. Zahnbreite b : 2

$$b \approx 0{,}45\,(d_{m1} + 6m) = 0{,}45\,(45mm + 6 \cdot 4mm)$$

$$b \approx 31{,}05\,mm$$

Gewählt : b = 35 mm

28.1.11. Achsabstand a_0 : 2

$$a_0 = \frac{d_{m1} + d_{02}}{2} = \frac{45\,mm + 192mm}{2}$$

$$a_0 = 118{,}5\,mm$$

8 28.1.12. Flanken - Tragfähigkeit :

$$k = \frac{19{,}5 \cdot 10^6 \cdot P_2 \cdot c_s}{d_{o2}^2 \cdot b_2 \cdot y_z \cdot n_2} \leq k_{zul}$$

$$k = \frac{19{,}5 \cdot 10^6 \cdot 1{,}68 \cdot 1}{192^2 \cdot 35 \cdot 0{,}44 \cdot 40} \frac{N}{mm^2}$$

$$k = 1{,}44\ N \cdot mm^{-2}$$

$$k_{zul} = \frac{k_0 \cdot y_v \cdot y_L}{\nu}$$

$$v_g = \frac{d_{m1} \cdot \pi \cdot n_1}{60 \cdot \cos \gamma_m} = \frac{0{,}045\pi \cdot 960}{60 \cdot 0{,}982} \frac{m}{s}$$

$$v_g \approx 2{,}3\ m/s$$

nach Bild A15-11 (Roloff-Matek):

$y_v = 0{,}5$

$y_L \approx 1$ für $L_h \approx 12\,000\,h$

$\nu \approx 1{,}25$

$$k_{zul} = \frac{5 \frac{N}{mm^2} \cdot 0{,}5 \cdot 1}{1{,}25}$$

$$k_{zul} = 2\ N\,mm^{-2} > 1{,}44\ N\,mm^{-2} = k$$

4 28.1.13. Grenzleistung P_{g2} bei Betriebstemperatur :

$$P_{g2} \approx 0{,}037 \cdot a_0^2 \cdot y_n \cdot \frac{\eta_g}{1-\eta_g} = 0{,}037 \cdot 11{,}8^2 \cdot 1{,}14 \cdot \frac{0{,}8}{1-0{,}8}\ kW$$

$$P_{g2} \approx 24\ kW$$

$$P_{g2} = 24\ kW > P_2 = 1{,}68\ kW$$

6 28.1.14. Wirkungsgrad des Getriebes :

$$\eta_z = \frac{\tan \gamma_m}{\tan(\gamma_m + \varrho')}$$

$\gamma_m = 10°5'$

nach Tab. 15.8 (Roloff-Matek):

$\varrho' = 1°50'$

$$\eta_z = 0{,}85$$

$$\eta_{Ges} = \eta_z \cdot \eta_L$$

$$\eta_L = \eta_{L1} \cdot \eta_{L2} = 0{,}97 \cdot 0{,}94$$

$$\eta_L = 0{,}91$$

$$\eta_{Ges} = 0{,}85 \cdot 0{,}91$$

$$\eta_{Ges} = 0{,}77$$

2 28.1.15. die zu übertragende Leistung P_2 :

$$P_2 = P_1 \cdot \eta_{Ges} = 2{,}1\ kW \cdot 0{,}77$$

$$P_2 = 1{,}62\ kW$$

12 28.1.16. die Kräfte an Schnecke und Schneckenrad :

$$F_{u1} = \frac{2\ M_{t1} \cdot c_s}{d_{m1}}$$

$$M_{t1} = 9550\ \frac{P_1}{n_1}$$

$$M_{t1} = 9550 \cdot \frac{2{,}1}{960}\ Nm$$

$$M_{t1} = 20{,}8\ Nm$$

$$F_{u1} = 924\ N$$

$$F_{a1} = \frac{F_{u1}}{\tan(\gamma_m + \varrho')} = \frac{924\ N}{\tan(10°5' + 1°50')}$$

$$F_{a1} = 4\ 379\ N$$

$$F_{r1} = \frac{F_{u1} \cdot \cos\varrho' \cdot \tan\alpha_{no}}{\sin(\gamma_m + \varrho')} = \frac{924\ N \cdot \cos 1°50' \cdot \tan 20°}{\sin(10°5' + 1°50')}$$

$$F_{r1} = 1\ 631\ N$$

Kräfte an :

Schnecke :	Schneckenrad :
$F_{u1} = 924$ N	$F_{u2} = F_{a1} = 4\ 379$ N
$F_{a1} = 4\ 379$ N	$F_{a2} = F_{u1} = 924$ N
$F_{r1} = 1\ 631$ N	$F_{r2} = F_{r1} = 1\ 631$ N

28.1.17. Wälzlager für Schneckenwellen - Lagerung : 20

$$F_{A1} = F_{B1} = F_{u1}/2 = 462\ N$$

$$F_{A2} = F_{B2} = F_{r1}/2 = 816\ N$$

$$F_{Ba} = F_a = 4379\ N$$

$$F_{a3} = F_{B3} = \frac{F_{a1} \cdot r_{01}}{\ell} = \frac{4379\ N \cdot 22{,}5}{150} = 656\ N$$

$$F_{Ar} = \sqrt{(F_{A2} + F_{A3})^2 + F_{A1}^2}$$

$$F_{Ar} = 1\ 543\ N$$

Lager A : größte Radialkraft : 1 543 N

Lager B : größte Radialkraft : 1 543 N
Axialkraft : 4 379 N

Lager A :

$$P = F_r$$

$$C = P \cdot \frac{f_L}{f_n \cdot f_t}$$

$L_h \approx 12\ 000\ h$
$f_L \approx 2{,}9$
$f_n \approx 0{,}33$
$f_t = 1$

$$C = 1543\ N \cdot \frac{2{,}9}{0{,}33 \cdot 1}$$

$$C = 13\ 560\ N$$

Gewählt : z.B. Zylinderrollenlager
z.B. Nu 205 mit C = 15 300 N

Lager B : Zur Aufnahme der Radialkraft wird für Lager B ebenso gewählt wie für Lager A:Nu 205

$$P = F_a$$

$$C = P \cdot \frac{f_L}{f_n \cdot f_t} = 4\,379 N \cdot \frac{2,9}{0,33 \cdot 1}$$

$$C = 38\,482\ N$$

Gewählt : Axial - Rillenkugellager 51 306 mit C = 33 500 N

Die geplante Lebensdauer wird so nicht ganz erreicht!

Man muß daher die Lebensdauer nachprüfen:

2 28.1.18. Lebensdauer des gewählten Axiallagers :

$$C = P \cdot \frac{f_L}{f_n}$$

$$f_L = \frac{C \cdot f_n}{P} = \frac{33500 \cdot 0,33}{4379}$$

$$f_L = 2,5 \longrightarrow L_h \approx 8\,000 h$$

6 28.1.19. die elastische Kupplung zum Antrieb der Schneckenwelle :

$$M \approx 20\ Nm$$

Gewählt : z.B. nach Tab. A 13.3. (s. Roloff - Matek):

Rupex - Kupplung, Größe 4

$M_{tmax} \approx$ Nenndrehmoment = 29 Nm

28.2. (120´) Technisches Zeichnen : Konstruktion des Schneckengetriebes : 100 Pkte

Allgemeine Hinweise :

- Die angebotenen Lösungen sind prinzipielle Lösungen , bei denen zu beachten ist :
  1. Die Zeichnungen sind nur in den Hauptabmessungen bemaßt; die fehlenden Maße müssen von dem Studierenden natürlich fertigungsgerecht eingetragen werden!
  2. Je nach Auswahl sind Abweichungen nach oben und unten möglich: dies zeigt sich in der Bemaßung!
  3. Die grundsätzliche Art der Zeichnung zu 28.2.1. und 28.2.2. bleibt davon unberührt!

28.2.1. Schneckenrad in geschweißter Ausführung :

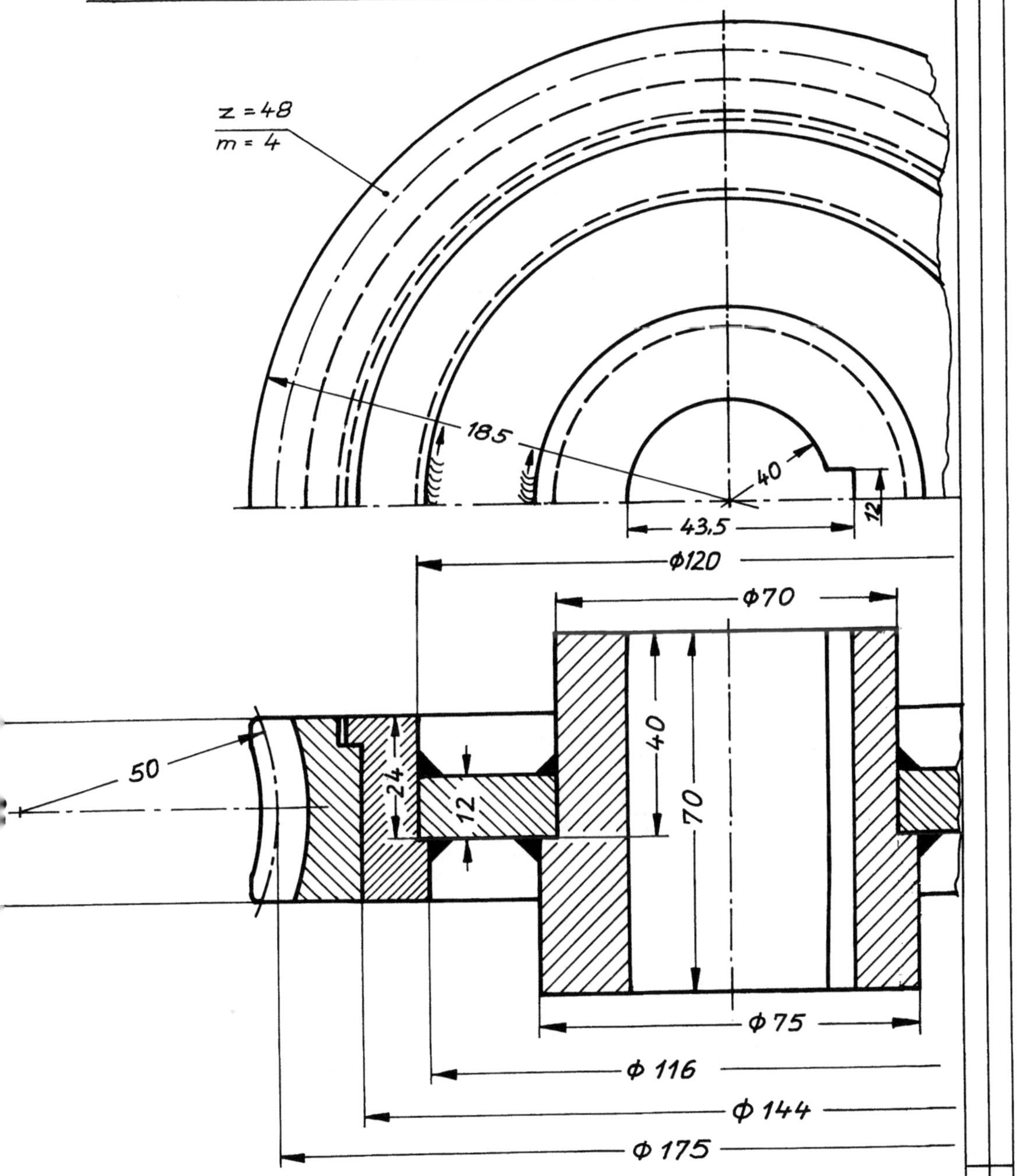

50 — 28.2.2. die elastische Kupplung, die Schneckenwelle :

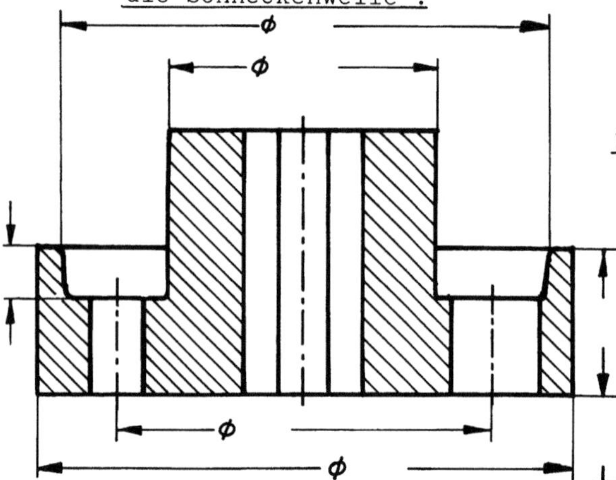

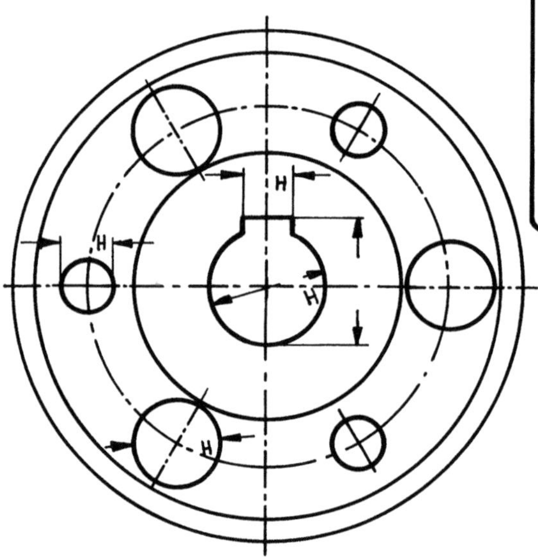

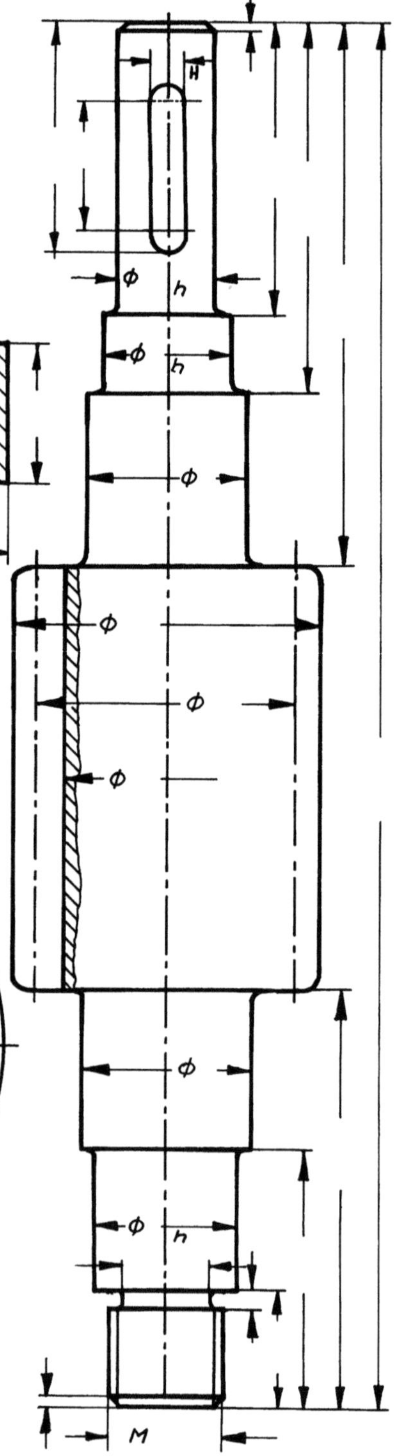

10 — *Strichstärken, Passungen*

29. (360') Projekt : Kettenförderer : 200 Pkte

29.1. (240') Konstruieren und Berechnen : 100 Pkte

29.1.1. Übersetzung des Geradstirnradpaares : 5

$i_{Ges} = \frac{n_1}{n_3} = 35 = i_1 \cdot i_2$ aus $v = d \cdot \pi \cdot n_3 \rightarrow$ $n_3 = 41 \, min^{-1}$

$\rightarrow i_1 = 7{,}3$

$\rightarrow i_2 = 4{,}75$

29.1.2. Zähnezahl z_2 : 2

$z_2 = i_2 \cdot z_1$ $z_2 = 7{,}3 \cdot 17$

$z_2 = 124$

29.1.3. Norm - Modul m : 2

$d_{02} = m \cdot z_2 \rightarrow$ $m = \frac{d_{02}}{z_2} = \frac{380 mm}{124} = 3{,}06 m$

Gewählt: nach DIN 780 : $m = 3 mm$

29.1.4. d_{o1}, d_{o2}, d_{k1}, d_{k2} mit Überprüfung : 6

$d_{01} = m \cdot z_1 = 51 mm$

$d_{02} = m \cdot z_2 = 372 mm$

$d_{K1} = d_{01} + 2m = 51 mm + 2 \cdot 3 mm$

$d_{K1} = 57 mm$

$d_{K2} = d_{02} + 2 \cdot m = 372 mm + 2 \cdot 3 mm$

$d_{K2} = 378 mm$

Überprüfung:

$d_{01} \approx \frac{1{,}1 \cdot d \cdot z_1}{z_1 - 2{,}5} = \frac{1{,}1 \cdot 35 mm \cdot 17}{17 - 2{,}5} \approx 45 mm$

Gewählt: $d_{01} = 51 mm$, damit der Ritzeldurchmesser günstig ausfällt!

29.1.5. Breiten b_1 und b_2 des Ritzels und des Zahnrades : 3

$b_1 = \psi_d \cdot d_{01} = 1 \cdot 51 mm$

$b_1 = 51 mm$

Gewählt: $b_1 = 55 mm$

$b_1 = b_2$

Anmerkung : Heute wird im Getriebebau b_1 und b_2 üblicherweise gleich bemessen nach Unterlagen der Firmen ZF - Getriebe und GETRAG entgegen den noch vielfach in Lehrbüchern vertretenen Aussagen : $b_2 = b_1 - 5$ mm!

2 29.1.6. Achsabstand a_o :

$$a_o = \frac{m(z_1+z_2)}{2} = \frac{3mm(17+124)}{2}$$

$$a_o = 211{,}5mm$$

2 29.1.7. Verzahnungsqualität :

Gewählt : Qualität 10

10 29.1.8. Biegespannung σ_{b1} am Ritzel - Zahnfuß :

$$\sigma_{b1} = \frac{F_{u2}}{b \cdot m} \cdot q_K \cdot q_\varepsilon \leq \sigma_{bzul}$$

$$F_u = \frac{2 M_t \cdot c_S}{d_{o1}} \Rightarrow$$

$$M_t = 9550 \frac{P}{n_2} \Rightarrow$$

$$P = P_1 \cdot \eta_K = 3kW \cdot 0{,}97 = 2{,}91kW$$

$$P = 2{,}91kW$$

$$n_2 = i_2 \cdot n_3 = 7{,}3 \cdot 41 min^{-1} = 299 min^{-1}$$

$$n_2 = 299\ 1/min$$

$$M_t = 9550 \cdot \frac{2{,}91}{299} Nm$$

$$M_t = 93\ Nm$$

$$F_u = 2 \cdot 93000 Nmm \cdot 1 : (51mm) =$$

$$F_u = 3\,647N$$

$$\sigma_{b1} = \frac{3\,647N}{55mm \cdot 3mm} \cdot 3{,}2 \cdot 1$$

$$\sigma_{b1} = 70{,}7 \frac{N}{mm^2}$$

5 29.1.9. Ritzelbaustahl für Schwellbelastung und hoch angesetzte Sicherheit :

Gewählt : Werkstoff für Ritzel : St 50

$$\sigma_{bzul} = \frac{\sigma_{bSch}}{2} \Rightarrow$$

$$\sigma_{bzul} = \frac{420 N/mm^2}{2} = 210 \frac{N}{mm^2}$$

$$\sigma_{b1} = 70{,}7 \frac{N}{mm^2} < \sigma_{bzul} = 210 \frac{N}{mm^2}$$

5 29.1.10. Biegespannung am Zahnradfuß :

$$\sigma_{b2} = \frac{F_u}{b_2 \cdot m} \cdot q_K \cdot q_\varepsilon \leq \sigma_{bzul}$$

$$\sigma_{b2} = \frac{3\,647N}{55mm \cdot 3mm} \cdot 2{,}2 \cdot 1 \Rightarrow$$

$$\sigma_{b2} = 48{,}6 \frac{N}{mm^2}$$

5 29.1.11. Gußwerkstoff für das Zahnrad :

Gewählt : GS - 45

$$\sigma_{bzul} = \frac{\sigma_{bSch}}{2} = \frac{300\ N/mm^2}{2}$$

$$\sigma_{bzul} = 150 \ \frac{N}{mm^2}$$

$$\sigma_{b2} = 48{,}6 \ \frac{N}{mm^2} < \sigma_{bzul} = 150 \ \frac{N}{mm^2}$$

29.1.12. Flanken - Tragfähigkeit des Zahnradpaares für gleichmäßigen Lauf : 10

$$p_C = \sqrt{\frac{F_u}{b \cdot d_{01}} \cdot \frac{u+1}{u}} \cdot y_W \cdot y_C \cdot y_L \leq p_{zul}$$

mit

$$y_W = 270 \sqrt{\frac{N}{mm^2}}, \quad y_C = 1{,}76, \quad y_L = 1{,}00$$

$$p_C = \sqrt{\frac{3647}{55 \cdot 51} \cdot \frac{7{,}3+1}{7{,}3}} \cdot 270 \cdot 1{,}76 \cdot 1 \frac{N}{mm^2}$$

$$p_C = 577 \ \frac{N}{mm^2}$$

Zulässige Flächenpressung für Ritzel:

$$p_{zul} = \frac{p \cdot y}{\nu} = \frac{340 \cdot 1}{1{,}25} \ \frac{N}{mm^2}$$

$$p_{zul} = 272 \ N mm^{-2}$$

Feststellung : 10

- Das Getriebe ist kein Dauergetriebe, sondern ein Zeitgetriebe. Nach Bild A 15-8 ist zu sehen : (Roloff - Matek) Die erforderliche Flankenpressung (Flächenpressung) beträgt 577 N/mm^2: die maximale Lastwechselzahl ergibt sich so zu : $L_W \approx 6 \cdot 10^5$:

$$L_h = \frac{L_W}{n \cdot 60} = \frac{6 \cdot 10^5}{299 \cdot 60} \cdot h$$

$$L_h = 35 \ h$$

- Da das Getriebe jedoch nicht immer unter Vollast läuft, wird die tatsächliche Lebensdauer höher sein!
- Trotzdem ist der erreichbare Wert für Fördermaschinen zu gering!
- Daher : Neuwahl der Werkstoffe : z.B. Einsatz- und Vergütungsstahl für Ritzel und Rad!

Rad: $p_{zul} = \frac{p \cdot y}{\nu} = \frac{280 \ N}{1{,}25 \ mm^2}$ $\quad p_{zul} = 224 \ N/mm^2$

29.1.13. Ölviskosität und Schmierungsart : 5

Da die Umfangsgeschwindigkeit v_u unter 1 m/s liegt, wird gewählt : Öl mit Zähigkeit : ca. (150 bis 200) cSt/ 50°C;

Geschlossenes Getriebegehäuse : Tauchschmierung

2 29.2.1. Durchmesser d_{m1}, d_{m2} des Keilriemengetriebes :

$$d_{m1} = 112\,mm$$

$$d_{m2} = d_{m1} \cdot i = 540\,mm$$

2 29.2.2. Breite des Keilriemens :

$$b = 13\,mm$$

2 29.2.3. Nutzleistung P :

$$P = c_S \cdot P_1$$

$$P = 1{,}3 \cdot 3\,kW$$

$$P = 3{,}9\,kW$$

$c_S = 1{,}3$ nach Richter-Ohlendorf-Diagramm

8 29.2.4. Anzahl der Keilriemen : z

$$z = \frac{P}{P_{180} \cdot C}$$

$$v = d \cdot \pi \cdot n = \frac{0{,}112 \cdot \pi \cdot 1435}{60} \frac{m}{s}$$

$$v = 8{,}4\,m/s$$

Für $v = 8{,}4\,m/s$ und $b = 13\,mm$:

$$P_{180} \approx 1{,}03\,kW$$

$$\beta_1 = 180° - 60° \frac{d_{m2} - d_{m1}}{l_a}$$

$$\beta_1 = 180° - 60° \frac{540\,mm - 112\,mm}{650\,mm}$$

$$\beta_1 \approx 140°$$

$$C_1 \approx 0{,}89\,;\; C_2 = 1;\; C_3 = 1$$

$$C = \frac{C_1 \cdot C_3}{C_2} = 0{,}89$$

$$z = \frac{3{,}9\,kW}{1{,}03\,kW \cdot 0{,}89} = 4{,}25$$

Gewählt: 5 Keilriemen

4 29.2.5. erforderliche innere Länge der Keilriemen : L_i

$$L_m \approx 2\,L_A + 1{,}75\,(d_{m1} + d_{m2}) + \frac{(d_{m2} - d_{m1})^2}{4\,L_A}$$

$$L_m \approx 2 \cdot 650\,mm + 1{,}75\,(112\,mm + 540\,mm) + \frac{(540\,mm - 112\,mm)^2}{4 \cdot 650\,mm}$$

$$L_m \approx 2\,511\,mm$$

$$L_i = L_m - 2\,b = 2\,511\,mm - 2 \cdot 13\,mm$$

$$L_i \approx 2\,485\,mm$$

Gewählt: nach DIN 323 Reihe R20:

$$L_i = 2\,500\,mm$$

29.2.6. tatsächlicher Achsabstand : 6

$L_m = L_i + 2b$

$L_m = 2526\,mm$

$L_A = \frac{1}{8}\left[\sqrt{x^2 - 8(d_{m2} - d_{m1})^2} - x\right]$ mit

$x = \pi(d_{m1} + d_{m2}) - 2L_m$

$x = \pi(112 + 540)mm - 2 \cdot 2500mm$

$x = -3004\ mm$

$L_A = 719\ mm$

29.2.7. für den Motor vorzusehender Spannweg : 2

$s_p \geqslant 0{,}03 \cdot L_i = 0{,}03 \cdot 2500\,mm$

$s_p \geqslant 75\,mm$

29.2.8. Biegehäufigkeit mit Überprüfung : 2

$B_z = \frac{z \cdot v}{L}$

$B_z = 13{,}4\,\frac{1}{s} < B_{zmax} = 40\,\frac{1}{s}$

29.3. (60') Technisches Zeichnen : Keilriemenscheibe : 50 Pkte 50

s. n. Seite!

29.4. (60') Technisches Zeichnen : Stirnrad : 50 Pkte 50

Prinzipielle Lösung eines geradverzahnten Stirnrades in geschweißter Ausführung : s. S. 392

Keilriemenscheibe : gegossen: Prinzipielle Lösung :

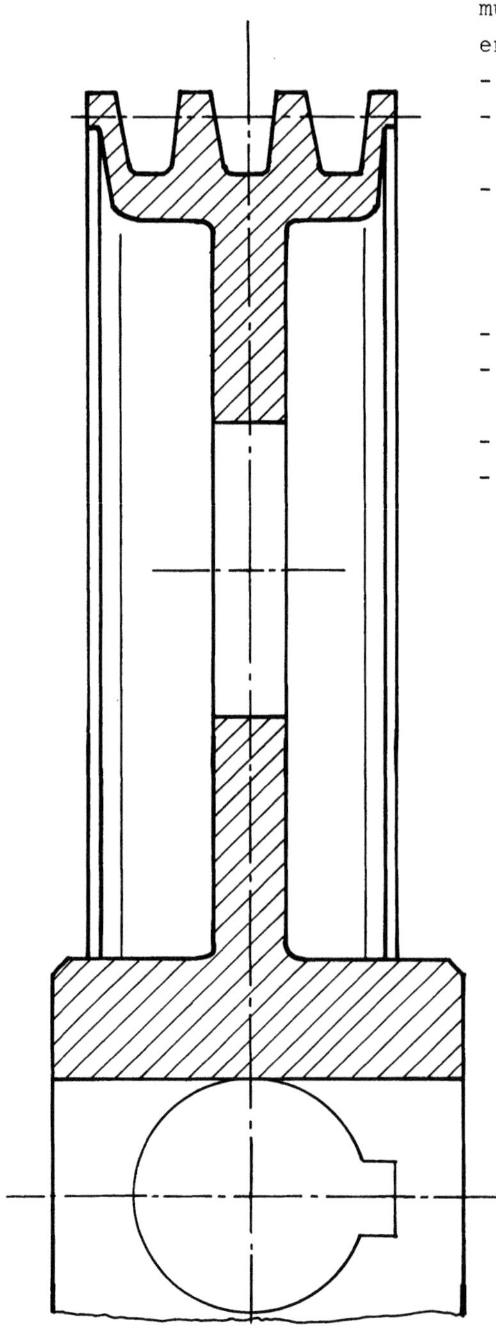

Die Keilriemenscheibe muß folgende Angaben enthalten :

- Scheibenbreite
- mittlerer Durchmesser
- Riemenzahl (muß mit den Berechnungen übereinstimmen)
- Einstichbemaßung
- Oberflächenzeichen
- Keilbemaßung
- Gewichtsverringerungsbohrungen

30. (360') Projekt : Becherwerk : 200 Pkte

30.1. (240') Konstruieren und Berechnen : 100 Pkte

30.1.1. Antriebswelle des Becherwerkes : 20

Lagerkräfte : $F_A = F_B = \frac{F_1 + F_2}{2} = 11000\,N$

Maximales Biegemoment : $M_{bmax} = F_A \cdot \frac{l_0}{2} - F_1 \cdot b = 11\,kN \cdot 0{,}3\,m - 11\,kN \cdot 0{,}2\,m$

$M_{bmax} = 1{,}1\,kNm$

zu übertragendes Drehmoment : Gewählt: Kettensystem-$\phi = 0{,}6\,m$

$M_{t1} = 1000\,N \cdot 0{,}3\,m = 300\,Nm$

$M_{tGes} = 2\,M_{t1} = 600\,Nm$

Wechselnde Biege- und schwellende Torsionsbeanspruchung :

$\alpha_0 \approx 0{,}7$

$M_V = \sqrt{M_{bmax}^2 + 0{,}75\,(\alpha_0 M_{tGes})^2}$

$M_V = 1\,159\,Nm$

→ Wellendurchmesser d: $d \approx \sqrt[3]{\frac{M_V}{0{,}1\,\sigma_{bzul}}}$

$\sigma_{bzul} = \frac{\sigma_{ND}}{\nu} = \frac{\sigma_{bW}}{\beta_K \cdot \nu} \cdot b_1 \cdot b_2$

Gewählt: St 50 K mit $\sigma_{bW} = 240\,Nmm^{-2}$

$\nu = 1{,}5$; $b_2 \approx 0{,}75$; $\beta_K \approx 1{,}7$; $b_1 = 0{,}9$

$\sigma_{bzul} = 63{,}5\,\frac{N}{mm^2}$

$d \approx 56{,}7\,mm$

Gewählt : d = 70 mm (unter Berücksichtigung der Nuttiefe)

Nuttiefe : 7,4 mm

$d - t_1 = 70\,mm - 7{,}4\,mm = 62{,}6\,mm > 56{,}7\,mm$

Zur Aufnahme der Lager wird die Welle auf 60 mm abgesetzt!

Zur Aufnahme des Zahnrades (Kupplung) wird die Welle auf 55 mm abgesetzt!

Der Zapfen muß nachgeprüft werden :

Verdrehbeanspruchung : $\tau_t = \frac{M_t}{W_p} \leq \tau_{tzul}$

Nuttiefe : $t_1 = 6{,}2\,mm$

$d_K = (55 - 6{,}2)\,mm = 48{,}8\,mm$

$W_p \approx 0{,}2 \cdot d_K^3$

$W_p \approx 23\,cm^3$

$\tau_t = \frac{M_t}{W_p} = \frac{60\,000\,Ncm}{23\,cm^3} = 2608\,\frac{N}{cm^2}$

$$\tau_t \approx 26\ N/mm^2$$

$$\tau_{t\,zul} = \frac{\sigma_{ND}}{\nu} = \frac{\sigma_{tSch} \cdot b_1 \cdot b_2}{\beta_k \cdot \nu} = \frac{1900\ N \cdot 0{,}9 \cdot 0{,}8}{1{,}6 \cdot 1{,}5\ cm^2}$$

$$\tau_{t\,zul} = 57\ \frac{N}{mm^2} > \tau_t = 26\ \frac{N}{mm^2}$$

20 30.1.2. Lagerung der Antriebswelle : (Wälzlager)

$F_A = F_B = 11\ kN = P$

Durchmesser = 60 mm

$P = F_r$ — nach Tab. 0/2 (Roloff-Matek) $L_h = 15000\ h \rightarrow f_L \approx 3{,}1$; für $n = 80\ min^{-1} \rightarrow f_n \approx 0{,}75$; $f_t = 1$

$$C = P \cdot \frac{f_L}{f_n \cdot f_t}$$

$$C = 45\ kN$$

Gewählt : Pendelkugellager, da es winklige Wellenverlagerungen und Fluchtfehler ausgleichen kann; Möglichkeit, mit Spann- bzw. mit Abziehhülse zu versehen!

z.B. 1312 mit C = 45 kN

10 30.1.4. Leistungsbedarf des E-Motors :

$\eta_{Ges} = \eta_{Getriebe} \cdot \eta_{Lager} \Rightarrow \eta_{Getriebe} = 0{,}98 \cdot 0{,}98 \cdot 0{,}95 \cdot 0{,}95$ (Stufe I, Stufe II, Lager, Öl)

$$\eta_{Ges} = 0{,}87 \cdot 0{,}95 = 0{,}82$$

$$M_t = 71620\ \frac{P}{n} \leftrightarrow$$

$$P = \frac{M_t \cdot n}{9550} = \frac{600 \cdot 80}{9550}\ kW \approx 5{,}02\ kW$$

$$P_{erf} = P/\eta = 5{,}02\ kW / 0{,}82 = 6{,}12\ kW$$

Gewählt : $P_{erf} = 7\ kW$

50 30.1.3. Abmessungen des Stirnradvorgeleges und Tragfähigkeits-Überprüfung :

Stirnradvorgelege 1 : Stufe 1

$$\frac{n_1}{n_2} = i = \frac{1440\ min^{-1}}{80\ min^{-1}} = 18$$

nach Bild P/30 (Roloff-Matek): $i_{Ges} = 18 \approx 4{,}9_{I} \cdot 3{,}7_{II}$

Gewählt : Werkstoff St 50

$$d \approx 133 \sqrt[3]{\frac{P_1}{n_1}} = 133 \sqrt[3]{\frac{7}{1440}}\ mm$$

$$d \approx 22{,}5\ m$$

Gewählt : $d = 25\ mm$

Modul-Bestimmung : $m > \sqrt[3]{\frac{c_s \cdot M_t}{\lambda \cdot z_1}}$ mit $M_t = 9550\ \frac{P}{n}$

$$M_t = \frac{9550 \cdot 7}{1440}\ Nm$$

$M_t = 46{,}5 \text{ Nm}$

Gewählt: $z_1 = 18$

c_s nach Richter-Ohlendorf-Diagramm:

$c_s = 1{,}4$

$\lambda = \psi_m$ nach Roloff-Matek, S. 455:

$\lambda = 15$

$$m > \sqrt[3]{\frac{1{,}4 \cdot 46{,}5}{15 \cdot 18}} \cdot 3 \text{ mm}$$

$m > 1{,}8 \text{ mm}$

Gewählt: $m = 2 \text{ mm}$

$d_{01} = m \cdot z_1 = 2 \text{ mm} \cdot 18 = 36 \text{ mm}$

$b_1 = b_2 = \lambda \cdot m = 15 \cdot 2 \text{ mm} = 30 \text{ mm}$

$d_{k1} = 40 \text{ mm}$; $d_{02} = m \cdot z_2 = m \cdot i \cdot z_1 = 2 \text{ mm} \cdot 4{,}9 \cdot 18$

$d_{02} = 176 \text{ mm}$

$d_{k2} = 180 \text{ mm}$; $a = 106 \text{ mm}$

Nachprüfung der Zahnfuß - Tragfähigkeit der 1. Stufe :

$$\sigma_{b1} = \frac{F_u}{b \cdot m} \cdot q_k \cdot q_\varepsilon \leq \sigma_{bzul}$$

$$F_u = \frac{2 M_{t1}}{d_{01}} = 2\,583 \text{ N}$$

für $z_1 = 18$, $x = 0$, $q_k = 3$

Überdeckungsfaktor wegen geringer Zahnqualität:

$q_\varepsilon = 1$

$$\sigma_{b1} = \frac{2\,583 \text{ N}}{30 \text{ mm} \cdot 2 \text{ mm}} \cdot 3 \cdot 1$$

$\sigma_{b1} = 129 \text{ N/mm}^2$

$\sigma_{bzul} = \sigma_{bSch} : 1{,}5$

Gewählt: für Ritzel und Rad: C 45

$$\sigma_{bzul} = \frac{270 \text{ N}}{1{,}5 \text{ mm}^2}$$

$$\sigma_{bzul} = 180 \frac{\text{N}}{\text{mm}^2}$$

$\sigma_{b1} = 129 \text{ Nmm}^{-2} < \sigma_{bzul} = 180 \text{ Nmm}^{-2}$

$\sigma_{b2} < \sigma_{b1}$, da q_k für $z_2 = 88$ kleiner ist als für q_k für $z_1 = 18$, alle anderen Grössen dagegen konstant sind, entfällt eine Nachprüfung des Rades!

Nachprüfung der Flanken - Tragfähigkeit :

$$p_c = \sqrt{\frac{F_u}{b \cdot d_{01}} \cdot \frac{u+1}{u}} \, y_w \cdot y_c \cdot y_L \leq p_{zul}$$

$$p_c = \sqrt{\frac{2583}{30 \cdot 36} \cdot \frac{4{,}9+1}{4{,}9}} \cdot 270 \cdot 1{,}76 \cdot 1 \frac{\text{N}}{\text{mm}^2}$$

$$p_c = 805 \frac{\text{N}}{\text{mm}^2}$$

$$p_{zul} = \frac{P \cdot y}{\nu} = \frac{1100\,N \cdot 1}{1{,}5\,mm^2}$$

$$\underline{\underline{p_{zul} = 733\ \frac{N}{mm^2}}}$$

Dieser Wert liegt nach Bild A 15-8 (Roloff-Matek) über der Flanken - Zeitfestigkeit+noch im Bereich der Dauerfestigkeit. Die Lastwechselzahl L_W ist daher größer als 10^8!

Abmessungen Stufe 2 :

$$M_{t2} = M_{t1} \cdot i = 46{,}5\,Nm \cdot 4{,}9$$

$$\underline{\underline{M_{t2} = 228\,Nm}}$$

Gewählt: $\underline{\underline{\text{Werkstoff St 50}}}$

$$d \approx c_1 \sqrt[3]{M_{t2}}$$

$$d \approx 6{,}3 \sqrt[3]{228}\ mm$$

$$\underline{\underline{d \approx 40\,mm}}$$

Modul: $m \geq 3 \sqrt[3]{\frac{c_s \cdot M_{t2}}{\lambda \cdot z_1}}$ mit $\lambda = 15$; $z_1 = 18$; $c_s = 1{,}4$ nach Richter-Ohlendorf-Diagr.

$$m \geq 3 \sqrt[3]{\frac{1{,}4 \cdot 228}{15 \cdot 18}}\ mm$$

$$m \geq 3{,}17\,mm$$

Gewählt: $\underline{\underline{m = 4\,mm}}$

$$d_{01} = m \cdot z_1 = 4\,mm \cdot 18$$

$$\underline{\underline{d_{01} = 72\,mm}}$$

$$z_2 = i \cdot z_1 = 3{,}7 \cdot 18$$

$$\underline{\underline{z_2 = 67}}$$

$$d_{02} = m \cdot z_2 = 4\,mm \cdot 67$$

$$\underline{\underline{d_{02} = 268\,mm}}$$

$$b = \lambda \cdot m = 15 \cdot 4\,mm$$

$$\underline{\underline{b = 60\,mm}}$$

$$\underline{\underline{d_{k1} = 80\,mm}}$$

$$\underline{\underline{d_{k2} = 276\,mm}}$$

$$\underline{\underline{a_0 = 170\,mm}}$$

30.2. (120') Technisches Zeichnen : 100 Pkte

30 — 30.2.1. Antriebswelle des Becherwerkes : 30 Pkte

40 — 30.2.2. Stehlager mit Lagerdeckel und Abdichtungen : 40 Pkte

30 — 30.2.3. Kettenrad : 30 Pkte

- Die Verteilung der Unterpunkte ist nach Bemaßung, Vollständigkeit, Oberflächenangaben, Passungen, Sauberkeit, Blattaufteilung zu gewichten!

31. (360') Projekt : Bockkranantrieb : 200 Pkte

31.1. (240') Konstruieren und Berechnen : 100 Pkte

31.1.1. Abmessungen des Kegelradgetriebes und Tragfähigkeit : 40

Kegelradgetriebe :

Gewählt : Raddurchmesser $D = 900\,mm$

$$n = \frac{v}{d \cdot \pi} = \frac{21\,m/min}{0{,}9\,m \cdot \pi}$$

$$n \approx 7{,}4\,\frac{1}{min}$$

$$i_{Ges} = \frac{n_{Ein}}{n_{Ab}} = \frac{90\,min^{-1}}{7{,}4\,min^{-1}}$$

$$i_{Ges} \approx 12$$

$$i_{Ges} = 12 = 5_{Stirnradgetriebe} \cdot 2{,}4_{Kegelradgetriebe}$$

Gewählt : Werkstoff St60

$$d \approx c_1 \sqrt[3]{M_{t1}}$$

$$d \approx 6{,}3 \sqrt[3]{570}\ mm$$

$$d \approx 52{,}2\,mm$$

$$d_{m1} \approx \frac{20\,500}{p_0} \sqrt[3]{\frac{P_1 \cdot p_0 \cdot \cos^2\delta_{01}}{\psi_d \cdot n_1} \cdot \frac{i_2^2+1}{i_2^2}}$$

$$P_1 = \frac{M_t \cdot n}{9550}$$

$$P_1 = \frac{570 \cdot 90}{9550}\ kW$$

$$P_1 = 5{,}3\,kW$$

Gewählt: Ritzel: St 60
Rad : GS-45 → $p_0 = 400\,\frac{N}{mm^2}$
(Tab. 15.12)

$$\cot\delta_{01} = i_K = 2{,}4$$

$$\delta_{01} = 22°37'$$

$$\cos\delta_{01} = 0{,}923$$

$$\psi_d = \frac{b}{d_{m1}} \text{ für } i_K = 2{,}4 \rightarrow$$

$$\psi_d \approx 0{,}45$$

$$d_{m1} \approx \frac{20500}{400} \sqrt[3]{\frac{5{,}3 \cdot 400 \cdot \cos^2 22°37'}{0{,}45 \cdot 90} \cdot \frac{2{,}4^2+1}{2{,}4^2}}\ mm$$

$$d_{m1} \approx 191\,mm$$

nach Tab. 15.6. (Roloff-Matek) gewählt:

für $i_K = 2{,}4$

$\rightarrow z_1 = 22$

$z_2 = i_K \cdot z_1$

$z_2 = 2{,}4 \cdot 22$

$z_2 = 53$

$b = \psi_d \cdot d_{m1}$

$b = 0{,}45 \cdot 191\,mm$

$b = 86\,mm$

$R_m = \frac{d_{m1}}{2 \cdot \sin \delta_{01}}$

$R_m = \frac{191\,mm}{2 \cdot \sin 22°37'}$

$R_m = 248\,mm$

$b < \frac{R_m}{2{,}5} \rightarrow$

$b = 86\,mm < \frac{R_m}{2{,}5} = 99\,mm$

Gewählt: $b = 86\,mm$

$d_{01} = d_{m1} + (b \cdot \sin \delta_{01})$

$d_{01} = 191\,mm + 86\,mm \cdot \sin 22°37'$

$d_{01} = 224\,mm$

$m = \frac{d_{01}}{z_1}$

$m = \frac{224\,mm}{22}$

$m = 10{,}18\,mm$

Gewählt: nach DIN 780:

$m = 10\,mm$

Durchmesser der Ritzelwelle : $d = 53\,mm$ (gewählt)

Es soll gelten : $d_{m1} \approx (2{,}4 \text{ bis } 2{,}6) \cdot d$

$d_{m1} \approx (2{,}4 \text{ bis } 2{,}6) \cdot 53\,mm$

$d_{m1} \approx (127 \text{ bis } 138)\,mm$

$d_{m1} = 191\,mm$ ist somit zulässig !

$d_{01} = m \cdot z_1 = 10\,mm \cdot 22 = 220\,mm$

$d_{m1} = d_{01} - b \cdot \sin\delta_{01} = 220\,mm - 86\,mm \sin 22°37'$

$d_{m1} = 187\,mm$

Rad :

$d_{02} = m \cdot z_2 = 10\,mm \cdot 53$

$d_{02} = 530\,mm$

$d_{m2} = d_{02} - b \cdot \sin\delta_{02}$ mit $\delta_{02} = 67°23'$

$d_{m2} = 450{,}6\,mm$

Gemeinsame Abmessungen : $R_a = \dfrac{d_{01}}{2 \cdot \sin\delta_{01}} = \dfrac{220\,mm}{2 \cdot \sin 22°37'} \Rightarrow$

$R_a = 286\,mm$

Kopfwinkel : $\tan\gamma_K = \dfrac{m}{R_a} = \dfrac{10\,mm}{286\,mm} = 0{,}0349$

$\gamma_K = 1°60' = 2°$

Fußwinkel : $\tan\gamma_F = \dfrac{1{,}2 \cdot m}{R_a} = \dfrac{1{,}2 \cdot 10\,mm}{286\,mm} = 0{,}0419$

$\gamma_F = 2°24'$

Mittlerer Modul : $m_m = \dfrac{d_{m1}}{z_1} = \dfrac{191\,mm}{22}$

$m_m = 8{,}68\,mm$

Zahnfuß - Tragfähigkeit : $\sigma_{b1} = \dfrac{F_{u1}}{b \cdot m_m} \cdot q_K \cdot q_{\varepsilon r} \leq \sigma_{bzul}$

$F_{u1} = \dfrac{2 \cdot M_{t1} \cdot c_S}{d_{m1}}$

$F_{u1} = \dfrac{2 \cdot 570\,Nm \cdot 1}{0{,}191\,m}$

$F_{u1} = 5\,968\,N$

$z_{r1} = \dfrac{z_1}{\cos\delta_{01}} = \dfrac{22}{0{,}923} = 23{,}8$

$q_K \approx 2{,}7 \;(x = 0)$

$q_{\varepsilon r} = 1$ (geringe Qualität, mittlere Belastung)

$\sigma_{b1} = \dfrac{5968\,N}{86\,mm \cdot 8{,}68\,mm} \cdot 2{,}7 \cdot 1$

$\sigma_{b1} \approx 22\,N/mm^2$

Gewählt : St 60 (A 15.2) mit $\sigma_{bW} = 140 \dfrac{N}{mm^2}$

$\sigma_{bzul} = \dfrac{\sigma_{bW}}{\nu} = 70\,N/mm^2 \longrightarrow \sigma_{b1} < \sigma_{bzul}$

Rad :

$$\sigma_{b2} = \frac{F_{u2}}{b \cdot m} \cdot q_k \cdot q_{\varepsilon r} \leq \sigma_{bzul}$$

$$z_{r2} = \frac{z_2}{\cos \delta_{o2}} = \frac{53}{\cos 67°23'}$$

$$z_{r2} = 138 \rightarrow q_k = 2{,}15$$

$$\sigma_{b2} = \frac{5\,968\,N}{86\,mm \cdot 10\,mm} \cdot 2{,}15$$

$$\sigma_{b2} = 15\ N/mm^2$$

Gewählt: GS-45, damit $\sigma_{bW} = 90\ \frac{N}{mm^2}$

$$\sigma_{bzul} = \frac{\sigma_{bW}}{\nu} = \frac{90}{2}\ N/mm^2$$

$$\sigma_{b2} = 15\ \frac{N}{mm^2} < \sigma_{bzul} = 45\ \frac{N}{mm^2}$$

Flanken - Tragfähigkeit :

$$p_c = \sqrt{\frac{F_u}{b \cdot d_{m1}} \cdot \frac{u+1}{u}} \cdot y_W \cdot y_C \cdot y_L \leq p_{zul}$$

$F_u = 5\,968\,N$
$d_{m1} = 191\,mm$
$u = 2{,}4$
$y_W = 85$
$y_C = 1{,}76$
$y_L = 1$
$p_o = 280\ \frac{N}{mm^2}$

$$p_c = 97{,}7\ \frac{N}{mm^2}$$

$$p_{zul} = \frac{p_o}{\nu}$$

$$p_c = 97{,}7\ \frac{N}{mm^2} < p_{zul} = 140\ \frac{N}{mm^2}$$

20 31.1.2. Abmessungen des Stirnradgetriebes :

$$M_{t1} = 570\ Nm$$

$$i = \frac{M_{t2}}{M_{t1} \cdot \eta_g}$$

$$M_{t2} = i \cdot M_{t1} \cdot \eta_g = 2{,}4 \cdot 570\,Nm \cdot 0{,}98$$

$$M_{t2} = 1341\ Nm$$

$$d \approx c_1 \sqrt[3]{M_{t2}} = 6{,}3 \sqrt[3]{M_{t2}}$$

$$d \approx 70\,mm$$

$$d_{o1} \approx \frac{1{,}8 \cdot d \cdot z_1}{z_1 - 2{,}5} \qquad \text{mit } z_1 = 16 \text{ (gewählt)}$$

$$d_{o1} \approx 130\,mm$$

Modul-Bestimmung durch zu übertragendes Drehmoment:

$$m \geq 3 \sqrt[3]{\frac{M_{t2} \cdot c_s}{\lambda \cdot z_1}}$$

mit $c_s = 1{,}5$
nach Bild 15.4 (Roloff-M.)
$\lambda = \psi_m = 12$

$$m \geqslant 3 \cdot \sqrt[3]{\frac{1341 \cdot 1{,}5}{12 \cdot 16}}\ mm$$

$$\underline{\underline{m \geqslant 6{,}6\,mm}}$$

$$m = \frac{d_{01}}{z_1} = \frac{130\,mm}{16}$$

$$\underline{\underline{m = 8{,}15\,mm}}$$

Gewählt nach DIN 780 :

$$\underline{\underline{m = 8\,mm}}$$

$$d_{01} = m \cdot z_1 = 8\,mm \cdot 16$$

$$\underline{\underline{d_{01} = 128\,mm}}$$

$$z_2 = i \cdot z_1 = 5 \cdot 16$$

$$\underline{\underline{z_2 = 80}}$$

$$b = \psi_m \cdot m = 12 \cdot 8\,mm$$

$$b = 96\,mm$$

Gewählt : $\underline{b = 100\,mm}$

$$d_{k1} = d_{01} + 2m$$

$$\underline{\underline{d_{k1} = 144\,mm}}$$

$$d_{02} = m \cdot z_2$$

$$\underline{\underline{d_{02} = 640\,mm}}$$

$$d_{k2} = d_{02} + 2m$$

$$\underline{\underline{d_{k2} = 656\,mm}}$$

$$a_0 = \frac{m(z_1 + z_2)}{2}$$

$$\underline{\underline{a_0 = 384\,mm}}$$

31.1.3. Lagerung der Welle 2 : 40

Kräfte Kegelradgetriebe :

$$F_{u1} = \frac{2 \cdot M_{t1} \cdot c_s}{d_{m1}} = 5\,968\,N$$

$$F_{r1}' = F_{u1} \cdot \tan 20^\circ$$

$$\underline{\underline{F_{r1}' = 2\,172\,N}}$$

$$F_{a1} = F_{r1}' \cdot \sin\delta_{01} = 2\,172\,N \cdot \sin 22^\circ 37'$$

$$\underline{\underline{F_{a1} = 835\,N}}$$

$$F_{r1} = F_{r1}' \cdot \cos\delta_{01} = 2\,172\,N \cdot \cos 22^\circ 37'$$

$$\underline{\underline{F_{r1} = 2000\,N}}$$

Kräfte am Rad :

$$F_{u2} = F_{u1} = 5\,968\,N$$

$$F_{a2} = F_{r1} = 2\,000\,N$$

$$F_{r2} = F_{a1} = 835\,N$$

Kräfte Stirnradpaar :

$$F_u = \frac{2 \cdot M_{t2} \cdot c_s}{d_{01}} = \frac{2 \cdot 1341\,Nm \cdot 1}{0{,}128\,m}$$

$$F_u \approx 20\,kN$$

$$F_r = F_u \cdot \tan \alpha_0 = 20\,kN \cdot \tan 20°$$

$$F_r = 7{,}2\,kN$$

Lagerkräfte (Reaktionskräfte der am Tellerrad wirkenden Kräfte):

Lagerabstand : ca. 600 mm (l)

Abstand des Tellerrades : ca. 100 mm (l_1)

Abstand des Ritzels von dem Lager : ca. 100 mm (l_2)

$$\sum M = 0 \longrightarrow \quad -F_u \cdot 50\,cm + F_{uB} \cdot 60\,cm = 0$$

$$F_{uB} = \frac{5\,968\,N \cdot 50}{60}$$

$$F_{uB} = 4\,973\,N$$

$$\sum F = 0 \longrightarrow \quad F_{uA} = F_u - F_{uB}$$

$$F_{uA} = 995\,N$$

$$F_{RB} = \frac{835\,N \cdot 50\,cm}{60\,cm}$$

$$F_{RB} = 695\,N$$

$$F_{RA} = 140\,N$$

- (Verdrehwirkung von F_a kann unberücksichtigt bleiben!)

Lagerkräfte (Reaktionskräfte der am Ritzel wirkenden Kräfte) :

$$\sum M = 0 \longrightarrow \quad 20\,kN \cdot 10\,cm - F_{uB} \cdot 60\,cm = 0$$

$$F_{uB} = 3{,}3\,kN \; ; \quad F_{uA} = 16{,}7\,kN$$

$$F_{RB} = \frac{7{,}2\,kN \cdot 10\,cm}{60\,cm}$$

$$F_{RB} = 1{,}2\,kN \; ; \quad F_{RA} = 6\,kN$$

Lager A (vereinfachte Ermittlung der resultierenden Radialkraft):

$$F_{AR} = \sqrt{(16{,}7)^2 + 6^2}\ kN$$

$$F_{AR} = 17{,}7\ kN$$

Lager B :

$$F_{BR} = \sqrt{4{,}9^2 + 0{,}7^2}\ kN$$

$$F_{BR} = 4{,}9\ kN$$

Lager A : Radialkraft F_{AR} = 17,7 kN
Axialkraft F_a = 2 kN

Lager B : Radialkraft F_{BR} = 4,9 kN

Lager B :

$$P = F_r$$

$$C = P \cdot \frac{f_L}{f_n \cdot f_t} = 4{,}9\,kN \cdot \frac{3{,}1}{0{,}96 \cdot 1}$$

$$C = 15{,}8\ kN$$

Gewählt : Lager 6312 (z.B.) mit C = 64 kN

Lager A :

$$P = x \cdot F_r + y \cdot F_a \quad \text{mit } \frac{F_a}{F_r} = \frac{2\,kN}{17{,}7\,kN} = 0{,}113$$

$$\frac{F_a}{F_r} = 0{,}113 < e = 0{,}95$$

→ Für zweireihiges Schrägkugellager: $X = 1;\ Y = 0{,}66$

$$P = (1 \cdot 17{,}7 + 0{,}66 \cdot 2)\,kN$$

$$P = 19\ kN$$

$$C = P \cdot \frac{f_L}{f_n \cdot f_t} = 19\,kN \cdot \frac{3{,}1}{0{,}96 \cdot 1} = 61\,kN$$

Gewählt : Lager 3212 mit C = 58 kN
(Trotz etwas geringerer Tragzahl dürfte das gewählte Lager ausreichende Lebensdauer besitzen!)

31.2. (120′) Technisches Zeichnen : 100 Pkte

31.2.1. Lagergehäuse der Welle 2 mit Lagerdeckel in Schweißkonstruktion : 40 Pkte 40

31.2.2. Welle 2 : 30 Pkte 30

31.2.3. Tellerrad in Gußausführung : 30 Pkte 30

32. (360') Projekt : Elektrozug : 200 Pkte

32.1. (240') Konstruieren und Berechnen : 100 Pkte

55 — 32.1.1. Dimensionierung aller Zahntriebe :

s. u.

$$n = \frac{v}{d \cdot \pi} = \frac{0{,}25 \cdot 1000 \cdot 60}{300 \cdot \pi} \frac{1}{min}$$

$$n \approx 16\ min^{-1}$$

$$i_{Ges} = \frac{n_1}{n_2} = \frac{1380\ min^{-1}}{16\ min^{-1}} = 86$$

5 — 32.1.3. Leistungsbedarf des E-Motors :

$$M_t = F \cdot \frac{d_o}{2} \quad \text{mit } d_o \approx 310\,mm$$

$$M_t = 30\,kN \cdot 0{,}155\,m = 465\,kNcm$$

$$P = \frac{M_t \cdot n}{9550} = \frac{4{,}65 \cdot 10^3 \cdot 16}{9550}\,kW$$

$$P = 7{,}8\,kW$$

Wirkungsgrad je Stufe:

$$\eta \approx 0{,}96$$

$$\eta_{Ges} = \eta_I \cdot \eta_{II} \cdot \eta_{III} \cdot \eta_{Lager}$$

$$\eta_{Ges} = 0{,}96^3 \cdot 0{,}99$$

$$\eta_{Ges} = 0{,}87$$

$$P_{erf} = \frac{P}{\eta_{Ges}} = \frac{7{,}8\,kW}{0{,}87}$$

$$P_{erf} = 8{,}96\,kW$$

s.o. — 32.1.1.:

Gewählt: Werkstoff St60

$$d \approx 133 \sqrt[3]{\frac{P_{erf}}{n_1}} = 133 \sqrt[3]{\frac{8{,}96}{1380}}\,mm$$

$$d \approx 25\,mm$$

$$i_{Ges} = 86 \rightarrow$$

nach Bild 15-32 (Roloff-Matek):
3 Stufen mit
$i_1 = 6{,}6$; $i_2 = 4{,}2$; $i_3 = 3{,}1$

Gewählt: Für Ritzel und Rad: Ck 60 mit $p_D = 620\ \frac{N}{mm^2}$

$$d_{01} \approx \frac{20500}{p} \sqrt[3]{\frac{P_1 \cdot p}{\psi_d \cdot n_1} \cdot \frac{i+1}{i}}$$

$$d_{01} \approx \frac{20500}{620} \sqrt[3]{\frac{8{,}96 \cdot 620}{1 \cdot 1380} \cdot \frac{6{,}6+1}{6{,}6}}\,mm$$

$$d_{01} \approx 55\,mm$$

$$m = \frac{d_{01}}{z_1} = \frac{55\,mm}{20}$$

$$m = 2{,}75\,mm$$

$m \geq 3 \sqrt[3]{\frac{M_t \cdot c_S}{\lambda \cdot z_1}}$

mit $M_t = 9550 \frac{P}{n}$

$M_t = 9550 \frac{8{,}96}{1380}$ Nm

$M_t = 62$ Nm

$c_S = 1{,}4$; $\lambda = 15$

$m \geq 2$ mm

Gewählt: (DIN 780): $m = 3$mm

$d_{01} = m \cdot z_1 = 3\text{mm} \cdot 20$

$d_{01} = 60$mm

$b = \psi_d \cdot d_{01}$

$b = 1 \cdot 60$mm

$b = 60$mm

oder: $b = \lambda \cdot m = 18 \cdot 3$mm

$b = 54$mm

Gewählt: $b = 60$mm

1. Stufe: Zahnfuß-Tragfähigkeit:

$\sigma_{b1} = \frac{F_u}{b \cdot m} \cdot q_K \cdot q_\varepsilon \leq \sigma_{bzul}$

$F_u = \frac{2\,M_{t1}}{d_{01}} = \frac{2 \cdot 62}{0{,}06}$ N

$F_u = 2066$ N

$\sigma_{b1} = \frac{2066\text{N}}{60\text{mm} \cdot 3\text{mm}} \cdot 3 \cdot 1$

$\sigma_{b1} = 34 \frac{\text{N}}{\text{mm}^2}$

$\sigma_{bzul} \approx \sigma_{bSch} : 2 = \frac{220}{2} \frac{\text{N}}{\text{mm}^2}$

$\sigma_{b1} = 34 \frac{\text{N}}{\text{mm}^2} < \sigma_{bzul} = 110 \frac{\text{N}}{\text{mm}^2}$

$\sigma_{b2} = \frac{F_u}{b \cdot m} \cdot q_K \cdot q_\varepsilon \leq \sigma_{bzul}$

mit $q_K = 2{,}2$; $q_\varepsilon = 1$

$\sigma_{b2} = 25 \frac{\text{N}}{\text{mm}^2}$

$\sigma_{b2} = 25 \frac{\text{N}}{\text{mm}^2} < \sigma_{bzul} = 110 \frac{\text{N}}{\text{mm}^2}$

Flanken-Tragfähigkeit:

$p_c = \sqrt{\frac{F_u}{b \cdot d_{01}} \cdot \frac{u+1}{u}} \cdot y_w \cdot y_c \cdot y_L \leq p_{zul}$

$p_c = \sqrt{\frac{2066}{60 \cdot 60} \cdot \frac{6{,}6+1}{6{,}6}} \cdot 270 \cdot 1{,}76 \cdot 1 \frac{\text{N}}{\text{mm}^2}$

$p_c = 386\ \text{Nmm}^{-2}$

$p_{zul} = \frac{p_D}{\nu} = \frac{620}{1{,}25} \frac{\text{N}}{\text{mm}^2}$

$p_{zul} = 496\ \text{Nmm}^{-2} > p_c = 386\ \text{Nmm}^{-2}$

1. Stufe: Rad- und Getriebeabmessungen:

$d_{K1} = 66\,mm$

$d_{02} = m \cdot z_2 = 3mm \cdot 110$

$d_{02} = 330\,mm$

$a_0 = m \frac{(z_1 + z_2)}{2} = 3mm \frac{20+132}{2}$

$a_0 = 228\,mm$

2. Stufe:

$M_{t2} = M_{t1} \cdot i = 62\,Nm \cdot 6{,}6$

$M_{t2} = 409\,Nm$

$d \approx 6{,}3 \sqrt[3]{M_{t2}} = 6{,}3 \sqrt[3]{409}\,mm$

$d \approx 47\,mm$

$d_{01} \approx \frac{20500}{p} \sqrt[3]{\frac{P \cdot p_0}{\psi_d \cdot n} \frac{i+1}{i}}$

$d_{01} \approx \frac{20500}{620} \sqrt[3]{\frac{8{,}96 \cdot 620}{0{,}8 \cdot 210} \frac{4{,}2+1}{4{,}2}}\,mm$

$d_{01} \approx 115\,mm$

Gewählt: $d_{01} = 110\,mm$

$m = \frac{d_{01}}{z_1} = \frac{110\,mm}{18}$

$m = 6{,}1\,mm$

oder: $m \geq 3 \sqrt[3]{\frac{c_s \cdot M_{t2}}{\lambda \cdot z_1}} = 3 \sqrt[3]{\frac{1{,}4 \cdot 409}{15 \cdot 18}}\,mm$

$m \geq 3{,}9\,mm$

Gewählt: $m = 5\,mm$ (nach DIN 780)

$d_{01} = m \cdot z_1 = 5mm \cdot 18$

$d_{01} = 90\,mm$

$z_2 = i \cdot z_1 = 4{,}2 \cdot 18$

$z_2 = 76$

$b = \psi_d \cdot d_{01} = 0{,}8 \cdot 90\,mm$

$b = 72\,mm$

oder: $b = \lambda \cdot m = 15 \cdot 5\,mm$

$b = 75\,mm$

Gewählt: $b = 80\,mm$

2. Stufe: Zahnfuß-Tragfähigkeit:

$\sigma_{b1} = \frac{F_u}{b \cdot m} \cdot q_K \cdot q_\varepsilon \leq \sigma_{b\,zul}$

$F_u = \frac{2 M_t}{d_{01}} = \frac{2 \cdot 410}{0{,}09}\,N$

$F_u = 9111\,N$

$$\sigma_{b1} = \frac{9\,111\,N}{80mm \cdot 5mm} \cdot 2{,}9 \cdot 1$$

$$\sigma_{b1} = 66\,\frac{N}{mm^2} < \sigma_{bzul} = 110\,\frac{N}{mm^2}$$

$$\sigma_{b2} = 51\,\frac{N}{mm^2} \quad \text{mit } q_K = 2{,}2 \text{ und } q_E = 1$$

$$\sigma_{b2} = 51\,\frac{N}{mm^2} < \sigma_{bzul} = 110\,\frac{N}{mm^2}$$

Flanken-Tragfähigkeit:

$$p_C = \sqrt{\frac{F_u}{b \cdot d_{01}} \cdot \frac{u+1}{u}} \cdot y_W \cdot y_C \cdot y_L \leq p_{zul}$$

$$p_C = \sqrt{\frac{9\,111}{80 \cdot 90} \cdot \frac{4{,}2+1}{4{,}2}} \cdot 270 \cdot 1{,}76 \cdot 1\,\frac{N}{mm^2}$$

$$p_C = 591\,\frac{N}{mm^2}$$

Werkstoff neugewählt: 37 Cr 4 umlaufgehärtet

$$p_{zul} = \frac{p_D}{\nu} = \frac{1280}{1{,}25}\,\frac{N}{mm^2}$$

$$p_{zul} = 1024\,\frac{N}{mm^2} > p_C = 591\,\frac{N}{mm^2}$$

Stufe 3:

$$M_{t3} = M_{t2} \cdot i = 410 \cdot 4{,}2\ Nm$$

$$M_{t3} = 1722\ Nm$$

$$d \approx 6{,}3\sqrt[3]{M_{t3}} \qquad \text{Werkstoff: St50}$$

$$d \approx 6{,}3\sqrt[3]{1722}\ mm$$

$$d \approx 76\ mm$$

$$d_{01} \approx \frac{20500}{p_0}\sqrt[3]{\frac{P \cdot p_0}{\psi_d \cdot n} \cdot \frac{i+1}{i}}$$

$$d_{01} \approx \frac{20500}{620}\sqrt[3]{\frac{8{,}96 \cdot 620}{0{,}8 \cdot 50} \cdot \frac{3{,}1+1}{3{,}1}}$$

$$d_{01} \approx 188\ mm$$

$$m = \frac{d_{01}}{z_1} = \frac{188\ mm}{20} \approx \frac{180\ mm}{20}$$

$$m = 9\ mm$$

oder:

$$m \geq 3\sqrt[3]{\frac{c_S \cdot M_{t3}}{\lambda \cdot z_1}} = 3\sqrt[3]{\frac{1{,}4 \cdot 1722}{15 \cdot 20}}\ mm$$

$$m \geq 6\ mm$$

Gewählt: nach DIN 780:

$$m = 8\ mm$$

$d_{01} = m \cdot z_1 = 8mm \cdot 20$

$d_{01} = 160\ mm$

$z_2 = i \cdot z_1 = 3{,}1 \cdot 20$

$z_2 = 62$

$b_3 = \psi_d \cdot d_{01} = 0{,}8 \cdot 160mm$ oder: $b_3 = \lambda \cdot m = 15 \cdot 8mm$

$b_3 = 128\ mm$ $\qquad b_3 = 120mm$

Gewählt: $b_3 = 120\ mm$

3. Stufe: Zahnfuß-Tragfähigkeit:

$$\sigma_{b1} = \frac{F_u}{b \cdot m} \cdot q_k \cdot q_\varepsilon \leq \sigma_{bzul}$$

$$F_u = \frac{2\,M_t}{d_{01}} = \frac{2 \cdot 1711 Nm}{0{,}16 m}$$

$$F_u = 21387 N$$

$$\sigma_{b1} = 65 \frac{N}{mm^2} < \sigma_{bzul} = 110 \frac{N}{mm^2} \quad \text{mit } q_k = 2{,}9;\ q_\varepsilon = 1$$

Flanken-Tragfähigkeit:

$$p_c = \sqrt{\frac{F_u}{b \cdot d_{01}} \cdot \frac{u+1}{u}} \cdot y_w \cdot y_c \cdot y_L \leq p_{zul}$$

$$p_c = \sqrt{\frac{21387}{120 \cdot 160} \cdot \frac{3{,}1+1}{3{,}1}} \cdot 270 \cdot 1{,}76 \cdot 1 \frac{N}{mm^2}$$

$$p_c = 576 \frac{N}{mm^2}$$

$$p_c = 576 \frac{N}{mm^2} < p_{zul} = 1024 \frac{N}{mm^2}$$

30 32.1.2. Wälzlagergrößen :

Welle I : Durchmesser der Antriebswelle: gewählt : 30 mm

Zahnbreite b_1 = 60 mm

b_2 = 80 mm

b_3 = 120 mm

Lagerabstand: gewählt : L_a = 200 mm

Zahnkraft F_n:

$$F_n = 2200\ N = P$$

$$C = P \frac{f_L}{f_n \cdot f_t} \quad \text{mit } f_L \approx 3;\ f_n \approx 0{,}3;\ f_t = 1$$

$$C = 22\ kN$$

Gewählt : Rillenkugellager 6406 mit C = 33,5 kN

Welle II : wird ebenfalls in Rillenkugellagerung ausgeführt:

Gewählt : 6410 mit C = 69,5 kN (Wellendurchmesser 50mm!)

$$C = P \frac{f_L}{f_n}$$

$$P = \frac{C \cdot f_n}{f_L} = \frac{69{,}5\,kN \cdot 0{,}55}{3}$$

$$P = 12{,}7\,kN$$

Das Lager ist also ausreichend bemessen!

Welle III : Rillenkugellager für Wellendurchmesser d = 80 mm :

Gewählt : 6416 mit C = 129 kN

$$P = \frac{C \cdot f_n}{f_L} = \frac{129\,kN \cdot 0{,}9}{3}$$

$$P = 38{,}7\,kN$$

Lager für Welle III ist ausreichend bemessen!

32.1.4. Nachprüfung der Aufhängung : 10

Die Nachprüfung der Aufhängung muß nach der Entwurfzeichnung erfolgen! Es muß gelten : $\sigma_z \leq \sigma_{z\,zul}$ nach DIN 1050!

32.2. (120') Technisches Zeichnen : 100 Pkte

32.2.1. Entwurfskizze der Aufhängung : 40 Pkte 40

32.2.2. Antriebsentwurf für Längsbewegung : 60 Pkte 60

33. (360') Projekt : Stauschütze : 200 Pkte

33.1. (240') Konstruieren und Berechnen : 100 Pkte

55 33.1.1. Dimensionierung aller Zahntriebe :

Zahnstangengetriebe :

$v = d_{01} \cdot \pi \cdot n$ $\qquad d_{01} = \frac{6 \text{ m} \cdot \text{min}}{\pi \cdot 20 \text{ min}}$

$d_{01} = 95{,}5 \text{ mm}$

$M_t = F \cdot \frac{d_0}{2}$

$M_t = 955 \text{ Nm}$

Gewählt: St 60

$d \approx 6{,}3 \sqrt[3]{M_t} = 6{,}3 \sqrt[3]{955} \text{ mm}$

$d \approx 64 \text{ mm}$

$m = \frac{d_{01}}{z_1} = \frac{95{,}5 \text{ mm}}{18} = 5{,}3 \text{ mm}$

Gewählt (DIN 780): $m = 5 \text{ mm}$

$d_{01} = 90 \text{ mm}$; $b_1 = \psi_d \cdot d_{01} = 1{,}2 \cdot 90 \text{ mm} = 108 \text{ mm}$

Gewählt: $b_1 = 100 \text{ mm}$

Zahnfuß - Tragfähigkeit :

$\sigma_{b1} = \frac{F_u}{b \cdot m} \cdot q_k \cdot q_\varepsilon \leq \sigma_{bzul} = \frac{\sigma_{bSch}}{1{,}5}$

$\sigma_{b1} = \frac{20\,000 \text{ N}}{100 \text{ mm} \cdot 5 \text{ mm}} \cdot 3{,}1 \cdot 1$

$\sigma_{b1} = 124 \frac{\text{N}}{\text{mm}^2}$

Gewählt: Ck 45 (nach Tab. A 15.2 [Roloff-Matek]) : $\sigma_{bSch} = 270 \frac{\text{N}}{\text{mm}^2}$

$\sigma_{bzul} = \frac{\sigma_{bSch}}{1{,}5} = \frac{270}{1{,}5} \frac{\text{N}}{\text{mm}^2}$

$\sigma_{bzul} = 180 \frac{\text{N}}{\text{mm}^2} > \sigma_{b1} = 124 \frac{\text{N}}{\text{mm}^2}$

da q_k für $z_1 = 18$ größer ist als für $z = \infty$ →

$\sigma_{b2} < \sigma_{b1}$

$p_c = 708 \frac{\text{N}}{\text{mm}^2}$ aus $p_c = f(F_u, b, d_{01}, u, y_w, y_c, y_L)$

$p_{zul} = \frac{p_0 \cdot y}{\nu} = \frac{1100 \cdot 1}{1{,}25} \frac{\text{N}}{\text{mm}^2}$

$p_c = 708 \frac{\text{N}}{\text{mm}^2} < p_{zul} = 880 \frac{\text{N}}{\text{mm}^2}$

Schneckengetriebe :

$i = \frac{n_1}{n_2} = \frac{720 \text{ min}^{-1}}{20 \text{ min}^{-1}} = 36$

Gewählt nach Tab. 15.7. (Roloff-Matek):

$z_1 = 1 \rightarrow z_2 = 36$

Gewählt: Schnecke : C60

Rad : G-CuSn 12

$d_{02} \approx 11{,}2 \sqrt[3]{\frac{M_t \cdot z_2}{k_0}} = 11{,}2 \sqrt[3]{\frac{955 \cdot 36}{8}}\,mm$

$d_{02} \approx 182\,mm$

$m_S = m_a = \frac{d_{02}}{z_2} = \frac{182\,mm}{36}$

$m_S = 5{,}1\,mm$

nach DIN 780 gewählt:

$m = 6{,}3\,mm$

$d_{02} = m \cdot z_2 = 6{,}3\,mm \cdot 36$

$d_{02} = 226{,}8\,mm$

$i = \frac{M_{t2}}{M_{t1} \cdot \eta_G}$ mit $\eta_G = 0{,}4$ (Selbsthemmung)

$M_{t1} = 66{,}4\,Nm$

$d \approx 6{,}3 \sqrt[3]{M_{t1}}$

$d \approx 26\,mm$

Gewählt: $d = 35\,mm$

$d_{m1} \approx 1{,}4 \cdot d + 2{,}5 \cdot m_a$

$d_{m1} \approx 65\,mm$

Gewählt: $d_{m1} = 80\,mm$

Steigungswinkel der Schnecke:

$\tan \gamma_m = \frac{z_1 \cdot m_a}{d_{m1}} = \frac{1 \cdot 6{,}3}{80}$

$\gamma_m = \beta_0 = 4°28'$

$v_g = \frac{d_{m1} \cdot \pi \cdot n_1}{\cos \gamma_m} \approx 3\,\frac{m}{s}$

Selbsthemmung ist gegeben, da

$\gamma_m = 4°28' < \varrho' \approx 6°$ für $v_g < 3\,\frac{m}{s}$ und Fettschmierung

Nachprüfung der Flanken-Tragfähigkeit:

$k = \frac{2000 \cdot M_{t2} \cdot c_s}{d_{02}^2 \cdot b_2 \cdot y_z} \leq k_{zul}$

$k = \frac{2000 \cdot 955 \cdot 1}{226{,}8^2 \cdot 60 \cdot 0{,}52}\,\frac{N}{mm^2} = 1{,}19\,\frac{N}{mm^2}$

$b \approx 0{,}45 (d_{m1} + 6 m_S)$

$b \approx 57{,}5\,mm$

Gewählt: $b_2 = 60\,mm$

$$k_{zul} = \frac{k_0 \cdot y_v \cdot y_L}{\nu} = \frac{5 \cdot 0{,}45 \cdot 1}{1{,}25}$$

$$k_{zul} = 1{,}8 \frac{N}{mm^2} > k = 1{,}19 \frac{N}{mm^2}$$

Abmessungen:

$d_{k1} = 102{,}6\,mm$; $d_{f1} = d_{m1} - 2{,}4 \cdot m_a = 74{,}9\,mm$

$L \approx 2{,}5 \cdot m_s \sqrt{z_2 + 2} \approx 98\,mm$

$d_{k2} = 239{,}4\,mm$; $d_{a2} = d_{o2} + 3 m_s = 245{,}7\,mm$

$a_0 = 158{,}4\,mm$

10 — 33.1.3. Leistungsbedarf des E-Motors : durch Kontrolle auf Erwärmung :

Kontrolle auf Erwärmung :

$$P_{G2} \approx 0{,}05 \cdot a_0^2 \cdot y_n \cdot \frac{\eta_G}{1-\eta_G} \text{ (in PS)}$$

$$P_{G2} \approx 0{,}037\, a_0^2 \cdot y_n \cdot \frac{\eta_G}{1-\eta_G} \text{ (in kW)}$$

$$P_{G2} \approx 0{,}037 \cdot 15{,}8^2 \cdot 1{,}09 \cdot \frac{0{,}4}{1-0{,}4}\ kW$$

$$P_{G2} \approx 22\,kW > P_2 = 4{,}9\,kW$$

Wirkungsgrad :

$$\eta_z = \frac{\tan \gamma_m}{\tan(\gamma_m + \varrho')} \quad \text{mit } \varrho' \approx 5^\circ$$

$$\eta_z = \frac{\tan 4^\circ 28'}{\tan(4^\circ 28' + 5^\circ)}$$

$$\eta_z \approx 0{,}46$$

$$\eta_G = \eta_z \cdot \eta_L \quad \text{mit } \eta_L = \eta_{L1} \cdot \eta_{L2} \approx 0{,}97^2$$

$$\eta_G \approx 0{,}43 \text{ (s. oben)} \qquad \eta_L \approx 0{,}94$$

$$P_1 = \frac{2\,kW}{\eta_G}$$

$$P_1 = 4{,}65\,kW$$

30 — 33.1.2. Wälzlagergrößen :

Kräfte :

$$F_{u1} = \frac{2\,M_{t1}}{d_{m1}} = 1650\,N$$

$$F_{a1} = \frac{F_{u1}}{\tan(\gamma_m + \varrho')} = 8933\,N \quad \text{mit } \varrho' = 6^\circ$$

$$F_{r1} = \frac{F_{u1} \cdot \cos\varrho' \cdot \tan\alpha_0}{\sin(\gamma_m + \varrho')} \quad \text{mit } \alpha_0 = 20^\circ$$

$$F_{r1} = 3256\,N$$

Schnecke :

$F_{u1} = 1\,650$ N

$F_{a1} = 8\,933$ N

$F_{r1} = 3\,256$ N

Schneckenrad :

$F_{u2} = 8\,933$ N

$F_{r2} = 3\,256$ N

$F_a = 1\,650$ N

Lagerung der Schneckenwelle :

Durchmesser des Lagerzapfens : 30 mm

Lagerabstand : 250 mm

$$F_{A1} = F_{B1} = \frac{F_u}{2} = 825\,N$$

$$F_{A2} = F_{B2} = \frac{F_r}{2} = 1628\,N$$

$$F_{A3} = \frac{F_a \cdot r_{01}}{l} = \frac{8933 \cdot 4{,}5\,cm}{25\,cm}\,N$$

$$F_{A3} = 1607\,N$$

$$F_{A2} + F_{A3} = 3230\,N$$

$$F_{AR} = \sqrt{(F_{A2}+F_{A3})^2 + F_{A1}^2} = 3334\,N$$

$$P = x \cdot F_r + y \cdot F_a \Rightarrow \qquad \frac{F_a}{F_r} = \frac{8933}{3334} > e = 0{,}35$$

$$P = (0{,}4 \cdot 3334 + 1{,}7 \cdot 8933)\,N \qquad \text{somit } x = 0{,}4 \text{ und } y = 1{,}7$$

$$P = 16\,519\,N$$

$$C = 45\,888\,N \qquad \text{mit } f_L = 1;\ f_n = 0{,}36;\ f_t = 1$$

Gewählt : Kegelrollenlager 32 306 mit C = 52 kN

Lagerung der Radwelle :

Durchmesser des Wellenzapfens : 55 mm

Lagerabstand : ≈ 180 mm

$$\left.\begin{aligned} F_{A1} &= \frac{F_u}{2} = 4\,467\,N \\ F_{A2} &= \frac{F_r}{2} = 1\,628\,N \end{aligned}\right\} F_{AR} = 4\,754\,N$$

$$P = x \cdot F_r + y\,F_a \quad \text{mit} \quad \frac{F_a}{F_r} = \frac{1650\,N}{4754\,N} = 0{,}34 > e = 0{,}22$$

$$\text{folgt}: x = 0{,}56;\ y = 2$$

$$P = 5962\,N$$

$$C = P \cdot \frac{f_L}{f_n \cdot f_t} = 5962\,N \cdot \frac{1}{1{,}2 \cdot 1}$$

$$C = 4\,968\,N$$

Gewählt : Rillenkugellager 6 311 mit C = 60 kN

5 33.1.4. Auswahl der Kupplung :

Gewählt : z.B. Scheibenkupplung DIN 116, Kupplungsgröße 35 mm
oder Periflex Typ 06-1

33.2. Technisches Zeichnen : 100 Pkte

30 33.2.1. Schneckenwelle : 30 Pkte

70 33.2.2. geteiltes Stehlager mit Lagerbuchse : 70 Pkte

34. (360') Projekt : Zugstangenbackenbrecher : 200 Pkte

34.1. (240') Konstruieren und Berechnen : 100 Pkte

34.1.1. Dimensionierung des Zahn- und Keilriementriebes : 45

$$i_{Ges} = \frac{n_1}{n_2} = \frac{1440\,min^{-1}}{190\,min^{-1}} = 7{,}6$$

$$i_{Ges} = 7{,}6$$

$$i_{Ges} = i_{Stirnradgetriebe} \cdot i_{Keilriemengetriebe}$$

Gewählt : $i_{Ges} = 3 \cdot 2{,}5$ mit $3 = i_S$; $2{,}5 = i_K$

Berechnung des Stirnradgetriebes :

$$d \approx c_2 \sqrt[3]{\frac{P}{n}} \approx 133 \sqrt[3]{\frac{50}{1440}}\ mm$$

$$d \approx 43\,mm$$

Gewählt : d = 50 mm

$$d_{01} \approx \frac{20\,500}{p} \sqrt[3]{\frac{P_1 \cdot p}{\psi_d \cdot n_1} \cdot \frac{i+1}{i}} \approx \frac{20500}{1220} \sqrt[3]{\frac{50 \cdot 1220}{1 \cdot 1440} \cdot \frac{3+1}{3}}\ mm$$

$$d_{01} \approx 126\,mm$$

Gewählt : Ritzelwerkstoff : z.B. Vergütungsstahl 42 Cr Mo 4
mit p_D = 1220 N/mm^2

Modul - Bestimmung :

1. Möglichkeit :

Gewählt : $z_1 = 20$

$$m = \frac{d_{01}}{z_1} = \frac{126\,mm}{20}$$

$$m = 6{,}3\,mm$$

d_{01} = s. unten

Gewählt : m = 8 mm nach DIN 780

2. Möglichkeit :

$$m \geq 3 \sqrt[3]{\frac{c_S \cdot M_t}{\lambda \cdot z_1}} = 3 \sqrt[3]{\frac{3 \cdot 332}{15 \cdot 20}}\ mm$$

$$m \geq 4{,}5\,mm$$

- Nach neuesten VDI - Vorschriften ist der Nachweis der 2. Möglichkeit immer mit auszuführen!

$$d_{01} = m \cdot z_1 = 8\,mm \cdot 20$$
$$\underline{\underline{d_{01} = 160\,mm}}$$
$$\underline{\underline{d_{02} = 480\,mm}}$$
$$b_1 = \psi_d \cdot d_{01} = 1 \cdot 160\,mm$$
$$\underline{\underline{b_1 = b_2 = 160\,mm}}$$

Zahnfuß - Tragfähigkeit :

$$\sigma_1 = \frac{F_{u1}}{b \cdot m} \cdot q_k \cdot q_\varepsilon \leq \sigma_{bzul}$$

$$F_{u1} = \frac{2 M_t \cdot c_s}{d_{01}}$$
$$M_t = 9550 \frac{P}{n} = 9550 \cdot \frac{50}{1440}\,Nm$$
$$\underline{M_t = 324\,Nm}$$
$$F_{u1} = \frac{2 \cdot 324\,Nm \cdot 1{,}9}{0{,}16\,m}$$
$$\underline{\underline{F_{u1} = 1231\,N}}$$

$$\underline{\underline{\sigma_1 = 2{,}88 \frac{N}{mm^2} \text{ mit } q_k = 3\,;}}$$
$$\sigma_{bzul1} = \frac{\sigma_{bsch}}{\nu} = \frac{430}{2}\frac{N}{mm^2}$$
$$\underline{\underline{\sigma_{b1} = 2{,}88 \frac{N}{mm^2} < \sigma_{b1zul} = 215 \frac{N}{mm^2}}}$$

Werkstoff des Rades : Gewählt : 42 Cr Mo 4 mit $\sigma_{b2} < \sigma_{b1}$; also ist eine Nachprüfung der Zahnfuß - Tragfähigkeit des Rades nicht erforderlich !

Flanken - Tragfähigkeit :

$$p_c = \sqrt{\frac{F_u}{b \cdot d_{01}} \cdot \frac{u+1}{u}} \cdot y_w \cdot y_c \cdot y_L \leq p_{zul}$$
$$p_c = \sqrt{\frac{1231}{160 \cdot 160} \cdot \frac{3+1}{3}} \cdot 270 \cdot 1{,}76 \cdot 1 = 118 \frac{N}{mm^2}$$
$$p_{zul} = \frac{P \cdot y}{\nu} = \frac{1220\,N/mm^2 \cdot 1}{1{,}5} = 800 \frac{N}{mm^2}$$
$$\underline{\underline{p_c = 118 \frac{N}{mm^2} < p_{zul} = 800 \frac{N}{mm^2}}}$$

Fehlende Abmessungen :

$$d_{K1} = d_{01} + 2m = 160\,mm + 2 \cdot 8\,mm$$
$$\underline{\underline{d_{K1} = 176\,mm}}$$

$$d_{k2} = d_{02} + 2m = 480\,mm + 16\,mm$$

$$d_{k2} = 496\,mm$$

$$a_0 = \frac{m\,(z_1 + z_2)}{2} = \frac{8\,mm\,(20 + 60)}{2}$$

$$a_0 = 320\,mm$$

Berechnung des Keilriementriebes :

$$d \approx C_2 \sqrt[3]{\frac{P}{n}} \approx 133 \sqrt[3]{\frac{50}{480}}\,mm$$

$$d \approx 61{,}8\,mm$$

Gewählt : d = 70 mm

Für P = 50 kW und n = 480 1/min wird d_{W1} vorläufig festgelegt nach Schmalkeilriementabelle :

d_{W1} = 300 mm für Schmalkeilriemen SPB

$$d_{W2} = i \cdot d_{W1} = 2{,}5 \cdot 300\,mm$$

$$d_{W2} = 750\,mm$$

nach DIN 2211 gewählt : d_{W2} = 710 mm, somit

d_{W1} = 280 mm!

Erforderliche Keilriemenzahl :

$$v = d_{w1} \cdot \pi \cdot n_1 = \frac{0{,}28 \cdot \pi \cdot 480}{60}\,\frac{m}{s}$$

$$v = 6{,}3\,m/s$$

$$P_{180} = 4\,kW$$

$$\beta_1 \approx 180° - 60°\,\frac{d_{W2} - d_{W1}}{l_a}$$

Für Schmalkeilriemen soll sein:

$$l_a < 2\,(d_{W1} + d_{W2}) = 1980\,mm$$

Gewählt : $l_a = 1700\,mm$

$$\beta_1 \approx 165°$$

damit $C_1 \approx 0{,}97$

$$C_2 \approx \frac{d_{W\,gewählt}}{d_{W\,min}} = \frac{280\,mm}{140\,mm}$$

$$C_2 \approx 2$$

Tatsächliche Wirklänge :

$$L_{Wr} \approx 2\,l_a + 1{,}57(d_{W1}+d_{W2}) + \frac{(d_{W2}-d_{W1})^2}{4\,l_a}$$

$$L_{Wr} \approx \left[2\cdot 170 + 1{,}57(28+71) + \frac{(71-28)^2}{4\cdot 170}\right]\text{cm}$$

$L_{Wr} \approx 4\,977$ mm

Gewählt nach Tabelle : $L_W = 5\,000$ mm; somit

Bezugswirklänge $L'_W = 3\,550$ mm

$$\frac{L_W}{L'_W} = \frac{5000\text{ mm}}{3550\text{ mm}} \approx 1{,}5,$$

damit $c_3 \approx 1{,}08$

$$z = \frac{P}{P_{180}\cdot c} \qquad \text{mit } c = c_1\cdot c_2\cdot c_3 = 0{,}97\cdot 2\cdot 1{,}08$$

$$c_1 \approx 2{,}1$$

$$z = \frac{50\text{ kW}}{4\text{ kW}\cdot 2{,}1}$$

$$z \approx 5{,}95$$

Gewählt : 6 Schmalkeilriemen SPB mit $L_W = 5\,000$ mm

damit beträgt der tatsächliche Achsabstand :

Tatsächlicher Achsabstand :

$$l_a = Y + \sqrt{Y^2 - 0{,}125(d_{W2}-d_{W1})^2}$$

mit

$$Y = 0{,}25\,L_W - 0{,}39(d_{W1}+d_{W2})$$

$$Y = [0{,}25\cdot 5000 - 0{,}39(280+710)]\text{ mm}$$

$$Y = 864\text{ mm}$$

$$l_a = 1712\text{ mm}$$

Biegehäufigkeit :

$$B_z = \frac{2\cdot v}{L_W} = \frac{2\cdot 6{,}3\text{ m/s}}{5\text{ m}}$$

$$B_z = 2{,}5\,\frac{1}{s} < B_{z\,max} \approx 50\,\frac{1}{s}$$

Achskraft :

$$F_A \approx 2\,F_u \qquad \text{mit } F_u = \frac{P}{v} = \frac{50000}{6{,}3}\text{ N}$$

$$F_u \approx 8\text{ kN}$$

$$F_A \approx 16000\text{ N}$$

Spannweg :

$$s_{Sp} \geqslant 0{,}03 \cdot L_W = 0{,}03 \cdot 5000\,mm$$

$$s_{Sp} \geqslant 150\,mm$$

Verstellweg :

$$s_V \geqslant 0{,}015 \cdot L_W = 0{,}015 \cdot 5000\,mm$$

$$s_V \geqslant 76\,mm$$

34.1.2. Dimensionierung der Exzenterwelle :

Durchmesser :

$$d \approx c_2 \sqrt[3]{\frac{P}{n}} \approx 133 \sqrt[3]{\frac{50}{190}}\,mm$$

$$d \approx 85\,mm$$

Vorläufig gewählt : d = 100 mm

Moment :

$$M_t = 9550 \frac{P}{n} = 9550 \frac{50}{190}\,Nm$$

$$M_t = 573\,Nm$$

Maximale Zugstangenkraft :

$$F_{St} \approx \frac{573\,Nm}{0{,}028\,m}$$

$$F_{St} \approx 20\,500\,N$$

Lagerabstand der Welle ca. 800 mm

$$M_b = F_A \cdot \frac{\ell}{2} \approx 10{,}5\,kN \cdot 0{,}4\,m$$

$$M_b \approx 4{,}2\,kNm$$

$$M_V = \sqrt{M_b^2 + 0{,}75(\alpha_0 \cdot M_t)^2} = \sqrt{4{,}2^2 + 0{,}75(0{,}7 \cdot 0{,}573)^2}\,kNm$$

$$M_V \approx 4{,}2\,kNm$$

$$d \approx \sqrt[3]{\frac{M_V}{0{,}1\,\sigma_{bzul}}} \qquad \text{mit } \sigma_{bzul} = \frac{\sigma_D \cdot b_1 \cdot b_2}{\beta_K \cdot \nu}$$

Gewählt: St 60

$$\sigma_D \mathrel{\hat{=}} \sigma_{bW} = 300\,\frac{N}{mm^2}$$

$$b_1 = 0{,}9\,;\quad b_2 = 0{,}75$$

$$\beta_K = 1{,}7\,;\quad \nu = 2$$

$$\sigma_{bzul} \approx 60\,N\,mm^{-2}$$

$$d \approx 89\,mm$$

30 — 34.1.3. Bestimmung der Wälzlagergrößen :

Nach dieser überschlägigen Berechnung kann die Welle in den wichtigsten Abmessungen entworfen werden und die genaue Berechnung der Welle (Zugstange z.B. in zwei Wälzlagern gelagert) durchgeführt werden.

Berechnung der Lager der Welle : die Zentrifugalkraft kann vernachlässigt werden, da sie verhältnismäßig klein ist!

Zapfendurchmesser gewählt : 80 mm

$$F_r \approx 10{,}5\ kN + 16\ kN$$

$$F_r \approx 26{,}5\ kN = P$$

$$C = P \cdot \frac{f_L}{f_n} \qquad \text{mit } f_L = 3;\ f_n = 0{,}6$$

$$C \approx 134\ kN$$

Gewählt : Pendelrollenlager 23 218 mit C = 280 kN

Lagerung der Zugstange :

Da zwei Pendelrollenlager vorgesehen sind, folgt :

$$F_r = 10{,}5\ kN = P$$

$$C = P \cdot \frac{f_L}{f_n} = 10{,}5\ kN \cdot \frac{3}{0{,}6}$$

$$C \approx 53\ kN$$

Gewählt : Pendelrollenlager 23 120 mit C = 280 kN

34.2. (120') Technisches Zeichnen : 100 Pkte

Werkstattgerechte Zeichnung der Exzenterwelle im Maßstab 1 : 2,5 nach den vorliegenden Berechnungen wird beurteilt nach

50 — Ansicht : 50 Pkte

30 — Bemaßungen und Oberflächenangaben: 30 Pkte

10 — Passungen : 10 Pkte

10 — Sauberkeit und Ausführung 10 Pkte

35. (360') Projekt : Lufthammer : 200 Pkte

35.1. (240') Konstruieren und Berechnen : 100 Pkte

35.1.1. Erstellung einer Prinzipskizze : 15

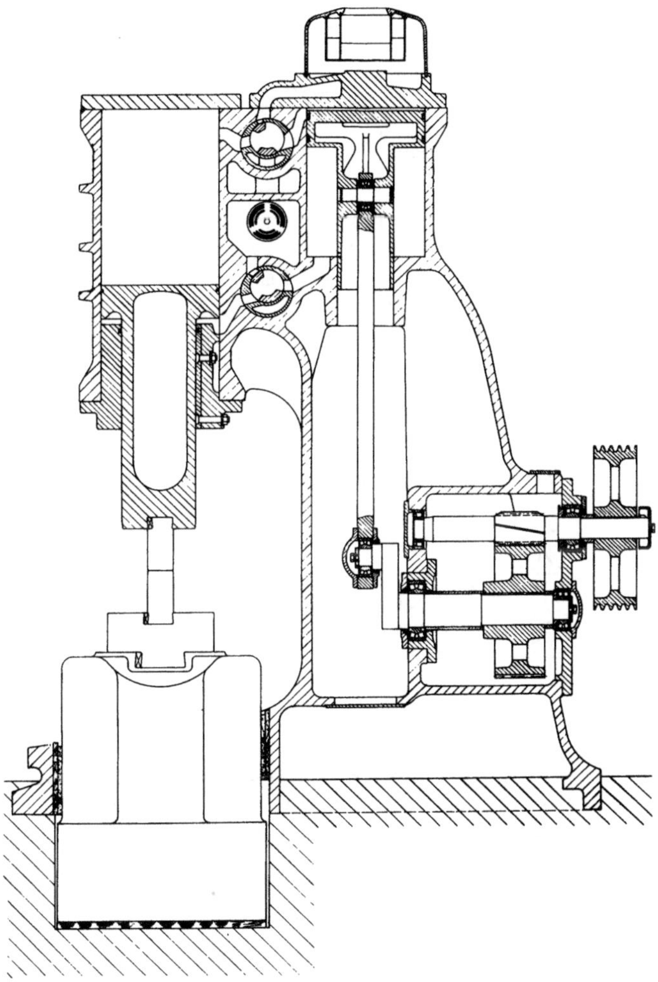

35.1.2. Berechnung des Arbeitsvermögens des Lufthammers : 10

$$G_B = m \cdot g = 600\,kg \cdot 9{,}81\,ms^{-2}$$

$$G_B = 5886\,N$$

$$W = (G_B + p \cdot A) \cdot h$$
$$W = (5886\,N + 6 \cdot 10^5 \frac{N}{m^2} \cdot 0{,}049\,m^2) \cdot 0{,}5\,m$$
$$\underline{\underline{W = 17{,}64\ kJ}}$$

5 35.1.7. Leistungsbedarf des Elektromotors :

Kraft am Arbeitskolben :

$$F = p \cdot A_K = 6 \cdot 10^5 \frac{N}{m^2} \cdot 0{,}049\,m^2$$
$$\underline{\underline{F = 29{,}4\,kN}}$$

Mittlere Geschwindigkeit des Arbeitskolbens :

$$v_m = 2 \cdot s \cdot n = \frac{2 \cdot 0{,}4 \cdot 130}{60}\ \frac{m}{s}$$
$$\underline{\underline{v_m = 1{,}74\ \frac{m}{s}}}$$
$$P = F \cdot v_m = 29{,}4\,kN \cdot 1{,}74\,m \cdot s^{-1}$$
$$\underline{\underline{P = 51{,}2\ kW}}$$

Wirkungsgrad des Antriebes :

$$\eta_{Ges} = \eta_{Keilriemengetr.} \cdot \eta_{Stirnradgetr} \cdot \eta_{Lager}$$
$$\eta_{Ges} = 0{,}96 \cdot 0{,}98 \cdot 0{,}95$$
$$\underline{\underline{\eta_{Ges} = 0{,}89}}$$
$$P_M = P : \eta_{Ges} = 51{,}2\,kW : 0{,}89$$
$$\underline{\underline{P_M = 57{,}5\,kW}}$$

Übersetzung :

$$i_{Ges} = \frac{n_1}{n_2} = \frac{1440 \cdot min^{-1}}{130\ min^{-1}}$$
$$\underline{\underline{i_{Ges} = 11}} = i_{Keilriemengetr.} \cdot i_{Stirnradgetr.}$$
$$\underline{\underline{i_{Ges} = 11 = 2 \cdot 5{,}5}}$$

20 35.1.3. Dimensionierung des Keilriemengetriebes :

$$d \approx c_2 \sqrt[3]{\frac{P_1}{n}}$$

Gewählt : Wellenwerkstoff St60

$$d \approx 133 \sqrt[3]{\frac{57{,}5}{1440}}\ mm$$
$$\underline{d \approx 45{,}4\,mm}$$

Gewählt:

$$\underline{\underline{d = 55\,mm}}$$

Für $P_1 = P_M = 57{,}5\,kW$ und $n = 1440\,min^{-1}$ ergibt sich nach DIN 42 673 und 2211:

$$d_{W1} = 315\,mm$$

$$d_{W2} = i \cdot d_{W1} = 2 \cdot 315\,mm$$

$$d_{W2} = 630\,mm$$

$$P = c_S \cdot P_1 = 1{,}6 \cdot 57{,}5\,kW$$

$$P = 92\,kW$$

Für die Nutzleistung P = 92 kW und n = 1 440 1/min ausgewählt nach Tabelle : Schmalkeilriemen SPC

Bestimmung der Keilriemenzahl

$$v = d_{W1} \cdot \pi \cdot n_1 = \frac{0{,}315 \cdot \pi \cdot 1440}{60}\,\frac{m}{s}$$

$$v = 23{,}75\,\frac{m}{s}$$

Bei dieser Umfangsgeschwindigkeit beträgt P_{180} für Schmalkeilriemen SPC : $P_{180} = 14\,kW$

$$\beta_1 \approx 180° - 60°\,\frac{d_{W2} - d_{W1}}{l_a}$$

Für Schmalkeilriemen soll sein:

$$l_a < 2\,(d_{W1} + d_{W2})$$

$$l_a < 2\,(315 + 630)\,mm$$

$$l_a < 1890\,mm$$

Gewählt: $l_a = 1000\,mm$

$$\beta_1 \approx 161{,}1°$$

damit $c_1 = 0{,}95$

$$c_2 = \frac{d_{W\,gewählt}}{d_{W\,min}}$$

$$c_2 = \frac{315\,mm}{224\,mm}$$

$$c_2 = 1{,}4$$

Tatsächliche Wirklänge :

$$L_{Wr} \approx 2\,l_a + 1{,}57\,(d_{W1} + d_{W2}) + \frac{(d_{W2} - d_{W1})^2}{4\,l_a}$$

$$L_{Wr} \approx \left[2 \cdot 1 + 1{,}57\,(0{,}315 + 0{,}63) + \frac{(0{,}63 - 0{,}315)^2}{4 \cdot 1}\right] m$$

$$L_{Wr} \approx 3\,508\ mm$$

Gewählt nach DIN 323 : $L_{Wr} = 3\,550\ mm$;

Die Bezugswirklänge für Schmalkeilriemen SPC beträgt :

$L'_W = 5\,600\ mm$

$$\frac{L_W}{L'_W} = \frac{3550\ mm}{5600\ mm} = 0{,}64$$

damit $c_3 = 0{,}87$

$$c = c_1 \cdot c_2 \cdot c_3 = 0{,}95 \cdot 1{,}4 \cdot 0{,}87$$

$$c = 1{,}15$$

$$z = \frac{P}{P_{180} \cdot c} = \frac{92\,kW}{14\,kW \cdot 1{,}15}$$

$$z = 5{,}7$$

Gewählt : 6 Schmalkeilriemen SPC

Für die Wirklänge $L_W = 3\,550$ mm beträgt der tatsächliche Achsabstand :

$$l_a = y + \sqrt{y^2 - 0{,}125\,(d_{w2} - d_{w1})^2}$$

mit $y = 0{,}25\,L_W - 0{,}39\,(d_{w1} + d_{w2})$

$y = 519\ mm$

$$l_a = 1025{,}9\ mm$$

Biegehäufigkeit :

$$B_z = \frac{2 \cdot v}{L_W} = \frac{2 \cdot 23{,}75\ m}{3{,}55\ m \cdot s}$$

$$B_z = 13{,}4\ \frac{1}{s} < B_{z\,max} = 50\ \frac{1}{s}$$

Berechnung der Achskraft :

$$F_A \approx 2\ F_u$$

$$F_u = \frac{P}{v} = \frac{57{,}5 \cdot 1000}{23{,}75}\ N$$

$$F_u = 2412\ N$$

$$F_A \approx 4\,850\ N$$

Spannweg :

$$s_{Sp} \geq 0{,}03 \cdot L_W = 0{,}03 \cdot 3550\,mm$$

$$s_{Sp} \geq 106{,}5\,mm$$

Verstellweg :

$$s_V \geq 0{,}015 \cdot L_W$$

$$s_V \geq 53{,}25\,mm$$

35.1.4. Dimensionierung aller Zahnräder :

Durchmesser der Welle :

$$d \approx 133 \sqrt[3]{\frac{P}{n}} \approx 133 \sqrt[3]{\frac{57{,}5}{720}}\,mm$$

Gewählt : Wellenwerkstoff St 60

$$d \approx 57{,}3\,mm$$

Unter Berücksichtigung der Nuttiefe wird gewählt : d = 65 mm!

Momente :

$$M_{t1} = 9550 \frac{P}{n} = 9550 \frac{57{,}5}{1440}\,Nm$$

$$M_{t1} = 381\,Nm$$

$$M_{t2} = i \cdot M_{t1} = 2 \cdot 381\,Nm$$

$$M_{t2} = 762{,}6\,Nm$$

Modul und Abmessungen :

$$m = 3 \sqrt[3]{\frac{c_s \cdot M_{t2}}{\lambda \cdot z_1}} \quad \text{mit } z_1 = 16 \text{ (gewählt)}$$

$$m = 3 \sqrt[3]{\frac{1{,}9 \cdot 762{,}6}{12 \cdot 16}}\,mm$$

$$m = 5{,}88 \quad (m \geq 5{,}88)\,mm$$

Gewählt nach DIN 780 / Reihe 1 :

$$m = 6\,mm$$

$$d_{01} = 96\,mm$$

$$z_2 = z_1 \cdot i = 16 \cdot 5{,}5$$

$$z_2 = 88$$

$$d_{02} = 528\,mm$$

$$b = \lambda \cdot m = 12 \cdot 6\,mm$$

$$b = 72\,mm$$

Gewählt :

$$b = 75\,mm$$

Berechnung der Zahnfuß - Tragfähigkeit :

$$\sigma_{b1} = \frac{F_u}{b \cdot m} \cdot q_K \cdot q_\varepsilon \leq \sigma_{bzul}$$

$$F_u = \frac{2 M_t \cdot c_s}{d_{01}} = \frac{2 \cdot 762{,}6 \cdot 1{,}9}{0{,}096} N$$

$$F_u = 31 kN$$

$$\sigma_{b1} = \frac{31000}{75 \cdot 6} \cdot 3{,}2 \cdot 1 \frac{N}{mm^2}$$

$$\sigma_{b1} = 220 \frac{N}{mm^2}$$

$$\sigma_{bzul} = \frac{\sigma_{bsch}}{\nu} \quad mit \ \nu = 1{,}5$$

Gewählt : Einsatzstahl 16 Mn Cr 5 für Ritzel und Rad

$$\sigma_{bzul} = \frac{460}{1{,}5} \frac{N}{mm^2}$$

$$\sigma_{bzul} = 306 \frac{N}{mm^2}$$

$$\sigma_{b1} = 220 \frac{N}{mm^2} < \sigma_{bzul} = 306 \frac{N}{mm^2}$$

Da für Rad und Ritzel gleicher Werkstoff ausgewählt wurde mit $\sigma_{b2} < \sigma_{b1}$, entfällt die Nachprüfung der Zahnfuß - Tragfähigkeit des Rades !

Berechnung der Flanken - Tragfähigkeit :

$$p_c = \sqrt{\frac{F_u}{b \cdot d_{01}} \cdot \frac{i+1}{i}} \cdot y_w \cdot y_c \cdot y_L \leq p_{zul}$$

$$p_c = \sqrt{\frac{31000}{75 \cdot 96} \cdot \frac{5{,}5+1}{5{,}5}} \cdot 270 \cdot 1{,}76 \cdot 1 \frac{N}{mm^2}$$

$$p_c = 1071 \, N mm^{-2}$$

$$p_{zul} = \frac{p_D \cdot y}{\nu} = \frac{1630 \, N mm^{-2}}{1{,}5}$$

$$p_c = 1071 \frac{N}{mm^2} < p_{zul} = 1087 \frac{N}{mm^2}$$

Restliche Abmessungen :

$$d_{K1} = 108 \, mm$$

$$d_{K2} = 540 \, mm$$

$$d_{f1} = 81{,}6 \, mm$$

$$d_{f2} = 513{,}6 \, mm$$

$$a_0 = 312 \, mm$$

35.1.6. Festlegung der Hauptabmessungen der Kurbelwelle : (als Mindestberechnung !)

Gewählt : vorläufiger Werkstoff : St 60

$$d \approx c_2 \sqrt[3]{\frac{P}{n}} \approx 133 \sqrt[3]{\frac{57,5}{130}}\ mm$$

$$d \approx 101\,mm$$

Vorgewählt : d = 110 mm

Wangenabmessungen :

$$b : d \approx 1,5$$

$$b \approx 165\,mm$$

$$h : d \approx 0,5$$

$$h \approx 55\,mm$$

Näherungsweise kann gelten : $F_{Kolben} \approx F_{Pleuel}$

$$F_{Pleuel} = 29,4\ kN$$

Durchmesser des Kurbelzapfens :

$$M_b = F_{PL} \cdot \ell = 29400\,N \cdot 0,13\,m$$

$$M_b = 3822\,Nm$$

$$d \approx \sqrt[3]{\frac{M_b}{0,1\,\sigma_{bzul}}}$$

$$\text{mit } \sigma_{bzul} = \frac{\sigma_{bSch} \cdot b_1 \cdot b_2}{\beta_k \cdot \nu}$$

$$\sigma_{bzul} = \frac{300 \cdot 0,82 \cdot 0,72}{1,9 \cdot 1,5} \frac{N}{mm^2}$$

$$\sigma_{bzul} = 62,1 \frac{N}{mm^2}$$

$$d \approx 85\,mm$$

Gewählt : Zur Sicherheit d = 100 mm

(Außerdem lassen sich bei einem Durchmesser von d = 100 mm die Übergänge von Wange zu Zapfen konstruktiv besser gestalten!)

35.1.5. Bestimmung der Wälzlagergrößen :

Lagerkräfte :

$$\sum_B M = 0 \rightarrow \quad F_{n2} \cdot 50\,mm + F_A \cdot 400\,mm - F_{PL} \cdot 530\,mm = 0$$

$$33\,kN \cdot 50 + F_A \cdot 400 - 29,4\,kN \cdot 530 = 0$$

$$F_A = 11,45\,kN$$

$\sum_y F = 0 \rightarrow F_B = F_{PL} + F_{n2} - F_A = (29{,}4 + 32{,}9 - 11{,}5)\,kN$

$F_B = 50{,}8\,kN$

Größtes Biegemoment der Kurbelwelle :

$M_b = F_{PL} \cdot 0{,}13\,m = 29400\,N \cdot 0{,}13\,m$

$M_b = 3822\,Nm$

Vergleichsmoment :

$M_v = \sqrt{M_b^2 + 0{,}75(\alpha_0 \cdot M_t)^2} = \sqrt{3822^2 + 0{,}75(0{,}7 \cdot 4200)^2}\,Nm$

$M_v = 3820\,Nm$

Durchmesser : $d \approx \sqrt[3]{\frac{M_v}{0{,}1 \cdot \sigma_{bzul}}} \approx \sqrt[3]{\frac{3822 \cdot 10^3}{0{,}1 \cdot 62{,}1}}\,mm$

$d \approx 85{,}1\,mm$

Gewählt : $d = 100\,mm$

Wälzlager - Größen für Welle 1 :

$C = P \cdot \frac{f_L}{f_n}$

Gewählt : Rillenkugellager 6 413 mit C = 93 kN

$P = \frac{C \cdot f_n}{f_L} = \frac{93\,kN \cdot 0{,}35}{2{,}7}$

$P = 12\,kN$

Damit ist eine ausreichende Lebensdauer gewährleistet!

Lagerung der Welle 1 : in Rillenkugellager 6 413 und Zylinderrollenlager NU 2 313 (wegen der höheren Radialbelastung ausgewählt!)

Wälzlager - Größen für Welle 2 : Kurbelwelle

Mit Wellendurchmesser d = 100 mm gilt für die Lagerkräfte :

$F_A = 11{,}5\,kN$; $F_B = 50\,kN$

$C = P \cdot \frac{f_L}{f_n} = 50\,kN \cdot \frac{2{,}7}{0{,}6}$

$C = 225\,kN$

Gewählt : Pendelrollenlager 22 320 HLK mit C = 540 kN

35.2. (120´) Technisches Zeichnen : 100 Pkte

35.2.1. Entwurfzeichnung des Kolbens mit Bär :

Ansicht des Kolbens :	20 Pkte	20
Bemaßung :	20 Pkte	20
Ausführung und Sauberkeit :	10 Pkte	10

35.2.2. Entwurfzeichnung des Zylinders mit Deckel :

Ansicht des Zylinders :	20 Pkte	20
Bemaßung :	20 Pkte	20
Ausführung und Sauberkeit :	10 Pkte	10

36. (360') Projekt : Schwingsieb : 200 Pkte

36.1. (240') Konstruieren und Berechnen : 100 Pkte

15 36.1.1. Erstellung einer Prinzipskizze :

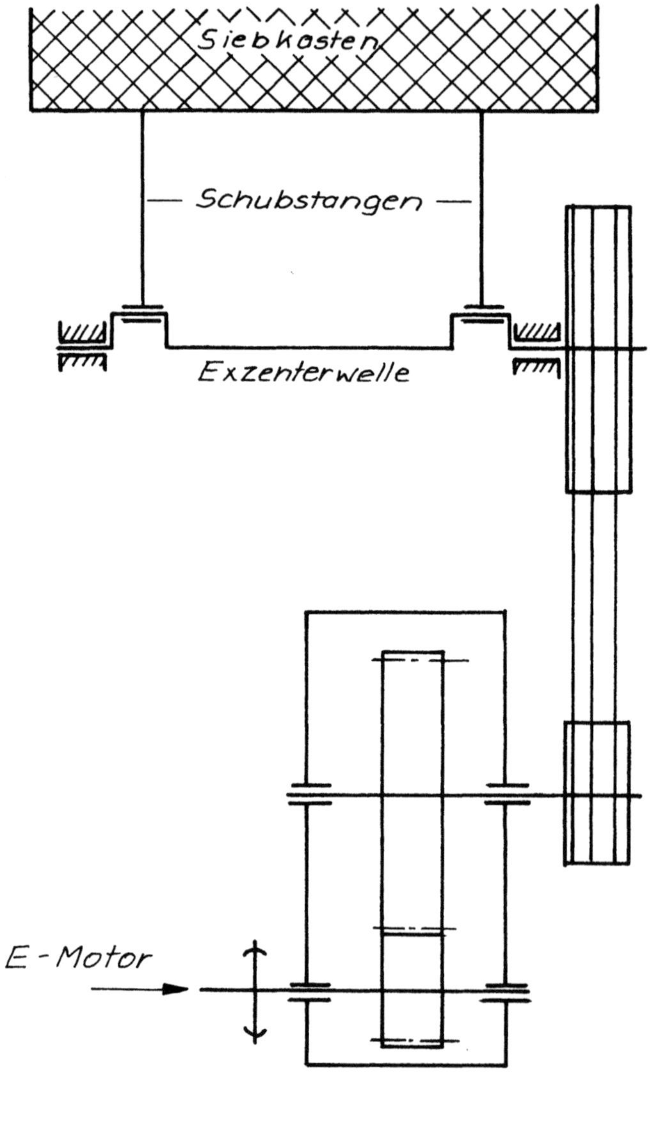

5 36.1.6. Leistungsbedarf des Elektromotors :

Die Größe der Schubstangenkraft ist abhängig vom Gewicht des Siebkastens und von der Anordnung der Anlenkpunkte (Antriebspuffer). Sie wird jedoch auch im ungünstigsten Fall kleiner sein als das Gesamtgewicht des Siebkastens. So kann näherungsweise gelten : Bei Einsatz von zwei Schubstangen :

$$F_{St} \approx \frac{G}{2}$$

$$F_{St} \approx 20\,kN$$

$$M_{t1} = F_{St} \cdot r = 20\,000\,N \cdot 0{,}011\,m$$

$$M_{t1} = 220\,Nm$$

$$M_{tGes} = 2\,M_{t1}$$

$$M_{tGes} = 440\,Nm$$

$$P = \frac{M_t \cdot n}{9\,550} = \frac{440 \cdot 380}{9\,550}\,kW$$

$$P = 17{,}5\,kW$$

$$\eta_{Ges} = \eta_{keilriemengetr.} \cdot \eta_{Stirnradgetr.} \cdot \eta_{Lager} = 0{,}96 \cdot 0{,}98 \cdot 0{,}95$$

$$\eta_{Ges} = 0{,}89$$

$$P_{An} = P : \eta_{Ges} = 19{,}6\,kW$$

Gewählt : P = 20 kW

36.1.3. Dimensionierung des Stirnrädergetriebes : 20

Übersetzung : $i_{Ges} = \frac{n_1}{n_3} = \frac{2800\,min^{-1}}{380\,min^{-1}}$

$$i_{Ges} = 7{,}36$$

$$i_{Ges} = i_{Stirnradgetr.} \cdot i_{keilriemengetr.}$$

Gewählt : $i_{Ges} = 2{,}8 \cdot 2{,}6$

Durchmesser der Welle :

Gewählt : Wellenwerkstoff St 60

$$d \approx c_2 \sqrt[3]{\frac{P}{n}} = 133 \sqrt{\frac{20}{2800}}\,mm$$

$$d \approx 25{,}6\,mm$$

Gewählt : d = 30 mm

Teilkreisdurchmesser des Ritzels :

Gewählt : Einsatzstahl C 15

$$d_{01} \approx \frac{20\,500}{p} \sqrt{\frac{P_{An} \cdot p}{\psi_d \cdot n_1} \cdot \frac{i+1}{i}}$$

$$\psi_d = 1 \text{ nach Tabelle}$$

$$d_{01} \approx \frac{20\,500}{1600} \sqrt[3]{\frac{20 \cdot 1600}{1 \cdot 2800} \cdot \frac{2{,}8+1}{2{,}8}}\ mm$$

$$d_{01} \approx 31{,}9\,mm$$

Bei dem auf die Welle aufzusetzenden Ritzel ist der Teilkreisdurchmesser d_{01} zu ermitteln aus : $d_{01} \approx \frac{1{,}8 \cdot d \cdot z_1}{z_1 - 2{,}5}$

Gewählt : $z_1 = 18$

$$d_{01} \approx \frac{1{,}8 \cdot 30\,mm \cdot 18}{18 - 2{,}5}$$

$$d_{01} \approx 62\,mm$$

Modul :

$$m = \frac{d_{01}}{z_1} = \frac{62\,mm}{18}$$

$$m = 3{,}48\,mm$$

Gewählt : nach DIN 780, Reihe 1 : $m = 4$ mm

Restliche Abmessungen :

$$d_{01} = m \cdot z_1 = 4\,mm \cdot 18$$

$$d_{01} = 72\,mm$$

$$z_2 = i \cdot z_1 = 2{,}8 \cdot 18$$

$$z_2 = 50$$

$$d_{02} = 200\,mm$$

$$b = \psi_d \cdot d_{01} = 1 \cdot 72\,mm$$

$$b = 72\,mm$$

Gewählt: $b = 70\,mm$

Berechnung der Zahnfuß - Tragfähigkeit :

$$\sigma_{b1} = \frac{F_u}{b \cdot m} \cdot q_\varepsilon \cdot q_K \leq \sigma_{bzul}$$

$$F_u = \frac{2\,M_t \cdot c_s}{d_{01}}$$

$$M_t = 9550\,\frac{P}{n} = 9550\,\frac{20}{2800}\,Nm$$

$$M_t = 68{,}2\,Nm$$

$$F_u = \frac{2 \cdot 68{,}2 \cdot 1}{0{,}072}\,N$$

$$F_u = 1895\,N$$

$$\sigma_{b1} = \frac{1895}{70 \cdot 4} \cdot 3{,}1 \cdot 1\ \frac{N}{mm^2}$$

$$\sigma_{b1} = 20{,}9\ \frac{N}{mm^2}$$

$$\sigma_{bzul} = \frac{\sigma_{bsch}}{\nu}$$

$$\sigma_{bzul} = \frac{230}{2} \frac{N}{mm^2}$$

$$\underline{\underline{\sigma_{bzul} = 115 \frac{N}{mm^2}}}$$

$$\underline{\underline{\sigma_{b1} = 20{,}9 \frac{N}{mm^2} < \sigma_{bzul} = 115 \frac{N}{mm^2}}}$$

Gewählt : Radwerkstoff C 15;

damit gilt : $\sigma_{b2} < \sigma_{b1}$;

damit ist eine Nachprüfung der Zahnfuß - Tragfähigkeit des Rades nicht erforderlich!

Berechnung der Flanken - Tragfähigkeit :

$$p_c = \sqrt{\frac{F_u}{b \cdot d_{o1}} \cdot \frac{u+1}{u}} \cdot y_w \cdot y_c \cdot y_L \leq p_{zul}$$

$$p_c = \sqrt{\frac{1895}{70 \cdot 72} \cdot \frac{2{,}8+1}{2{,}8}} \cdot 270 \cdot 1{,}76 \cdot 1 \frac{N}{mm^2}$$

$$\underline{\underline{p_c = 208 \frac{N}{mm^2}}}$$

$$p_{zul} = \frac{p \cdot y}{\nu} = \frac{1600 \, N}{2 \, mm^2}$$

$$\underline{\underline{p_c = 208 \frac{N}{mm^2} < p_{zul} = 800 \frac{N}{mm^2}}}$$

Zusammenstellung weiterer Maße von Ritzel und Rad :

$$\underline{\underline{d_{K1} = 80 \, mm}}$$

$$\underline{\underline{d_{K2} = 208 \, mm}}$$

$$\underline{\underline{d_{f1} = 62{,}4 \, mm}}$$

$$\underline{\underline{d_{f2} = 190{,}4 \, mm}}$$

$$\underline{\underline{a_o = 136 \, mm}}$$

20 36.1.2. Dimensionierung des Keilriemengetriebes :

Durchmesser der Welle :

Gewählt : Wellenwerkstoff St 60

$$d \approx c_2 \sqrt[3]{\frac{P}{n}} \approx 133 \sqrt[3]{\frac{20}{2800}}\ mm$$

$$d \approx 36{,}1\ mm$$

Gewählt : d = 45 mm

Für P = 20 kW und n = 1000 1/min wird d_{W1} vorläufig nach DIN 2 211 festgelegt : d_{W1} = 224 mm für Schmalkeilriemen SPA

$$d_{W2} = i \cdot d_{W1} = 2{,}6 \cdot 224\ mm$$

$$d_{W2} = 582{,}4\ mm$$

Anzahl der Keilriemen :

$$v = d_{W1} \cdot \pi \cdot n_1 = \frac{0{,}224 \cdot \pi \cdot 1000}{60}\ \frac{m}{s}$$

$$v = 11{,}73\ \frac{m}{s}$$

damit

$$P_{180} \approx 3\ kW$$

$$\beta_1 \approx 180° - 60° \frac{d_{W2} - d_{W1}}{l_a}$$

Für Schmalkeilriemen gilt:

$$l_a < 2(d_{W1} + d_{W2}) = 1612\ mm$$

$$\beta_1 \approx 166{,}7°$$

damit $c_1 \approx 0{,}96$

$$c_2 = \frac{d_{Wgew}}{d_{Wmin}} = \frac{224\ mm}{90\ mm}$$

$$c_2 = 2{,}49$$

Tatsächliche Wirklänge :

$$L_{Wr} = 2\,l_a + 1{,}57(d_{W1} + d_{W2}) + \frac{(d_{W2} - d_{W1})^2}{4\,l_a}$$

$$L_{Wr} = \left[2 \cdot 161 + 1{,}57(22{,}4 + 58{,}2) + \frac{(58{,}2 - 22{,}4)^2}{4 \cdot 161}\right] cm$$

$$L_{Wr} = 4486\ mm$$

Gewählt nach DIN 2 211 : L_{Wr} = 4 500 mm

$$c_3 = \frac{L_{wr}}{L'_w} = \frac{4500\,mm}{2500\,mm}$$

$$c_3 = 1{,}8$$

$$C = C_1 \cdot C_2 \cdot C_3 = 0{,}96 \cdot 2{,}49 \cdot 1{,}8$$

$$C = 4{,}3$$

$$P = P_1 \cdot c_S = 20\,kW \cdot 1{,}3$$

$$P = 26\,kW$$

$$Z = \frac{P}{P_{180} \cdot C} = \frac{26\,kW}{3\,kW \cdot 4{,}3}$$

$$z = 2{,}01$$

Gewählt : 3 Schmalkeilriemen SPA

Tatsächlicher Achsabstand :

$$l_a = y + \sqrt{y^2 - 0{,}125(d_{w2} - d_{w1})^2}$$

$$y = 0{,}25\,L_w - 0{,}39(d_{w1} + d_{w2})$$

$$y = 810{,}7\,mm$$

$$l_a = 1611{,}5\,mm$$

Biegehäufigkeit :

$$B_z = \frac{2 \cdot v}{L_w} = \frac{2 \cdot 11{,}73\,m}{4{,}5\,m}$$

$$B_z = 5{,}2\,\frac{1}{s} < B_{z\,max} \approx 50\,\frac{1}{s}$$

Bestimmung der Achskraft :

$$F_A \approx 2\,F_u \qquad \text{mit } F_u = \frac{P}{v} = \frac{20000}{11{,}73}\,N$$

$$F_u = 1705\,N$$

$$F_A \approx 3410\,N$$

Spann- und Verstellweg :

$$s_{sp} \geq 0{,}03\,L_w$$

$$s_{sp} \geq 135\,mm$$

$$s_v \geq 0{,}015\,L_w$$

$$s_v \geq 67{,}5\,mm$$

Ermittlung der Lagerkräfte :

$$\sum_A M = 0 \rightarrow \quad -F_1 \cdot 0{,}175 + F_B \cdot 2{,}45 - F_2 \cdot 2{,}275 - F_{Achs} \cdot 2{,}530 = 0$$

$$-12{,}5\,kN \cdot 0{,}175 + F_B \cdot 2{,}45 - 12{,}5\,kN \cdot 2{,}275 - 3{,}4\,kN \cdot 2{,}53 = 0$$

$$F_B = 16\,kN$$

$$\sum_y F = 0 \rightarrow \quad F_A = 12{,}4\,kN$$

Maximales Biegemoment :

$$M_b = F_A \cdot 2{,}275\,m - F_1 \cdot 2{,}1\,m = 12{,}4\,kN \cdot 2{,}275\,m - 12{,}5\,kN \cdot 2{,}1\,m$$

$$\underline{\underline{M_b = 1960\,Nm}}$$

20 36.1.4. Bestimmung der Hauptabmessungen der Exzenterwelle :
(Mindestberechnung !)

Durchmesser :

Gewählt : Wellenwerkstoff St 60

$$d \approx C_2 \sqrt[3]{\frac{P}{n}} = 133 \sqrt[3]{\frac{20}{380}}\,mm$$

$$\underline{\underline{d \approx 49{,}9\,mm}}$$

Gewählt : vorläufig : d = 60 mm

Vergleichsmoment :

$$M_V = \sqrt{M_b^2 + 0{,}75(\alpha M_t)^2} = \sqrt{1960^2 + 0{,}75(0{,}7 \cdot 550)^2}\,Nm$$

$$\underline{\underline{M_V = 1988\,Nm}}$$

d- Überprüfung :

$$\sigma_{bzul} = \frac{\sigma_{bW} \cdot b_1 \cdot b_2}{\beta_K \cdot \nu} = \frac{260 \frac{N}{mm^2} \cdot 0{,}88 \cdot 0{,}75}{1{,}9 \cdot 1{,}5}$$

$$\underline{\underline{\sigma_{bzul} = 60{,}3 \frac{N}{mm^2}}}$$

$$d \approx \sqrt[3]{\frac{M}{0{,}1 \cdot \sigma_{bzul}}}$$

$$\underline{\underline{d \approx 69\,mm}}$$

Gewählt : d = 75 mm

20 36.1.5. Ermittlung der Wälzlagergrößen :

Durch die hohen Radialbeschleunigungen werden die Lager dynamisch sehr hoch beansprucht. Im praktischen Einsatz haben sich vor allem Pendelrollenlager bewährt!

Wegen der ungünstigen dynamischen Belastung ist die Lagerbelastung mit dem Faktor 1,2 multipliziert (Empfehlung der Kugellagerfirma FAG)!

$$P = 1{,}2\,F_r = 1{,}2 \cdot 12{,}5\,kN$$

$$\underline{\underline{P = 15\,kN}}$$

Für $L_h \approx 10000\,h$ gilt:

$\underline{\underline{f_L = 2{,}9}}$

Für $n = 380\,min^{-1}$ gilt:

$\underline{\underline{f_n = 0{,}5}}$

$$C = P \cdot \frac{f_L}{f_n \cdot f_t}$$

$$C = 15\,kN \cdot \frac{2{,}9}{0{,}5 \cdot 1}$$

$$\underline{\underline{C = 87\,kN}}$$

Gewählt : Pendelrollenlager 22 317 HLK mit C = 380 kN

Lagerung der Exzenterwelle :

Die Berechnung der Lagerung erfolgt hier ohne Berücksichtigung der Fliehkraft: Dies ist möglich, da die Fliehkraft des Siebkastens mit Gegengewichten ausgeglichen werden kann !

$$C = P \cdot \frac{f_L}{f_n} = 16\,kN \cdot \frac{2{,}9}{0{,}5}$$

$$\underline{\underline{C = 92{,}8\,kN}}$$

Gewählt : Pendelrollenlager 22 315 HLK mit C = 305 kN

36.2. (120') Technisches Zeichnen : 100 Pkte

36.1. Werkstattzeichnung der Exzenterwelle : 60

Ansicht der Welle : 20 Pkte

Bemaßung und Oberflächenzeichen : 30 Pkte

Ausführung und Sauberkeit : 10 Pkte

36.2. Werkstattzeichnung der Keilriemenscheibe : Gußausführung 40

Ansicht der Riemenscheibe : 10 Pkte

Bemaßung und Oberflächenzeichen :20 Pkte

Ausführung und Sauberkeit : 10 Pkte

37. (360') Projekt : Keilpresse : 200 Pkte

37.1. (240') Konstruieren und Berechnen : 100 Pkte

20 37.1.1. Erstellung einer Prinzipskizze :

Ausgehend von der Prinzipdarstellung der Aufgabenstellung soll der Studierende eine Prinzipskizze anfertigen, in der schematisch 1. Antrieb, 2. Wellen, 3. Lager und 4. E-Motor einzuzeichnen sind: Dies geschieht mit den gleichen Mitteln wie bei Aufgabe 36!

10 37.1.6. Leistungsbedarf des Elektromotors :

Da der Keil der Presse einen Steigungswinkel von etwa 30° hat, ergibt sich ein "Übersetzungsverhältnis" zwischen der Stößelkraft (= Umformkraft) und der Keilantriebskraft von rund 2:1!

Die Antriebskraft ist also nur halb so groß wie die Umformkraft; sämtliche Antriebsteile, wie Kurbelwelle, Druckstange, Lagerungen usw. werden also nur mit der halben Umformkraft belastet!

$$P_{Ab} = \frac{F \cdot s}{t} = \frac{1000 \cdot 10^3 N \cdot 0{,}06\,m}{0{,}83\,s}$$

$$\underline{\underline{P_{Ab} = 72{,}3\,kW}}$$

Wirkungsgrad : $\eta_{Ges} = \eta_{Keilriemengetr} \cdot \eta_{Stirnradgetr} \cdot \eta_{Lager}$

$$\underline{\underline{\eta_{Ges} = 0{,}96 \cdot 0{,}98 \cdot 0{,}95 = 0{,}89}}$$

Antriebsleistung :

$$P_{An} = \frac{P_{Ab}}{\eta_{Ges}} = \frac{72{,}3}{0{,}89}\,kW$$

$$\underline{\underline{P_{An} = 82\,kW}}$$

Übersetzung :

$$i_{Ges} = \frac{n_1}{n_3} = \frac{720\,min^{-1}}{25\,min^{-1}}$$

$$\underline{\underline{i_{Ges} = 28{,}8}}$$

$$i_{Ges} = i_{I} \cdot i_{II}$$

Gewählt : $\underline{\underline{i_{Ges} = 5{,}3 \cdot 5{,}3}}$

37.1.3. Dimensionierung des Stirnradgetriebes : 15

Wellendurchmesser :

Gewählt : Wellenwerkstoff St 60

$$d_2 \approx c_2 \sqrt[3]{\frac{P}{n_2}} \approx 133 \sqrt[3]{\frac{82}{132{,}5}}\ mm$$

$$d_2 \approx 113\ mm$$

Gewählt : d_2 = 120 mm

Modul :

$$m \geqslant 3 \sqrt[3]{\frac{\varrho \cdot M_t}{\lambda \cdot z_1}}$$

Gewählt : $z_1 = 20$

$$m \geqslant 3 \sqrt[3]{\frac{1{,}3 \cdot 5910}{20 \cdot 20}}\ mm$$

$$m \geqslant 8\ mm$$

Gewählt nach DIN 780 : m = 8 mm

Zusammenstellung der wichtigsten Abmessungen :

$$d_{01} = 160\ mm$$

$$z_2 = 106$$

$$d_{02} = 848\ mm$$

$$b = \lambda \cdot m = 20 \cdot 8\ mm$$

$$b = 160\ mm$$

Nachprüfung der Zahnfuß - Tragfähigkeit :

$$F_u = \frac{2\ M_{t2}}{d_{01}} = \frac{2 \cdot 5910\ N}{0{,}16}$$

$$F_u = 73875\ N$$

$$\sigma_{b1} = \frac{F_u}{b \cdot m} q_\varepsilon \cdot q_K \leqslant \sigma_{bzul}$$

$$\sigma_{b1} = \frac{73875}{160 \cdot 8} \cdot 1{,}3\ \frac{N}{mm^2}$$

$$\sigma_{b1} = 62\ Nmm^{-2}$$

Gewählt : Für Ritzel und Rad : C15

$$\sigma_{bzul} = \frac{\sigma_{bSch}}{\nu} = \frac{230}{2}\ \frac{N}{mm^2}$$

$$\sigma_{b1} = 62\ Nmm^{-2} < \sigma_{bzul} = 115\ Nmm^{-2}$$

Da der Werkstoff des Rades auch C 15, q_{k2} also kleiner als q_{k1}, gilt : $\sigma_{b2} < \sigma_{b1}$;

Eine Nachprüfung der Zahnfuß - Tragfähigkeit ist daher nicht erforderlich !

Nachprüfung der Flanken - Tragfähigkeit :

$$p_C = \sqrt{\frac{F_u}{b \cdot d_{01}} \cdot \frac{u+1}{u} \cdot y_W \cdot y_C \cdot y_L} \leq p_{zul}$$

$$p_C = 897 \frac{N}{mm^2} \qquad \text{mit } y_W = 270;\ y_C = 1{,}76;\ y_L = 1$$

$$p_{zul} = \frac{p \cdot y}{v} = \frac{1600 \cdot 1}{2} \frac{N}{mm^2}$$

$$p_C = 897 \frac{N}{mm^2} \not< p_{zul} = 800 \frac{N}{mm^2}$$

Damit ergibt sich ein Zeitgetriebe mit einer Lastwechselzahl L_W größer als 10^8; es gilt somit :

$$L_h = \frac{L_W}{n \cdot 60} = \frac{10^8}{132 \cdot 60} h$$

$$L_h = 12600 h$$

L_h = 12 600 h

Die Lebensdauer ist ausreichend bemessen!

Fehlende Abmessungen von Ritzel und Rad :

$$d_{K1} = 176 mm$$

$$d_{K2} = 864 mm$$

$$d_{f1} = 140{,}8 mm$$

$$d_{f2} = 828{,}8 mm$$

$$a_0 = 504 mm$$

15 — 37.1.2. Dimensionierung des Keilriemengetriebes :

Durchmesser der Welle :

Gewählt : Wellenwerkstoff St 60

$$d \approx c_2 \sqrt[3]{\frac{P}{n}} \approx 133 \sqrt[3]{\frac{82}{720}} mm$$

$$d \approx 65 mm$$

$$P_1 = P \cdot c_S = 82 kW \cdot 1{,}5$$

$$P_1 = 123 kW$$

Für P = 123 kW und n = 720 1/min vorgewählt nach DIN 2 211 :

d_{W1} = 315 mm für Schmalkeilriemen SPC

$$d_{W2} = i \cdot d_{W1} = 5{,}3 \cdot 315 mm$$

$$d_{W2} = 1669 mm$$

Anzahl der Keilriemen :

$$z = \frac{P}{P_{180} \cdot c}$$

$$v = d_{w1} \cdot \pi \cdot n_1$$

$$v = \frac{0{,}315 \cdot \pi \cdot 720}{60} \frac{m}{s}$$

$$v = 11{,}8 \; m \cdot s^{-1}$$

damit

$$P_{180} = 11 kW$$

$$l_a < 2(d_{w1} + d_{w2})$$

$$l_a < 3968 mm$$

Gewählt: $l_a = 2100 mm$

$$\beta_1 = 180° - 60° \frac{d_{w2} - d_{w1}}{l_a}$$

$$\beta_1 = 141{,}3°$$

damit

$$c_1 = 0{,}9$$

$$c_2 = \frac{d_{wGew}}{d_{wmin}} = \frac{315 mm}{224 mm}$$

$$c_2 = 1{,}4$$

Tatsächliche Wirklänge :

$$L_{Wr} = 2 l_a + 1{,}75(d_{w1} + d_{w2}) + \frac{(d_{w2} - d_{w1})^2}{4 l_a}$$

$$L_{Wr} = 7890 mm$$

Gewählt (DIN 2211): $L_{Wr} = 8 m$

$$c_3 = \frac{L_{Wr}}{L'_W} = \frac{8000}{5600} = 1{,}4$$

$$c = c_1 \cdot c_2 \cdot c_3$$

$$c = 0{,}9 \cdot 1{,}4 \cdot 1{,}4$$

$$c = 1{,}7$$

$$z = 6{,}5$$

Gewählt : 7 Schmalkeilriemen SPC

Tatsächlicher Achsabstand :

$$l_a = Y + \sqrt{Y^2 - 0{,}125(d_{w2} - d_{w1})^2}$$

mit $Y = 0{,}25 L_W - 0{,}39(d_{w1} + d_{w2})$

$$Y = 1226 mm$$

$$l_a = 2354 mm$$

Biegehäufigkeit :

$$B_z = \frac{2v}{L_W} = \frac{2 \cdot 11{,}8 m}{8 m \cdot s} \Rightarrow$$

$$B_z = 3 \frac{1}{s} < B_{zmax} \approx 50 \frac{1}{s}$$

Berechnung der Achskraft :

$$F_A \approx 2 F_u$$

$$F_u = \frac{P}{v} = \frac{123000}{11{,}8} N$$

$$F_u = 10169 N$$

$$\underline{\underline{F_A \approx 20\,338\,N}}$$

Spann- und Verstellweg :

$$s_{sp} \geqslant 0{,}03 \cdot L_W = 0{,}03 \cdot 8m$$
$$\underline{\underline{s_{sp} \geqslant 240mm}}$$
$$\underline{\underline{s_V \approx s_{sp} : 2 \geqslant 120mm}}$$

20 37.1.5. Ermittlung der Wälzlagergrößen :

S.u. Lagerung der Welle 2 :

$$F_n = \frac{F_u}{\cos \alpha_0} = \frac{73{,}8\,kN}{\cos 20°}$$
$$\underline{\underline{F_n = 78{,}6\,kN}}$$

Die Berechnung der Tragzahl erfolgt für das Lager der höchsten Belastung!

$$C = P \cdot \frac{f_L}{f_n} \qquad \text{für } L_h \approx 10^4 h$$
$$\rightarrow \underline{\underline{f_L = 2{,}9}};\ \underline{\underline{f_n = 0{,}6}}$$
$$C = 78{,}6\,kN \cdot \frac{2{,}9}{0{,}6}$$
$$\underline{\underline{C = 380\,kN}}$$

Gewählt nach FAG-Katalog : Pendelrollenlager 22 224 HL mit C = 425 kN

20 37.1.4. Bestimmung der Hauptabmessungen der Kurbelwelle :

Durchmesser :

$$M_{bmax} = 250\,kN \cdot 0{,}35m$$
$$\underline{\underline{M_{bmax} = 87{,}5\,kNm}}$$

Gewählt: $\underline{\underline{C\,45}}$

$$d \approx c_2 \sqrt[3]{\frac{P}{n}} \approx 123 \sqrt[3]{\frac{82}{25}}$$
$$\underline{\underline{d \approx 182mm}}$$

Gewählt : d = 190 mm

Vergleichsmoment :

$$M_t = 9550 \frac{P}{n} = 9550 \frac{82}{25} Nm$$
$$\underline{\underline{M_t = 31{,}3\,kNm}}$$
$$M_v = \sqrt{M_b^2 + 0{,}75(\alpha_0 M_t)^2}$$
$$M_v = \sqrt{87{,}5^2 + 0{,}75(0{,}7 \cdot 31{,}3)^2}\ kNm$$
$$\underline{\underline{M_v = 89{,}5\,kNm}}$$

d - Überprüfung :

$$\sigma_{bzul} = \frac{\sigma_{bW} \cdot b_1 \cdot b_2}{\beta_K \cdot \nu}$$

$$\sigma_{bzul} = \frac{440 N \cdot 0{,}88 \cdot 0{,}75}{1{,}9 \cdot 1{,}5\, mm^2}$$

$$\sigma_{bzul} = 102\ N \cdot mm^{-2}$$

$$d \approx \sqrt[3]{\frac{M_v}{0{,}1\,\sigma_{bzul}}}$$

$$d \approx 200\ mm$$

Gewählt : d = 200 mm

Abmessungen der Kurbelwangen :

Nach Köhler-Rögnitz soll gelten :

Wangenbreite : $\frac{b}{d} \approx 1{,}2$ bis $1{,}8$

Gewählt : $b = 1{,}5 \cdot d = 1{,}5 \cdot 200\,mm$

$b = 300\ mm$

Wangendicke : $\frac{h}{d} \approx 0{,}3$ bis $0{,}5$

Gewählt : $h = 0{,}4 \cdot d = 0{,}4 \cdot 200\,mm$

$h = 80\,mm$

37.1.5. Ermittlung der Wälzlagergrößen : S.V.

Nach FAG - Empfehlung wird wegen ungünstiger Belastung mit $P = 1{,}2\ F_r = 1{,}2 \cdot 250\ kN = 300\ kN$ gerechnet !

$P = 300\,kN$

$C = P \cdot \frac{f_L}{f_n}$ mit $f_L = 2{,}9$; $f_n = 1{,}1$

$C = 790\,kN$

Gewählt : Pendelrollenlager 223 40 S3 mit C = 1 800 kN; bis ca. 300°C maßstabilisiert!

37.2. (120') Technisches Zeichnen : 100 Pkte

37.2.1. Fertigungsgerechte Detailzeichnung der Kurbelwelle : 50

Ansicht der Kurbelwelle : 20 Pkte
Bemaßung und Oberflächenzeichen : 20 Pkte
Ausführung und Sauberkeit : 10 Pkte

37.2.2. Fertigungsgerechte Detailzeichnung des Zahnrades : 50

Ansicht des Zahnrades : 20 Pkte
Bemaßung und Oberflächenzeichen: 20 Pkte
Ausführung und Sauberkeit : 10 Pkte

38. (360´) Projekt : Setzmaschine : 200 Pkte

38.1. (240´) Konstruieren und Berechnen : 100 Pkte

20 38.1.1. Prinzipskizze des Antriebes :

Da die Aufgabenstellung die Setzmaschine in einer Schnittdarstellung gibt, sollte die Prinzipskizze in Draufsicht die Abstände, Lager etc. festlegen :

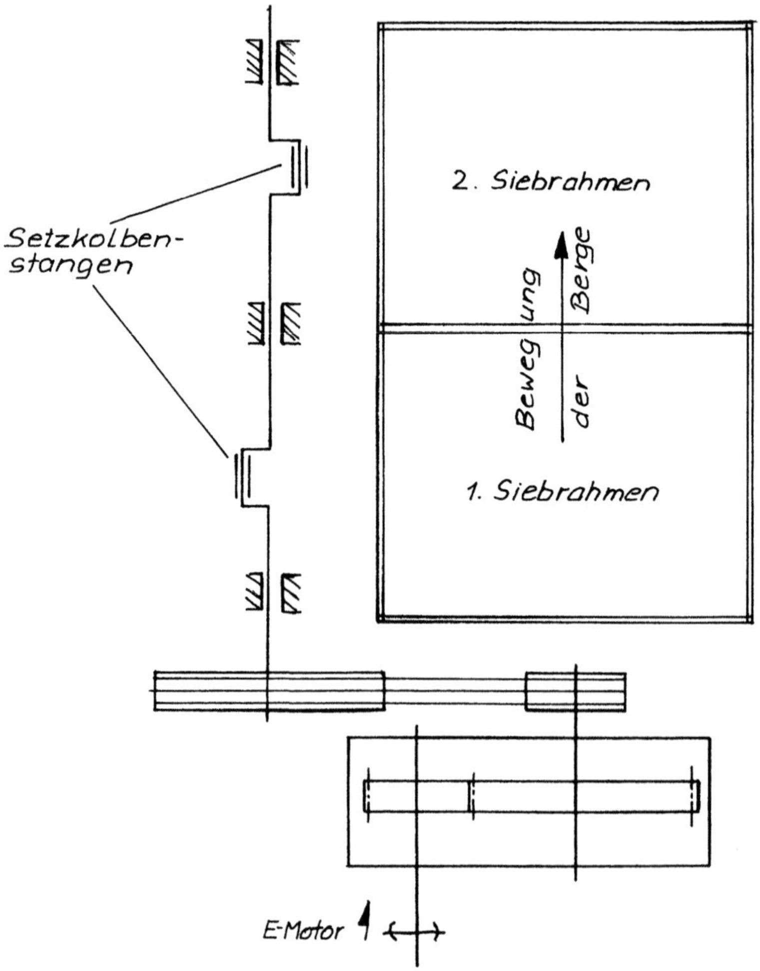

10 38.1.2. Leistungsbedarf des Elektromotors :

Da die genaue Berechnung des Leistungsbedarfs an dieser Stelle noch nicht möglich ist, da wichtige Teile, wie z.B. der Kolben in den Abmessungen und vom Werkstoff her noch im Entwurf, weiterhin die Eigengewichte des Kolbens, der Kolbenstange usw. unbekannt sind, soll aus Gründen der Sicherheit davon ausgegangen werden, daß bei jedem Hub die maximale Kolbenkraft wirkt, d.h. daß jeder Hub ein Arbeitshub ist!

$$G = V \cdot \varrho \cdot g = 675\,dm^3 \cdot 4{,}1\,\frac{kg}{dm^3} \cdot 9{,}81\,\frac{m}{s^2}$$

$$G \approx 28\,kN$$

$$v = 2 \cdot s \cdot n = \frac{2 \cdot 0{,}12\,m \cdot 50}{60\,s}$$

$$v = 0{,}2\,m \cdot s^{-1}$$

$$P = F \cdot v = G \cdot v$$

$$P = 5{,}4\,kW$$

Da zwei Setzelemente hintereinander geschaltet sind, ergibt sich die doppelte Antriebsleistung :

$P_{Vorl.} = 11\ kW$

Gesamtwirkungsgrad :

$$\eta_{Ges} = \eta_{Keilriemengetr.} \cdot \eta_{Stirnradgetr} \cdot \eta_{Lager} = 0{,}96 \cdot 0{,}98 \cdot 0{,}9$$

$$\eta_{Ges} = 0{,}84$$

$$P_{An} = \frac{P_V}{\eta_{Ges}} = \frac{11\,kW}{0{,}84}$$

$$P_{An} = 13\,kW$$

$P_{an} = 13\ kW$ (Gewählt)

Übersetzung :

$$i_{Ges} = \frac{n_1}{n_2} = \frac{960\,min^{-1}}{50\,min^{-1}}$$

$$i_{Ges} = 19{,}2 = i_I \cdot i_{II}$$

$i_{ges} = 4{,}3 \cdot 4{,}5$

38.1.3. Auslegung des Keilriemengetriebes : 15

Wellendurchmesser :

Gewählt : Wellenwerkstoff St 60

$$M_{t3} = 9550\,\frac{P}{n_3} = 9550\,\frac{13}{50}\,Nm \rightarrow M_{t3} = 2483\,Nm$$

$$M_{t2} = \frac{M_{t3}}{i_{II}} = \frac{2483\,N}{4{,}5 \cdot m} \rightarrow M_{t2} = 551\,Nm$$

$$M_{t1} = \frac{M_{t3}}{i_{Ges}} = \frac{2483\,N}{19{,}2 \cdot m} \rightarrow M_{t1} = 129\,Nm$$

$$d_1 \approx c_1 \sqrt[3]{M_{t1}}$$

$$d_1 \approx 6{,}3 \sqrt[3]{M_{t1}} \approx 6{,}3 \sqrt[3]{129}\ \text{mm}$$

$$\underline{\underline{d_1 \approx 32\ \text{mm}}}$$

Gewählt : $\underline{\underline{d_1 = 45\ \text{mm}}}$

Für P = 13 kW und n = 960 1/min wird d_{W1} vorläufig nach DIN 2211 festgelegt : $\underline{\underline{d_{W1} = 160\ \text{mm}}}$ für Schmalkeilriemen SPB

$$d_{W2} = i \cdot d_{W1} = 4{,}3 \cdot 160\ \text{mm}$$

$$\underline{\underline{d_{W2} = 688\ \text{mm}}}$$

Berechnung der Keilriemenzahl :

$$v = d_{W1} \cdot n_1 \cdot \pi = \frac{0{,}16\ \text{m} \cdot 960 \cdot \pi}{60\ \text{s}}$$

$$\underline{\underline{v = 8\ \text{m} \cdot \text{s}^{-1}}}$$

damit

$$\underline{\underline{P_{180} = 4\ \text{kW (für SPB)}}}$$

$$C = C_1 \cdot C_2 \cdot C_3$$

$$\beta_1 = 180° - 60° \frac{d_{W2} - d_{W1}}{l_a}$$

mit $l_a \leq 2(d_{W1} + d_{W2})$

$$\rightarrow l_a \leq 2(160 + 688)\ \text{mm}$$

Gewählt : $\underline{\underline{l_a = 1000\ \text{mm}}}$

$\underline{\underline{\beta_1 = 148°}}$ damit $\underline{\underline{C_1 = 0{,}92}}$

$$C_2 = \frac{d_{W\,Gew.}}{d_{W\,min}} = \frac{160\ \text{mm}}{140\ \text{mm}}$$

$$\underline{\underline{C_2 = 1{,}14}}$$

Tatsächliche Wirklänge :

$$l_{Wr} = 2\,l_a + 1{,}57(d_{W1} + d_{W2}) + \frac{(d_{W2} - d_{W1})^2}{4\,l_a}$$

$$\underline{\underline{l_{Wr} = 3\,401\ \text{mm}}}$$

Gewählt : $\underline{\underline{L_{Wr} = 3\,550\ \text{mm}}}$ $\rightarrow$ $\underline{\underline{C_3 = \frac{L_{Wr}}{L'_{Wr}} = \frac{3550}{3550} = 1}}$

$$\underline{\underline{C = C_1 \cdot C_2 \cdot C_3 = 1{,}04}}$$

$$P_1 = C_S \cdot P = 1{,}3 \cdot 13\ \text{kW}$$

$$\underline{\underline{P_1 = 16{,}9\ \text{kW}}}$$

$$z = \frac{P_1}{C \cdot P_{180}} = \frac{16{,}9\ \text{kW}}{1{,}04 \cdot 4\ \text{kW}}$$

$$\underline{\underline{z = 4{,}1}}$$

Gewählt : $\underline{\underline{\text{5 Keilriemen SPB}}}$

Tatsächlicher Achsabstand :

$$\ell_a = y + \sqrt{y^2 - 0{,}125(d_{w2} - d_{w1})^2}$$

$$y = 0{,}25 L_w - 0{,}39(d_{w1} + d_{w2})$$

$$y = 556{,}8\,mm$$

$$\ell_a = 1081{,}4\,mm$$

Biegehäufigkeit :

$$B_z = \frac{2v}{L_W} = \frac{2 \cdot 8m}{3{,}55m\,s}$$

$$B_z = 4{,}5\,\frac{1}{s} < B_{z\,max} = 50\,\frac{1}{s}$$

Berechnung der Achskraft :

$$F_A \approx 2\,F_u$$

$$F_u = \frac{P}{v} = \frac{13000\,Nm \cdot s}{8\,m \cdot s}$$

$$F_u = 1625\,N$$

$$F_A \approx 3250\,N$$

Spann- und Verstellweg :

$$s_{sp} \geq 0{,}03\,L_W = 0{,}03 \cdot 3550\,mm$$

$$s_{sp} \geq 106{,}5\,mm$$

$$s_v \geq 0{,}015\,L_W$$

$$s_v \geq 53{,}3\,mm$$

38.1.4. Auslegung des Stirnradgetriebes : 15

Gewählt : Wellenwerkstoff St 60

Wellendurchmesser :

$$d \approx c_1 \sqrt[3]{M_{t2}} \approx 6{,}3 \sqrt[3]{551}\,mm$$

$$d \approx 52\,mm$$

Gewählt : d = 70 mm

Modul :

$$m \geq 3 \sqrt[3]{\frac{\varrho \cdot M_{t2}}{\lambda \cdot z_1}}$$

Gewählt : $z_1 = 18$

$$m \geq 3 \sqrt[3]{\frac{1{,}5 \cdot 551}{15 \cdot 18}}\,mm$$

$$m \geq 4{,}4\,mm$$

Gewählt nach DIN 780, Reihe 1 : m = 6 mm

Hauptabmessungen :

$$d_{01} = m \cdot z_1 = 108\,mm$$

$$z_2 = i \cdot z_1 = 4{,}5 \cdot 18$$

$$z_2 = 81$$

$\underline{\underline{d_{02} = 486\,mm}}$

$b = \lambda \cdot m = 15 \cdot 6\,mm$

$\underline{\underline{b = 90\,mm}}$

Nachprüfung der Tragfähigkeit :

$F_u = \frac{2 \cdot M_{t2} \cdot c_s}{d_{01}} = \frac{2 \cdot 551\,Nm \cdot 1{,}5}{0{,}108\,m}$

$\underline{\underline{F_u = 15{,}3\,kN}}$

$\sigma_{b1} = \frac{F_u}{b \cdot m} \cdot q_\varepsilon \cdot q_K \leq \sigma_{bzul}$

$\sigma_{b1} = \frac{15{,}3 \cdot 10^3}{90 \cdot 6} \cdot 3 \cdot 1\,\frac{N}{mm^2}$

$\underline{\underline{\sigma_{b1} = 85\,\frac{N}{mm^2}}}$

Gewählt für Ritzel und Rad : $\underline{\underline{C\,15}}$

$\sigma_{bzul} = \frac{\sigma_{bSch}}{\nu} = \frac{230}{1{,}5}\,\frac{N}{mm^2}$

$\underline{\underline{\sigma_{b1} = 85\,\frac{N}{mm^2} < \sigma_{bzul} = 153\,\frac{N}{mm^2}}}$

Da $\sigma_{b2} < \sigma_{b1}$, entfällt die Nachprüfung der Zahnfuß - Tragfähigkeit des Rades !

Nachprüfung der Flanken - Tragfähigkeit :

$p_C = \sqrt{\frac{F_u}{b \cdot d_{01}} \cdot \frac{u+1}{u}} \cdot y_w \cdot y_C \cdot y_L \leq p_{zul}$

$p_C = \sqrt{\frac{15{,}3 \cdot 10^3}{90 \cdot 108} \cdot \frac{4{,}5+1}{4{,}5}} \cdot 270 \cdot 1{,}76 \cdot 1\,\frac{N}{mm^2}$

$\underline{\underline{p_C = 659\,N \cdot mm^{-2}}}$

$p_{zul} = \frac{p_D}{\nu} = \frac{1600}{1{,}5}\,\frac{N}{mm^2}$

$\underline{\underline{p_C = 659\,\frac{N}{mm^2} < p_{zul} = 1066\,\frac{N}{mm^2}}}$

Restliche Abmessungen :

$\underline{\underline{d_{K1} = 120\,mm}}$; $\underline{\underline{d_{f1} = 93{,}6\,mm}}$

$\underline{\underline{d_{K2} = 498\,mm}}$; $\underline{\underline{d_{f2} = 471{,}6\,mm}}$

$\underline{\underline{a_0 = 297\,mm}}$

38.1.5. Abmessungen der Exzenterwelle : 20

Durchmesser der Welle :

Gewählt : Wellenwerkstoff St 60

$$d \approx c_2 \sqrt[3]{\frac{P}{n}} \approx 133 \sqrt[3]{\frac{13}{50}}\ mm$$

$$d \approx 85\ mm$$

Gewählt : d = 110 mm

Vergleichsmoment :

$$M_{bmax} = 14\ kN \cdot \frac{0{,}75\ m}{2}$$

$$M_{bmax} = 5{,}25\ kNm$$

$$M_V = \sqrt{M_b^2 + 0{,}75(\alpha_0 M_t)^2}$$

$$M_V = \sqrt{5250^2 + 0{,}75(0{,}7 \cdot 2483)^2}\ Nm$$

$$M_V = 5461\ Nm$$

d-Überprüfung :

$$\sigma_{bzul} = \frac{\sigma_{bW} \cdot b_1 \cdot b_2}{\beta_K \cdot \nu} = \frac{260 \cdot 0{,}88 \cdot 0{,}75}{1{,}9 \cdot 1{,}5}\ \frac{N}{mm^2}$$

$$\sigma_{bzul} = 60{,}2\ \frac{N}{mm^2}$$

$$d \approx \sqrt[3]{\frac{M_V}{0{,}1 \cdot \sigma_{bzul}}}$$

$$d \approx 96\ mm$$

Gewählt : d = 100 mm

Wangenabmessungen (nach Köhler - Rögnitz) :

Wangenbreite :

$$b/d = 1{,}2 \text{ bis } 1{,}8$$

$$b = 1{,}5 \cdot d = 1{,}5 \cdot 100\ mm = 150\ mm$$

Wangendicke :

$$h/d = 0{,}3 \text{ bis } 0{,}5$$

$$h = 0{,}4 \cdot d = 40\ mm$$

Gewählt : h = 50 mm

38.1.6. Berechnung der Lagerungen : 20

Welle 1 :

$$F_B = 12{,}2\ kN$$

Für $L_h \approx 10^4\ h$

$\rightarrow f_L = 2{,}9\ ;\ f_n = 0{,}9$

$$C = P \cdot \frac{f_L}{f_n \cdot f_t}$$

$$C = 12{,}2\,kN \cdot \frac{2{,}9}{0{,}9 \cdot 1}$$

$$\underline{\underline{C = 39{,}3\,kN}}$$

Gewählt : Rillenkugellager 6 415 mit C = 112 kN

Kurbelwelle :

$$\sum_B M = 0 \rightarrow -F_{St1} \cdot 0{,}25m + F_{St2} \cdot 1{,}75m + F_A \cdot 2m - F_n \cdot 2{,}3m = 0$$

$$F_A = \frac{28kN \cdot 0{,}25m - 28kN \cdot 1{,}75m + 16{,}3kN \cdot 2{,}3m}{2m}$$

$$\underline{\underline{F_A = 46{,}7kN}}$$

$$C = P \cdot \frac{f_L}{f_n \cdot f_t} = 46{,}7kN \cdot \frac{2{,}9}{0{,}6 \cdot 1}$$

$$\underline{\underline{C = 225{,}9kN}}$$

Gewählt : Pendelrollenlager 230 22 mit C = 255 kN

38.2. (120') Technisches Zeichnen : 100 Pkte

40 — Ansicht des Lageroberteiles : 40 Pkte

50 — Bemaßung und Oberflächenzeichen : 50 Pkte

10 — Ausführung und Sauberkeit : 10 Pkte

Viewegs Fachbücher der Technik

Mechanik und Festigkeitslehre

Mechanik und Festigkeitslehre von A. Böge
Aufgabensammlung zur Mechanik und Festigkeitslehre von A. Böge und W. Schlemmer
Lösungen zur Aufgabensammlung von A. Böge und W. Schlemmer
Formeln und Tabellen zur Mechanik und Festigkeitslehre von A. Böge und W. Schlemmer
Übungsaufgaben aus der Technischen Mechanik von H. Göldner

Maschinenelemente

Maschinenelemente von H. Roloff und W. Matek
Aufgabensammlung Maschinenelemente von H. Roloff, W. Matek, D. Muhs und H. Wittel
Arbeitstransparente Maschinenelemente

Werkstoffkunde

Werkstoffkunde und Werkstoffprüfung von W. Weißbach
Werkstoffkunde für Elektroingenieure von P. Guillery

Fertigungstechnik

Zerspantechnik von K.-Th. Preger
Umformtechnik von G. Grüning
Stanztechnik von E. Semlinger
Schweißtechnik von A. Puhrer
Galvanische Schichten und ihre Prüfung von W. Müller
Oberflächenschutzschichten und Oberflächenvorbehandlung von W. Müller
Meß- und Prüftechnik von M. Naumann
Werkzeugmaschinen von K. Mayer und K. Demleitner

Fördertechnik

Grundlagen der Fördertechnik von H. Pfeifer

Betriebs- und Wirtschaftslehre

Arbeitsrecht von H. Götz
Wirtschafts-, Rechts- und Sozialkunde von R. Ott und M. Wendlandt
Grundzüge des Wirtschaftsrechts von R. Ott und M. Wendlandt
Arbeitsvorbereitung und Kalkulation von H. Sonnenberg
  Band I: Betriebswirtschaftliche Grundlagen
  Band II: Kostenrechnung, Zeitermittlung und Arbeitsbewertung
Arbeitsorganisation von R. Krause
Erfolgs- und Kostenrechnung von W. Zimmermann
Planungsrechnung und Entscheidungstechnik von W. Zimmermann
Bilanzen lesen und verstehen von W. Zimmermann
Volkswirtschaftslehre von H. Götz

GPSR Compliance

The European Union's (EU) General Product Safety Regulation (GPSR) is a set of rules that requires consumer products to be safe and our obligations to ensure this.

If you have any concerns about our products, you can contact us on ProductSafety@springernature.com

In case Publisher is established outside the EU, the EU authorized representative is:

Springer Nature Customer Service Center GmbH
Europaplatz 3
69115 Heidelberg, Germany

Batch number: 10584556

Printed by Printforce, the Netherlands